KB144102

TOURISM Development

新 관광개발

이론과 실제

김상무·여호근 공저

백산출판사

불법복사·불법제본
타인의 재산을 훔치는 범법행위입니다.
그래도 하시겠습니까?

머리말 PREFACE

관광산업의 급속한 발전은 푸시 요인(push factors)의 개선과 향상에 의한 수요증가 및 관광공급요소의 개발을 포함한 풀 요인(pull factors)의 강력한 기능적 상호작용 및 발달에 기인하고 있다. 이러한 관광의 양적 팽창은 최근에 많은 지역과 국가들로 하여금 관광의 중요성에 대한 인식을 새롭게 하도록 만들고, 정치, 경제, 사회, 문화적인 제 측면에서의 파급효과의 특성을 감지하게 하여 관광개발을 국가의 주요 전략산업으로 선정, 추진하도록 그 영향력을 과시하고 있다. 특히 미개발 내지 개발도상국에서는 외화획득 및 고용증대 등을 통한 경제발전을 이룩하기 위해 관광산업을 주요 개발수단으로 삼는 경우가 많으며, 이와 같은 이유에서 관광개발이 하나의 독립된 연구분야 및 학문으로 발돋움하게 되었다. 그러나 구미 선진제국에 비해서 우리나라는 아직까지 이 분야에 대한 연구 및 이론 정립은 물론 학문적 특성과 영역설정에도 체계가 확립되지 못한 상태에 있다. 관광개발에서는 자원의 활용도 제고와 매력물 창조, 각종 편의시설과 서비스 제공, 그리고 이에 대한 효율성 향상이 매우 중요함에도 불구하고 이를 위한 기본적 자료의 결핍은 물론, 정확한 관광수요 예측이라든가, 자원의 평가 및 활용방안 등에 대한 연구도 아직까지 미흡한 실정이다.

관광개발의 목적은 근본적으로 수요와 공급 간의 조화와 균형 있는 발전을 도모하면서 궁극적으로는 총체적 사회편익의 극대화를 실현하는 데 있다. 따라서 본서는 이러한 관광개발의 목적을 올바로 이해하고 이의 실현을 위해 필요한 계획과 과정 및 단계적 절차와 이에 대한 구체적 내용을 수록하는 데 중점을 두었다.

이와 같은 체계적 이론에 근거한 총체적 개발분석은 관광개발 과정에서 야기될 수 있는 각종 자원 및 기술과 인력에 대한 낭비를 사전에 막고 비용과 손실요인을 극소화시킬 수 있을 뿐만 아니라, 수요와 공급 양 측면에서의 조화로운 발전을 이룩하는 데도 크게 기여할 수 있는 것이다. 본서의 앞부분에서는 관광현상요인을 분석하고 관광동기와 결정요소, 그리고 이에 따른 관광매력물 개발과 자원활용 및 공급 등의 관계를 이론적으로 규명, 제시하려고 시도했다. 따라서 관광개발의 유형을 분류하고 이의 특징 및 효과적인 개발방법 등을 소개, 분석함으로써 관광수요 구성인자와의 상호관계 및 이것이 관광목적지의 경제, 사회, 문화, 환경에 미치는 영향을 이해할 수 있도록 했다. 특히 효과적인 관광개발의 실현을 위해 관광수요예측에 대한 각종 기법을 소개하고 이에 따른 관광자원의 분석과 효율성 있는 개발계획방안 등을 제시하여 이론적인 바탕 위에 실용성 있는 내용들을 병행, 전개함으로써 본서의 활용도를 높이려 했다.

따라서 본서는 관광개발의 이론적 체계정립과 활용성 있는 기법 등을 전개함으로써 관광경영학의 각론 중 한 전문분야로써 학문적 발전에 기여할 수 있을 것이라는 기대 속에 1990년도 초에 발간된 '관광개발론'을 근거로 새롭게 편찬하였다.

모쪼록 본서가 관광경영학을 전공하는 학생들과 관광개발분야에 종사하는 전문인, 그리고 관광산업에 관심을 가진 모든 분들께 학문적 이해를 높이는 데 참고가 되고 실무면에서도 적절히 활용될 수 있기를 희망하면서, 미흡한 점은 차후에 보완될 수 있도록 많은 조언과 격려를 당부드린다.

본서가 간행되기까지 애써 주신 백산출판사 진욱상 사장님과 편집부 직원 여러분께 거듭 감사를 드린다.

김상무 씀

차례

제5장 관광수요의 구성요소와 특징 / 145

제6장 관광수요예측과 활용방안 / 165

제7장 관광개발계획의 목적과 구분 / 185

제9장 관광개발의 영향분석 / 265

제10장 관광개발지구 관리와 타당성 조사 및 투자계획(안) 평가 / 327

제 1 장

관광의 이론적 배경

제1절 관광의 구조 및 정의

1. 관광의 구조

관광은 일상의 거주지에서 목적지로의 물리적 이동과 체재 등을 포함한 복합적 양상을 지닌 현상이라 볼 수 있다. 일반적으로 관광의 개념적 구조 가운데서도 특히 관광의 주된 구성요소가 강조되고 있으며, 동시에 넓은 의미에서 관광의 영향을 받는 공간적 요소도 연구대상으로서 매우 중요시되고 있다.

Leiper는 관광의 기본구조를 단순하게 송출지와 경유지 그리고 목적지로 [그림 1-1]과 같이 구분하여 설명하고 있다. 이러한 Leiper의 재미있고 직관적인 모델은 관광을 이해하는데 도움이 되는 단순한 방법으로서 뿐만 아니라 관광계획을 위해서도 유용한 것으로 평가되고 있다. 이러한 Leiper의 모델은 다른 많은 학자들의 관광구조 모델연구의 바탕이 되었다.

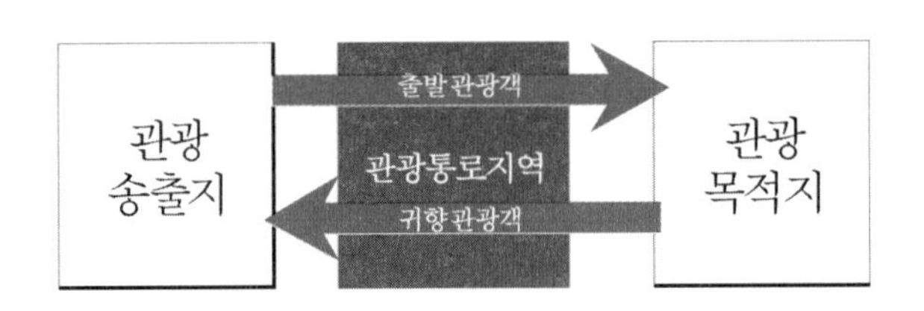

환경: 인간, 사회, 문화, 경제, 기술, 물리, 정치, 법규 등

관광객, 여행 및 관광산업의 위치

자료 : N. Leiper(1981)

[그림 1-1] 관광의 기본구조

이러한 모델에 기초해서 관광구성인자 가운데 세 가지 기본적 요소는 다음과 같다.

① 선택된 단일 또는 복합목적지까지의 여행을 포함한 동적인 요소

② 목적지에서의 체재를 포함한 평형적 요소
③ 위의 두 가지 요소에 수반하여 생기는 경제적, 물리적 그리고 관광객과 직·간접적인 접촉을 통해 야기되는 사회적 하부조직의 효과에 관한 결과적인 요소 등을 들 수 있다.

이와 같은 이유로 해서 관광은 변화무쌍한 다양성과 여행과정에서 일어나는 여러 관계와의 결합으로 하나의 혼합적 현상으로 나타나게 되는 것이다. 관광구조에 있어서 주된 가변적 요소와 이의 상관관계는 다음 [그림 1-2]에서 보는 바와 같다.

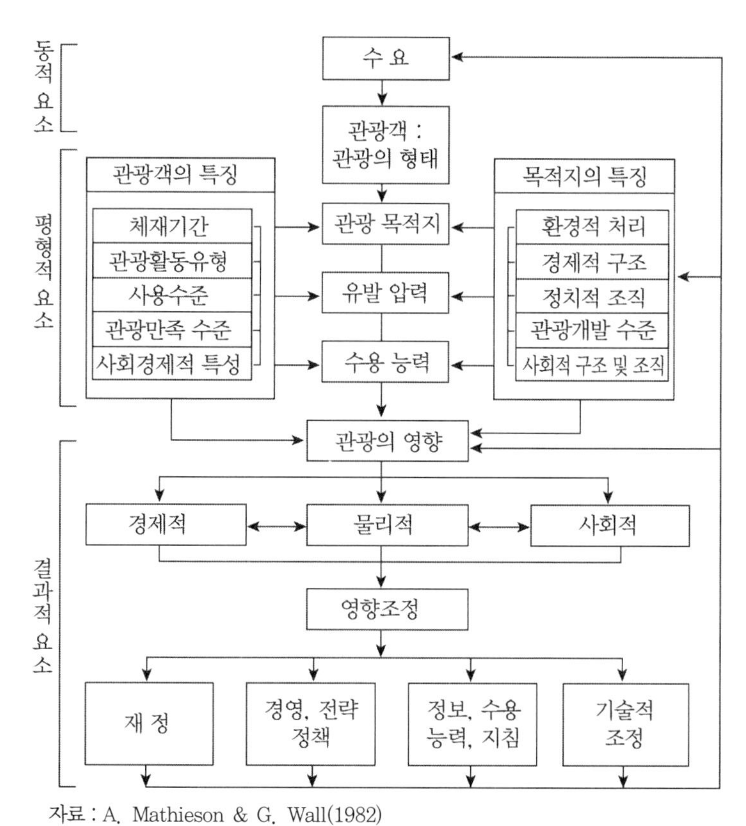

자료 : A. Mathieson & G. Wall(1982)

[그림 1-2] 관광의 개념적 구조

여기서 제시된 관광의 영향적 요소는 비단 특정시설이나 단순한 관광적 행위에만 국한된 것이 아니라 보다 폭넓은 관점에서 관찰되어지고 있음을 알 수 있다.

이러한 현상은 관광의 주체와 객체 그리고 매체 등 각종 관련요소와의 접촉과 충돌에서 상호작용으로 빚어지는 인간행위의 영향 및 변화형태로 나타나게 되는 것이다.

따라서 구성인자의 모든 가변적 요소는 동등한 비중으로 그 영향도가 같다고 단언하기 어려울 뿐만 아니라 계량적으로도 분석이 용이하지 않다.

왜냐하면 이것은 수요의 구성인자에 대한 특성과 공급측면에서의 각종 구성요소의 특성이 공간적으로나 시간적으로 각각 다르게 나타나기 때문이다.

그러나 이러한 개념적 구조에 대한 분석은 관광을 하나의 융합된 현상으로 규명하고 동시에 이들의 상호관계를 조명해 본다는 측면에서 매우 중요하며, 또한 의미가 크다고 보는 것이다.

관광시스템에 관해서 Murphy는 동기와 지각 그리고 기대 등을 포함한 수요에 영향을 미치는 심리적 요인을 중시하고 있다. 그는 이러한 수요기준이 시장에 위치한 여행업체와 같은 매체에 의해 관광시설 및 공급요소까지로의 연결과정으로 보고 [그림 1-3]과 같이 설명하고 있다.

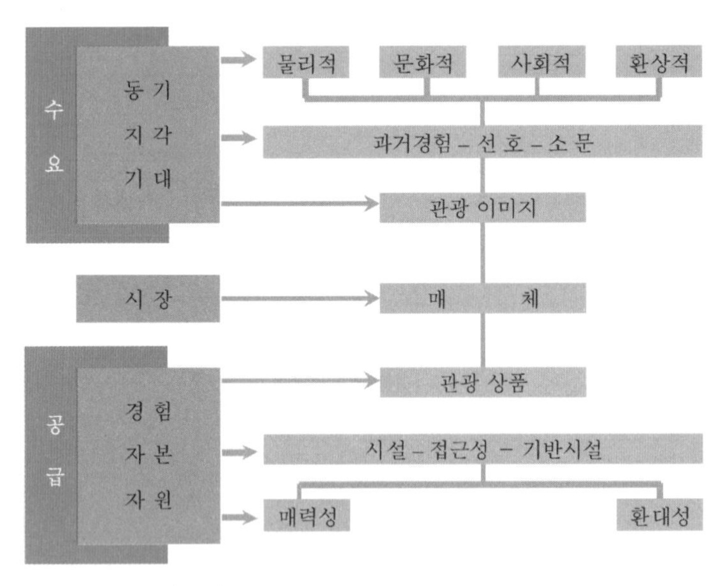

자료: P. Murphy(1985)

[그림 1-3] Murphy의 관광시스템

다른 한편으로 Gunn은 외부환경의 영향과 관광시스템 내에서의 각종 인간의 상호관계를 반영한 모델을 개발하였다. 그는 요소간 상호영향을 인지함으로써 관광시스템에서 각종 현상의 중요성과 상호의존성을 강조하고 있다.

Mill과 Morrison은 관광시스템을 ① 시장, ② 여행, ③ 목적지, ④ 마케팅 등 4개의 부문으로 구성되어 있다고 주장했다.

첫째, 이 시스템에서 시장 특성부문은 잠재적 고객의 여행결정이나 또는 관광행위의 실현 여부를 결정하는 과정에 대해 설명하고 있는데, 여행결정은

① 과거의 여행체험에 대한 만족도
② 미래의 여행욕구에 대한 충족의 확신도
③ 외부환경에 대한 강제요인 등에 의해 영향을 받게 된다는 것이다.

둘째, 여행부문에서는 관광결정이 이루어지고 난 후에 어디서, 언제, 어떻게 여행할 것인가에 대한 요소들이 검토되어야 한다. 이들 요소에 대한 검토를 위해서는 국내외 관광객의 흐름과 이동상태, 이용가능한 교통수단 및 시설과 추세, 그리고 여행동반자 및 형태에 관한 내용들이 면밀히 분석되어야만 한다.

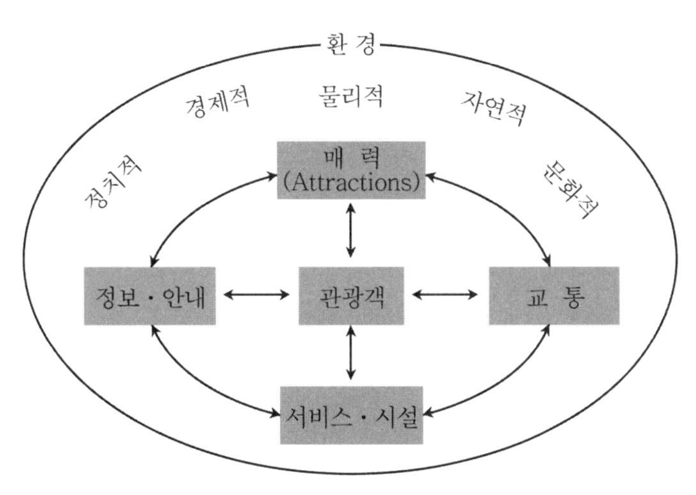

자료 : C. Gunn(1988)

[그림 1-4] Gunn의 관광시스템

셋째, 주요 부문은 목적지로서 이것은 관광객들이 사용하는 매력대상과 서비스요인의 혼합물로 구성되어 있다. 이의 성공적인 기능을 발휘하기 위해서는 상호의존적인 매력물과 서비스 그리고 관광객의 만족요인 등이 효과적으로 혼합되어야 하는 것이다. 관광상품을 판매하기 위해서 목적지는 관광산업으로부터 얻을 수 있는 편익에 대한 올바른 이해와 갖가지 함정들을 예방하고 피할 수 있어야만 할 것이다. 따라서 관광산업에 대한 종합적인 정책수립이 구체화되고 관광의 파급효과에 대한 구체적인 내용을 근거로 해서 개발계획이 이루어져야 한다.

넷째, 목적지가 마케팅과정을 통하여 관광창출 시장에서 사람들이 여행을 하도록 권장하는 일이다. 마케팅계획의 개발과 적절한 마케팅믹스의 선정, 그리고 분배통로의 선택 등이 목적지로의 관광여행 장려에 대한 성패의 관건이 되는 것이다.

이상의 관광시스템에 있어서 4개 주요 부문에 대한 구체적인 내용과 상호관계에 대한 것은 [그림 1-5]에서 보는 바와 같다.

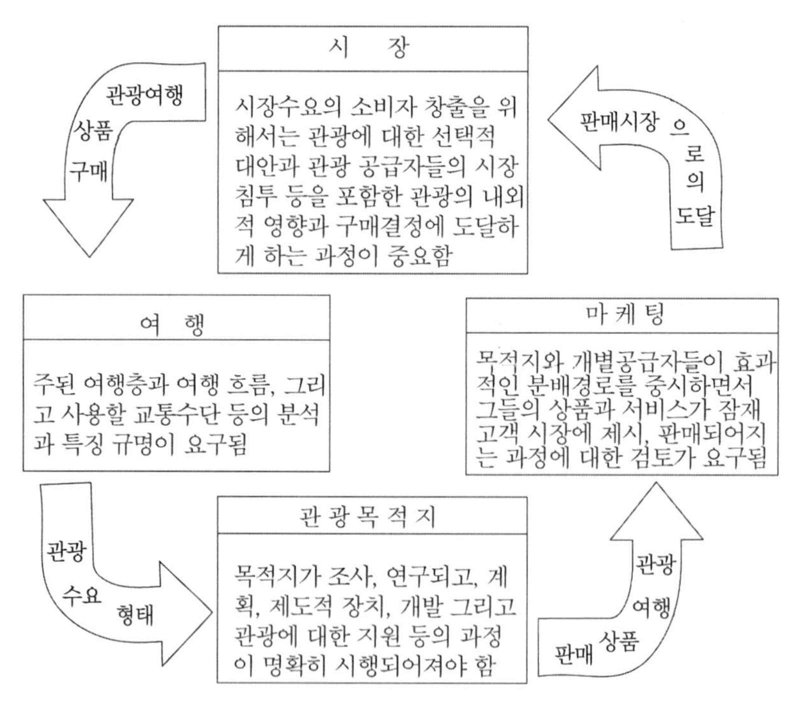

자료 : R. C. Mill and A. M. Morrison(1992)

[그림 1-5] 관광시스템

관광현상은 관광의 주체인 관광객과 객체인 관광대상, 그리고 필요에 따라 양자를 효율적으로 연결시켜 주는 매체적 요소 등으로 구성되어 있으며 이들의 상호작용에 의해 일어나는 여러 현상을 말한다. 미시적 관점에서 본다면 주체적 요소의 관광상품 및 자원을 구매・활용하기 위한 공간적 이동과 시간적 소모현상, 그리고 관광매체적 요소와의 접촉 및 거래행위 등에서 표출되는 일련의 현상으로 국한시킬 수도 있다.

관광현상의 주체가 되고 있는 관광객은 관광상품을 구매・소비할 수 있는 충분한 가처분소득과 여가시간을 필수적으로 가지고 있어야만 하고, 여행을 할 수 있는 조건을 갖춘 자로서 내・외적 동기유발에 의해 관광적 행위를 실천에 옮기는 자를 말한다.

관광상품 및 자원이란 관광의 객체로서, 단순한 관광대상, 즉 유형적 관광자원이나 위락・편의시설만이 아닌 인적 서비스의 관광환경 등 무형적 요소까지를 포함한 것으로 관광체험의 대상이 될 수 있는 단일, 복합 또는 총체적 요소를 말한다.

관광객은 이러한 관광대상을 필요나 욕구에 의해 직접 또는 간접으로 구매함으로써 최대의 만족을 기대한다. 따라서 필요한 정보와 각종 편의 및 서비스를 제공함으로써 관광객의 신뢰와 동기를 유발시켜 관광상품을 구매하게 하는 기능을 가진 개인 또는 단체가 관광매체가 된다.

관광객은 관광동기 유발이 점화되는 시점에서 상품선정, 계약 및 대금지급, 그리고 실제 소비행위를 하고 이전의 원상태로 돌아올 때까지의 구매적・시간적・공간적・감각적・경험적 요소를 포함한 총체적 체험을 구입함으로써 실질적인 이득과 만족의 극대화를 추구하게 되는 것이다.

Wahab은 관광현상의 구조를 근본적으로 세 가지 요소, 즉 ① 관광행위의 주체가 되는 인적요소와, ② 관광행동반경 자체에 필요한 물리적 요소인 공간, 그리고 ③ 여행 자체와 목적지에서의 체재에 소요되는 시간적 요소 등으로 구분하고 있으며, 시간적 요소는 출발지점과 목적지 간의 거리와 교통시설 및 수단, 그리고 목적지에서의 체재기간에 따라 다양하게 나타날 수 있다고 주장했다(Wahab, 1975). 따라서 이러한 요소들은 관광행동을 고려하지 않는 경우 관광현상의 필수적인 조건이라고 볼 수 있으며, 이것을 관광수요뿐만 아니라 공급측면과 연관시켜 볼 때 <표 1-1>과 같은 관계임을 알 수 있다.

〈표 1-1〉 관광현상의 구조

수요측면	기본요소	공급측면
관광객(잠재 및 실수요)	주체성(인적 요소)	관광인력(서비스맨 및 전문경영인)
관광송출지역(잠재 및 실재시장)	공간성(물리적 요소)	관광목적지(관광편의 및 위락시설)
관광시간(여행시간 및 시기)	시간성(소모적 요소)	체재기간(주유 및 숙박기간)

그러나 거시적 측면에서 본다면 관광주체는 공간적 이동과 시간적 소모과정 중에 접하게 되는 특정시설 종사원 및 지역주민과의 만남에서 고객(guest)과 주인(host)의 입장을 초월하여 상호 복잡한 상황을 야기시킬 수 있으며, 궁극적으로 이것은 관광의 영향 및 효과를 측정하는데 매우 중요한 요인으로 작용하게 되는 것이다.

주체의 이동현상은 개별적 또는 집단적 상호작용으로 인간관계, 이해, 감정, 지각, 동기유발, 만족, 기쁨 등의 요인들에 영향을 미치게 되고, 결과에 따라 관광의 정적(正的) 및 부정적(否定的) 효과로 평가된다. 그렇기 때문에 관광현상의 개념을 이해하기 위한 학문적 접근도 관광현상의 주체가 되고 있는 관광객을 중심으로 다른 지역 주민과의 관계에서 어떠한 역할을 하고 있는지에 대한 연구가 필요한 것으로 보고 있다.

한편, Jafar Jafari는 관광이란 첫째, 사람이 거주지로부터 떠나는 것과 둘째, 관광적 장치와 조직망 그리고 셋째, 일상 및 비일상 세계와 그들 상호 변증적 관계를 연구하는 것으로 보고 관광현상을 아래 그림과 같이 뜀틀에 비유하면서 설명하고 있다.

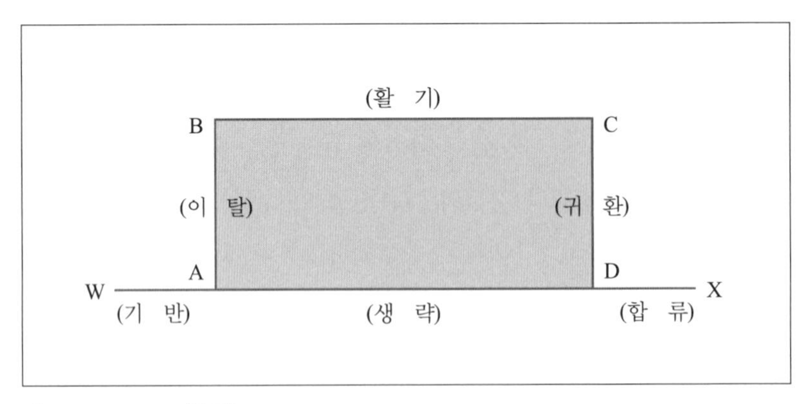

자료 : Jafar Jafari(2001)

[그림 1-6] Jafari의 관광모델

① 기반(WA - 얽혀 있는 형태와 힘의 실체) :
이것은 일상생활의 공동체로 뜀틀(Springboard) 위로 떠나기 위한 필요와 욕구의 기반이 되는 과정이다.

② 이탈(AB - 일상세계로부터의 거리) :
이것은 이탈과정으로서 출발행위와 제한적인 삶으로부터의 자유감각을 포함하고 있다.

③ 활기(BC - 비일상적 부력의 생활) :
이것은 관광적 활기과정으로서 확실한 비일상적 외부시간과 공간을 가지는 기간을 뜻한다.

④ 귀환(CD - 일상생활권으로의 귀향) :
이것은 귀환과정으로서 일시적인 관광객 위치에서 필연적으로 돌아옴으로써 지속적이고 실질적인 생활로 복귀하는 것을 뜻한다.

⑤ 합류(DX - 관광이 일상생활의 주류에 다시 돌아온다) :
이것은 귀향하는 관광적 흐름과정으로 일상생활의 주류에 합류하는 것을 뜻한다.

⑥ 생략(AD - 관광의 아래 통로 과정이다) :
이것은 순간적인 일상생활로 관광객이 실질적으로 거주지에서 생활하지는 않지만 지속적인 삶을 영위하는 과정을 뜻한다.

이와 같이 관광은 관광창출지(일상생활)와 관광수용지(비일상생활)와의 시스템이 연결되어질 때 실제현상으로 나타나게 된다. 그러나 관광은 일상생활 → 비일상생활 → 일상생활의 변형과정으로 이루어지는 관광모델과 관광장치 및 조직망으로 정의되는 바구니모델 이외에도 더 큰 정황 또는 더 복잡한 개념으로 정의될 수 있다.

따라서 관광에 대한 명확한 개념과 정확한 정의는 관광을 체계적으로 검토하기 위한 연구목적뿐만 아니라 현상을 측정하기 위한 통계목적과 지원 및 규제를 위한 법제정 목적, 그리고 경제활동 및 산업조직의 형성을 위한 사업목적 등을 위해서도 필요하게 된다.

2. 관광의 정의

영어의 관광(tourist 또는 tourism)이란 단어는, 1760년경 라틴어 'tournus'에서 파생된 영어 tour에 1800년경 접미어인 -ist와 -ism을 붙여 사용한 데 그 기원을 두고 있다(Oxford English Dictionary 참조).

관광의 개념정립 및 연구대상에 대하여는 학자들이 서로 다른 견해를 보이고 있는데, 대표적으로 이탈리아 로마대학의 Mariotti는 "관광은 외국인 관광객의 이동"으로 단정하고 관광의 본질을 경제현상으로 국한시켜 경제학적 접근을 시도했는가 하면, 독일 베를린대학의 Glücksman은 "관광이란 어떤 지역에 일시적으로 체재하고 있는 사람과 그 지역 사람들과의 사이에서 생기는 여러 관계의 총체이다"라고 정의함으로써 지리학, 심리학, 경제학, 경영학, 사회학 등의 여러 분야까지 포함시켜 광범위한 학문연구가 되어야 한다고 주장했다.

이러한 견해는 근본적으로 주창자의 학문적 관심분야와 관광주체의 국적에 대한 중시 여부, 관광객체의 우선순위 설정과 관광효과 측면에서의 관심부문에 따라 다소 차이를 보이고 있다.

그런데 스위스의 관광학자인 Hunziker는 "관광이란 사람이 통상의 거주지로부터 영리를 목적으로 하지 않고 타지로 이동하고, 또 체재하는 현상과, 그들 관계의 총체개념이다"라고 설명함으로써 오스트리아의 Bernecker의 "관광이란 사업상 또는 직업상의 이유와 관계없이 일시적이면서 자유의사에 따른 다른 지역으로의 이동이라는 사실과 결부된 여러 관계 및 결과를 가리킨다"라는 규정과 맥락을 같이하고 있다. 따라서 Bernecker는 관광의 윤리를 강조하고 동시에 관광의 경제적 · 정신적 질서의 중요성을 역설함으로써 이것을 종합사회과학으로 체계를 확립하려고 노력한 흔적이 있다.

이와 같은 학문적 접근은 관광의 진정한 목적달성과 이에 따른 효과를 높임으로써 사회총체적 편익의 극대화를 이룩해야 된다는 필연적 과제를 해결하기 위해 매우 바람직한 자세라고 볼 수 있다.

오늘날 일반적인 사람들의 물리적 이동 또는 포괄적 의미에서의 여행과 관광은 여러 가지 이유에서 구별되어져야 할 필요가 있다. 이를 위해 시간적 · 공간적 그리고 목적요인 등의 중요성이 감안된 관광객에 대한 정의를 살펴볼 필요가 있다.

최초의 공식적인 정의는 1937년 국제연맹의 통계전문가위원회(The Committee of Statistical Experts of the League of Nations)의 '외국관광객'에 대한 것으로 "적어도 24시간 동안 본인의 거주지가 아닌 다른 나라를 방문하는 사람"이라고 함으로써 24시간 미만 방문자를 유람객(excursionist)으로 취급하고 있다. 따라서 관광객(tourist)은 "즐거움, 가사상 이유, 건강, 사업목적, 회의, 외교적 그리고 종교적 목적으로 여행하는 자"를 말하고, "해양유람선으로 도착하는 자는 24시간 미만 체재자일지라도 관광객의 범주에 포함시켜야 한다. 그러나 직업을 구하기 위해, 방문국에서 어떤 사업활동에 종사하기 위해 거주를 목적으로 입국하는 자, 학교 기숙사생활을 하는 학생, 그리고 국경지역에서 일하는 노동자들의 여행은 관광객으로 간주될 수 없다"고 이 기구는 밝히고 있다.

이와 같은 외국관광객과 비관광객에 대한 정의는 다소 미흡한 점이 있으나 사상 최초로 공식적인 원칙 및 범주를 설정했다는 데 큰 의미를 부여할 수 있다. 그 후 1963년 로마에서 개최된 '국제관광 및 여행에 관한 UN회의'에서는 방문 또는 여행목적에 따른 구분과 "여러 방문에서 직업상 보수를 받지 않는 일상의 거주지가 아닌 타국을 방문하는 자"를 방문자(visitor)라고 정의하였다. 그러나 이 정의는 유엔통계위원회의 승인을 거쳐 1968년 비로소 국제관설여행기구(International Union of Official Travel Organization : 세계관광기구(UNWTO)의 전신)에 의해 받아들여졌다(Foster, 1985).

1983년 세계관광기구(World Tourism Organization)에서는 관광객에 대한 좀 더 상세한 정의를 내리고 있다. 주민은 "그 나라에 일상의 거주지를 가지는 외국인을 포함하여 외국 방문으로부터 돌아오는 사람"이라 하고, 비주민은 "외국에 일상거주지를 가지는 교민을 포함한 외국으로부터의 방문객"으로 규정함으로써 방문하는 비주민을 여행자의 기본적 범주에 포함시키고 있다.

'국제방문객'에 대하여는 "방문국에 적어도 24시간, 그러나 1년이 넘지 않게 체재하면서 즐거움, 위락, 휴가, 스포츠, 사업, 친구 · 친척방문, 임무, 회합, 회의, 건강, 연구, 종교 등의 목적으로 여행하는 자"를 국제관광객으로 정의하고, 24시간 미만의 체재자를 국제유람객(international excursionist)으로 취급하고 있다. 방문국의 숙박시설을 사용하지 않는 방문 승무원이나, 선박여행 중의 여행자 등이 여기에 속한다.

따라서 "일상거주지 외의 다른 국가를 1년 미만 동안 방문하고, 방문국으로부터 보수를 받는 직업 외의 주요 방문목적을 가진 사람"이 국제방문객으로 정의된다.

UNWTO의 여행자 분류는 [그림 1-7]과 같이 여행자를 가장 상위개념으로 해서 방문객을 관광객과 유람객으로 구분하고 있다.

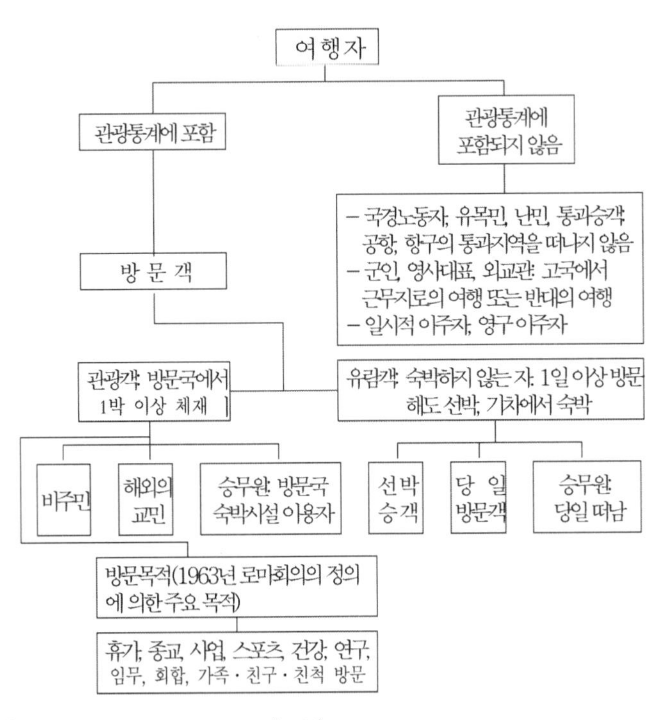

자료 : J. Christopher Holloway(1983)

[그림 1-7] UNWTO의 여행자 분류

한편, 미국의 인구조사통계국은 1972년 전국 여행실태조사를 실시함에 있어서 관광객(tourist)에 대한 범위를 다음의 기준에 근거한 바 있다.

"관광객이란 간단히 말해서 여행을 하는 사람이고, 여행이란 사람이 거주지를 출발해서 한 개 또는 그 이상의 목적지를 방문하고 다시 거주지로 돌아오는 총체적 경험을 말한다. 따라서 관광객은 왕복여행을 하는 사람이다. 만약 여행자가 거주지 외의 목적지에서 1박 이상 체재하지 않거나 목적지가 편도로 적어도 출발지에서 100마일 이상 되지 않는 곳이라면 관광여행으로 간주될 수 없다"(Crompton, 1976)라는 기준을 설정한 바 있다.

한편, 1986년 한국관광공사의 국내관광객에 대한 정의로는 관광객이란 "자신의 일상 거주지를 벗어나 16㎞ 이상을(또는 시 · 군 행정구역을 벗어나) 여행하는 자로서 그 여행목적이 여가이용(위락, 휴가, 건강, 연구, 신앙, 스포츠 등)이나 사업, 가족관계, 임무수행, 회합에 있는 자를 말하며, 위에서 제외되는 일상생활권 내(반지름 16㎞ 이내 또는 시 · 군 구역 내)의 여가목적 여행자는 UNWTO나 다른 많은 나라들이 정의하듯이 나들이객 또는 소풍객이라고 부른다"고 명시한 바 있다.

이와 같은 정의는 UNWTO의 국내관광객 정의를 수용한 것으로서 시간적 조건에서 24시간 미만은 UNWTO의 경우 소풍객(유람객)이라고 하는데, 우리나라에서는 24시간 미만은 당일관광객, 24시간 이상 1년 미만은 숙박관광객으로 분류한다.

거리조건에서는 각국이 25~100마일의 여행거리를 내세우는데, 우리나라의 경우 군(郡)의 평균 지름인 16 ㎞를 기본전제로 한다. 단, 가정의 생활환경을 벗어나는 것이라는 의미를 부여할 필요가 있다. 따라서 국내관광객이란 "1년 미만의 기간 동안 일시적으로 가정의 생활환경을 떠나(또는 16㎞ 이상 여행) 방문지에서 보수를 받는 이외의 목적(즐거움, 위락, 휴가, 친구 · 친척방문, 사업, 회합, 회의, 스포츠, 행사 참석 등)으로 국내를 여행하는 사람을 말하며, 승무원의 여행, 직장 출퇴근, 학생의 통학은 제외되어야 한다"라는 견해를 보이고 있다.

그러나 실제로는 이보다 앞서 1978년에 이미 우리나라의 국내관광객에 대한 정의가 아래와 같이 제시된 바 있다.

우리나라에서 '관광객'이란 단어가 일반화된 것은 불과 40여년 전의 일로서, 1962년 국제관광공사(한국관광공사의 전신)의 설립과 더불어 외래방문객을 일컫는 말로 표현되게 된다.

이에 비해 순수한 우리말로는 구경꾼(sightseer)이 내국인 관광객의 뜻으로 오랫동안 사용되어 오고 있다.

일반적으로 '구경꾼'이란, 사람이 자기의 집을 떠나서 타지역의 자연이나 문화적인 현상 또는 오락, 놀이, 여흥 등을 잠시 동안 보고 즐기는 사람을 뜻한다(Kim, 1978).

그러나 여기서 두 개의 술어가 지닌 말의 뜻을 살펴본다면, 먼저 "집을 떠나서"라는 말에는 공간성의 요소(gap element), 즉 집으로부터의 거리적 요소(a distance from the home)가 내포되어 있다.

우리나라는 오랜 기간 동안 '리(里)'라는 거리측정단위를 사용해 왔다. 그리고 '백리'(100리 = 40km = 25miles)라는 말이 지니고 있는 뜻은 100리가 지닌 물리적 거리 감각 이외에도, 막연히 먼 곳 또는 집으로부터 멀리 떨어진 곳이라는 뜻도 동시에 지니고 있으며, 예전부터 우리는 이런 뜻으로 '백리'라는 단어를 사용해 오고 있다.

또, "잠시 동안"이란 뜻은, 시간적인 요소(time factor)를 내포하고 있는 것으로, 이것은 한시간, 하루, 일주일, 또는 한달 내지는 상황에 따라 그 이상의 기간을 나타낼 수도 있는 낱말로서의 뉘앙스를 가지고 있다.

물론 이러한 것은 시간과 숫자에 대한 관념이 불분명했던 우리의 국민성에도 다소 그 원인이 있다고 본다. 그러나 오랜 생활습성에서 오는 우리들의 의식구조와 가치관을 고려해 본다면 잠시 동안이란 하루(24시간)라는 말로 대치될 수 있다. 그러나 비록 관광을 목적으로 자기의 집을 떠나서 여행하더라도 목적지에서 숙박하지 않고 당일(12시간 이내) 집으로 돌아오는 현상은 관광의 범주에 넣을 수 없으며, 일반적으로 유람객(excursionist)으로 간주된다.

오늘날 숙박시설업과 여행운송업이 서비스산업의 대종을 이루고 있고 호텔을 포함한 숙박업이 관광산업 발전에 선도적 역할을 담당하고 있는 이상, 목적지에서의 여행자의 숙박 여부는 관광지에 있어서 여러모로 매우 큰 의미와 관광경제적인 측면에서도 중요한 척도요소로서 큰 비중을 차지하고 있다고 보아야 할 것이다.

따라서 위의 이론들을 바탕으로 우리나라에 적용될 수 있는 국내관광객(domestic tourist 또는 internal tourist)에 대한 정의를 아래와 같이 약술할 수 있을 것이다. '내국인 관광객'이란 "자국 내에서 위락을 병행한 사업상의 출장, 레크리에이션, 건강회복, 종교행사, 운동경기, 문화행사, 협의회 및 회의, 수학여행이나 청소년들의 각종 프로그램 등에 참여할 목적으로 현거주지로부터 편도 100리 이상 되는 거리를 여행하여 목적지에서 숙박하거나 또는 24시간 이상 체재하는 자"를 말한다.

위의 이론을 바탕으로 국민관광의 학문적 체계를 새로이 확립하여 한국의 관광산업을 발전시켜 나가는 일이야말로 매우 중요하다고 하겠다. 따라서 전국여행자 실태조사 시에 위의 정의를 적용하여 관광객을 일반여행자(traveler)들과 구분해서 집계하고 분석하는 작업이야말로 건전한 국민관광개발을 위해 선행되어져야 할 중요한 과제라고 할 수 있다.

제2절 관광의 발전

1. 세계관광의 발전

오늘날 관광(tourism)이란 말이 가지고 있는 뜻은 영어에서 tour란 단어가 일반적으로 사용되기 시작한 제2차 세계대전 직후의 현상에 근거하고 있다.

그러나 이러한 단어는 18세기부터 특권층의 호화관광이나 음악 · 연극 공연단에 의해 계획된 특별여행을 지칭할 때부터 실제로 사용되어 왔던 것이다. 그 당시 여건을 갖춘 자들은 개별 또는 가족 및 친지들과 단체로 여행에 참여할 수 있었으나, 관광이란 단어는 모험이란 뜻을 어느 정도 내포하고 있었다. 이들은 대체로 여행을 통해서 목적지의 사회 및 주민과 진실된 친교를 기할 수 있었으며, 상호 만남과 의사소통 등으로 참된 문화적 교류도 실현할 수 있는 결과를 가져올 수 있었다.

그렇지만 산업혁명 이전까지의 관광은 여행에 대한 정보제공 및 여행주선 등이 사실상 없었으며, 다만 성지순례, 참배, 요양, 행사(고대 희랍의 올림픽, 축제 등) 참가를 위한 개인위주의 여행이 존재했을 뿐 이것도 대부분의 경우 귀족, 승려, 무사 등 특권층에 국한되었다.

19세기의 산업혁명은 전통적인 봉건사회구조의 붕괴와 자본주의 사회체제의 기틀을 다지는 데 전기가 되었을 뿐 아니라, 레저부문에도 일대 변화와 혁신을 가져왔다. 증기기관차와 증기선의 발명, 철도의 부설은 장소간의 이동을 용이하게 하였고 많은 사람을 동시에 대량수송할 수 있게 되어 관광산업에도 크게 발전할 수 있도록 하는 계기를 마련해 주었으며, 또 자동차의 발명은 무한한 여행의 가능성을 인류에게 가져다주었다. 그러나 대부분의 노동자와 농민들은 소득수준이 낮고 사용자의 혹사로 인해 여가를 즐길 경제적 · 시간적 여유가 없었으며, 단지 특권층과 부유층의 향락위주 관광, 수렵 · 요양 관광 등이 주류를 이루고 있었다.

제2차 세계대전 후 경제부흥, 교통수단 발달, 국민소득 증가는 세계 각국에서 중산층의 관광여행을 촉진하는 요소가 되었다. 따라서 노동자의 사회적 지위향상, 여가증가, 문화생활 추구, 가처분소득 증대, 교통수단 발달, 매스컴을 통한 다양하고 신속한 정보전달, 도시 과밀화현상, 공해문제 등은 필연적으로 건강회복, 여가선용, 인간다운 생활을 추구하게 하는 요인이 되었다.

특히 20세기 기계문명 시대로 접어들면서 항공산업의 획기적인 발전과 교육수준 향상에서 오는 취미와 기호의 다양화 등은 오늘날과 같은 대량관광(mass tourism) 시대를 이끄는 원동력이 되었다.

관광의 일반적인 발전단계를 형태별로 구분하면 tour의 시대, tourism의 시대, mass tourism의 시대로 <표 1-2>와 같이 구분할 수가 있다.

〈표 1-2〉 관광의 발전단계

단 계	시 기	관광객층	관광동기	조직자	조직동기
Tour의 시대	고대부터 1830년대 말까지	귀족, 승려, 무사 등 특권계급과 일부 평민	종교심	교회	신앙심의 함양
Tourism의 시대	1840년대 초부터 제2차 세계대전까지	특권계급과 대지주 및 일부의 부유한 평민(자본주의)	지식욕	기업	이윤추구
Mass tourism의 시대 (Social tourism)	제2차 세계대전 후부터 현재까지	대중을 포함한 전국민	보양과 오락	기업・공공단체・국가	이윤추구, 국민복지 증대

Tour의 시대는 고대 그리스와 로마시대로부터 19세기 30년대까지로 귀족과 승려, 기사 등이 속하는 특수계층의 종교 및 신앙심을 함양시키기 위한 교회 중심의 개인활동으로서 관광산업의 형태는 자연발생적인 특징을 들 수 있다.

Tourism의 시대는 제2차 세계대전 이전까지로 구분되는 것으로 주로 귀족과 부유한 평민의 지식욕을 충족시키기 위한 형태로 발전하여 단체의 여행이 생성됨에 따라 이윤추구를 목적으로 하는 기업이 등장하게 되었다.

Mass tourism은 제2차 세계대전 후 현대까지의 관광으로 중산층 시민대중을 포함하는 전국민 전계층의 여가선용과 자기창조의 활동으로 폭넓은 동기에 의해서 이루어지는 사회현상이다. 따라서 기업은 물론 공공단체나 국가가 적극 지원함으로써 이윤의 추구와 동시에 국민복지 증진이란 목적의 Social tourism의 출현을 가능하게 하였으며, 이는 영리성과 공익성을 동시에 충족하는 종합관광형태의 특징을 갖추게 되었다.

Wahab은 교통 및 숙박시설의 발달과 향상, 서비스산업 분야에 종사하고 있는 경영전문가들과 보다 효율적인 통신시설의 발달 등이 현대관광산업을 발달하게 한 요인들이라고 했다(Wahab, 1975).

따라서 관광산업의 발전과정은 국내여행 발달기와 국제여행 발달기로 나누어 볼 수 있으며, 국내여행 발달기는 고대의 생활근거를 중심으로 한 주민들의 지역 내의 여행(Intra-regional travel)을 시발점으로 해서 지역간 여행(Inter- regional travel)까지의 과정으로 보고, 국제여행 발달기는 국내여행 발전을 바탕으로 한 근대의 대륙 내의 여행(Intra-continental travel)으로부터 현대의 대륙간 여행(Inter-continental travel)까지의 과정으로 볼 수 있으며, 머지 않은 장래에 우주여행(Space travel)이 실현될 것으로 예측된다. 생활근거지를 중심으로 한 주민들의 지역 내 또는 지역간 여행을 내용으로 하고 있는 국내관광은 오랜 기간에 걸쳐 발전해 왔으며, 오늘날 눈부신 국제관광산업을 발달시킨 초석이 되어 왔다는 점에서 그 중요성이 크다고 할 수 있다.

물론 영국의 Thomas Cook과 James Cook, 그리고 미국의 Henry Wells와 같이 개인적으로 국제여행 산업의 발전에 기여한 사람들도 있지만, 현대 기계문명과 사회문화 및 경제성장 없이는 관광산업의 발전이 이룩될 수 없었다는 점으로 미루어볼 때 인류 모두의 직·간접적인 참여와 지원에 발전의 근원을 두고 있다고 봐야 할 것이다. 여기에 또한 관광을 하나의 복합적 총체인 동시에 인간생활에 있어서 필연적인 현상이라는 특징의 양면성을 찾아볼 수 있다(김상무, 1981).

UN에서 채택한 세계인권선언(Universal Declaration of Human Rights, 1948. 12. 10) 제24조에도 “모든 사람은 합리적인 노동시간의 단축과 정기 유급휴가를 포함하여 휴식과 여가의 권리를 가진다”라고 명시되어 있으며, 세계관광기구(World Tourism Organization)도 마닐라선언(1980. 10. 10)과 아카폴코선언(1982. 8. 27.)에서 “관광여행의 기본권”(Right to Travel)을 채택, 모든 사람에게 여행할 권리를 부여하자고 제의하였다.

이러한 배경하에서 미래학자로 유명한 Herman Kahn은 서기 2000년대까지는 관광이 세계의 유일하고 가장 중요한 경제활동이 될 것이라고 그의 명저 『향후 200년대』에서 예언하고 있으며, 나아가 노동의 시대는 이미 막을 내렸고, 여가의 시대가 시작되었다는 것을 주장하였는데, 장차 여가선용 문제는 인류생활의 기본요소인 의식주와 함께 인간과 사회의 근본요소 중의 하나로 지속적으로 성장 · 발전해 나갈 것이다.

2. 우리나라의 관광발전

우리나라는 구미제국이나 일본에 비해서 관광부문의 발전이 상당히 늦었다. 그것은 유럽처럼 이웃나라 간에 각종 명목의 여행이 이루어지지 못했을 뿐만 아니라 관광발전의 초석이 되는 교통수단과 대중 숙박시설의 발달, 그리고 국민의 시간적 · 경제적 여유가 1970년대까지 뒤따르지 못한 데 그 주된 원인이 있다.

1) 해방이전까지의 관광

근세조선 이전까지 관광성격을 띤 여행은 종교적 · 민속적인 내용이 많았다. 불교가 우리나라에 들어와 정착하면서 전국 각지에 많은 사찰을 건설하였고, 국민의 대부분이었던 신도들의 연중 각종 불교 봉축행사 참가 및 참배가 많았다. 사찰이 거의 도심지에 있지 않았기 때문에 참배자는 산중의 사찰을 찾게 되었는데, 여기서 우리는 서구식 순례여행과 흡사한 점을 발견할 수 있다.

그리고 전국 명산대천(名山大川)을 찾아 낭만을 즐기던 시인과 묵객들의 풍류여행, 신라 화랑도의 심신수양을 위한 전국 명소순례 여행, 부산에서 신의주까지의 국도를 따라 설치 · 운영되었던 역참(驛站)을 이용한 관민의 여행, 지방마다 매년 정기적으로 개최되는 그 지방 특유의 민속행사(씨름대회, 줄다리기 등) 참가, 천렵(川獵), 뱃놀이 등은 고유의 여행이면서 관광이라고 할 수 있다.

일제강점기 시기인 20세기 초에는 한국관광에 큰 변화가 있었다. 일본이 만주대륙 진출을 위해 병참지원 목적으로 한반도에 철도를 부설하였고, 여행형 철도역에 철도호텔을 세웠다(1912년 부산, 신의주에 철도호텔 건립). 그리고 1914년 일본여행협회 한국지사가 개설되어 일본인의 여행편의를 제공하였다. 그 당시 관광업무를 주관하던 철도국(운수과 여객계)에는 영어, 불어에 능한 한국인 · 러시아인 직원을 두어 관광선전 업무를 수행토록 하였고, 일본의 도쿄, 오사카, 시모노세키, 스루가에 선전사무소를 운영하였으며, 일본의 극장에서 한국관광 소개 프로그램인 '한국의 저녁'을 일본인들에게 선전 · 안내하였다.

여객투숙 호텔로서 부산, 신의주에 이어 1914년 서울에 조선호텔(4층 65실)이 세워지고, 1915년 금강산에 금강산호텔 · 장안사호텔, 1925년 평양 철도호텔, 1938년에 당시 최대규모의 서양식 호텔인 반도호텔(8층 111실)이 건립되었다. 그러나 일제강점기에서는 일본인을 위한 관광이었을 뿐 우리 민족의 관광으로서는 암흑기였다.

2) 해방 이후부터 1960년대 말까지의 관광

일제강점기가 종식되고 우리 정부가 수립되면서 일본과의 국교가 사실상 단절되고, 미국을 비롯한 구미제국과 외교관계를 맺으면서 구미인들의 한국여행이 시작되었다. 그러나 관광부문에 수용태세가 갖추어지지 않아 관광객 유치를 할 수 있는 단계에는 이르지 못했다.

1948년 처음으로 외국인 관광단(Royal Asiatic Society, 70명)이 한국을 찾아 2박 3일 일정으로 경주, 제주도 등 주요 관광지를 여행하였다. 같은 해 서울-온양온천간 관광전세버스 운행면허를 처음 발급하였고, 미국 NW, PANAM 등 외국 항공사의 한국영업소가 조선호텔에서 영업을 개시하였다.

1950년에는 온양, 대구, 설악산, 서귀포, 무등산에 관광호텔이 개업하였으나 6 · 25전쟁으로 인해 사실상 관광은 중단되었다. 휴전으로 일단 전쟁이 멎게 되면서 전 산업의 복구와 안정을 되찾게 되었다. 1953년 근로자에게 연간 12일간의 유급휴가를 실시하도록 보장한 「근로기준법」이 제정되었고, 1954년 2월 17일 교통부 육운국 관광과가 설치됨으로써 처음으로 한국관광을 육성 · 지도하는 기능을 수행하여 한국관광의 산실역할을 하였다.

1958년 대통령령 제1850호에 따라 중앙에는 교통부장관 자문기관으로 중앙관광위원회, 지방에는 도지사 자문기관으로 지방관광위원회가 각각 설치 · 운영되었고, 1961년 8월 22일에는 우리나라 최초의 관광법규인 「관광사업진흥법」이 제정 · 공포되었다.

1962년 4월 24일에는 국제관광공사(현 한국관광공사의 전신)가 설립되어 한국관광의 해외선전, 관광객 편의제공, 관광객 유치업무를 수행하기 시작했고, 1963년 교통부 육운국 관광과가 관광국으로 성격되어 독자적인 관광행정을 수행하게 되었다. 같은 해 대한관광협회(현 한국관광협회중앙회 전신)가 설립되면서 뉴욕에 최초의 한국 해외 선전사무소를 설치하였다. 1964년 일본이 해외여행 자유화시책을 실시함에 따라 한국의 주요 관광시장이 미국에서 일본으로 바뀌는 전환점을 맞이하였다.

1965년에는 관광부문의 국제회의인 제14차 태평양지역관광협회(PATA) 총회를 한국에 유치하여 각국 관광업계 대표들에게 한국관광 전반에 대해 알릴 수 있었으며, 관광업계 종사원의 양성 · 배출을 위해 1962년 통역안내원 시험 실시에 이어 1965년부터 관광호텔 종사원 자격시험제도를 실시하였다.

이와 같이 1960년대는 한국 관광산업의 기반조성과 국제관광객 유치를 위한 체제가 정비된 시기였다고 볼 수 있다.

3) 1970년대의 관광

1970년대에 들어서면서 국립공원과 도립공원이 지정되고, 교통부와 한국관광공사의 관광진흥 및 개발활동이 본격적으로 전개되었으며, 세계관광기구(World Tourism Organization), 아시아 · 태평양지역관광협회(Pacific Asia Travel Association), 미주여행업협회(American Society of Travel Agents), 동아시아지역관광협회(East Asia Travel Association) 등 국제관광기구에 가입하여 국제협력의 기반을 다지기 시작하였다.

1971년에 경부고속도로가 개통됨으로써 수도권 중심의 관광이 지방으로 확산되었고, 외국관광객의 체재기간 연장에 기여하였다.

1972년 관광진흥개발기금 설립, 1975년 12월 「관광기본법」을 제정하여 관광진흥과 관광지개발에 적극 참여하게 되었고, 대규모 국제관광단지 개발을 위해 경주보문단지와 제주중문단지 내의 기반시설 개발이 착수되었다.

1974년 오일쇼크에 따른 세계경제 불황으로 외래관광객이 감소하였으나 곧이어 회복되었고, 1978년 한국 역사상 처음으로 외래관광객이 100만명을 넘어서게 되고, 관광수입 4억 달러를 획득함으로써 관광입국의 기반을 다지고 세계 40위권 관광국으로 부상하여 관광선진국으로서의 가능성을 제시하였다.

1970년대 후반에는 국민관광 발전을 위한 제도, 개발을 본격적으로 추진하게 되었으며, 동시에 한국관광공사의 해외조직망을 대폭 확장하여 관광시설의 저변확대에 역점을 두었다.

4) 1980년대의 관광

1980년대에 들어서는 복지행정의 차원에서 국민복지를 향상시키고 건전 국민관광을 정착시키기 위하여 국민관광진흥시책을 적극 펴나가고 있으며, 국제관광과 국민관광의 조화 있는 발전을 이루기 위한 노력이 이루어졌다.

1981년부터 국민관광지를 개발하기 시작하였고, 전략적 국제관광단지로서 경주보문관광단지 · 제주중문관광단지의 개발에 이어 1983년에 충무도남관광단지, 1984년에 남원관광단지 개발을 추진하기 시작하였다.

또, 1983년 ASTA 총회, 1985년 IBRD / IMF 총회, 1986년 ANOC 총회와 아시안게임 등 대규모 국제행사를 성공적으로 개최함으로써 관광산업의 비약적인 발전을 가져왔다.

특히 1986년 아시안게임과 1988년 서울올림픽 개최는 해외시장에서 한국여행에 대한 관심을 고조시키고, 한국관광의 수요를 촉진시키는 데 크게 기여하였다.

비록 지리적으로 우리나라는 극동에 위치하여 미국, 유럽 등 세계 주요 관광시장으로부터 원거리에 처해 있고, 항공교통의 요충지에서 벗어남으로써 접근성이 낮으며, 4계절 기후로 인해 365일 항상 관광객을 유치하기 곤란한 점 등, 제반 어려운 여건 하에서도 1988년에는 234만명의 외래관광객을 유치함으로써 고도성장을 기록하였다.

한편, 우리나라의 국민관광도 산업의 고도성장에 따라 1인당 국민소득이 '80년도에는 1,589달러에 불과하던 것이 1988년도에는 4,000달러를 초과하게 되었고, 법정공휴일 증가, 주5일 근무제 확산 등으로 인한 여가시간의 증대로 1980년 당시 연인원 8,340만명의 관광객 수가 1988년에는 2억 5,660만명으로 무려 3배 이상으로 신장하는 등 대량 국민관광 시대를 맞게 되었으며, 질적인 면에서도 건전한 여가활동의 정착과 함께 1일 관광에서 숙박관광으로 변모해 가는 등 국민들의 관광형태가 더욱 다양해지고 있다. 특히 해외여행자 수도 1989. 1. 1. 연령제한 폐지로 그 수요가 급증하였다.

5) 1990년대의 관광

1990년에는 관광산업이 사치소비성 업종으로 지정됨에 따라 관광산업에 대한 국민들의 이미지를 부정적으로 만드는 계기가 되었으며, 관광산업 종사자들의 근무의욕을 상실하게 만들기도 하였다.

1991년에는 외국인 관광객이 300만명을 넘어섰고, 아르헨티나에서 개최된 제9차 세계관광기구(WTO) 총회에서 우리나라가 WTO 집행이사국으로 선출되어 국제관광협력의 기반을 다진 한 해였다.

1993년에는 대전엑스포를 개최하여 내 · 외국인 관광객 1,400만명이 참가한 가운데 성공리에 치러졌으며, 엑스포 전후 기간 중 일본인 관광객에게 무사증 입국을 허용하여 일본인 관광객 유치 증대에 기여하였다.

1994년에는 서울 정도 6백주년을 기념해 우리의 전통문화를 세계에 알리고, 한국관광의 재도약과 세계화의 계기로 삼기 위해 추진한 '한국방문의 해(Visit Korea)' 사업을 성공적으로 추진하였으며, 아시아 · 태평양관광협회(PATA)의 연차총회, 관광교역전 및 세계지부회의 등 3대 행사를 개최하였다. 뿐만 아니라 「관광진흥법」의 개정을 통하여 사행행위영업으로 분류되어 경찰청에서 관리해오던 카지노업을 관광사업의 일종으로 전환규정하였으며, 12월에는 정부조직 개편에 따라 교통부에서 관장하던 관광업무가 문화체육부로 이관되었다.

1997년에는 관광숙박시설의 확충을 위해 「관광숙박시설지원 등에 관한 특별법」을 제정하였으며, 컨벤션산업의 육성을 위하여 「국제회의산업 육성에 관한 법률」을 제정하였다. 그리고 이 해는 우리나라가 세계에서 29번째로 OECD(Organization for Economic Cooperation and Development : 경제협력개발기구)에 가입함으로써 국내의 관광산업 발전을 위하여 서방선진국의 관광정책 기구들과 협력할 수 있는 체계를 마련하였다.

1998년에는 중국인 단체관광객에 대한 제주도 무비자 입국과 러시아 관광객에 대한 무비자 입국 및 복수비자 허용 등 외래관광객 유치를 위해 노력한 결과 외래객 입국자 수가 425만명을 기록하였다.

1999년 정부는 국정지표로서 '문화관광의 진흥'을 설정 · 공포하였는데, 이는 1954년 교통부 육운국에 관광과가 설치된 이래 가장 혁신적인 조처로 받아들여지고 있다. 그리고 다가오는 2000년 아시아 · 유럽정상회의(ASEM), 2001년 한국방문의 해, 2002년 한 · 일 월드컵 축구대회 등 국제행사를 성공적으로 개최하고, 외래관광객 유치를 통한 외화수입 증대 및 고용창출을 촉진하여 국가경제활성화에 기여하기 위하여 '관광비전 21'이라는 관광진흥 5개년 계획(1999~2003)을 수립하는 등 1990년대는 다가오는 21세기를 대비한 관광의 재도약기라고 할 수 있다.

6) 2000년대의 관광(2000~2013)

2000년대는 뉴밀레니엄을 맞이하여 21세기 관광선진국으로서의 힘찬 도약을 준비하는 시기라고 할 수 있다.

2000년도에는 국제관광 교류의 증진과 국내관광 수용태세 개선에 주력했다. 제1회 APEC 관광장관회의와 제3차 ASEM 회의를 성공적으로 개최하여 국제적 위상을 한층 제고하였다.

2001년에는 동북아 중심의 허브공항 구축의 일환으로 인천국제공항이 개항하였으며, '2001년 한국방문의 해' 사업을 통해 관광의 선진화를 위한 제반 사업이 수행되었다. 또 관광산업의 국제화를 위하여 제14차 세계관광기구(WTO) 총회를 성공적으로 개최하였다.

2002년에는 '한국방문의 해'를 연장하고, 한·일월드컵축구대회 및 부산 아시안게임의 성공적인 개최로 국가 이미지는 한층 높아져 외래관광객의 방한욕구를 증대시켰다. 또한 관광진흥확대회의의 정기적인 개최로 법제도 개선, 유관부처의 협력모델을 도출하고 관광수용태세 개선에 만전을 다하였다.

2003년 SARS와 이라크전쟁, 조류독감 등으로 이어진 국제환경의 악영향으로 큰 위기를 맞이했던 관광산업은 2004년에 들어서면서 점차 회복세로 접어들었다. 2004년 방한 외래객수는 전년 대비 22.4% 증가한 사상 최대치인 582만명을 기록했으며, 관광수입 또한 최근 6년 사이 처음으로 증가세를 나타냈는데 전년 대비 6.6% 증가한 57억 달러를 기록했다. 또 정부는 관광산업의 중요성과 그 가치를 인식하고, 급증하는 국민관광수요를 선도·대비할 수 있는 관광진흥 5개년 계획(2004~2008년)을 수립·추진하였으며, 2004년 4월에 개통된 고속철도는 전국을 2시간대 생활권으로 연결시켜 국민생활에 큰 변혁을 가져올 뿐만 아니라 국민관광부문에 대한 파급효과도 매우 큰 것으로 본다. 한편, 우리나라는 관광 인프라의 부족, 관광객의 높은 여행비용 등으로 아시아지역의 주요 경쟁국과 비교해 가격경쟁력이 뒤떨어지고 있는 실정이다. 따라서 한국과 일본은 2005년을「한·일공동방문의 해」로 지정하고 관광교류 및 국제행사 공동개최 등의 국제친선의 노력을 기울였으나, 근래 일본의 독도 영유권 주장 및 역사교과서 왜곡 등이 문제화되면서 일본인 관광객의 증가폭이 둔화되었다.

2006~2007년에는 외래관광객 입국이 낮은 증가세를 보임에 따라 관광수지 적자가 심화되면서 정부차원에서 관광수지 적자 개선을 위한 대책 마련에 정책 역량을 집중하였다. 따라서 2006년 12월 관광산업 경쟁력 강화 대책에서는 관광산업에 대한 조세부담 완화, 신규 투자 및 창업촉진을 위한 제도개선, 해외관광시장의 획기적 확대여건 조성,

국민 국내관광 활성화, 관광자원의 품격과 부가가치 제고 등 다섯 개 분야에 걸쳐 총 62개 과제 추진 등 획기적인 범정부적 대책을 발표하였다.

또 정부는 매년 관광수지 적자가 지속적으로 심화되고 있는 점을 감안하여 2007년 4월에는 한국 고유의 관광브랜드 'Korea Sparkling'을 선포하고 홍보를 다각화하는 한편, 가격은 낮고 품질은 높은 중저가 숙박시설인 '굿스테이(Goodstay)'와 중저가 숙박시설 체인화 모델인 '베니키아(BENIKEA)' 체인화 사업 운영을 위한 기반을 구축하였다. 또 중국인 관광객 확보를 위해 비자제도를 개선하고, 국내관광 인식 개선을 위한 '대한민국 구석구석 캠페인'을 강화하는 등 해외관광수요의 국내 전환과 국내관광 활성화를 위한 여건을 개선하였다.

2008년도에 들어와 정부는 관광산업의 국제경쟁력 강화를 위해서 2008년을 '관광산업의 선진화 원년'으로 선포하고, '서비스산업 경쟁력 강화 종합대책' 등 범정부 차원의 대책을 본격적으로 추진하였다. 3월과 12월의 2차례에 걸친 관광산업 경쟁력 강화를 비롯하여, 2008년 4월에는 서비스산업선진화(PRO- GRESS-I) 방안의 일환으로 「관광진흥법」, 「관광진흥개발기금법」, 「국제회의산업 육성에 관한 법률」의 '관광 3법'을 제주특별자치도로 일괄 이양하기로 결정하는 등 지속적인 노력이 추진되었다.

이 밖에 2008년에는 민간주도로 3년간 추진되는 '2010~2012 한국방문의 해'를 선포하고, 경제발전, 환경복원, 문화 등이 조화된 한국형 녹색뉴딜사업으로 '문화가 흐르는 4대강 살리기' 사업추진계획을 발표하였다. 또 정부는 2008년 12월 '2단계 관광산업 경쟁력 강화대책'에서 MICE, 의료관광 등 고수익 관광산업의 전략적 육성을 위한 방안을 발표하였다.

이와 같이 정부는 2008년을 '관광산업 선진화 원년'으로 선포하였고, 이를 위한 일련의 계획들을 2009년에는 지속적으로 추진하였다. 특히 2008년도가 관광산업 선진화를 위한 계획연도라고 한다면 2009년도는 이를 가시화하고 지역관광 활성화 방안을 집중적으로 추가 발굴하여 추진한 해라고 할 수 있다. 2009년 정부의 관광산업의 강화와 지역관광 활성화 방안의 세부 추진방향은 '혁신적인 규제완화 및 제도개선'과 '고부가가치 관광산업 육성' 그리고 '시장친화적 민간투자 및 신규시장 확대'로 구분될 수 있는데, 이러한 과제들은 2009년도에 가능한 사업 모두를 완료하였으며, 중장기적 추진이 필요한 과제들의 경우는 2010년에 지속 추진하기로 하였다.

이 결과 전 세계 대다수 국가의 관광산업이 침체상태를 면치 못하였으나, 우리나라는 환율효과 등 외부적 환경을 바탕으로 적극적 관광정책으로 관광객이 증가하여 9년만에 관광수지 흑자로 전환하는 데 성공하였다. 가장 큰 성과로는 관광산업 정책여건 개선 및 도약의 밑거름이 되었다는 점에 있다. 특히 가시적 성과로는 2011년 UNWTO 총회 유치(2009. 10), 의료관광 활성화 법적 근거 마련(2009. 3), MICE · 의료 · 쇼핑 등 고부가 가치 관광여건을 개선하는 것 등이다.

2010년도는 환율하락, 신종플루 및 구제역 발생, 경기침체 지속이라는 대내외적인 위협요인을 극복하고 관광산업의 장기적인 경쟁력 확보에 주력하였다. 문화체육관광부는 '관광으로 행복한 국민, 활기찬 시장, 매력있는 나라 실현'이라는 비전 아래 외래관광객 1,000만명 유치목표 조기 달성을 위해 크게 4개 부문 즉 수요와 민간투자 확대로 내수진작, 창조적 관광콘텐츠 확충, 외래관광객 유치 마케팅 강화, 관광수용태세 개선방안 마련에 중점을 두었다.

2011년에는 외래관광객 1,000만명 시대 달성을 목전에 두고, 관광산업의 국제경쟁력 강화를 위한 대책 마련에 정책역량을 집중하였다. 2010~2012 한국방문의해 사업을 계기로 외래관광객 유치 확대를 위한 대책을 모색하였으며, 관광인프라 확충을 위한 제도개선과 규제개혁을 통해 선진형 관광산업으로 도약하기 위한 제도적 기반을 마련하였다.

2012년에 들어와 한국을 방문한 외래관광객이 전년대비 13.7% 증가한 1,114만명을 기록하면서 드디어 외래관광객 1,000만명 시대가 개막되었다. 외래관광객 1,000만명 달성은 우리나라가 세계 관광대국으로 진입하고 있음을 알리는 쾌거인 동시에, 우리나라 관광산업이 이제 양적 성장만이 아니라 질적 성장까지도 이룩해야 한다는 과제를 안겨주었다. 이에 문화체육관광부는 외래관광객 2천만명 시대를 앞당기기 위해 이에 걸맞은 관광수용태세를 완비하고, 국민의 삶의 질을 높일 수 있는 여건을 조성하기 위해 다양한 정책과 사업을 추진하고 있다.

2013년에 들어와서는 외래관광객 1,200만명을 돌파하여 역대 최대 규모를 기록하였다. 특히 방한 중국인 관광객이 2012년 283만명에서 2013년에는 전년 대비 52.5%의 성장률을 보이며 432만여명으로 크게 증가하여 중국시장이 우리나라 제1의 인바운드 시장으로 부상하였다.

정부는 외래관광객 유치활성화를 위해 크루즈관광, MICE관광, 의료관광, 음식관광, 한류관광, 역사 · 전통문화관광 등 고부가가치 융복합 관광상품 개발을 강화하였다. 특히 2013년에는 크루즈관광이 크게 증가하였는데, 크루즈관련 인프라 확충, 크루즈관광 기항지 프로그램 개발 및 입체적 마케팅 등을 통한 크루즈관광 매력의 부각으로 70만명(선원 포함)으로, 중국인 크루즈 관광객의 증가가 방한 크루즈 관광시장의 성장에 큰 영향을 미쳤다.

제3절 관광동기 및 결정요인

1. 관광동기

'인간은 왜 여행을 하는가'라는 질문에 대한 뚜렷한 대답은 없으며, 단지 '즐거움을 맛보기 위한 여행을 추구해 왔다'고 이해하는 것이 보편화되어 왔다. 하지만 이것은 관광동기를 구체적으로 밝혀주지 못하며 지금까지 이루어진 연구도 동기이론을 완벽하게 수립한 것이 거의 없다.

가장 널리 인용되고 있는 동기부여 이론은 Maslow의 「동기부여와 개성」에서 제시된 욕구단계설이다. Maslow는 행위를 결정하는 것으로서 욕구단계를 [그림 1-8]과 같이 설정하였다.

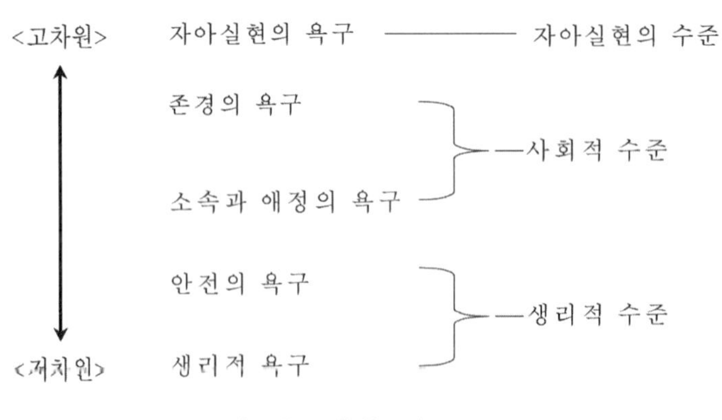

[그림 1-8] 욕구의 구조

욕구단계의 최하단계는 배고픔, 갈증, 호흡 등의 생리적 욕구로서 최우선적이며, 만일 이것이 충족되지 않는다면 모든 다른 욕구를 차단하게 된다. 즉 Maslow 동기욕구설의 핵심은 하위욕구가 충족되지 못하면 상위욕구로 발전하지 못한다는 것이다. 다음은 안정과 안전의 욕구로 보험을 가입하거나, 어떤 위치에 오르려고 하거나, 집의 소유나, 미리 저축을 해두는 것으로 만족될 수 있다. 다음에는 소속 및 애정의 욕구이다. 즉 사회집단으로부터 인정받고 싶고, 사랑받고 싶은 것이다. 다음 단계는 영향력과 수용에 관련된 것으로 자기존중, 자기존경, 타인의 존중욕구이다. 욕구단계의 최고 위치에 있는 것은 자아실현 또는 자기인식 욕구이다(Lundberg, 1974).

이와 같은 Maslow의 다섯 단계 욕구 중 기본이 되는 첫 단계는 육체적 또는 생리적인 것이며, 나머지 네 단계들은 심리적인 내용을 담고 있다. 따라서 이러한 원리에 2개의 지적인 욕구, 즉 지식습득을 위해 알고 이해하려는 욕구와 미의 감상을 위한 심미적 욕구를 추가해서 관광동기 요인으로 볼 수도 있다. 그러나 이들 육체적, 심리적, 지적인 세 가지 욕구는 상호관계가 모호하며, 지적인 욕구가 다른 요인들과는 관계없이 독립적으로 존재할 수 있느냐 하는 것은 의문시되고 있다(Mill & Morrison, 1985).

따라서 관광은 이들 각 단계의 욕구에서 생길 수 있는 것으로서, 생리적 수준의 욕구와 결부된 것도 있는가 하면, 사회적 수준의 욕구를 충족하기 위해서 행하여지는 경우도 있다고 여겨진다.

Thomas는 사람들이 여행을 하는 이유에 대한 18가지 동기를 다음과 같이 제시하였다(Mill & Morrison, 1985).

- 교육 · 문화적 동기

  ① 다른 나라 사람들이 어떻게 생활하며, 일상생활이 어떠한지 구경하기 위해서
  ② 어떤 특별한 광경을 보기 위해서
  ③ 뉴스에서 보도되고 있는 것들에 대해서 좀더 잘 이해하기 위해서
  ④ 어떤 특별행사에 참가하기 위해서

- 휴식과 즐거움의 동기

  ⑤ 일상적인 생활로부터 벗어나기 위해서
  ⑥ 즐거운 시간을 가지기 위해서
  ⑦ 어떤 종류의 성적인 또는 로맨틱한 경험을 가지기 위해서

• 인종적인 동기

⑧ 가족의 고향방문을 위해서

⑨ 가족이나 친구방문을 위해서

• 기 타

⑩ 날씨(실례로 피서 또는 피한)

⑪ 건강(태양, 건조한 기후)

⑫ 스포츠(수영, 스키, 낚시, 항해 등)

⑬ 경제성(검소한 생활)

⑭ 모험(새로운 지역, 사람, 경험)

⑮ 우월감

⑯ 일치감(다른 사람들과의 일치성)

⑰ 역사적인 곳 방문(고대 사원이나 유적지, 현재의 역사적인 곳)

⑱ 사회적인 동기(세상을 좀더 알기 위해서)

한편, Foster는 관광동기를 부여하는 요소를 다음과 같이 분류하고 있다(Foster, 1985).

• 휴식 및 오락

① 일상적인 것으로부터 벗어나기 위해

② 즐거운 시간을 가지기 위해

③ 모험과 낭만적인 경험을 가지기 위해

• 문화 · 교육적

① 다른 나라의 인종 · 문화를 보기 위해

② 어떤 특정한 흥미있는 장소를 보기 위해(역사적 장소-박물관, 미술관 등)

③ 현재의 특색 있는 행사(사건이나 화젯거리)가 열리는 장소를 보기 위해

④ 연주회, 전시회 등의 특별행사에 참여하기 위해

⑤ 다른 흥밋거리와 자신의 취미에 대해 좀더 배우기 위해

• 인종적인 것

① 모국(고향)방문을 위해

② 친척 · 친지방문을 위해

③ 특이한 풍습 · 문화 등을 보기 위해

- 기 타

스포츠행사, 기후, 날씨, 모험, 사회적 지식, 사업상의 회의 및 회담참석을 위해 등이다.

아시아 · 태평양관광협회의 연구지 "Pacific Visitors Survey(PATA, 1967)"의 조사에 의하면 태평양지역을 방문한 여행자들의 만족도는 <표 1-3>에서와 같이 나타나고 있으며, 또 이 조사에서는 유럽지역을 여행하고자 하는 동기가 태평양지역의 여행동기와 기본적으로 거의 유사함을 알 수 있다.

〈표 1-3〉 태평양지역방문 관광객 여행경험만족도

만 족 요 인	목 적 지		
	태평양(1084)	하와이(384)	유럽(255)
교육적 흥밋거리, 새로운 경험			
· 새로운 경험, 새로운 곳의 관광	15	9	18
· 교육적 식견의 넓힘, 흥미	13	4	11
· 다른 문화, 생활방식	11	2	11
· 재미있는 광경, 건물	5	3	4
개인적 교제의 만족도			
· 재미있는 사람들과의 만남	22	23	15
· 친절한 사람들과 집단여행	8	5	4
· 친구 · 가족 · 고향방문	7	4	12
우수한 여행관리			
· 아주 잘 조직되고 계획된 여행	19	14	16
· 뛰어난 여행 혹은 가이드	4	1	-
신체적 안락함과 만족도			
· 훌륭한 호텔과 시설	7	8	4
· 아름다운 풍경, 해변	8	17	7
· 쾌적한 날씨	4	25	7
· 편안한 분위기, 일상적인 생활	3	16	1
· 맛있는 음식	3	4	5
기타 만족요인			
· 즐거운 일(단순히)	13	24	20
· 여행하기 좋은 곳	14	7	17

* 자료 : PATA

주 : (　)는 표본수

따라서 방문하고자 하는 장소를 선택함에 있어서 가장 중요한 12가지 동기를 3개의 범주로 구분할 수 있다(Lundberg, 1974).

먼저 제일 중요한 범주는 아래 요인을 포함하고 있는 것으로 밝혀졌다.

① 따뜻하고 친절한 사람들

② 안락한 시설

③ 아름다운 자연경관

④ 적정한 가격

그 다음 중요한 요인들로는

⑤ 풍습과 생활양식

⑥ 쾌적한 기후

⑦ 아름다운 인공조형물

⑧ 뛰어난 음식

그리고 상위 12개에 속하는 것 중 나머지 중요한 사항들로는

⑨ 쇼핑하기 좋은 곳

⑩ 이국적인 풍경

⑪ 역사적 또는 가족적인 관계

⑫ 뛰어난 오락시설 등의 요인으로 밝혀졌다.

한편, 한국관광공사의 외래관광객 조사에 따르면 우리나라를 방문한 여행자의 동기는 친구나 친지의 추천, 여행비용이 저렴해서, 거리가 가까워서, 한국에 대해 알고 싶어서 등에 의해 이루어졌으며, 개별여행 형태가 주로 많았다.

우리나라의 관광목적지로서 가장 많은 외래객을 유인한 곳은 서울이고, 그 다음이 부산, 민속촌, 제주도, 경주 등의 순으로 밝혀졌다. 방한 중 인상이 깊었던 경험을 보면, 친절한 국민성이 가장 중요하게, 그 다음 중요한 것으로는 음식이 맛있다, 활기에 차 있다, 안전하다, 독특한 문화유산이 있다, 쇼핑하기가 좋다, 날씨가 청명하다, 거리가 깨끗하다, 산업이 발달한 나라이다 등으로 나타났다.

우리나라를 여행하면서 가장 좋았던 활동과 방문한 여행목적지를 보면 다음 <표 1-4> 및 <표 1-5>와 같다.

〈표 1-4〉 가장 좋았던 활동 (2015년 상위 10위 기준, 단위 : %)

구 분	2015년	2014년	2013년	2012년	2011년
쇼핑	28.0	34.4	29.7	30.4	31.9
식도락 관광	13.8	10.2	10.9	13.4	13.5
자연경관 감상	13.2	12.4	7.7	6.1	4.7
고궁 / 역사유적지 방문	7.7	7.5	5.5	5.5	5.1
업무수행	6.1	7.4	10.3	8.1	7.9
공연/ 민속행사/ 축제참가 및 관람	4.1	3.3	3.5	3.2	2.4
유흥/오락	3.4	2.9	3.4	2.6	3.4
테마파크	3.2	3.3	2.4	1.7	2.4
미팅 / 회의 / 학술대회 등 참가	2.7	2.3	2.7	3.1	2.5
박물관/ 전시관 방문	2.1	1.5	1.5	1.4	1.5

〈표 1-5〉 한국 여행 시 방문지(17개 시도) (중복응답, 단위 : %)

구 분	2015년	2014년	2013년	2012년	2011년
서울	78.7	80.4	80.9	82.5	79.7
제주	18.3	18.0	16.7	12.0	10.2
경기	13.3	13.0	17.9	21.3	23.8
부산	10.3	8.0	11.7	12.2	14.1
인천	6.8	5.0	7.8	7.7	9.0
강원	6.4	7.1	9.2	9.7	11.1
경남	3.2	3.6	1.7	2.4	3.4
경북	2.5	2.4	4.0	4.2	5.6
전남	1.8	1.6	2.1	2.2	1.5
전북	1.7	1.2	1.5	1.6	2.0
대구	1.6	1.2	2.9	3.1	3.5
충남	1.3	0.9	1.7	1.5	1.5
대전	1.2	1.1	2.1	2.2	3.1
울산	1.0	1.4	1.8	1.8	2.4
광주	0.8	0.4	1.3	1.2	1.6
충북	0.6	0.5	0.6	0.9	1.0
세종	0.2	0.1	-	-	-
기타	0.1	0.2	0.6	0.3	0.7

주 1) '기타' 항목은 권역 구분이 불가능한 응답을 의미함(예: 산, 박물관 등)
2) 2014년부터 '세종특별자치시'를 포함하여 17개 시 · 도로 조사함
자료 : 문화체육관광부

Holloway는 동기유발 과정과 관련해서 관광목적지를 선택하는 주된 이유는 그 지역이 지니고 있는 매력 때문이라고 보고 이와 같은 매력이 관광객에게 주는 영향은 심리적으로 매우 복잡한 것으로 [그림 1-9]와 같이 묘사되어질 수 있다고 했다.

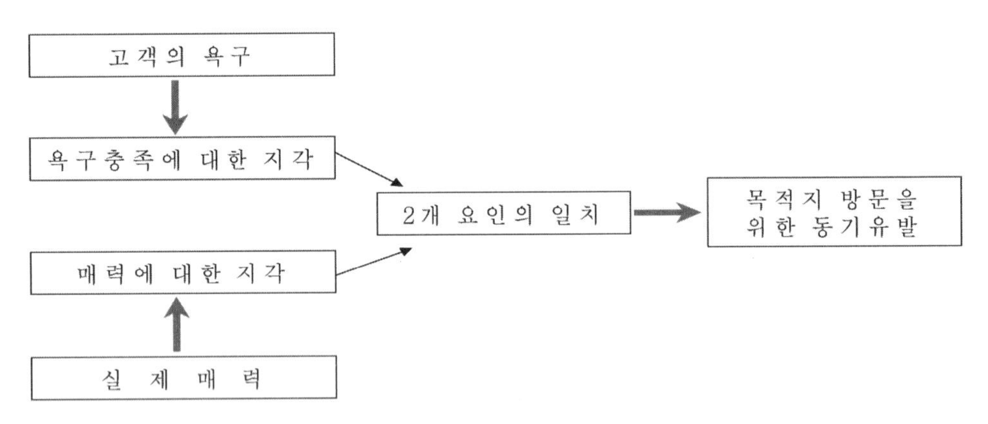

자료 : J. C. Holloway(1986)

[그림 1-9] 관광목적지 선택을 위한 동기유발 과정

이러한 관광욕구 요인은 성별, 연령별, 학력 및 생활수준별에 따라 다를 뿐만 아니라 지역, 인종, 개성 등에 따라서도 다양하게 나타나고 있으며, 이에 상응하는 매력물의 호소력도 달리 나타나게 된다. 그러나 일반적으로 여기서 일컫는 매력이란, 관광객에게 긍정적인 의미를 부여하고 동시에 확실한 편익을 가져다 줄 수 있는 요소들이어야만 할 것이다.

한편, Mill과 Morrison은 관광의 필요와 욕구 그리고 동기에 대한 여러 관계를 [그림 1-10]과 같이 설명하고 있는데, 여기서 필요와 욕구 그리고 목적은 상호 순환관계에 있으며, 동기는 목적을 취하려는 과정에서, 그리고 만족은 필요를 취하는 과정에서 발생하는 것으로 보고, 필요와 욕구에 대한 지각은 마케팅에 의해 이루어지고 동시에 목적대상은 마케팅에 의해 수요에 부응할 수 있도록 변화·발전되어 가는 것으로 보고 있다.

이상에서와 같이 관광동기는 매우 다양하다고 볼 수 있다. 하지만 그것만으로는 행동으로 구체화되지 않으며, 경비와 시간이라고 하는 기본적 조건과 결부됨으로써 비로소 관광행동으로 실행에 옮겨질 수 있는 것이다. 여기서 동기를 개인적인 요인이라고 본다면, 경비 등은 환경적인 요인에 해당된다. 동기가 강하면 강할수록 경비나 시간 등의 기본적 조건을 갖추려는 정도는 높아질 것이고, 경비나 시간 등의 조건이 좋으면 좋을수록 동기를 자극하게 되며, 이러한 결과로서 관광행동을 유발하게 된다.

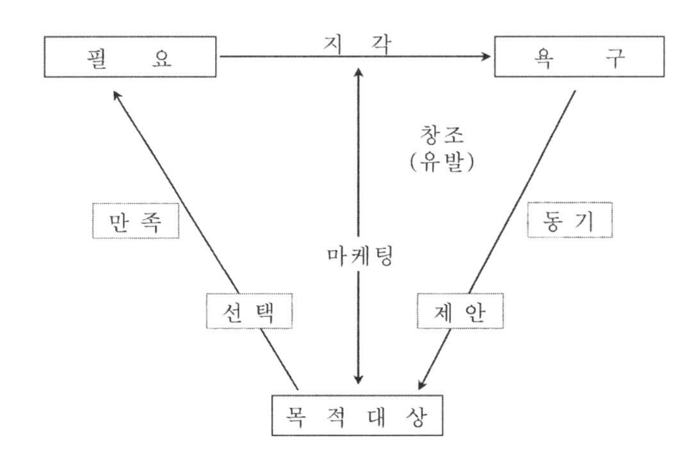

자료 : R. C. Mill & A. M. Morrison(1985)

[그림 1-10] 관광의 필요·욕구·동기와의 관계

2. 관광결정요인

관광결정과정은 계량적인 모델로 제시되기는 어려우나 다음 4개의 주요인에 영향을 받아 구매결정이 이루어진다고 볼 수 있다.

① 사회 · 경제적 결정요인 및 구매행동으로서, 이것은 개인의 사회 · 경제적 지위와 이에 따른 개성, 자세, 가치관 등을 말하며, 이런 요인들을 바탕으로 관광동기, 욕구, 갈망 그리고 기대 등이 형성되어진다고 보아서 미치는 영향을 뜻하고,

② 관광목적지의 특징으로서, 이것은 비용과 제공되어지는 쾌적성과 매력도, 제공되어지는 관광기회의 폭과 형태, 관광목적지에 대한 유용한 정보의 질과 양 등을 말하며, 결과적으로 관광목적지의 이미지 창출에 영향을 미치는 요인들을 포함한다.

③ 관광진흥 자극요인으로서 광고, 판촉·선전물, 여행사 및 개별 추천 등을 말하는데, 이런 요소들이 관광의 진흥적 효과요인으로 작용하는 것을 말하며,

④ 영향의 변수적 요인으로서 이것은 관광사업체의 신뢰도, 과거 관광경험, 모험적 요소(건강, 여행, 정치적 요소 등), 시간과 경비의 구속성 및 기타 영향요인을 뜻한다.

구체적인 관광결정과정의 기술적 모델은 [그림 1-11]과 같다(Foster, 1985).

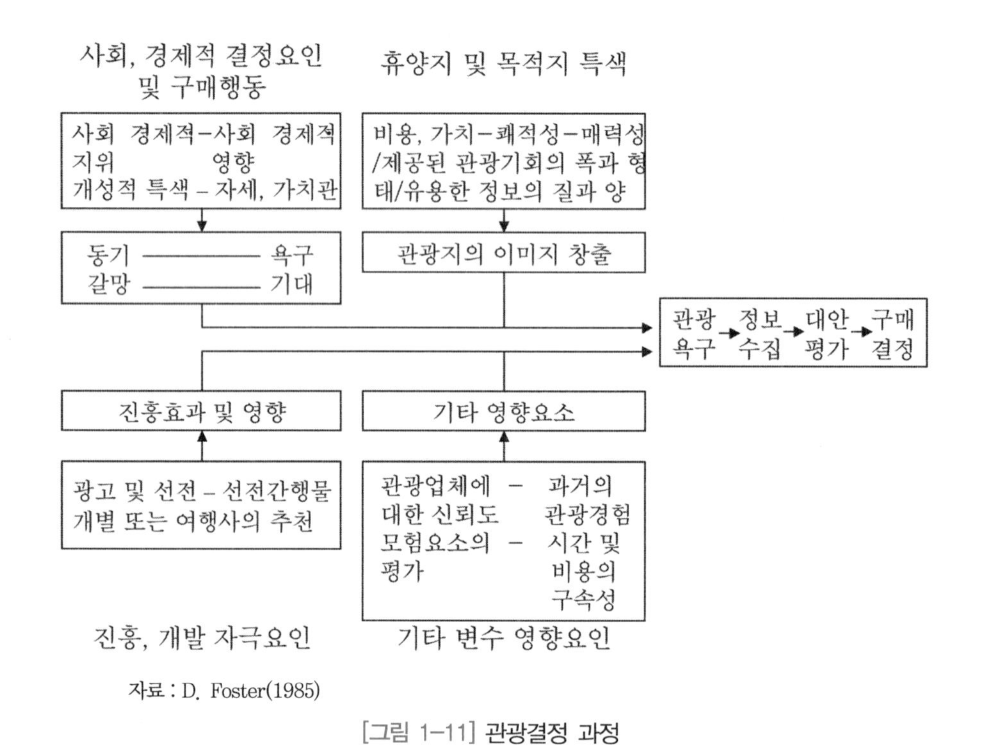

[그림 1-11] 관광결정 과정

그러나 이와 같은 관광결정과정에 영향을 미치는 각종 요소들의 중요도를 계량적으로 입증하기는 곤란하며, 계수적인 비중을 두기란 더욱 어려운 실정이다. 왜냐하면 그것은 주체요소의 개별적 특성과 내·외적 환경의 이질성 등으로 인해 요인별 중요도가 다르게 나타나기 때문인 것이다.

한편, Wahab과 Crampon 등은 관광구매결정을 함에 있어서 특징적 요소로 지적될 수 있는 것은 다음과 같다고 했다.

① 투자에 대한 가시적 반대급부가 없다.
② 가처분소득에 비해 때로는 과다한 경비소요가 예상된다.
③ 구매행위가 자발적이거나 일시적이 될 수 없다.
④ 경비확보를 위해서는 장기간 준비 · 계획하고, 저축해야만 한다.

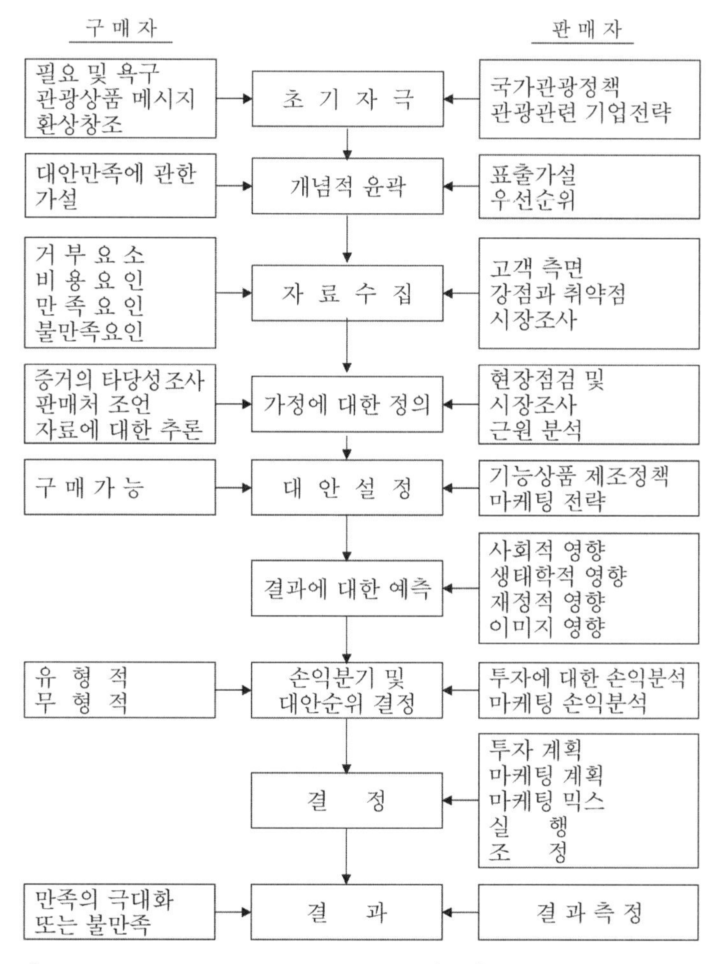

자료 : S. Wahab, J. Crampon & L. Rothfield(1976)

[그림 1-12] 관광구매 결정

달리 표현한다면 관광객은 그의 적립금을 감축시키면서도 그가 구매한 무형의 만족에 대한 경제적 수익은 기대할 수가 없다는 것이다. 그러나 이러한 이유 때문에 실망하지 않을까 하는 데 대한 두려움에 더욱 민감해질 수밖에 없다. 관광객은 하나의 환상을 구매하는 것이기 때문에 이것을 파괴하는 어떤 대상에 대해서도 매우 쓰라린 상처를 입게 되는 것이다.

단기간이든 장기간이든 간에 관광구매결정은 단계를 거치게 마련인데, 즉 초기자극, 가설의 개념적 윤곽수립, 자료수집, 가정에 대한 정의, 대안설정, 결과에 대한 예측과 손익분석, 대안 중 우선순위 수립, 결정단계의 순서로서 구체적인 내용은 [그림 1-12]와 같다(Wahab, Crompton & Rothfield, 1976).

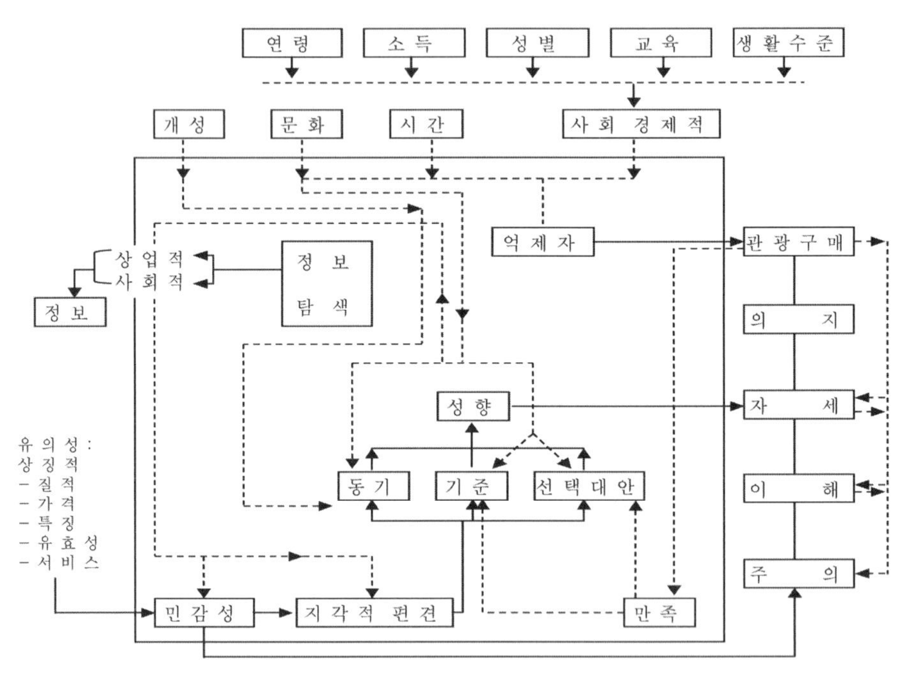

자료 : R. C. Mill & A. M. Morrison(1985)

[그림 1-13] 관광분류 체계 내에서의 동기와 구매과정

Mill과 Morrison은 관광의 분류적 시스템 내에서 관광결정의 위치와 그 기능적 특성, 그리고 상호 관계요인들을 [그림 1-13]과 같이 제시함으로써 이해를 높이려 하고 있다.

특히 수요의 구성요소와 관광동기 요인과의 관계를, 그리고 관광공급요소와 정보요인과의 관계에 대한 상호역동적 작용과 그 기능 및 위치적 특성을 알기 쉽게 흐름도로 나타내어 주고 있는 것이 특이하다.

공급요소에 대한 정보와 동기요인, 구매요소에 대한 상관관계, 관광동기요인과 결정요소, 관광구매와 만족도, 그리고 만족도에서 기준 및 성향이 다시 구매 자세에 미치는 여러 영향 등을 체계적으로 분석해 놓음으로써 관광의 총체적 시스템 내에서의 관광동기와 결정요인을 알기 쉽게 설명해 주고 있다. 따라서 관광결정요인은 관광동기에서만 일방적으로 비롯되는 것이 아니라 관광공급요소에 대한 정보의 민감성, 그리고 반복구매자에게는 이미 체험한 만족도의 고저에 따라 다시 영향을 받게 된다는 특성을 강조하고 있음을 알 수 있다.

제 2 장

관광개발의 정의

제1절 관광개발의 의의

19세기 산업혁명은 레저부분에도 일대변화와 혁신을 가져왔다. 증기기관차와 증기선의 발명, 철도의 부설은 장소 간의 이동을 용이하게 하였고, 많은 사람을 동시에 대량 수송할 수 있다는 강점 때문에 관광산업에도 종래와 같은 안일한 운영방식을 불식토록 하는 계기를 마련했다. 그 후 자동차와 항공기의 발명은 무한한 여행의 가능성을 인류에게 가져다 주었다.

철도의 등장 이후에는 근거리 내륙관광지와 해안관광지가 여행의 대종을 이루었고, 서구의 경우만 하더라도 산업혁명 직전까지 국왕, 영주, 귀족들의 사유지와 영지가 그들의 독점관광지였는데, 여기서 그들은 승마, 크리켓, 수렵 등 고상하고 귀족적인 게임을 즐겼다. 또 공유지는 일반서민이 들어가서 연료채취, 목양, 영농, 어업 등은 할 수 있어도 귀족과 같은 그러한 레크리에이션은 즐길 수 없었다.

산업혁명은 이와 같은 계층간의 관광 또는 레저추구의 장벽을 깨뜨리는 획기적인 역할을 하였으며, 관광산업의 발달에 새로운 장을 열었다. 산업혁명으로 인해 종래의 가내수공업적 생산체제는 무너지고 대량생산 기계의 개발・도입은 노동자를 단순한 생업종사자에서 독립된 기능인(엔지니어)의 지위로 격상시켰고, 이들의 사회적 직분도 자연히 인정을 받게 되었다.

20세기 기계문명시대에 들어오면서 노동자들의 소득증가는 물론 유급휴가 제공, 근로시간 단축, 자가용차 소유증가, 교육수준 향상으로 취미와 기호의 다양화, 정보산업 발달 등은 노동자들을 대여행 시장으로 만드는 원동력이 되었다. 공업화는 도시권에서의 각종 공해(소음, 대기오염, 오수, 프라이버시 파괴 등)를 유발시켜 도시민들이 이를 피해 근교・지방으로 대거 떠나게 하는 역할을 하고 있으며, 도시민들로 하여금 깨끗하고 조용한 곳을 찾아가는 것을 동경하게 하는 계기가 되었다. 각국은 정책적 입장에서, 국민건강의 보호와 향상을 위해서 전국 각지에 걸쳐 각종 형태의 관광시설, 관광단지를 개발하고 있고, 제도적으로 이를 뒷받침하고 있다.

관광산업의 비중이 날로 커짐에 따라 오늘날 세계 각국은 관광개발사업을 다른 산업에 못지않게 관심을 가지고 중점 지원하고 있다. 관광산업은 편의상 분류한다면 제3차 산업 즉 서비스산업이지만, 다른 산업과 직접·간접으로 유관되고 국가경제, 사회에 미치는 영향이 지대하기 때문에 단순한 서비스산업의 한 분야로 볼 수 없는 복합성을 지닌 종합산업으로 보는 것이 타당하다. 관광산업의 발전은 그 지역주민의 소득증대와 지역개발에도 기여하고 있으며, 대외적으로는 그 나라의 관광을 널리 소개하는 데 그치지 않고 외화획득과 민간외교 증진 등 다양한 효과를 가져오고 있다.

종합산업인 관광산업을 효과적으로 육성하고 이를 뒷받침하려면 이를 지원하는 정부의 적극적 태도와 체제가 있어야 하겠고, 거시적이면서 장기적인 개발계획에 따라 최적의 관광지를 선정하고 적극적인 개발이 뒤따라야 하겠다.

관광개발을 장기적으로 국토개발의 일환으로 추진하는 것이 선진국의 예에서 찾아볼 수 있고, 개발대상지의 여건(관광자원의 양과 질, 유치능력, 배출시장으로부터의 거리 등)에 따라서 관광개발을 특화 또는 종합개발을 하고, 개발기간도 단기·중기·장기로 책정하고 있다. 관광개발에 있어서는 반드시 이렇다 할 원칙적인 척도와 방법은 없다. 그 나라의 사정과 여건에 따라 신축성 있게 개발하고 있는 것이다. 선진국의 개발방향, 유수한 관광국의 성공적인 개발사례가 반드시 우리나라에 그대로 적용되는 것은 아니다. 관광수요와 주어진 자원을 효과적으로 조합하여 하나의 완성품(개발)으로 만들어 내는 것이 오히려 합당하다고 보아야 할 것이다.

관광개발에 있어서는 다른 산업과 달리 관광분야의 전문가 이외에도 농업·공업·수산업·운수업 등 다방면의 전문가, 이해관계자의 의견을 참작하여야 한다. 이는 관광이 이해관계가 미치는 부문이 많음을 단적으로 입증하는 것이다. 또, 개발에 앞서 폭넓은 의견을 구하고 자료를 수집하고 개발타당성 조사를 거의 완벽하게 수행해야 한다. 관광종합개발계획은 현재의 관광잠재력, 장래의 관광량이 다른 부문(농업, 도시개발, 산지개발 등)과 밀접한 관련하에서 추진되어야 하고 그 지역 관광자원의 분석보다는 관광의 성격을 더 강조해야 한다.

관광을 개발의 도구로 선택할 때 고려되고 있는 사항은 다음과 같다.

① 관광상품의 특징

② 신속한 외화획득 방법

③ 노동집약적 산업
④ 현장실습훈련 요망
⑤ 엄격한 보호무역 장벽이 없음
⑥ 다양한 다산업적 특색
⑦ 가격경쟁적 산업
⑧ 계절성이 강함
⑨ 고도의 경영수단 요망
⑩ 과학기술의 유연성
⑪ 공개적 비평 수용
⑫ 정치적 상황에 민감함

또한 관광상품의 특징으로는

① 환경과 같은 요소는 지급을 요하지 않지만, 다양한 단일 서비스의 혼합적 제품이다.
② 잠재적 관광객이나 또는 관광여행사에 의해 하나의 패키지(package)로 조립되어진다.
③ 소비자가 기본 패키지에다 다른 것을 가감함으로써 제품의 다양성이 있다.
④ 생산지에서 소비되어진다.
⑤ 관광지 주민과 함께 사용해야 된다.
⑥ 대금이 사전에 지급되기 때문에 기준에 대한 확신을 주어야 한다.
⑦ 저장이 불가능하여 미래를 위해 재고를 쌓아둘 수 없다.
⑧ 상호 의존적이므로 세심한 조직이 요망된다.

등으로서 일반제조 상품과는 매우 다른 양상을 보여주고 있는 것이다.

McIntosh는 이러한 관광개발이 지역에 미치는 긍정적인 측면과 부정적인 측면에 대해 다음과 같이 설명하고 있다.

먼저 긍정적인 측면을 살펴보면 다음과 같다.

① 관광은 노동집약적 산업이기 때문에 기술이 있는 사람이나 없는 사람 모두에게 취업의 기회 제공
② 외화획득

③ 수입증대
④ 국민 총 생산의 증대
⑤ 기반시설의 개발로 지역산업의 활성화
⑥ 환경보호와 개선의 정당화
⑦ 조세수입의 증대
⑧ 경제의 다양화
⑨ 우호적인 지역 이미지 창출
⑩ 젊은이들과 사회교육을 통해서 현대화 과정을 용이하게 하고 가치관의 변화
⑪ 별도의 투자 없이 지역 주민들에게 관광・레크리에이션 시설 제공
⑫ 외국인들에게 잘 모르는 국가나 지역에 대해 좋은 인상 제공

한편, 관광개발로 인한 지역에 대한 부정적인 측면은 다음과 같다.

① 초과수요의 개발
② 경제적 이익이 발생하지 않을 정도로 큰 누출
③ 더욱 장래성 있는 경제개발 부문으로부터의 자금의 전용
④ 소득격차, 사회적 격차, 매춘, 도박, 범죄 등과 같은 사회적 문제의 발생
⑤ 자연환경의 악화
⑥ 문화환경의 악화
⑦ 계절적 어려움의 직면
⑧ 경제적・정치적 변화에 대한 취약성의 증가
⑨ 토지의 인플레이션과 지역상품과 서비스의 가격상승

제2절 관광개발의 정의

관광개발은 주체와 대상에 따라 그 목적과 내용이 달라질 수 있다. 개발주체가 공익성을 띠고 있는 공공부문이냐, 아니면 영리추구를 목표로 하고 있는 민간부문이냐에 따라, 또 이들의 규모에 따라 그 목적과 내용이 다를 뿐만 아니라, 개발대상이 관광공급측면이냐 아니면 수요측면이냐에 따라, 또 이의 중점이 자원, 시설, 서비스, 홍보 진흥, 마케팅 가운데 어느 것이냐에 따라 개발의 정책과 방향이 달라질 수 있기 때문에 이에 대한 정의를 간단명료하게 내리기란 결코 쉬운 일이 아니다.

Pearce는 "관광개발이란, 관광객의 욕구를 충족시키기 위해 시설과 서비스를 공급 또는 강화시키는 것을 말한다. 따라서 관광개발은 고용창출 또는 소득증대 등의 기대효과를 포함한다. 이러한 개발은 전체적일 수도 있고, 또는 부분적일 수도 있다"고 정의한 반면, 마에다 이사무(前田勇)는 "관광개발이란 관광사업을 적극적으로 진흥시키는 것이다. 관광사업의 수준은 지역단위, 국가단위, 국제단위 등으로 구분할 수 있으며, 대상에 따라 정보와 교통수단 및 시설을 진흥시키고 동시에 관광자원과 관광시설 그리고 관광서비스 등을 진흥시키는 것이다. 구체적인 관광개발의 내용으로는 관광자원의 가치평가와 보호, 그리고 관광객에게 관광자원의 가치를 최대한으로 체험시키는 것과 교통수단을 편리하게 하는 것, 그리고 모든 것에 관한 정보를 제공하는 것"이라고 규정하고 있다.

Lawson은 "관광개발이란 일정한 공간을 대상으로 해서 그것이 지니고 있는 관광자원(인적 · 물적 자원 등)의 잠재력을 최대한으로 개발함으로써 그 지역의 경제, 사회, 문화 및 환경적 가치를 향상시켜 총체적 편익을 극대화하고, 지역 또는 국가의 발전을 촉진시키고자 하는 제노력이다"라고 정의하고 있다.

한편, McIntosh는 "관광개발은 아래 사항에 목적을 두어야 하는데,

① 관광의 경제적 편익을 통한 주민의 생활수준 향상
② 외래방문객과 주민 모두를 위한 기반시설 개발과 레크리에이션시설 제공
③ 관광목적지에 적합한 형태의 관광단지 또는 휴양지개발에 대한 보장
④ 관광목적지의 문화 · 사회 · 경제적인 특성과 관점이 당국과 주민의 일치된 관광개발

⑤ 관광객 만족의 극대화

등의 실현에 있다"(McIntosh & Goeldner, 1985)고 밝히고 있다.

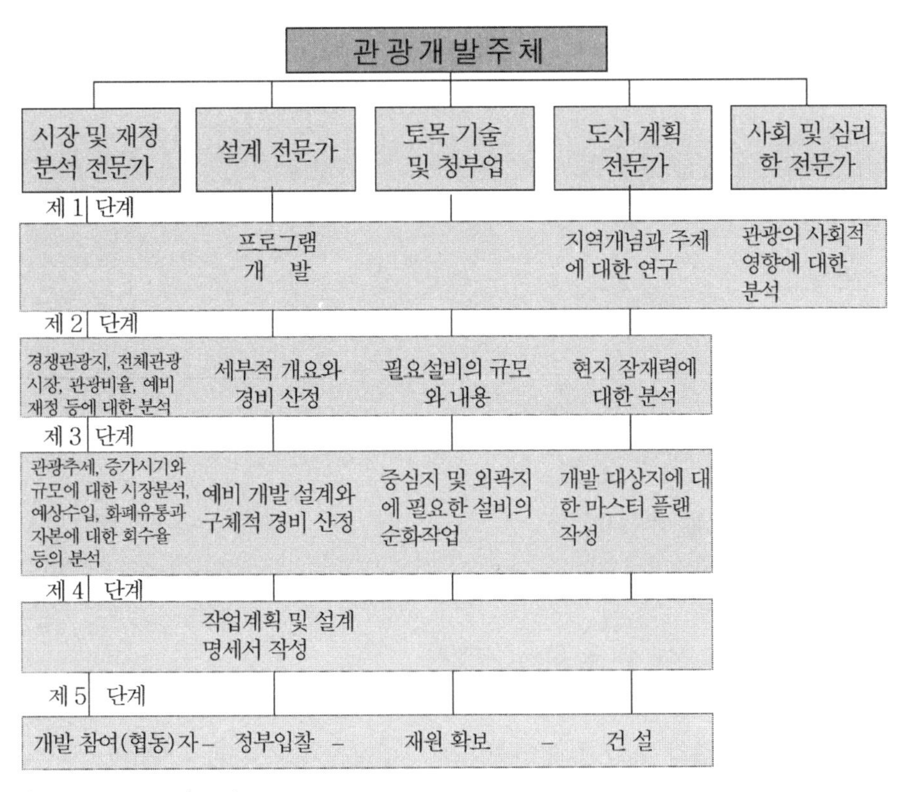

자료 : D. Lundberg(1974)

[그림 2-1] 관광개발의 순환과정

Lundberg는 "관광개발은 [그림 2-1]과 같이 상호보완적 접근방법으로의 순환과정을 거치는 것이다"라는 견해를 보이고 있는데, 이와 유사하게 Gee는 "관광개발의 개념을 구체적인 계획, 개발시행, 그리고 관광객을 유치하기 위한 마케팅 등 일련의 과정으로 보고 이러한 관광개발을 위한 계획수립에 고려되어야 할 주된 요소들은 다음과 같다.

① 시장분석
② 활용가능한 자원분석
  ㉠ 매력요인
  ㉡ 문화
  ㉢ 인력
  ㉣ 하부구조 및 상부구조
  ㉤ 교통
  ㉥ 지원(부대) 서비스
  ㉦ 숙박시설
③ 마케팅
④ 경제 및 재정분석
⑤ 환경적 영향
⑥ 사회적 영향
⑦ 기타
  ㉠ 지역 및 국가단위 계획
  ㉡ 토지용도규정

등이라고 하였다(Gee, Makeus & Choy, 1989).

이상의 학자들에 의한 견해는 근본적으로 수요와 공급측면을 동시에 고려하면서 양측의 필요에 대한 충족과 사회 총체적 편익의 극대화를 목표로 관광개발이 이루어져야 한다는 점에 동의하면서도 각 요소별 중요도에 있어서는 비중을 약간씩 달리하고 있나.

Pearce는 공급측면에서 시설과 서비스를 강조하고 있고, 마에다 이사무(前田勇)는 관광사업의 진흥측면을, Lawson은 공간대상의 자원개발을, McIntosh는 관광의 여러 효과의 극대화 실현에, Lundberg는 관광계획의 중요성에 바탕을 두고 분야별 상호보완적 접근방법으로의 순환적 개발을 강조하고, Gee는 수요측면에서의 구체적인 시장분석과 공급측면에서의 자원평가와 개발에 의한 잠재력, 그리고 마케팅에서 경제・환경・사회적인 측면까지 그 범위를 총체적 차원으로 보고 있는 특징을 나타내고 있다.

일반적으로 관광개발이란 관광객의 욕구를 충족시켜 줄 수 있는 단계까지 이끌어가

는 것으로 보았을 때, 그 과정은

① 관광자원의 특성을 살리고
② 관광객 유치를 위한 편의시설과 서비스를 향상시키면서
③ 교통수단 및 기타 관광지 내의 편익시설을 정비 또는 확충하는 것

등으로서 이는 주민소득 증가 및 고용증대와 균형 있는 국토의 개발에 목적을 두어야 된다고 보고 있다.

관광개발에 관해서 학자마다 시각을 달리하고 있는 것은 개개인의 학문적 배경과 이에 대한 관심분야가 다르기 때문으로, 보는 입장에 따라 견해를 달리할 수 있는 것이 또한 이 학문의 특색이라 볼 수 있다. 그렇지만 공통적 요소를 근거로 관광개발의 학문적 접근시도는 매우 중요하고 객관적 의미를 가지고 있다는 차원에서 그 의의가 크다고 보는 것이다. 그것은 먼저 관광의 공급측면과 수요측면을 동시에 분석 검토함으로써 균형 있는 관광개발을 위한 기초를 확립할 수 있다는 것이다. 이와 같은 분석결과는 관광수요 측정과 자원 및 시설 공급계측을 가능케 하고 적정 수용량을 도출해 낼 수 있다.

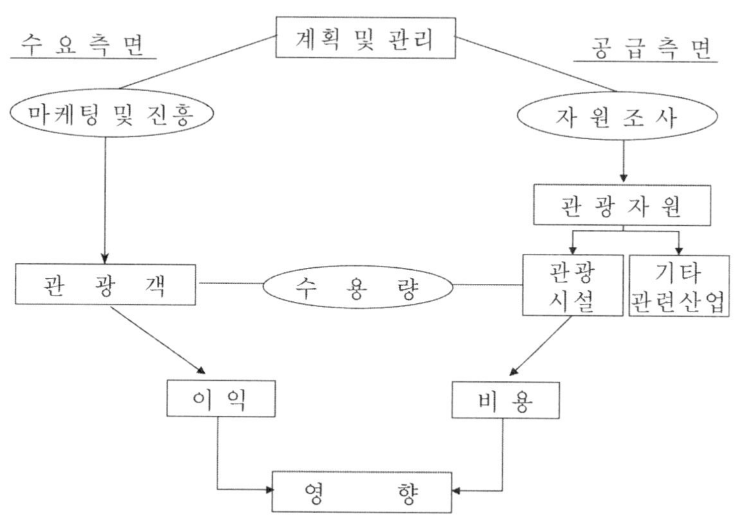

자료 : J. Liu(1985)

[그림 2-2] 관광의 수요 및 공급체계

따라서 관광공급 요소에서 발생하는 비용과 관광객의 구매행위는 관광의 경제적 측면에 직접적인 영향을 주게 되고, 관광객과 주민의 접촉은 사회 · 문화적 측면에, 그리고 관광행위는 환경적 측면에 영향을 미치게 되는데, 이러한 요인의 영향(긍정적 또는 부정적)분석은 관광의 총체적 편익측정을 가능케 한다. 이와 관련해서 Liu는 관광개발에 대한 시스템을 [그림 2-2]와 같이 설명하고 있다.

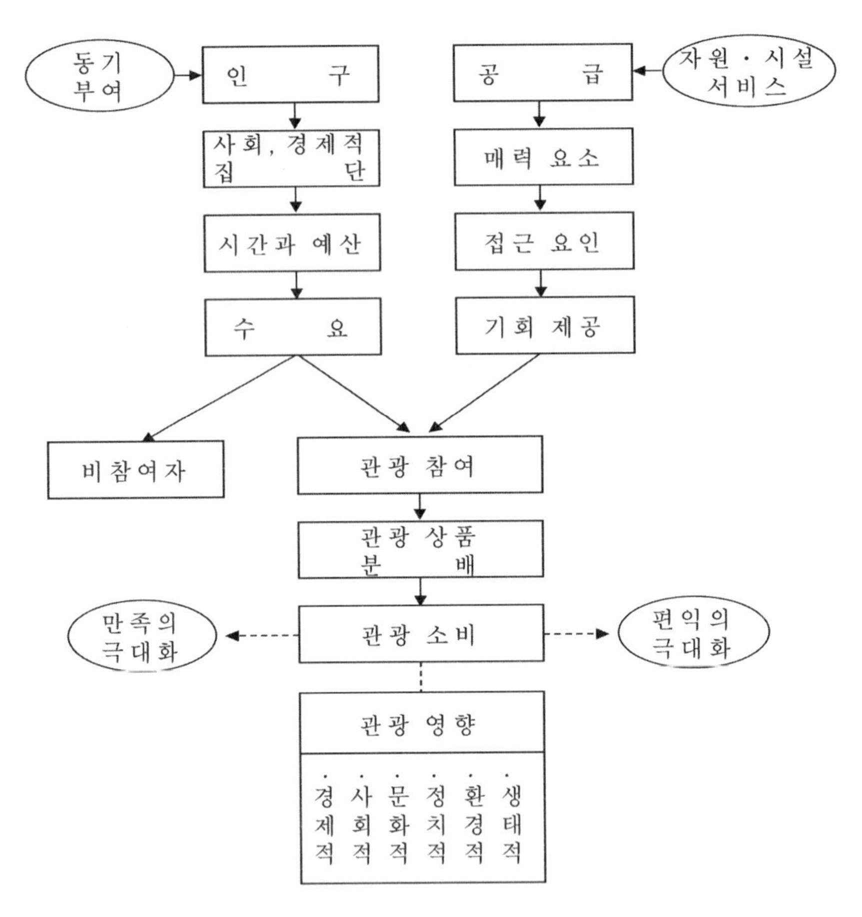

[그림 2-3] 관광의 개괄적 흐름도

따라서 관광의 흐름도를 요약하면 [그림 2-3]과 같이 동기부여에 의한 수요유발, 시설과 서비스를 포함한 관광공급, 관광조건과 실수요, 접근요인과 관광기회 부여, 그리고 관광참여로 이어져서 분배와 관광시설 지역에서의 소비가 이루어지게 되는 것이다. 그러나 관광지에서의 소비행위만을 이제까지 강조해 온 이유는 관광의 경제적 효과를 중시했기 때문이었는데, 지금은 관광지에서의 사회 · 정치 · 환경 · 생태학적 측면에서의 영향도 경제적 요인 못지않게 중요시되고 있다.

제3절 관광개발의 발전

관광개발에 대한 역사적 배경을 살펴본다면 먼저 제2차 세계대전을 기준으로 대전 전과 후로 나누어 생각해 볼 수 있는데, 대전 전에는 다음과 같이 3단계의 관광개발 과정을 거쳐 발전해 왔음을 알 수 있다.

- 제1단계(17~18세기경)

  주체격인 관광객은 극히 제한된 일부 상류사회인으로 이들의 욕구를 충족시켜줄 수 있는 온천보양 관광지가 유럽에 주로 형성되었다. 당시 대표적인 관광개발지로서는 독일의 바덴바덴(Baden-Baden)이나 영국의 벅스톤(Buxton) 지역 등을 들 수 있다.

- 제2단계(18~19세기경)

  해안관광자원을 이용한 해수욕 · 일광욕 등이 유행했는데, 프랑스 남쪽의 니스(Nice)에서 이탈리아의 라 스페치아(La spezia)에 이르는 지중해 연안의 유명한 리비에라(Riviera)가 그 당시의 대표적인 관광지로 개발되기 시작했다.

- 제3단계(19~20세기)

  이 시기에는 겨울 스포츠관광을 첨가해서 개발하기 시작했는데, 주로 스위스 · 오스트리아 · 프랑스 · 이탈리아 등지의 산악자원 중심 관광지가 형성되기 시작했다.

이와 같이 제2차 세계대전 전에는 주로 천연 및 자연자원을 관광자원화시킴으로써 온천→해안→산악 등의 순으로 보양적 또는 초기 스포츠관광이 발전되어, 이에 필요한 숙박 및 기본적 편의시설이 개발되기 시작한 특색을 보이고 있다. 따라서 이 시기에는 수요층도 제한적이었으나 개발도 소극적인 형태로 전형적인 사용자 중심형(users oriented)의 관광개발이 이루어졌던 것이다.

그러나 제2차 세계대전 후에는 발달된 교통수단과 통신시설 그리고 각종 산업의 기계화로 노동시간 단축, 소득향상에 따른 중산층의 확대 등으로 급격한 관광수요의 증가를 가져오게 되었으며, 그 결과 대중관광(Mass tourism) 현상이 싹트기 시작했다. 관광객체 또는 대상도 자연경관에서부터 문화적 또는 역사적 가치가 있는 자원과 야외 레크리에이션 및 각종 스포츠 등으로 다양화되었으며, 관광공급측면에서의 시설 및 서비스 개발도 적극적인 자세로, 자원중심형(resources oriented)에서 매력창조적 접근자세(attraction creative approach)로 그 양상이 발전하기 시작했다. 따라서 관광의 여러 효과에 대한 인식이 새롭게 되면서 관광개발에 대한 중요성이 고조되고, 현재는 미래지향적인 인공적 관광매력(man-made tourism attraction) 창출을 겨냥한 첨단관광 개발시대를 맞고 있다.

Miossec은 관광목적지의 구조적 개발 및 개발과정을 시간과 공간적 요소를 통해 분석할 수 있는 모델을 제시함으로써 관광개발의 체계적 분석에 도움을 주고 있다. 이러한 분석을 하는 데는 네 가지 기본요인이 고려되어야 하는데, 이것은

① 관광지 또는 휴양지 그 자체
② 교통시설망
③ 관광객의 행동
④ 관광목적지의 의사결정자와 지역주민의 자세

등으로, 이러한 요인들은 [그림 2-4]와 같이 시간과 공간적 요소의 진화 가운데 상호 역학적 관계를 나타내고 있는 것이다(Pearce, 1981).

Miossec의 모델은 관광개발의 일반적 구조를 제시하고 있다는 점에서 매우 유용하다. 특히 공간과 시간적 진화에 대한 개념을 바탕으로 과거의 구정을 분석하고 미래의 개발에 대한 계획을 수립함에 있어서 평가하고 판단할 수 있는 요소간의 역학적 관계를 제시하고 있다는 점과, 관광개발 및 발전과정을 전체적인 차원에서 조명함으로써 관광객

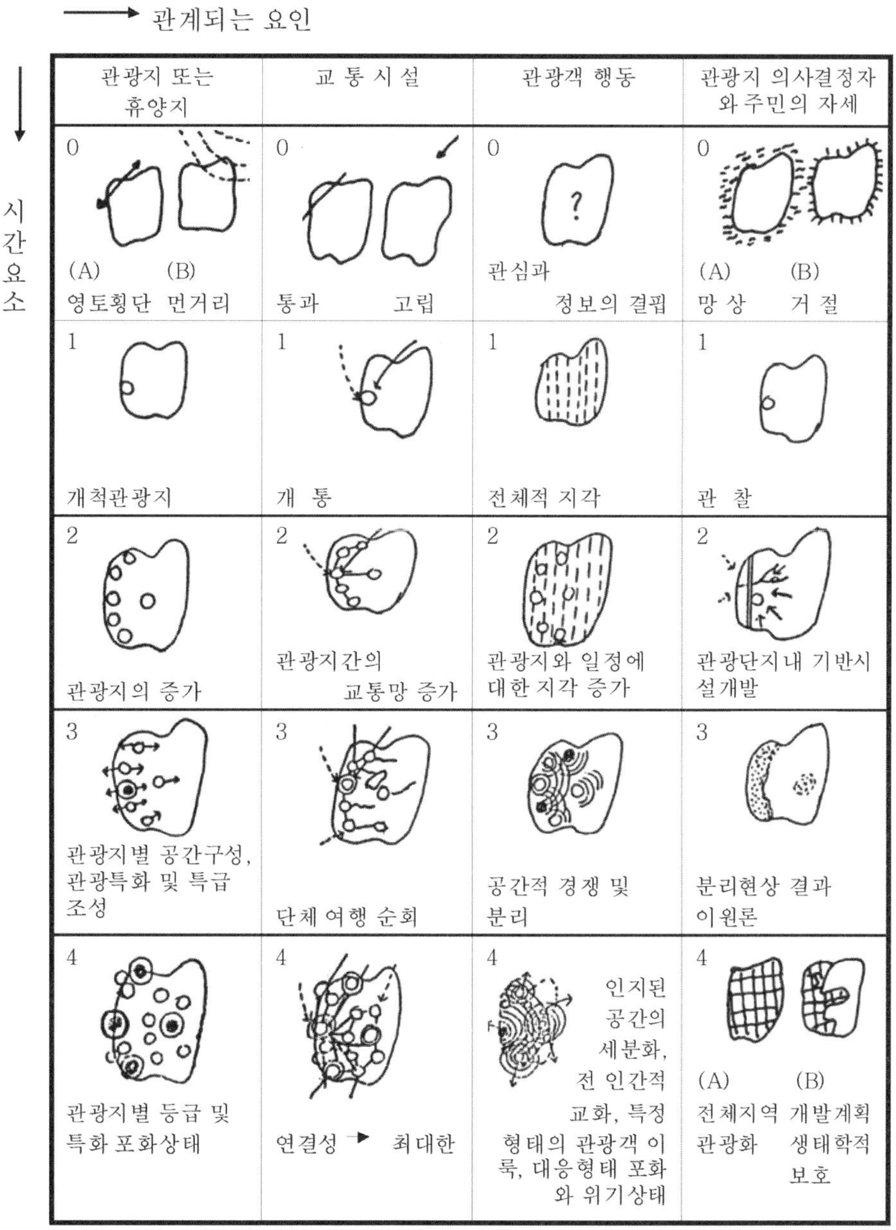

→ 관계되는 요인

↓ 시간요소

관광지 또는 휴양지	교통시설	관광객 행동	관광지 의사결정자와 주민의 자세
0 (A) (B) 영토횡단 먼거리	0 통과 고립	0 ? 관심과 정보의 결핍	0 (A) (B) 망상 거절
1 개척관광지	1 개 통	1 전체적 지각	1 관 찰
2 관광지의 증가	2 관광지간의 교통망 증가	2 관광지와 일정에 대한 지각 증가	2 관광단지내 기반시설개발
3 관광지별 공간구성, 관광특화 및 특급 조성	3 단체 여행 순회	3 공간적 경쟁 및 분리	3 분리현상 결과 이원론
4 관광지별 등급 및 특화 포화상태	4 연결성 → 최대한	4 인지된 공간의 세분화, 전 인간적 교화, 특정 형태의 관광객 이룩, 대응형태 포화와 위기상태	4 (A) (B) 전체지역 관광화 개발계획 생태학적 보호

자료 : Miossec(1976)

[그림 2-4] 관광개발에 있어서 공간의 역학적 통합

과 지역주민 간의 행동과 자세, 그리고 관광지의 성장발전과 교통시설망의 확충과의 상관관계 등을 가시적으로 설명하고 있어 과잉발전 및 포화상태에서 야기될 수 있는 각종 손상 및 위기상황을 사전에 예방할 수 있다는 점이 유용할 것이다.

Williams는 관광개발의 발전단계에 따라 변하는 관광의 특성 및 환경적 영향을 [그림 2-5]와 같이 나타내고 있다. 여기서 그는 관광개발이 단계적 발전을 하면 할수록 경제적 효과는 커지고 사회 · 환경적 영향은 긍정적일 수도 있고, 부정적이 될 수도 있다는 견해를 보이고 있다.

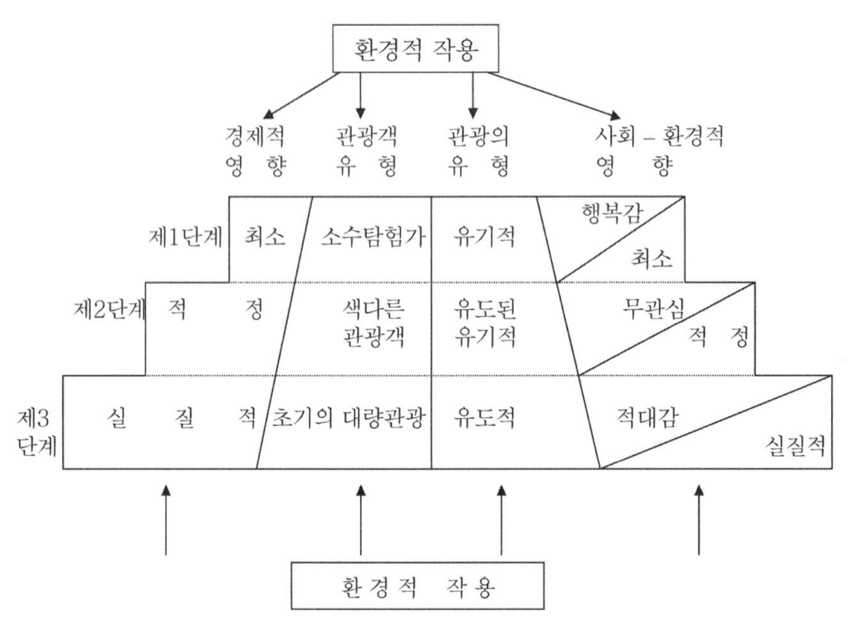

자료 : T. Williams(1986)

[그림 2-5] 관광개발과 영향에 대한 상관관계 모형

한편, Lawson은 관광개발 및 발전에 영향을 미치는 요인들로는

① 수요증가에 의한 압력으로 관광혼잡과 밀도증가, 모조물의 증대와 새로운 위치의 출현에 의한 요인

② 수요의 변화에 의한 것으로, 인구구조 및 경제적 변동에 의한 요인

③ 자원개발과 효과측정에 의한 계획요인
④ 자원의 연결성과 정책적 차원에 의한 종합 기본계획 요인
⑤ 개발비용과 소유권에 의한 재정적 요인
⑥ 조직, 공간, 시설 등에 의한 설계요인
⑦ 자원 및 환경보존적 요인

등이 될 수 있다고 했다. 이러한 요인들은 직접 또는 간접적으로 관광개발 및 발전에 영향을 미치게 되는데, 주로 관광수요의 욕구에 의한 요인들은 관광상품 개발에, 그리고 자원의 효율적 활용에 근거한 요인들은 관광개발계획에 영향을 미치게 되는 것이다.

제 3 장

관광공급과 개발

제1절 관광공급 요소

관광개발의 목적은 국가나 지역에 따라 다소 차이는 있을지라도 그것은 수요에 대한 각종 시설과 서비스의 폭넓은 공급에 있다고 볼 수 있다.

Pearce는 관광공급요소를 크게 다섯 가지로 아래와 같이 구분하고 있다.

① 매력물 요소
② 교통시설 요소
③ 숙박시설 요소
④ 지원(부대)시설 요소
⑤ 기반시설

관광매력요소는 관광객을 목적지로 유인하는가 하면 교통시설은 관광객을 실제로 운송하는 서비스를 제공하고, 이러한 모든 기본적 기능을 원활하게 해주는 것이 기반시설인 것이다.

관광개발측면에서 본다면 이러한 시설과 서비스는 다시 세 가지 형태로 구분하여 고려해 볼 수 있다.

첫째, 목적적 개발을 들 수 있는데, 이것은 관광개발을 순수한 목적으로 매력을 창출하기 위해 시설된 것으로, 예를 들면 디즈니랜드에서 휴양지호텔, 그리고 스키장 출입도로 건설에 이르기까지 그 범위가 클 뿐만 아니라 내용도 다양하다고 보는 것이다.

둘째, 변형적 개발로 이것은 원래의 기능에서부터 관광의 목적으로 변경 사용되는 것을 말하는데, 예를 들면 토속적 가옥이나 오두막이 제2의 주택으로 변형된다든가, 오래된 운하나 수로가 보트놀이나 유희장으로 복구 개발되는 것을 말한다.

셋째, 공유적 개발로 원래의 기능은 그대로 유지하면서 보충적으로 관광적 기능도 동시에 행하여질 수 있도록 개발하는 것인데, 예를 들면 포도주 제조공장과 저장고가 관광객들에게 개방되는 일이라든가, 고딕식 성당건물이 오늘날 신도들 외에 많은 관광객들의 방문을 허용하는 일 등을 말한다.

따라서 기술적인 측면에서 관광객이 다른 일반 여행객들이 주로 사용하는 숙박시설이나 교통시설을 함께 사용하는 경우도 이러한 범주에 속한다고 볼 수 있다.

1. 매력물 요소

어떤 지역이든 관광객을 유인하는 데는 독특한 매력요인이 있기 마련인데, 이러한 매력요소는 주로 자원적 특성에 바탕을 두고 있다.

첫째로는 자연적 매력요소로서 자연자원의 특이한 지형, 희귀한 동·식물군 등이 될 수 있다.

둘째로는 인공적 매력과 역사적 또는 현대적 매력요소로서 유서 깊은 사원, 기념물, 역사적 건축물, 또는 카지노나 주제공원 같은 인위적 자원 등이 그 대표적 예가 될 수 있다.

셋째로는 인적·문화적 매력요소로서 언어, 음악, 민속, 무용, 요리 등의 자원을 들 수 있다(Pearce, 1981).

Gunn은 "관광시스템의 모든 구성요소는 그 기능면에서 매우 중요한데, 특히 매력요소는 이들에게 활기를 불어 넣어주는 특색을 가지고 있다. 매력요인은 관광목적지에 있어서 관광객에게 구경거리와 참여할 것을 제공할 뿐만 아니라 여행을 하도록 유혹하는 역할을 감당하고 있다"고 규명하면서 관광의 기능적 시스템에서 매력요소의 역할을 [그림 3-1]과 같이 설명하고 있다.

관광매력요인은 관광상품을 대표하고 있으며, 이러한 관광상품은 지리적인 장소를 중심으로 존재하고 있기 때문에 역사적으로도 물리적 장소와 관광체험과의 강한 연결을 이해하는 것은 매우 의미 있는 일이다. 비록 이색적인 관광활동이 추가되고 개발의 형태가 다소 변화되었다 하더라도 해변, 산악, 경관지역, 사적지, 옥외 스포츠지역, 휴양지, 위락공원, 쇼핑지역, 이색적인 인공시설 등과 같은 숱한 매력요인의 개발은 괄목할 만큼 관광객을 지속적으로 유혹하고 있다는 것을 알 수 있다.

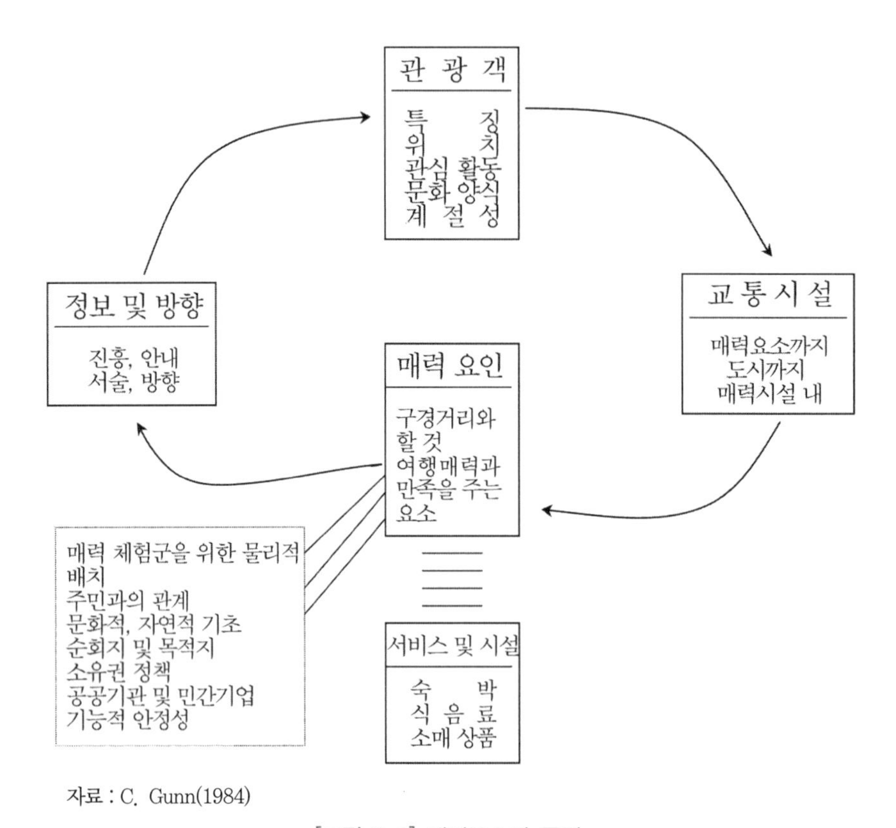

자료 : C. Gunn(1984)

[그림 3-1] 매력요소의 특징

관광매력을 구분하는 방법 중의 하나는 매우 중요한 관광형태를 근거해서 주유형 관광매력과 목적지형 관광매력요인으로 구별할 수 있다. 주유형 관광매력은 이러한 관광시장을 만족시킬 수 있어야 하고, 휴가 중 주유형 관광객들이 구경할 수 있는 요소가 여러 다른 지역에 산재해 있어야 한다. 따라서 반복적 고객을 유치하기 위한 질적 향상에 대한 중요성은 그리 높지 않다. 그러나 목적지형 관광매력은 목적지 내에서 또는 인근에 관광매력군을 형성하고 있어야 되고, 이러한 매력요소는 단골고객에게 주말이나 휴가기간 동안 지속적으로 소비되기 때문에 질적 관리가 매우 중요시되는 것이다. <표 3-1>은 관광매력의 범주를 두 가지로 구분해서 그 내용을 설명하고 있다.

〈표 3-1〉 관광매력의 범주

주유형 매력요소	목적지형 매력요소
노변 경관지역	휴양지
자연 풍경지역	자연캠프장
자연캠프장	대규모 야영지
친지가정	휴가촌 개발지
페스티벌 및 야외공연지	도박 시설지
특정기관 시설	친지가정
성당 및 문화유적지	낚시, 수렵, 해변
특수요리 및 유흥장소	스포츠지역
역사적 건물 및 지역	관광목장
인종적 특색지	회의 시설장
쇼핑지역	스포츠 경기장
민속 공예단지	
주제공원	
부수적 매력(골프장, 극장 등)	
도 시	

자료 : C. Gunn(1984)

관광에 있어서 주유형과 목적지형은 관광객의 거주지와 이들 간의 거리에 어떤 관계가 성립되고 있는지, 이에 대한 상관관계는 연구측면에서 매우 중요하다. 미국여행자료센터(U. S. Travel Center)가 조사한 바에 의하면 주말관광과 휴가관광에 대한 거리는 다양한데, 목적지형에서 주말관광객의 직행여행 평균거리는 편도 217마일로 나타난 반면, 휴가관광객의 평균거리는 편도 399마일로 나타났다. 따라서 주유형에서는 주말관광객의 평균 여행거리가 597마일로 휴가관광객은 1,096마일로 [그림 3-2]와 같이 나타났다. 이러한 현상은 주말목적지형 관광매력요소는 관광송출지로부터 평균 200마일 내외에 위치하고 있어야 하고, 주말주유형 관광매력요소는 거의 왕복평균 600마일 내외에 되는 거리에 산재해 있어야 된다는 것을 의미하고 있다. 이것과 비교해서 휴가목적지형 관광매력요소는 송출지로부터 약 400마일 내외에 위치하고 있어야 하고, 휴가주유형 관광매력요소는 평균 왕복거리가 1,100마일 내외되는 곳에 위치하고 있어야 된다는 것을 알 수 있다(Gunn, 1984).

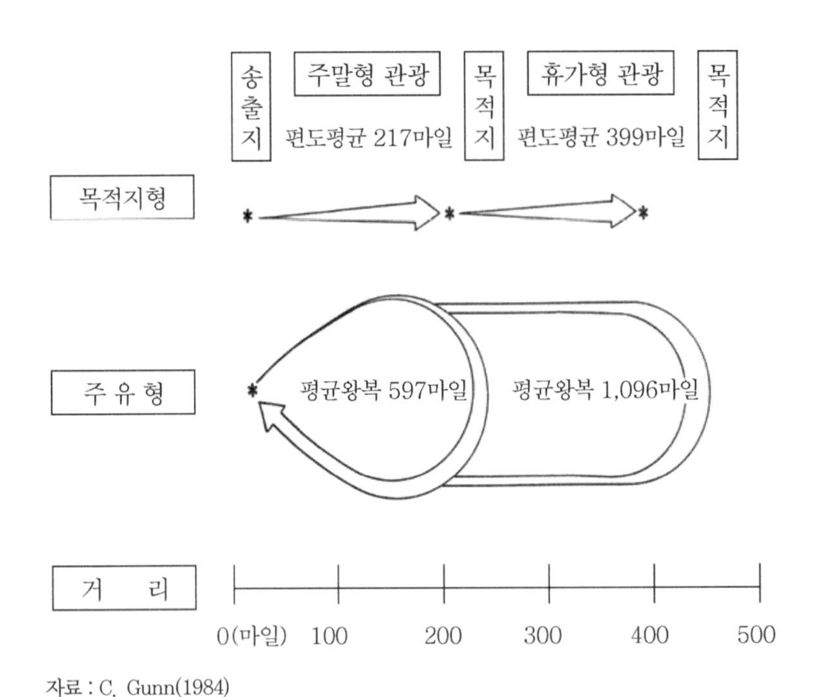

자료 : C. Gunn(1984)

[그림 3-2] 목적지형·주유형 관광의 평균거리

이와 관련해서 Gunn은 토지이용 단위를 중심으로 주된 자원별 의존에 따른 매력요인을 ① 특수 자연자원 의존형과 ② 특수 문화자원 의존형 그리고 ③ 자연 및 문화자원 혼합의존형 등 세 개로 나누어 생각할 수도 있다고 했다(Gunn, 1984).

이와 같이 관광매력 요소는 관광공급측면에서 매우 중요한 요인으로서 수요유발에도 큰 영향을 미치기 때문에 거리간 동질의 매력요소에 대한 매력계수들을 측정해서 우위와 차이점을 비교한다는 것은 장래 관광공급요소 개발 및 구성에 매우 중요한 자료가 될 수 있다. 즉 특정 관광송출지에 대한 X관광 목적지의 매력요소를 기준으로 Y, Z 목적지의 관광 매력계수(Q_1, Q_2) 측정은 거리와 실제 관광객 수를 비교함으로써 다음 공식과 같이 계측해낼 수 있는데, 이것은 특히 시간이 흐를수록 어떤 지역의 특정 매력요인이 더 큰 잠재유인력을 가지고 있는지를 분석하는 데 큰 도움이 된다.

먼저 Y 목적지에 대한 Q_1의 매력계수는

$$ACY^{Q_1}/X^{Q_0} = \frac{\frac{GDY}{GDX}}{1-(\frac{\sum TY^{Q_1}}{\sum TX^{Q_0}})}$$

로 공식화되어질 수 있는데, 여기서

ACY^{Q_1}/X^{Q_0} : X 지역 Q_0 매력요소(기준)에 대한 Y 지역 Q_1 매력계수

$\sum TX^{Q_0}$: X지역 Q_0 방문 총관광객수(월별, 연간 등)

$\sum TY^{Q_1}$: Y지역 Q_1 방문 총관광객수

GDX : 송출지에서 X 목적지까지의 거리

GDY : 송출지에서 Y 목적지까지의 거리이다.

따라서 Z 목적지에 대한 Q_2의 매력계수는

$$ACZ^{Q_2}/X^{Q_0} = \frac{\frac{GDZ}{GDX}}{1-(\frac{\sum TZ^{Q_2}}{\sum TX^{Q_0}})}$$

ACZ^{Q_2}/X^{Q_0} : X 지역 Q_0 매력요소(기준)에 대한 Z 지역 Q_2 매력계수

$\sum TZ^{Q_2}$: Z 지역 Q_2 방문 총관광객수

GDZ : 송출지역에서 Z 목적지까지의 거리이다.

위와 같은 공식에 의해 관광매력 계수를 산출·비교할 수 있는가 하면, 또 다른 방법으로 관광매력도를 산출해냄으로써 매력요소가 지니고 있는 중요도와 유인도를 계측해 볼 수 있다. 특히 이것은 일정지역 한 단위의 매력요소도 공급과 수요 양측면에서 주·객관적으로 공정하게 평가되어야 한다는 것을 원칙으로 하고 있기 때문에 합리성을 내포하고 있다.

즉

$$DAji = \frac{IDAji + EDAji}{2}$$

으로 공식화 될 수 있는데, 여기서

$DAji$: 관광지에서 I 매력요소에 대한 관광매력도
IDA_{ji} : j 관광지 주민이 I 매력요소에 대한 평가도
EDA_{ji} : j 관광지 방문관광객이 I 매력요소에 대한 평가도

가 된다. 따라서

$$IDAji = \frac{RPAi}{\sum Rj} \times 100$$

으로, 그리고

$$EDAji = \frac{TPAi}{\sum Tj} \times 100$$

으로, 공식화될 수 있으며, 여기서

$\sum Rj$: 관광지의 총 주민 수
RPA_i : I 매력요소에 대한 j 관광지 주민의 성향도(최우선순위로 평가하는 주민 수)
$\sum Tj$: j 관광지방문 총 관광객 수
TPA_i : i 매력요소에 대한 j 관광지 방문관광객의 성향도(최우선순위로 평가하는 관광객 수)

가 된다.

이러한 방법으로의 관광매력도 계측은 일시적이고 외형적인 단순평가에서 종종 야기되어질 수 있는 오류를 막을 수 있을 뿐만 아니라, 실제 활용면에서 시장성에 대한 중요도도 고려하고 있다는 측면에서 매우 합리적인 평가가 될 수 있는 것이다.

미국 Missouri대학교의 레크리에이션 및 공원관리학과에서는 다른 각도에서 매력요인을 두 개의 집단으로 나누고 있는데, 그 하나는 핵심적 매력요소로서, 이것은 그 지역사회가 제공할 수 있는 기본적 자원으로서 주제를 형성하고 있으며, 주민들은 가끔 의식하

지 못하나, 관광객들에게는 매우 강한 호소력을 가지고 있는 것이다. 이것들은 ① 자연적 매력, ② 인공적 매력, ③ 역사적 매력, ④ 인종·문화적 매력, 그리고 ⑤ 특수 이벤트 등 다섯 개로 나눌 수 있다. 다른 하나는 지원적 매력요소로서 주된 핵심적 매력요인 부근에서 이것을 뒷받침해 주는 것인데, 예를 들면 강이 그 지역사회의 핵심적 매력요소라면 이것을 이용한 수상스키나 낚시도구점, 부두, 보트 관계업 등이 여기에 속하는데, 이러한 지원적 매력요소가 주된 매력자원인 강의 매력을 더욱 높여주는 것이다(University of Missouri, 1986).

2. 교통시설요소

역사적으로 관광개발은 교통기술의 발전과 밀접한 관계를 가지고 이루어져 왔다. 산업혁명 이후 관광온천과 해변휴양지의 초기개발은 주로 철도의 발전에 의존하고 있었다. 제2차 세계대전 후에는 자동차의 자가소유가 급증하였는데, 이것은 특히 유럽지역에서의 국민관광개발에 큰 영향을 미쳤으며, 최근 항공기술의 발달은 국제관광의 개발 및 이에 활기를 불어넣는 계기를 만들어 놓았다. 이와 같은 교통기술과 시설의 발달 및 향상은 관광객의 양적 증가만 초래하게 했을 뿐만 아니라 관광흐름의 패턴에까지 영향을 미치고 있으며, 따라서 관광개발의 양상에도 큰 변화를 불러일으키고 있다.

Lundberg(1972)는 철도와 해운교통의 제한적 요소를 자동차가 보완, 대치하고 해결해 줌으로써 여행양상이 얼마나 융통성 있고 다양하게 변화되었는지를 [그림 3-3]과 같이 설명해 주고 있다.

이와 같이 자동차의 발달은 여행형태에 변화를 주었고, 교통시설은 관광목적지의 인지도 상승과 하락에까지 영향을 미치고 있으며, 심지어 숙박시설의 형태에까지 영향을 미치고 있다는 것을 알 수 있다. 특별히 전통적인 교통수단에 의해 개발된 지역의 범위를 넘어 확장개발의 필연성을 입증해 주고 있다는 데서 교통시설요소가 관광개발의 방향 및 유도적 요인이 되고 있음을 알 수 있는 것이다. 예로서 대형 터미널호텔은 하이웨이 캐빈으로 변천·개발되는가 하면, 마침내 모텔의 개발을 유도하고 있다. [그림 3-3]에서와 같이 뒤이은 고속도로망의 개발은 곧이어 더 우수한 교통수단에 의해 하나의 운하로 변화되었으며, 현대 항공중심 교통여행 시스템은 고도의 기술과 운영자본을 요구하기 때문에 대도시취항시스템으로의 선호도가 높아지고 있으며(Pearce, 1981), 이것은 관광공급요소의 일부 구성인자로서 관광개발에 있어서 항공교통에 대한 의미 있는 암시로 받아들여야 할 것이다.

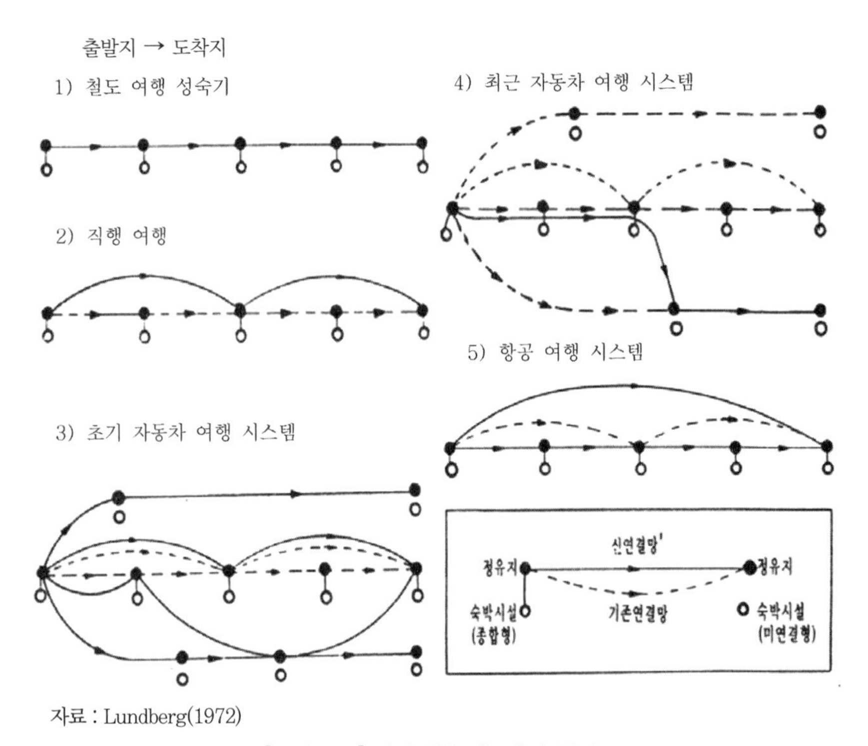

자료 : Lundberg(1972)

[그림 3-3] 관광여행 시스템의 발전

교통수단이 관광공급요소로서 관광개발을 함에 있어서는 그들의 주요시장에 따라 당일관광수요, 1주간 휴가관광, 그리고 2주간 휴가관광 등으로 구분할 수 있는데, 이들 수요에 적절히 부응할 수 있는 형태나 시설이 개발되어야 한다. 따라서 목적지까지의 탑승시간 및 교통비와 주어진 여행기간에 따른 관광객의 여행선호와는 상호 밀접한 관계를 가지고 있는데, 당일관광객의 경우는 편도탑승시간이 1.5~2시간 내외, 1주간 휴가관광객은 4~6시간 내외의 탑승시간, 그리고 2주간 휴가관광객은 8~12시간 내외의 탑승시간이 가장 이상적인 것으로(Holloway, 1986) 나타났다. 관광개발을 함에 있어서 이와 같은 요인을 참작하여 목적 수요시장의 위치적 특성에 따라 교통수단 및 시설이 개발되어야 할 필요가 있는 것이다.

3. 숙박시설요소

현대관광객에게 있어서는 각양각색의 숙박시설에 대한 이용이 가능하게 되었다. 숙박시설의 기능면에서는 다음과 같이 크게 분류할 수 있는데, 첫째는 영업부문으로 호텔, 모텔, 하숙, 휴가촌 캠프 등이 여기에 속하고, 둘째는 비영리 개별부문으로 그 중에서 특히 영구주거용 시설을 친지에게 제공하는 형태나 또는 제2의 주택으로 본인소유나 장기투자형 등이 여기에 속한다. 또한 캠핑과 카라반 시설은 중간형태의 숙박시설로서 개별텐트나 트레일러 이동주택 시설은 영업적 캠핑장에 주로 설치가 가능한 것이다.

이와 같은 관광지의 지역사회는 주로 별장과 고급호텔들로 구성되어져 고립된 특수한 휴양지를 형성하고 있지만, 대부분의 관광목적지는 휴양지와 관광수요의 특성에 따라 비율을 달리하는 혼합된 숙박시설형태를 제공하고 있다.

일반적으로 호텔과 객사(客舍)에 의해 제공된 전통적인 숙박시설 형태의 서비스에서 독립모텔이나 임대아파트와 같은 더 융통성 있고, 기능적인 형태의 특색이라고 할 수 있다. 또, 소유형태에 있어서도 매우 유연성을 보이고 있다. 예를 들면 프랑스의 휴양지 아파트는 임대제도가 다양하면서도 어떤 경우는 완전매입을 하는가 하면, 또 최근에는 다수의 소유주가 1년 중 특정한 기간 동안에만 사용 및 소유권한을 가질 수 있는 시간적 소유형태의 아파트형 숙박시설이 대두되고 있다.

유럽지역에서는 다양한 형태의 집단숙박형태가 출현되고 있는데, 특히 이런 경우는 사회관광진흥정책의 일환으로 시설이 건립되고 있으며, 이러한 시설은 주로 휴가촌캠프형태로서, 개별침실은 제공되나 식당, 라운지, 각종 위락 및 레크리에이션 시설들은 공동으로 사용할 수 있도록 되어 있다. 이와 같은 관광숙박시설의 공급요소는 대부분이 국가, 지방정부 또는 노동조합 등과 같은 공공기관에 의해 지원·운영되고 있는 것이다.

Foster는 숙박시설요소를 첫째는 완전 서비스 숙박시설, 둘째는 셀프-케이터링 숙박시설*, 셋째는 부분적 서비스 또는 셀프-케이터링 부문으로 크게 3개 범주로 <표 3-2>와 같이 구분함으로써 서비스형태를 기준으로 하여 구분된 것으로 보여진다.

〈표 3-2〉 숙박시설의 유형

부 문	유 형
서비스 부문	호텔 : 자격 또는 무자격시설(면허 및 인가) 모텔, 모터호텔, 모터인 소규모(개별) 호텔 객사, 하숙시설 유람선 유스호스텔 YMCA, YWCA 농원 숙박시설
셀프-케이터링 부문	카라반 캠핑장 아파트, 별장, 산장 기타 일정시기 분할 숙박시설 임대차량 숙박시설 개인소유 카라반, 차량 숙박시설, 요트 제2주택, 친지방문 숙박
부분 서비스 또는 셀프-케이터링 부문	휴가촌, 휴가센터, 휴가캠프 임대요트 고급 임대별장(예로서 카리브해 연안지역 등)

자료 : D. Foster(1985)

또, 숙박시설은 욕실과 침실의 수에 의해 구분될 수도 있고, 공공시설과 식당 및 기타 시설(예로서 주차장시설 등)의 수와 크기에 따라 등급화될 수 있다. 영국에서는 자동차 협회(Automobile Association)와 왕립 자동차 클럽(Royal Automobile Club)에 의해서 숙박시설등급이 별과 왕관의 수로 결정되고 있다. 다른 나라에서는 여러 가지 형태로 숙박시설의 등급이 결정되는데, 예를 들면 초특급 · 특급 · 표준 · 1등급 · 2등급 등으로 구분되기도 한다.

* 셀프케이터링 숙박시설이란 관광객이 스스로 취사를 할 수 있는 시스템이 갖춰진 숙박시설을 의미함.

영국에서는 1967년 제정된 관광개발법에 호텔등급분류에 대한 규정을 명시하고 있다. 그러나 이 규정은 호텔산업체의 반발로 영국관광청이 강제로 시행하지는 않고 있다. 그 대신 1975년 자원등록제도를 유도하였는데 이것은 독립된 기관으로부터 아무런 통제나 심사도 받지 않고 호텔업자들의 자율에 맡겨두고 있는 것이다. 따라서 영국자동차협회와 왕립자동차클럽의 등급제도는 그들의 간부에 의해 심사되는데 서비스의 질과 시설에 관해서는 주관적 판단에 의하지만, 호텔업주의 경영보고서에 의한 객실과 서비스상태 및 물리적 시설 등에 대한 평가는 매우 객관적으로 시행되고 있다(Foster, 1985). 특히 등급심사는 사전연락 없이 불시에 방문함으로써 공정성과 객관성을 확보하고 있다.

한편, Holloway는 숙박시설의 경영형태를 기준으로 영리부문과 비영리부문으로 나누고, 관광숙박시설의 구조를 [그림 3-4]와 같이 나타내고 있다.

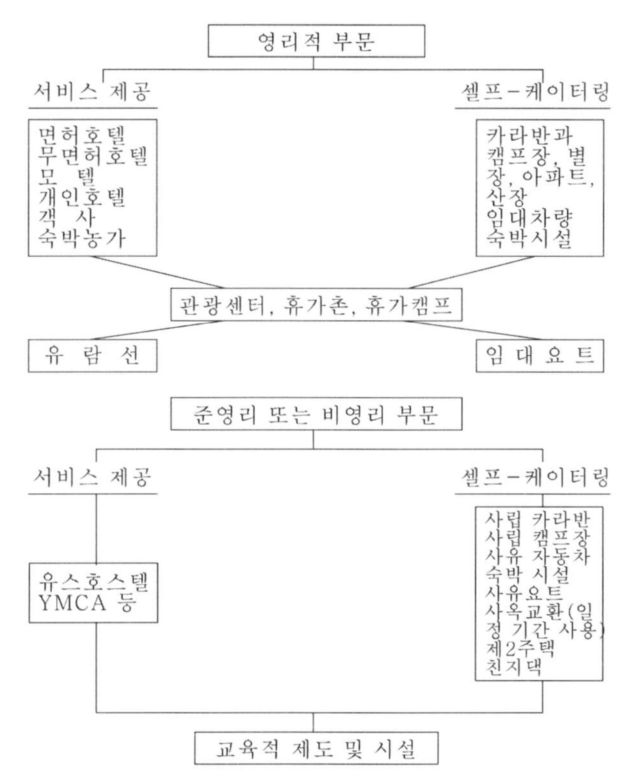

자료 : C. Holloway(1986)

[그림 3-4] 숙박시설의 구조

관광산업의 번영은 숙박시설에 대한 수요와 공급의 적절한 균형유지에 의존한다고 해도 과언이 아니다. 만약 공급이 수요를 초과하면 객실점유율은 떨어지게 되고 이윤은 줄어들게 될 것이며, 실질적인 요금을 낮추어서라도 경쟁에 임해야 될 지경에까지 이르게 될 것이고, 반대로 과잉수요가 발생한다면 많은 고객은 객실구매에 어려움을 겪게 될 것이고, 관광지와 숙박시설은 좋은 이미지를 잃게 될 것이다. 따라서 실망한 고객들은 다른 곳으로 만족을 찾아 등을 돌리게 되고, 장기적인 관점에서 수요는 점점 감소하게 될 것이다.

이러한 현상은 미래 관광개발을 확장하기 위한 계획에도 커다란 장애요소가 될 것이며, 잃어버린 고객과 실추된 명예를 회복하는 데는 상당한 기간과 예산을 필요로 한다. 그래서 관광개발에 있어서의 숙박시설요소는 단순한 관광공급 요인으로서 뿐만 아니라 휴양지의 관광수용 능력을 측정가능하게 한다는 의미에서 그 중요성이 크다고 할 수 있다.

이와 같이 주요한 의미를 가지고 있는 숙박시설을 개발·건립하는 문제에 있어서는 다음 사항들이 고려되어야 한다.

① 위치선정 : 수도권, 도(주)청 소재지, 중소도시권, 산악권, 해안권, 온천권, 호수권, 강변권 등
② 부지확보 : 토지가격, 용도별 조건(녹지, 농업 전용지, 공업지, 주거전용지 등), 필요면적 등
③ 기반시설 : 상하수도, 전기, 통신, 도로시설 등
④ 접근 용이도 및 서비스 : 교통시설(운항횟수, 용이성, 가격 등), 기타 부대 서비스상태 등
⑤ 시장수요 및 경쟁요인 : 인근숙박시설 공급현황, 시설수준, 경쟁형태, 유치가능지구현황과 전망 등

위의 요소들은 숙박시설경영형태를 결정하는 요인, 즉 상용숙박시설(업무 및 관광위주), 관광숙박시설(휴양지 숙박시설), 자동차이용여행자 숙박시설, 가족단위숙박시설(셀프-케이터링) 등으로 구분된다.

따라서 이러한 요소들은 숙박시설의 등급 및 특성을 결정하는 요인이 되기도 하는데, 세계관광기구는 등급기준을 객실 수, 객실면적, 객실내부장식 등의 질과 수준에 의해 평

가하는 것이 바람직하다고 보고 있다. 동시에 이것은 내·외부시설의 비중을 정하는 데 있어서도 영향을 미치는데, 어떤 시설 및 부서에서 최대의 이익을 올릴 수 있느냐를 결정하여야 한다. 예를 들면, 내부시설에서는 객실부문, 식당 및 바(Bar)부문, 회의장 및 무도회장부문 등이며, 외부시설에서는 옥외수영장, 부대시설로서의 소공원 및 동물원, 골프장과 주차장시설 등을 말한다. 이것은 또한 숙박서비스 영업플랜과 가격 결정에 영향을 미치기 때문에 매우 중요한 요소인 것이다.

따라서 숙박시설 계획요소로서는 다음 사항을 반드시 고려해야 한다.

① 지역개발 관계기관 협력 : 건폐율, 건물 높이, 인접건물형태 및 종류
② 내부시설 간의 관계 : 침실, 욕실구조, 집기 및 비품과 가구의 구조와 질
③ 통로시설 : 복도, 계단, 승강기, 비상구시설 등
④ 업무 전용통로 : 고객통로와의 관계, 물품 및 자재운반 통로 등

숙박시설 개발에 있어서 무시될 수 없는 원칙에 대해서는 시설의 모양, 크기, 구조, 등급과 객실 및 식당운영에 있어서의 서비스형태, 그리고 기타시설 정비·관리에 관한 문제 등을 사전에 정하는 것이 필요하다. 동시에 기후관계, 소음, 외관, 전망 등을 포함한 외적 환경요인도 고려해서 숙박시설의 공급적 특색을 규정지어야 할 것이다.

4. 기타 시설과 서비스

관광공급은 필수적 요소라고 볼 수 있는 매력물, 교통, 숙박시설 외에도 광범위한 지원 및 부대서비스와 시설을 필요로 하는 것이다. 관광기념품과 생활필수품, 의류, 화장품, 의약품, 식료품 그리고 잡화용품 등을 판매하는 다양한 서비스가 관광목적지에서는 요구된다. 레스토랑, 은행, 미용실, 의료센터 등도 또한 필요한 서비스시설에 속한다. 이와 같이 많은 보조적 서비스와 시설은 관광목적지 주민들에게 우선적으로 제공되고 있다는 사실도 무시할 수 없다. 따라서 이용자들의 요구와 이용빈도에 따라 이러한 시설과 서비스는 단계적 발전을 보이고 있다. Defert(1966)는 전통적 휴양지에서 이러한 서비스 시설의 개발에 대한 단계적 모델을 [그림 3-5]와 같이 제시하고 있다.

[그림 3-5]에서와 같이 관광개발 초기단계에는 공급요소로서 낙농유제품, 카페, 식료품 등과 같은 일용판매시설 및 서비스가 주종을 이루고 있으나, 점점 개발단계가 높아질수록 보석류나 모피류의 고객수요가 늘어나게 되고, 이와 같은 고가품을 주문받는 서비스가 등장하게 되는 것이다.

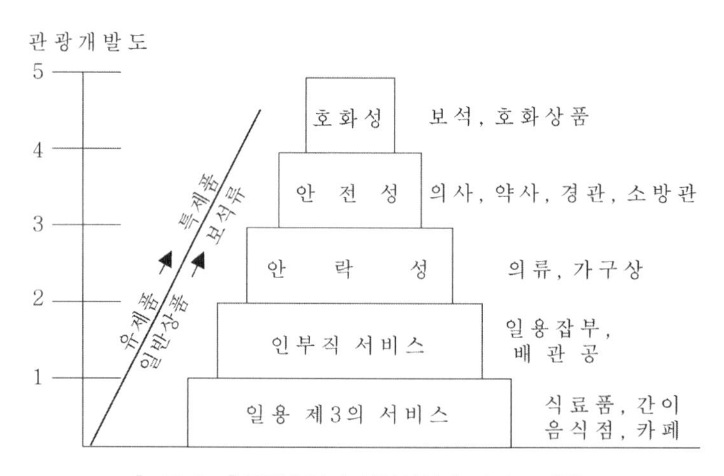

[그림 3-5] 관광휴양지 상업시설과 서비스 개발

그러나 이와 같은 관광개발도와 기타 관광시설 및 서비스 공급요소와의 관계는 어디까지나 전통적인 모형으로서의 상관관계를 나타내고 있을 뿐, 오늘날과 같이 관광개발의 속도가 급속히 이루어지고 있는 상황하에서는 이러한 호화품 또는 고급스러운 시설과 서비스가 개발 초기단계에서부터 공급되고 있는 예가 흔하게 나타나고 있다.

5. 기반시설

앞에서 언급된 시설과 서비스를 지원하기 위해서 필요한 것이 적절한 기반시설이다. 도로, 주차시설, 활주로, 철도, 항만 등과 같은 교통기반시설 외에도 전기와 하수 및 오물처리시설과 같은 형태의 공공시설이 기본적 관광공급요소로 요구되는 것이다. 대부분 이와 같은 시설은 지역주민이나 또는 농업과 같은 산업의 지원을 위해서 사용되기도 하지만,

관광개발의 형태나 관광수요에 의한 확장 여부에 따라서 그 내용이 달라지기도 한다.

이러한 기반시설은 기본적 공급요소로서 필수적인 것이긴 하지만, 개발을 위해서는 막대한 재정적 예산이 필요한 것이다. 몇몇의 예외를 제외하고는 유료도로와 같은 기반시설은 그 자체만으로 관리유지를 위한 충분한 직접적 수입을 올리지 못하고 있다. 하수처리시설이 거의 수입을 못 올리고 있기 때문에 적절한 정수시설의 기능을 발휘 못하고 있다는 것은 관광개발의 역효과현상으로 지적되고 있으며, 이와 같은 것은 여러 곳에서 많은 예를 찾아볼 수 있다.

<표 3-3>은 기술 및 서비스 기반시설을 포함한 다른 부문의 상대적 투자비용에 관한 것을 나타내고 있다. 비록 개발의 계획에 따라 각 부문별 투자비율은 달라질 수 있다고 보지만, 대체로 숙박시설과 필요한 기반시설의 지출비율이 가장 높게 나타나고 있는 것이다. 의도적인 관광휴양지의 확장을 위한 인공적 개발이나 기존시장의 확장을 위한 투자, 예로서 스키장의 부대유흥시설이나 나이아가라 폭포에서의 밀랍박물관시설 등을 위한 계획적 인공개발의 경우에는 자연적 또는 역사적 매력들이 보충적 요소가 될 수도 있다. 관광휴양지에서 숙박시설의 다양화는 단일시장의 의존도에 대한 위험부담을 줄여줄 수도 있을 것이며, 질적 또는 양적 측면에서 각 공급부문 간의 균형을 유지할 수 있도록 하는데도 도움이 될 것이다.

〈표 3-3〉 관광개발 부문별 투자비용

부 문	평균 비율(%)
숙박 및 케이터링 시설	50~60
기타 관광시설	10~15
기술 및 서비스 기반시설	15~20
직업훈련, 진흥 및 홍보	5~10
자원의 보호 및 제고	5~10

자료 : Lawson & Baud-Bovy(1977)

예로서 평범한 관광매력지에 특급숙박시설을 공급요소로 제공한다면 그 기업이 생존할 수 있는 확률은 매우 희박하다. 따라서 특별한 경우를 제외하고는 각 부문별 공급요소는 서로 상응할 만큼의 수용능력과 시설을 갖추어 조화를 이루는 것이 바람직한 것이다.

이용측면에서 본다면 관광상품은 다른 상품과는 달라서 후일 판매가 가능하게끔 비축될 수 없다는 특색을 가진 점이다. 전일 판매되지 않았던 객실이나 미판매 항공좌석에 대한 시장은 존재하지 않는다. 따라서 시간과 공간을 통한 관광공급요소의 개발 및 제공은 매우 중요한 의미를 지니고 있다(Pearce, 1981).

Wahab은 "관광공급이란 관광목적지가 실질적이고 잠재적인 관광객에게 제공할 수 있는 모든 요소를 포함한다. 관광에서의 공급이란 사람들이 그 지역을 방문하도록 유도할 수 있는 자연적 · 인공적 매력과 서비스 및 제품 등의 전 범위를 망라하는 뜻으로서의 특징을 지니고 있다"고 규정하고 있다. 따라서 관광공급은 다음의 세 가지 주된 특징을 지니고 있다.

첫째, 관광공급은 근본적으로 서비스공급이며 비축될 수 없고, 그것이 존재하는 위치에서 소비된다. 다시 말해서 다른 상품의 공급과는 달리 이동이 불가능하기 때문에 소비자가 관광공급을 찾아서 그곳으로 이동해야만 한다는 특징이 있다.

둘째, 관광의 목적으로 개발된 공급요소는 다른 목적으로 활용되어질 수 없다는 측면에서 경직성으로서의 특징이 있다.

셋째, 관광은 인간의 기본적 욕구가 아니기 때문에 관광공급은 다른 상품과 서비스공급으로부터 경쟁적 대상이 되고 있으며, 이러한 측면에서 대체의 법칙이 적용되는 특징이 있다.

또, Wahab은 관광공급의 구성요소를 크게 자연적 매력요인과 인공적 공급요소로 다음과 같이 나누고 있다.

(1) 자연적 매력요인

① 기후 : 온화, 청명, 건조, 맑은 공기

② 지형과 조경 : 평원, 산악경관, 호수, 강, 해변, 괴이한 지형, 장관의 경치, 폭포, 화산지대, 동굴 등

③ 숲의 요소 : 대단위 밀림, 희귀목 등

④ 식물군과 동물군 : 특이한 식물, 다양한 형태와 색깔이 조류, 낚시, 사냥과 사진촬영, 수렵, 야생지대, 국립공원과 야생동물 보호지구 등

⑤ 건강센터 : 미네랄의 자연천, 치료효과를 가진 온천 등

(2) 인공적 공급요소

① 역사적・문화적・종교적 요소: 역사적 기념물, 박물관, 예술전시관, 기념관, 민속공연, 문화적 공예산업, 전통적 행사, 박람회, 종교적 건축물과 사원 등

② 기반시설

㉠ 상・하수도시설, 전기, 도로망, 통신시설을 포함한 일반적 하부구조

㉡ 병원, 약국, 은행, 상가, 미용원, 식료품상, 행정관청, 잡화점, 서점, 주유소, 차량정비소 등을 포함한 문화생활을 위한 기본시설

㉢ 관광기반시설

- 호텔, 모텔, 아파트, 사회복지적 관광시설(휴가촌, 캠핑장, 유스호스텔 등), 음식점 등의 체재관광객을 위한 시설
- 관광여행사, 렌터카, 유람 및 관광안내 등과 같은 관광여행조직체와 관광안내소, 지역관광기구 등과 같은 안내 및 선전시설 등의 관광영접시설
- 동・하계 스포츠시설과 육・해상 운동시설 등을 포함한 레크리에이션 및 스포츠시설

③ 접근수단과 교통시설: 공항, 국경항만, 강 또는 다국적 호수, 철도교통 및 기타 육운교통수단, 선박, 항공교통, 산악교통시스템 등

④ 상부구조: 하부구조와 마찬가지로 이것도 당해 지역의 개발상태에 따라 다르다. 일반적으로 서비스를 요구하는 시설물이라고 볼 수 있는데, 관광객에게는 매우 중요한 공급요소이지만, 서비스가 필수불가결의 조건은 아니라고 볼 수도 있다. 대체로 레크리에이션과 유흥시설로서 극장, 영화관, 카지노, 나이트클럽, 다방, 카페 등이 여기에 속한다.

⑤ 주민의 생활방식: 관광자원 중의 가장 중요한 요소로서 주민의 생활방식, 행동, 식생활, 습관, 전통과 인습 등이 여기에 속하는데, 매력요인으로 관광객을 유치하는데 귀중한 자원이 되는 것이다. 이러한 요소는 특히 관광송출국과는 이질성을 가지고 있으며 전통적 사회를 보존하고 있는 개발도상국의 경우에 적용될 수 있다. 다른 요소로서는 관광목적지 주민의 관광객에 대한 자세로서 주민의 환대성, 친절성, 조력성, 비사욕성 등인데 이러한 것은 가장 중요한 관광공급요인의 매력적인 자산이라고 보는 것이다(Wahab, 1965).

Myriam Jansen-Verbeke는 도시관광 공급요소에서 도시 자체는 다양한 상품과 서비스를 제공하고 있는 다기능적 특징을 가지고 있기 때문에 관광객들이 이를 용이하게 선택할 수 있는 이점을 가지고 있다고 했다. 이러한 공급의 다양성은 관광객들이 희구하는 체험들을 선택하고 조합하는데 융통성을 줄 뿐 아니라 많은 보충적 시설들을 가지고 있기 때문에 방문 후에도 조정할 수 있는 여지가 있다. 특히 유럽의 도시에서는 문화적 명성과 매력요소가 비교적 작은 지역 내에 집중되어 있기 때문에, 매력적인 문화적 활동에 참여하는데 매우 편리하다.

또한 대부분 도시들은 많은 관광객을 흡수할 수 있는 수용능력을 갖추고 있다. 야생지에서는 작은 수의 관광객이 자원을 훼손하거나 관광체험의 질을 저하시키는 반면, 도시는 상대적으로 많은 수의 관광객을 흡수할 수 있는 특성을 가지고 있다(물론 도시에서도 과잉 수요는 관광자원의 훼손을 초래할 수 있지만, 이는 사전에 적절한 대책을 강구해서 조절되어야 할 것이다).

도시의 문화자원을 선정하고 이를 관광상품화하는 일은 쉽지 않다. 왜냐하면 주체자들의 문화관광에 대한 가치관이나 목적이 서로 다르기 때문이다.

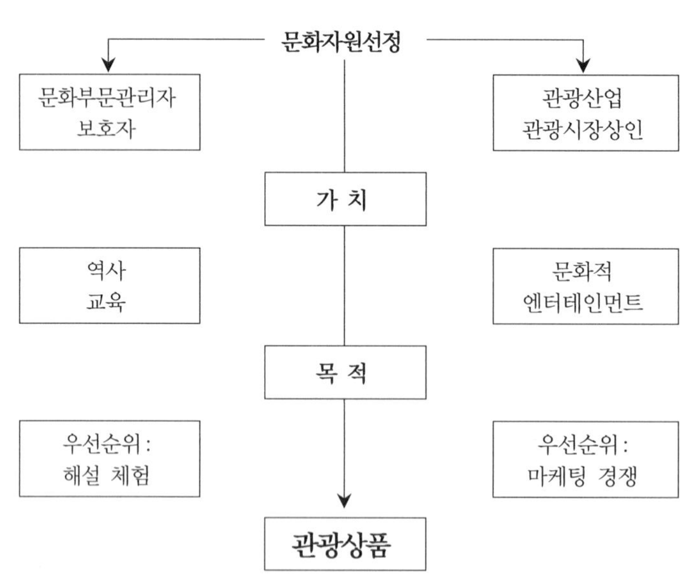

자료 : Myriam Jansen-Verbeke(2001)

[그림 3-6] 도시문화자원의 선정

예컨대, 공연장이나 역사적 건물등 문화재를 관리하는 사람들은 관광객들이 이를 통해 질 높은 역사나 교육적 체험을 할 수 있도록 하는데 우선순위를 둔다면, 관광사업자들은 경쟁시장에서 우위를 점하기 위해 흥행(entertainment) 목적에 더 높은 관심을 가지게 될 것이다.

도시관광 상품은 핵심요소(core elements)와 2차적 요소(secondary elements) 그리고 관광객들이 활용할 수 있도록 하는 선결조건요소(precondition elements)로 아래와 같이 나눌 수 있다.

① 핵심요소: 박물관, 기념비, 특별 이벤트, 페스티벌, 극장공연, 문화유산, 시설과 매력, 녹색공간, 수자원, 도시경관 등 문화관광객을 유인하는 주된 요소
② 2차적 요소: 외식산업시설, 숙박시설, 유흥시설, 쇼핑시설, 노변시장, 생동감 있는 공공장소 등으로 관광체험 가치를 높이고 도시의 긍정적 이미지를 형성하는 요소
③ 선결조건 요소: 접근요인, 주차시설, 매력요인 공간, 명확한 이미지, 관광상품 관리 및 진흥을 위한 이상적 기구 등으로 효율성을 높이는 요소

따라서 관광기회 개념측면에서 본다면, 도시문화 관광개발로의 발전과정에서 고려되어야 할 3가지 특별한 가치는 군집효과(clustering)와 상승효과(synergy) 그리고 주제효과(theming)이다. 군집효과는 도시의 특별한 구역이나 유명지역 내에서 보완적 관광상품들이 공간적으로 집중되어 있는 것을 말하고, 군집효과 평가는 각 요소 간의 거리와 전체적 조화 측면에서 그 지역의 이미지와 감성에 의해 좌우된다.

상승작용효과는 관광과 도시의 다양한 기능과의 관계를 말하는데, 이것은 선택의 폭이 넓어 역동적인 관광이 될 수 있도록 인접기능 간의 적합성을 고려해야 한다.

주제효과는 정체성과 인지성 제고에 영향을 주는 것으로, 이것은 도시의 특정 거리나 광장 그리고 특별한 체험거리를 연결시켜 관광객에게 기회와 감흥을 줌으로써 이들을 매혹시켜 체재를 연장시킬 수 있는 요소들이다.

이상과 같이 관광공급요소에 대한 개념적 측면에서도 학자마다 상이한 견해를 보이며 이의 분류방법과 기능 및 특징도 다양하게 나타나고 있음을 알 수 있다. 그러나 이들의 공통된 시각은 관광수요에 대한 목적지에서의 필요한 시설과 서비스 그리고 각종 제도적 편의요소들을 기본적 내용으로 간주하고 있다는 사실이다. 따라서 관광공급의 범

위 설정 면에서는 이를 확장시켜 관광행위가 시작되는 순간부터 마칠 때까지 총체적 시설과 서비스, 그리고 제도적 지원요소들을 포함시켜 볼 수도 있으며, 또 기능면에서도 관광매력 및 자원적 요소, 심지어는 환경요인까지도 포함시켜 관광수요와의 관계 및 이의 연계성을 분석해볼 수 있다는 특색을 보여주고 있다.

제2절 관광개발 주체

관광을 위한 개발을 함에 있어서는 앞절에서 언급된 각종 공급구성요소들이 어떤 조직에 의해서든지 발굴 또는 공급되어야 하기 때문에 광범위한 개발기관이 존재하게 된다. 이와 같은 주체의 구성은 개발의 역사적 · 정치적 · 경제적 · 문화적, 그리고 지리적 여건에 따라 다양한 양상으로 나타나게 될 것이다. 그렇지만 일반적으로 공공부문과 민간부문으로 구분할 수 있으며, 참여수준별로는 국제적 · 국가적 · 지역적, 그리고 지방적 차원으로 분류하고 있다.

대부분의 국가에서는 중앙 또는 연방정부가 지방정부의 협조로 관광개발의 주체적 역할을 감당하고 있으며, 어떤 국가에서는 중앙정부가 관광관련 부처를 가지고 있어 각종 개발사업을 관장하고 있기도 한다. 이와 같은 정부차원의 관광개발은 사업의 성격과 규모에 따라 다르며 어떤 일정한 기준이 있는 것은 더더욱 아니고, 각종 사업은 상호협력하에 수행되는 것이 상례이다. 더구나 개발도상국의 경우는 유엔기구나 세계은행, 아시아 · 태평양 지역관광협회, 또는 미주관광기구 같은 국제적 기구가 관광개발사업에 적극적으로 개입하는 경우도 있는 것이다.

이러한 현상은 민간부문에서도 마찬가지로 많은 민간의 대개발 회사들이 국가 전역의 관광개발사업에 참여하고 있는 것이다. 물론 어떤 기업은 특정 지역개발에만 제한적으로 참여하거나 또는 소규모회사는 지방의 소규모 관광개발사업에 참여하고 있는 예도 있다. 따라서 개별적으로도 지역 또는 지방차원의 관광개발사업에 참여하는 경우도 더러 있는 것이다.

반대로 다국적 개발회사의 경우는 여러 나라, 특히 관광송출국이나 관광목적지에서 관광사업에 관여하고 있는 예가 있다. 이와 같이 다양한 부문의 관광개발 참여도는 그들의 동기와 책임, 그리고 능력 등에 의해 좌우된다고 보는 것이다(Pearce, 1981).

1. 관광개발의 동기와 책임

1) 공공부문

(1) 경제적 측면

공공부문에서 관광개발의 동기는 다음과 같은 각종 경제적 요소에 기인하고 있다.

- 국제수지 개선효과

특히 개발도상국의 경우에 있어서 관광산업은 외화획득을 위한 주요 전략산업으로 개발・육성하고 있다. 순수관광수입의 구성비는 국가에 따라 다르지만 공업제품 수출에 의한 외화획득보다 비교적 높게 나타나고 있다. 외화획득의 기여도에 대한 측정은 외화가득률로써 표시되는데, 이것은 관광산업을 위한 직접적인 외화누출액의 비중이 얼마이냐에 따라 결정된다. 즉

$$\text{외화가득률} = \frac{\text{총수입} - \text{관광 대외지출비}}{\text{관광 총수입}} \times 100$$

으로 공식화될 수 있는데, 여기서 관광 대외지출비란 관광상품 제조에 필요한 외산 원자재 및 물자, 그리고 인건비 등이 포함된다.

개발도상국 가운데 관광외화가득률이 높다고 인정되는 멕시코, 유고슬라비아, 스페인과 같은 곳은 이미 관광단지가 조성되어 완비된 시설을 갖추고 있으며, 주류, 식품 등 필요한 물자도 주로 국내에서 조달되며, 또 관광종사자들도 대부분 내국인이다. 관광시설의 대부분도 지역 내의 주민들에 의해 소유・운영되고 있어 관광에 의한 총 외화수입의 15%만이 주류, 식품 등의 수입을 위해 국외로 다시 지출되며, 85% 이상이 국내에 잔존한다.

그 다음은 대체로 수입의존도가 낮은 대부분의 다른 개발도상국의 예로, 관광 총 외화수입의 20~40% 정도를 외국관광객 유치를 위한 시설건설 및 식음료수입을 위하여 국외로 지출하는 경우를 들 수 있다.

이와는 대조적으로 카리브해 및 태평양의 도서국, 케냐, 탄자니아 등 몇몇 아프리카 국가에서는 외국인관광객을 위한 대부분의 물품을 국내에서 조달하지 못하고 각종 음료, 식품, 관광단지 건설자재 수입 등을 위해 관광외화수입의 약 70%를 국외로 다시 지출하는 경우도 있어 국제수지개선의 기여 측면에서는 별로 도움이 되지 않고 있다.

한편, 우리나라는 통계상 일반제조업의 경우는 상품수출의 외화가득률이 65.2%로 나타나고 있는 반면, 관광외화가득률은 91.8%로 매우 높게 나타나고 있다. 이러한 계측은 관광산업을 위한 직접외화누출(또는 직접수입비율)이 8.2%밖에 되지 않고 있다는 뜻으로 국제수지 개선에 기여하는 바가 크다고 할 수 있다. 그러나 관광상품 제조에 소모되는 간접 외화누출을 고려한다면 외화가득률이 이처럼 높게 나타나지는 않을 것이 분명하다.

2003년도 우리나라 관광외화수입은 52억 4,100만 달러로 전년대비 4.5%의 감소율을 보였으나, 동년 내국인 해외여행경비가 무려 68억 8,690만 달러로 나타나 6억 440만 달러의 적자를 기록하였다.

2004년도의 우리나라 관광수지 현황을 살펴보면, 방한외래객이 한국에서 지출한 금액은 57억 달러로 2003년도에 비해 6.6% 성장했고, 내국인 해외여행경비는 95억 달러로 15.2% 성장해 약 38억 달러의 관광수지 적자를 기록하였고, 2005년에는 약 63억 달러의 관광수지 적자를 기록하였으며, 2006년에도 약 84억 달러의 관광수지 적자를 기록하였다. 또한 2007년에는 약 101억 달러의 관광수지 적자를 기록함으로써 2001년 이후 가장 큰 규모의 관광수지 적자를 나타냈다.

2008년도에 들어와서는 세계적인 경기침체와 함께 발생한 원화 약세로 국내관광객의 소비심리를 위축시켜 2008년 7월 이후, 해외여행 수요를 급격하게 감소시키는 원인을 제공하였다. 이와 함께 상대적으로 방한관광객의 구매력이 상승하게 되었고, 엔고현상 및 유류할증료 인상으로 인해 일본관광객이 근거리 여행을 선호하게 되어 2008년 내국인 해외여행경비는 2007년에 비해 25.4% 감소한 126.4억 달러를 나타냈으나, 방한외래객이 한국에서 지출한 금액은 90.2억 달러로 48.0%의 높은 증가율을 기록하여 관광수지

적자 규모가 전년 대비 72억 달러 감소한 36억 달러를 기록하였다. 결과적으로 2008년 우리나라 관광수지는 전년 대비 66.6% 증가한 36.2억 달러 적자를 기록하여 관광수지 적자 규모가 대폭 완화된 것으로 분석된다.

2009년에는 세계적인 경기침체와 함께 발생한 원화약세는 국내관광객의 소비심리를 위축시켜 해외여행 수요가 급격하게 감소하였지만, 상대적으로 방한관광객의 구매력은 상승하게 되었다. 2009년 1인당 관광수입은 1,201달러로 전년 대비 14.8% 감소하였고 1인당 관광지출은 983달러로 전년 대비 19.1% 감소하였다.

〈표 3-4〉 연도별 우리나라 관광수지 (단위 : 천 달러)

연도	관광수입		관광지출		관광수지
	금액	성장률(%)	금액	성장률(%)	금액
2001	6,373,200	-6.4	6,547,000	6.0	-173,800
2002	5,918,800	-7.1	9,037,900	38.0	-3,119,100
2003	5,243,400	-9.7	8,248,100	-8.7	-2,904,700
2004	6,053,100	13.3	9,856,400	19.5	-3,803,300
2005	5,793,000	-4.3	12,025,000	22.0	-6,232,000
2006	5,759,800	-0.6	14,294,500	18.9	-8,534,700
2007	6,071,400	5.4	16,931,500	18.4	-10,860,100
2008	9,696,500	59.7	14,571,700	-13.9	-4,875,600
2009	9,767,200	0.7	11,035,700	24.3	-1,268,500
2010	10,290,500	5.4	14,277,700	29.4	-3,987,200
2011	12,347,200	20.0	15,530,800	8.8	-3,183,600
2012	13,356,700	8.2	16,494,500	6.2	-3,137,800
2013	14,524,800	8.7	17,340,700	5.1	-2,815,900
2014	17,711,800	21.9	19,469,900	12.3	-1,758,100
2015	15,176,700	-14.3	21,271,700	9.3	-6,095,000

자료: 문화체육관광부, 2013년 기준 관광동향에 관한 연차보고서, pp.25~26(2014~2015 자료는 '관광지식정보시스템' 통계 결과임)

우리나라 연도별 관광수지 현황은 다음과 같다.

이러한 국제관광수지 분석은 <표 3-5>와 같은 항목들이 고려되어야 한다고 Wahab은 주장하고 있다. 그러나 나라에 따라서는 운송과 투자부문 등에 대한 계측은 별도로 하고 있는 경우가 많다.

〈표 3-5〉 국제관광수지 분석

지출(구매비용)		수입(상품판매)	
항 목	금 액	항 목	금 액
· 관광경비(내국민의 해외여행비용) · 수입상품(주로 식자재와 기구) · 운송(내국인 국제여행시 이용할당분) · 자국민 해외관광 투자 · 외국관광자본에 대한 이윤 지출 · 외국인 이주민의 송금액(관광산업에 고용된 외국 근로자) · 출판, 홍보, 광고 등 수입차감=흑자		· 관광수입(외래관광객의 여행비용) · 수출(관광상품, 기념품, 수공예품, 예술적 원산품 및 고대 유물품 등) · 운송(외국인 국제여행시 이용할당분) · 외국자본 국내관광 투자 · 자국인 해외관광투자에 대한 이윤 · 자국민 이주민의 송금액(외국 관광 산업에 고용된 자국민 근로자) · 출판, 홍보, 광고 등 지출차감=적자	

자료 : S. Wahab(1965); 김상무(2011)

- 지역개발효과

농작물의 재배와 생산에 적합하지 못한 토지나 공간을 적극적인 자세로 인공적 관광매력물로 창조함으로써 자원활용의 극대화를 기하고 지역의 경제개발효과를 이룩한 경우(예로서 미국의 라스베이거스)와 새로운 하부구조 건설 등으로 간접자본 확대를 기함으로써 민간투자를 촉진, 지역개발효과를 거두고 있는 사례는 많이 볼 수 있다. 1987년 우리나라의 관광지(제주도, 경주, 속초) 주민을 대상으로 조사한 결과 전체의 69.4%가 관광개발이 지역경제발전을 촉진시켰다는(한국관광공사 조사) 매우 긍정적인 반응을 보임으로써 이의 효과를 알 수 있다.

• 경제의 다양화에 기여

관광경비는 그 지역 경제활동을 확대 · 활성화시키고 산업을 번창하게 한다. 관광객의 소비는 숙박비, 음식비, 교통비, 상품구입비, 오락비 등으로 지출되고, 최초의 소비는 연쇄적으로 회전하여 이른바 소비의 승수효과를 낳아 여러 부문으로 파급해 간다. 관광소비의 회전 또는 승수효과는 경제외적 여러 요건에 따라 일정하지는 않지만, 대체로 3~4회 내지 많게는 5회에 달하는 것으로 측정되고 있다. 특히 숙박업과 식음료업, 그리고 기념품업 같은 것은 후방연쇄효과(backward linkage effect)가 높은 부문으로서, 관련 산업부문의 산출효과를 높여 지역경제의 활성화 내지 다양화에 기여할 수 있는 것이다.

Wahab은 지역경제에서 관광경비(지출)의 흐름도를 [그림 3-7]과 같이 제시하여 관광수입이 지역경제에 미치는 효과가 매우 다양함을 입증해 주고 있다.

• 소득증대효과

관광객의 소비액은 지역의 가내소득 창출효과를 가져오는데 이것은 관광시설업체에 근무하는 종사원에게 직접소득의 형태로, 관광관련 산업부문에 종사하는 사람들에게는 간접소득, 그리고 이들 소득자의 소비에 의한 유발소득 발생 등으로 계측되어질 수 있다. 우리나라 한 관광지의 조사결과, 전체소득 중 직접소득 58.4%, 간접소득 20.6%, 그리고 유발소득은 21.0%로 나타났으며, 관광지 주민의 65.9%가 관광개발로 인해 지역주민의 소득이 증가되었다는 긍정적인 반응을 보이고 있는 것으로 나타났다. 따라서 소득승수효과도 지역의 경제적 구조나 누출비율에 따라 다르게 나타나고 있다. 관광승수효과란 관광객의 최초소비액이 관광업자들의 소득으로 그 다음 소비로 전환, 또 소득 그리고 소비로의 순환과정이 반복으로 계속될 때 최초의 소비가 마지막 최후의 전체 소비에 대한 승수를 말하며, 이에 대한 계수가 크면 클수록 그 효과가 높은 것으로 평가하는 것을 일컫는다. 간단한 예로서 X라는 관광객이 호텔숙박비로 200달러를 지급했는데 호텔경영주는 이 가운데 100달러를 인건비로 종사원에게, 그리고 종사원은 수입 중 80달러를 양곡구입으로, 또 양곡상은 그 중 60달러를 정육점에, 그리고 정육상은 그 중 40달러를 의류구입으로 사용했다고 한다면, 최초의 관광객소비액 200달러는 마지막 480달러의 최종소비효과를 가져온 것으로 관광승수는 $\frac{480}{200}=2.4$가 되며, 이에 대한 경제적 파급효과가 매우 커서 지역주민의 소득증대에 많은 영향을 주게 된다고 보는 것이다. 이와 같이

관광객 소비	관광산업 지출	긍정적 수익부문	
	· 임금 및 봉급	· 회계사	· 정원사
		· 광고 및 선전 대행	· 선물점
1. 숙박업	· 봉사료, 사례금	· 용품 창고	· 정부(교육, 보건, 도로 및 철도시설, 개발 등)
		· 건축가	
	· 영업세		· 식료품업
			· 자본가
		· 예술가 및 공예가	
2. 음식업	· 수수료	· 변호사	· 가구점 및 생산자
		· 자동차 대리점	· 수입상
	· 음악 및 유흥	· 제빵점	· 보험회사
3. 음료업	· 행정 및 경상비	· 은행	· 지주
		· 해변관련 기구상	· 세탁소
	· 법률 및 전문적 서비스	· 정육점	· 제조업 대리점
4. 국내운송업	· 식음료 구입	· 목수업	· 경영인
		· 출납원	· 영화극장
	· 자재 및 원료구입	· 자선업	· 신문, 라디오 등
5. 관람장		· 약국	· 나이트 클럽
	· 수선 및 보수	· 사무원	· 사무용품상
6. 유흥업	· 광고, 판촉, 홍보	· 의류점	· 도색업
		· 클럽 및 회관	· 주유소
	· 전기, 가스, 수도설비	· 제과상	· 연관공
7. 선물 및 기념품	· 운송수단	· 청부업	· 화물운반원
		· 요리사	· 인쇄업
	· 면허세	· 문화단체	· 출판업자
		· 낙농업	· 부동산 중개인 및 개발자
8. 사진업	· 보험료	· 치과의사	· 휴양지
	· 건물 및 장비 임대료	· 백화점	· 레스토랑
		· 의사	· 룸메이트
9. 개인용품 의약품, 화장품	· 가구 및 비품	· 세탁소	· 주주
	· 임차금에 대한 원금 및 이자	· 전기업자	· 운동경기
		· 기술자	· 교통
10. 의류 및 기타	· 소득세 및 기타 공과금	· 농부	· 여행업
		· 어부	· 택시 및 자동차 대여업
	· 자본 대체금	· 화물운송업자	· 노동조합
11. 신변잡화	주주에 대한 이윤배분	자동차 정비소	도매상

자료 : S. Wahab(1965); 김상무(2011)

[그림 3-7] 관광경비 지출의 경제적 흐름도

관광승수효과는 그 횟수가 역내에서 많으면 많을수록 경제적 파급효과가 커지며, 동시에 지역주민의 소득증대에 기여하게 되는데, 기본적 관광비에 의한 승수효과의 흐름도는 [그림 3-8]에서 보는 바와 같다.

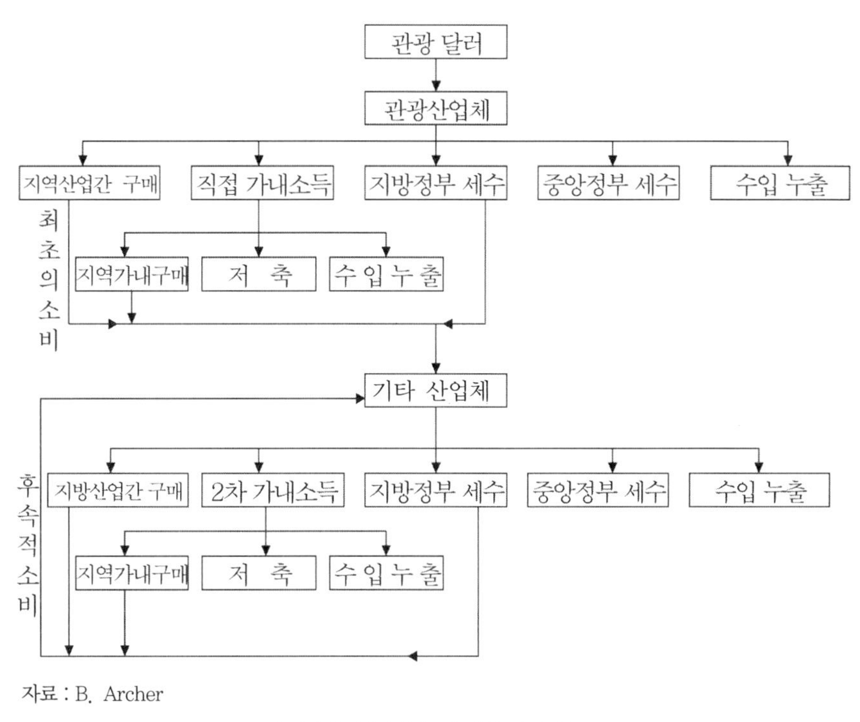

자료 : B. Archer

[그림 3-8] 관광 달러의 승수효과

우리나라의 경우 관광수입 중 인건비로 지출되는 비율은 평균 54%나 되고 있다는 조사가 밝혀진 바 있고, 소비거래 횟수도 연 5회로 보았을 때 3.27의 승수효과로, 관광산업의 소득증대 효과가 매우 큰 것으로 분석된 바 있다.

- 세수증대효과

관광은 다른 경제활동과 마찬가지로 직접 및 간접형태의 세수를 유발시킨다. 관광외화수입이 크면 클수록 유치국가의 세수증대에 대한 기여도가 높게 나타나고 있으며, 선진국의 경우는 사회 · 정치적인 상황에 따라 다소 차이는 있겠지만 대체로 국가수입의

30%에서 50%까지를 이 세금에 의존하는 것으로 밝혀지고 있다. 특히 관광사업은 관광객을 위한 광범위한 서비스를 제공하는 시설과 기업체로 복합적 구성형태의 특색이 있기 때문에 소득세, 수입 및 관세, 토지세, 부가가치세, 도시세, 면허 및 영업세 등을 포함한 각종 세금부과로 지방 및 중앙정부는 막대한 세수증대 효과를 거둘 수 있는 것이다. 그러나 관광의 세수증대에 대한 기여도를 정확히 측정하기란 그리 쉬운 일이 아니다. 만일 세수가 관광객의 소비액에 따라 결정된다고 하면 수입을 위해 소요된 경비와 정부 세수의 비율인 편익·비용분석으로 계산이 가능할 수도 있다. 즉 세수계산을 위한 공식은

$$T = Eit \cdot Kt \cdot P$$

로 표현될 수 있는데 여기서

T = 세수
Eit = 외래관광객 소비액
Kt = 관광승수(관광누출액 내용 제외)
P = 국가수입에 대한 직·간접 세금의 비율

등의 내용이 되는 것이다.

- 고용창출효과

대부분의 국가에서는 관광산업이 다른 산업부분보다 더 많은 고용기회를 창출하는 것으로 나타나고 있는데, 이것은 관광산업이 주로 인적서비스 중심의 노동집약적인 특색을 가지고 있기 때문이다. 관광종사원에 대한 통계가 중요함에도 불구하고 통계 수집의 어려움 또는 불필요하다는 인식 때문에 관련 통계수치가 부재한 경우가 많다. <표 3-6>에 나타나 있는 국가들은 관광산업이 매우 발달한 국가이며 그에 따라 관광종사원 비율이 상당히 높은 것을 알 수 있다. 참고로 바하마의 경우 근로자 10명 중 3명이, 그리고 스페인은 10명 중 1명이 관광산업에 종사하고 있는 셈이다. 전 세계적으로도 관광종사원의 고용추세는 관광수요에 부응하여 꾸준히 증가하고 있으며, UNWTO는 2022년도까지 평균 1.5% 이상의 고용증가율을 전망하고 있다.

〈표 3-6〉 국가별 관광분야 종사원 통계

국가	관광분야 종사자 수(연도)	전체 근로자수 대비 관광종사원의 비율(%)
바하마	48,000(2004)	30.0
스페인	2,345,000(2007)	10.2
프랑스	1,700,000(2007)	6.2
멕시코	2,300,000(2004)	5.4
홍콩	176,300(2006)	5.2
호주	483,000(2008)	4.7

자료: UNWTO(2009)

〈표 3-7〉 관광사업체 고용형태별 종사자 수

구분	자영업주	상용 종사자	임시·일용 근로자	무급가족 종사자	기타 종사자	합계
여행업	2,924	50,127	3,776	1,116	1,343	59,286
관광숙박업	301	51,038	9,883	62	1,500	62,784
관광객이용시설업	124	6,859	2,687	44	26	9,740
국제회의업	33	11,558	910	5	132	12,638
카지노업	0	6,472	451	0	0	6,923
유원시설업	182	7,455	5,788	51	16	13,492
관광편의시설업	3,282	21,152	12,771	1,576	934	39,715
전체	6,846	154,661	36,266	2,854	3,951	204,578
구성비(%)	3.4	75.6	17.7	1.4	1.9	100

자료: 문화체육관광부, 2011 관광사업체 기초통계조사

한편, 세계은행의 관광분야 고용보고서에서는 관광의 고용효과에 대한 명확한 논증을 내리지 못하였지만, 멕시코와 케냐의 연구에서는 관광산업을 위한 단위당 투자액의 고용비율은 다른 산업분야보다 높은 것으로 보고되었다. 2011년도 전체 서비스 종사자 수

는 938만 2천명이며, 이 중 관광종사자 수가 차지하는 비율은 2.2%에 그쳐 선진 관광국에 비해 관광종사자 수가 상당히 부족한 것으로 나타났다. <표 3-7>에 나타난 바와 같이 업종별로 보면 숙박업과 여행업에 종사하는 근로자 수가 전체 관광종사자 수의 60%에 달해 가장 많이 인력을 요하는 관광업종인 것으로 확인되었다. 고용형태별로 보면 상용종사자가 76%로 가장 높게 나타났지만, 이는 2007년도 대비 5% 포인트가 줄어들었고 임시·일용 근로자는 오히려 2% 포인트 증가하였다. 그럼에도 불구하고 관광산업은 노동집약적 산업으로 많은 노동력이 요구되는데, 일반적으로 매출액 1억원당 일반 제조업에서는 종사원 2.7명이 요구되는 반면, 호텔업 같은 경우 그것의 두 배에 달하는 약 5~6명의 종사원이 요구되어 고용창출효과가 높은 것으로 분석되고 있다.

그러나 이와 같은 관광의 고용창출 효과 측정이 각 지역이나 국가마다 서로 상이하게 나타나고 있는 이유는 측정조사 방법이 다를 뿐만 아니라 다음과 같은 요인 때문인 것이다.

① 국가의 경제체계와 노동정책의 특성
② 관광산업의 규모, 경영개념, 경영기술 및 형태, 계절성 등을 포함한 국가 내에서의 관광산업 자체에 대한 특성
③ 관광산업분야 종사원들의 기술, 능률, 적합성의 수준 및 정도
④ 봉급 및 보수면에서 관광산업분야와 다른 생산업체와의 경쟁 여부
⑤ 관광산업의 계절성 여부와 성 · 비수기의 특징
⑥ 그 지역에서 관광종사원의 사회적 지위와 이미지
⑦ 관광산업 투자자본 단위당 고용창출 계측시 간접 및 유발 고용의 포함 여부
⑧ 계절 및 일시적 고용자의 포함 여부와 계측방법

일반적으로 이상과 같은 요인들이 대체로 공공부문으로 하여금 관광개발과정에 직접 참여하도록 유도하고 있다고 보는 것이다. 중앙정부 또한 경제성장촉진을 위해서 민간부문이 관광개발에 참여하도록 자극하고 권장해야 할 의무가 있는 것이다. 따라서 이러한 문제는 정부의 방침에 의해 어느 정도로 공공부문이 계획과 협조 그리고 관여 범위를 설정하느냐에 따라 그 형태가 다양하게 나타난다. 그렇지만 필요한 기반시설에 대한 건설 및 지원은 정부가 감당해야 할 기능으로 보는 것이다.

(2) 사회적 측면

사회적인 측면에서의 배려도 또한 중요한 것으로 관광개발은 이의 양면성을 가지고 있다. 한편으로는 공공부문이 자국민을 위한 적절한 관광위락시설을 제공해야 할 의무가 있는데, 이것은 많은 유럽지역 국가에서 가시화되고 있는 소셜 투어리즘(social tourism) 정책의 일환으로 발전을 보게 되었다.

그러나 다른 한편으로는 개인의 사회적·경제적 복지를 보호해 주어야 한다는 정부의 기본적 책임도 있기 때문에 이것은 미묘한 양면성의 관계를 띠고 있다고 보는 것이다.

먼저 수요와 공급측면에서 본다면 관광주체인 관광객들의 행태가 관광지의 사회문화에 미치는 영향은 관광지의 개발이 더 향상되고 명성은 높으면 높을수록 부정적으로 나타나고 있는 실정이다. 이러한 현상은 경제적으로는 비록 실질적인 편익이 높게 나타나고, 동시에 관광지의 외부인에 대한 이해, 시설의 여가활용, 향토애 제고, 지방문화 발전, 문화재 보호기능 등은 긍정적인 요인으로 평가되고 있지만, 문화의 상품화, 미풍양속 쇠퇴, 풍기문란, 청소년 교육환경 약화, 범죄 및 청소년비행 증가 등은 악영향요인들로 나타나고 있어 문제가 되고 있는 것이다. 이와 같은 이유 때문에 수요의 충족 측면에서는 개발의 필요성이 강조되는 반면, 공급지인 관광지주민의 사회적 복지향상 측면에서는 개발의 억제가 요청되고 있다고 보는 견해도 있다. 동시에 저소득층 내지는 소외층의 후생복지차원에서는 이들의 관광적 실행을 권장·지원해 주어야 하지만 관광상품의 질적 향상과 쾌적한 환경, 그리고 개개인 관광객들의 만족도 제고 등을 위해서는 국가의 적극적인 소셜 투어리즘에 대한 정책적 개입을 비판적으로 볼 수도 있다는 것이다. 그러나 이와 같은 문제는 각 지역이나 국가마다 그 상황과 처지가 다르기 때문에 제각기 형편에 따라 관광개발에 대한 계획과 실행을 적절히 조화시켜, 수요와 공급 간의 조절과 관광상품의 질적 향상을 도모하면서 이를 효과적으로 추진해 나가야 할 것이다.

(3) 환경적 측면

물리적·문화적 환경을 보호하고 보존하는 책임은 근본적으로 공급부문에 있다고 보는 것이다. 비록 경우에 따라서는 개인이나 비영리단체 같은 데에서도 그 책임을 맡고 있는 예가 있지만, 결국에는 공공부문이 최종적 책임을 회피할 수 없는 것이다. 환경적 측면에서는 일반적으로 상수도 및 통신시설의 개선, 도로 및 교통시설의 확충, 경관 및 주거환경개선 등은 관광개발 지역에서 긍정적인 영향으로 나타나고 있는 반면에 수질오염, 소음공해, 대기오염, 쓰레기문제, 농토의 전용여부 등에 대한 요소는 부정적 영향으로 나타나고 있다. 특히 관광수요의 폭증으로 차량통행이 증가하고, 이로 말미암아 대기오염이 심한 상태이며, 관광객들이 버리는 쓰레기나 오물이 크게 문제시되고 있고, 농토가 농지 이외의 다른 목적으로 전용되는 문제 등은 심각한 것으로, 이와 같은 부정적인 악영향을 감소시키기 위해서 공공부문은 치밀하고 실현성 있는 계획 아래 환경적 측면의 편익증대에 노력해야 할 것이다.

(4) 정치적 측면

국제관광은 사람들의 국가간 이동을 전제로 하고 있기 때문에 정부는 정치적인 목적으로 관광개발에 관심을 기울일 수도 있는 것이다. 그 예로서 Cals(1974)는 스페인 정부가 Franco정권의 정치적 세력확장을 위해서 다른 분야보다도 관광개발에 역점을 두어야 한다고 제의한 바 있다. 또, 이스라엘의 경우는 관광개발이 국민의 정치적 공감대형성과 도덕심 앙양에 매우 큰 영향을 미친 바 있다고 Stock(1977)은 주장했다. 따라서 이러한 국내의 정치적 효과 외에도 이해증진을 통한 국가간의 갈등해소와 국제적 긴장완화를 위한 목적으로 스포츠교류나 문화교류 등은 형식적인 정치적 관계수립에 앞서 이루어지는 것으로 관광만이 가지는 특징으로서 이의 효과가 입증되고 있는 것이다. 이와 같은 관점에서 “관광은 세계평화를 향한 패스포트(tourism, passport to peace)”라는 말의 성립이 인정되고 있다고 보는 것이다.

앞에서 살펴보았듯이 오늘날 공공부문의 관광개발 동기의 주된 요인은 역시 경제적 측면에 있다고 보며, 이러한 현상은 개발도상국에서 더욱 두드러지게 나타나고 있는 반면에, 선진국에서는 사회·문화 및 환경적 측면이 점차적으로 강조되어가고 있는 경향을 보이고 있다.

또, 관광개발에 관한 책임소재는 정부의 제도적 차원에 따라 다양하게 나타나고 있는데, 그 예로서 보건위생과 안전 등에 관한 조례나 입법에 대한 책임은 중앙정부가 맡고 있는 반면, 이러한 규정과 법에 대한 집행은 지방정부가 맡아 하고 있는 것이다. 따라서 관광개발계획은 중앙정부에 의해서 종합적으로 수립되는가 하면, 이에 대한 시행은 지역 또는 지방정부의 책임 하에 이루어지고 있는 경우를 보게 된다.

2) 민간부문

민간부문의 관광개발에 대한 기본적 책임은 주주들의 투자에 대한 자본회수의 극대화에 있기 때문에 주된 관심사는 최대의 이윤을 내는 데 있는 것이다. 그렇지만 관광개발에 대한 경제적 동기는 다양하게 나타나고 있다.

어떤 경우에는 기업의 다양화 또는 위험부담을 덜기 위해 관광산업에 참여하는가 하면, 또 어떤 경우에는 기존 기업활동의 보완적 차원에서 관광개발에 참여하기도 한다. 대부분의 초기 해안관광휴양지는 새로운 사업과 고객창출을 위해서 민간철도회사에 의해 개발되었는데, 이러한 대표적인 예가 일본의 철도회사들로서 오늘날까지 관광개발에 참여하고 있다. 또, 이와 같은 보완적 개발은 일종의 통합이라고도 볼 수 있으며, 여기에는 일반적으로 2개의 형태를 나타내고 있다. 그 하나는 수평적 통합(horizontal integration)형태로서, 이것은 같은 부문에서의 확장을 의미하는데, 예를 들어 호텔체인이나 항공망의 확장개발 등의 경우를 말한다. 다른 하나는 수직적 통합(vertical integration)형태로서 관광산업분야에서 2개 또는 그 이상 기업체의 합병을 의미하는 것인데, 예로서 관광여행업체가 교통시설이나 숙박업 등을 소유하는 경우를 말한다. 그러나 민간부문의 작은 규모로서는 개인적으로 단지 생업을 꾸려나가기 위해서 관광사업에 종사하는 경우도 흔히 있는 것이다.

다른 한편으로 민간부문에서는 관광사업의 단순한 외형적 매력이나 또는 개인적인 취향이나 편견에 의해 건실한 경제적 근거도 없이 투기나 모험으로 관광개발에 참여하는 경우도 흔히 있는 것이다. 이들 중 개인적으로는 자신의 여가적 야망을 충족시키고 동시에 투기의 수단이 동기가 되어 제2의 주택을 소유하는 예도 있다. 따라서 비록 민간부문에 국한된 관광개발이라 해도 이것이 경제적 투자에 대한 장기적 안정성의 보장이 확실시되지 못하거나, 또 일반대중의 의사를 존중하는 차원에서 관광개발의 사회적・환경적 편익에 대한 고려가 무시되어서는 안될 것이다.

2. 개발주체의 능력

일반적으로 이들 개발주체의 능력은 사업규모와 중요도가 클수록 기술과 재정적 자원을 더 필요로 하기 때문에 점점 확대되어 가는 것이다. 작은 규모의 지역이나 지방보다는 국가 또는 국세적 개발사업이 자원의 활용면에 있어 그들에게 주어진 재량권이 더 큰 것은 당연한 것이다. 예로서 간단한 로프 궤도시설은 지방기업 규모에서 건설될 수 있지만, 기술적인 대형스키용 궤도시설은 외부의 지원을 받아야 건설이 가능하다. 개인이나 기업 또는 공공부문에서도 개발에 대한 능률을 높이기 위해서는 서로가 협동해야 할 필요가 있다. 관광산업을 위한 자원의 유용성은 경제의 규모나 그 지역 경제개발의 수준에 달려 있으며, 또 농업이나 다른 산업의 자본이나 인적 자원의 수요에 좌우된다. 이러한 현상은 특히 개발도상경제나 또는 쇠퇴경제적 차원에서 두드러지게 나타나고 있는데, 여기서는 숙련된 인력과 투자자본의 결핍 때문인 것이다.

중앙정부와 주정부는 관광개발에 관한 법규를 제정할 수 있는 능력을 가진 반면, 지방행정관청에서는 이에 관한 조례 등을 제정할 수 있는데, 이와 같은 행위는 관광개발을 장려 또는 규제할 수 있는 권한을 가지고 있음을 뜻한다.

중앙정부는 출입국 규정과 관광진흥 예산 또는 환율조정 등으로 외래관광객의 입국에 영향을 미칠 수 있을 뿐만 아니라 외화투자 법정한도액이나 자본의 본국 송환 규정 등으로도 영향력을 행사할 수 있다. 국고보조나 장려금 그리고 세제혜택 등은 관광산업에 대한 투자를 장려 또는 제한시킬 수 있고, 따라서 특정지역의 관광개발에 대한 조정을 할 수 있는 것이다.

자원보존법은 국가의 자연자원보호와 역사적 유적자원 보존을 가능하게 한다(Pearce, 1981).

Miller는 유적관리는 유적산업이라는 새로운 산업의 성장과 더불어 발달된 신개념으로 유적과 관광은 영국을 비롯하여 세계 다른 나라에서도 활발한 발전이 이루어지고 있는 분야라고 강조하고 있다. 유적관리는 둘도 없는 유적자원을 현대인들이 어떻게 이용할 것이며, 오늘날과 같이 급변하는 세계에서 미래세대를 위해 이 자원을 어떻게 보존시킬 것인가 하는 문제를 결정하는 과정에서 매우 중요한 역할을 하고 있다. 한편, 유적관광은 제조산업에서 서비스산업으로 그 중요성이 옮겨가는 과정의 실질적 산물이기도

하다.

유적지는 과거, 현재, 미래를 이어주는 유형의 연결체로서 보존과 관광이라는 근본적으로 서로 대립되는 열망이 충돌하는 핵심이 되기도 한다. 그러나 유적의 해설 및 연출 작업에 중점을 두는 훌륭한 유적관리는 보존과 관광의 상호 대치 개념을 [그림 3-9]와 같이 효과적으로 보충해 줄 수도 있는 것이다.

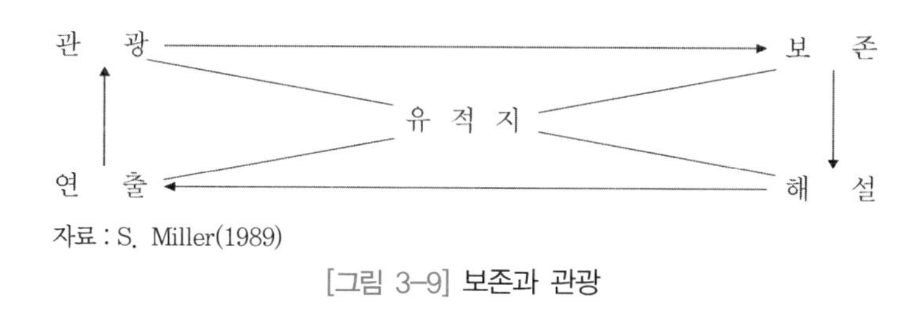

[그림 3-9] 보존과 관광

이와 같은 관계는 자원보존의 필요와 관광객의 욕구 사이에 균형을 이루게 할 뿐만 아니라 교육 및 오락을 통해, 또 서로 다른 생활양식을 지닌 전 연령층의 사람들이 각종 유적지를 관광하는 과정을 통해 보존에 대한 경각심을 불러일으킬 수도 있다고 보는 것이다.

유적지는 레저를 위한 행락지와는 근본적으로 다른데, 그 이유는 스포츠센터, 레저단지, 주제공원 등은 유행이 지나면 새로운 유형의 행락지로 대치될 수 있으며, 각종 유원지 등은 레저 또는 관광산업 붐에 대한 단기적인 반응으로 단시일 내에 처분이 가능하지만, 유적자원은 대치나 처분이 될 수 없는 특징이 있기 때문이다. 그렇기 때문에 유적관리에서 보존사업은 매우 중요한 핵심이 되고 있으며, 점점 확장되고 안목도 높아져 가는 관광수요의 다양한 욕구를 충족시키기 위해서는 장기적인 계획을 세우고, 관광개발에서 유적이 지니는 중요도를 인식해야 할 필요가 있다. 보존과 관광의 동시효과를 높이기 위해서 유적매력에 대해 공공부문은 [그림 3-10]과 같은 특징을 인지하고 책임 있는 관리를 해 나가야 할 것이다.

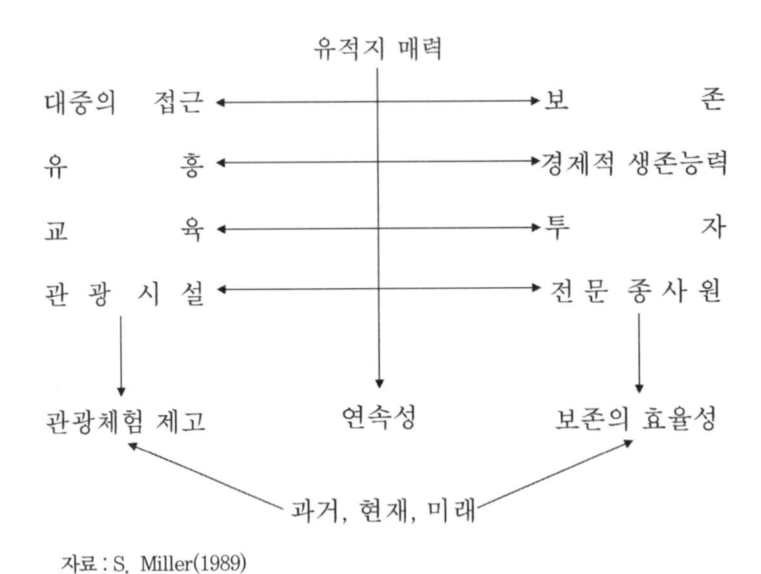

자료 : S. Miller(1989)

[그림 3-10] 유적지 관리에 있어서 공공부문의 책무

유적관광에서 유적관리의 중요성을 세부적으로 검토하기 위해서는 다음과 같은 사항들이 고려되어져야 한다.

① 보존작업과 대량관광
② 유적지 : 획일적인 면과 독특성이 지닌 문제점
③ 유적지 : 관광매력, 지역사회의 주체성, 공식 · 비공식적 교육, 경제적 재생 등의 네 가지 변수
④ 유적의 해설 및 연출을 통한 유적관광개발의 전략적 계획수립(Miller, 1989)

이와 같은 관광자원에 대한 개발대책은 단기적으로는 불이익이 되는 것처럼 보이지만, 장기적인 안목에서는 국가에 기여하고 관광산업의 발전에 도움이 될 것이다. 물리적인 개발에 있어서 지방행정관청이 관장하는 건축에 대한 허가나 보류능력은 가장 중요한 기능이 되고 있다. 그렇지만 대규모 국내 또는 다국적기업은 그들의 이익을 위해 효과적으로 관계규정이나 조례 등을 무효화시키거나 조장할 수 있는 경제적 · 정치적 여력을 충분히 가지고 있는 경우도 있다.

3. 개발의 실체

관광개발은 동기가 관광시설과 서비스를 제공할 수 있는 능력과 일치할 때 시행이 가능한 것이다. 이와 같은 집행이 성공적으로 이루어지려면, 특히 기존시장과 잠재적 수요라는 조건이 선행되어야 이에 필요한 관광상품 개발이 될 수 있다. 이것은 결국 관광공급이 잠재수요나 진흥활동을 통해 창출되어질 수 있을 미래 수요와 조화를 이룰 수 있을 때만이 관광개발이 가능하다는 시행상의 특징을 의미하는 것이다.

관광공급요인의 범위와 각기 다른 개발동기와 능력을 가진 개발 주체기관은 다양한 형태의 관광개발을 야기시키고 있다. 이와 같은 보편적인 관계는 쉽게 이해되어질 수 있는데, 그것은 개발의 규모와 확장적 특색 때문에 공공부문은 기반시설의 공급을 광범위하게 제공할 수밖에 없다는 것이다. 그러나 특별한 경우, 멀리 외곽지에 설치된 스키장의 입구도로 같은 것은 민간부문에 의해 건설된 예도 있으며, 또 격리된 관광휴양지에서는 하수종말처리장 같은 시설을 자체 민간부문에서 설치하는 예도 있는 것이다.

항공교통의 경우는 막대한 투자가 요구될 뿐만 아니라 공공부문의 관심과 국기를 달고 운항하기 때문에 북미주를 제외한 대부분의 국가에서는 정부가 소유·운영하고 있는 예를 흔히 볼 수 있다.

자연에 대한 보호 및 보존과 향상, 그리고 역사적 매력물에 대한 규제 등은 공공부문의 주된 관심사로 대부분 이 지역을 국립공원으로 지정함으로써 통제를 가능하게 하고 있다.

비록 전분야에 걸쳐 관여하고 있지만, 민간기업은 특히 숙박과 부대시설, 그리고 인공매력물 창조부문에 적극적인 개발의욕을 보이고 있다. 하지만 이들 분야에서도 정부소유의 호텔체인이라든가 다른 위락시설의 공공기관 관리 및 운영 등 예외가 없는 것도 아니다.

대부분의 개발실체는 혼합 또는 합병으로, 이들은 각기 개발주체의 조직적이거나 비공식적인 형태로 구성되어져 있다. 공공부문과 민간부문의 참여비율은 개발사업의 규모나 특성, 개발의 단계, 각 주체별 능력, 그리고 정부시책에 의해 좌우된다. 종전에는 다소간 집단화된 개별적 집행의 응결에서 더욱더 체계화되고 준제도적 조직으로 발전되어 왔는데, 그것은 중앙정부가 기본 하부구조를 계획하고 개발하면 그 다음 민간기업이 상부구조와 관련 서비스 개발을 떠맡게 되어 온 데서 기인한 것이다. 이러한 시설은 북미지역에서보다 서유럽지역에서 더욱 성행되어 왔는데, 정치적 구조에 따라서 지방행정관청은 사소한 지원역할이나 개발의 중재활동을 감당하는데 그치고 있었다.

Cazes는 개발주체별 비중의 상이도가 어떻든 간에 공간개발 대상사업에서 동업자들은 재정적인 면과 법적 조정문제 등 복합적인 협조형태로의 참여경향이 높아지고 있다고 말했다. 따라서 오늘날 개발의 실체는 점점 비공식적이고 비조직적인 추세를 보이고 있다.

개발의 주도권은 공공부문이나 민간부문 어느 쪽에서도 장악할 수 있지만, 정부는 어떤 차원에서든 기반시설의 제공과 개발계획, 그리고 국고보조 등을 통해서 민간자본의 투자와 개발참여를 요청하게 되어 있다. 또, 지방행정관청에서는 민간개발자들의 압력에 의해 공공시설을 확장하거나 지방도시계획 등을 수정하는 경우가 있다. 따라서 부문별 주체의 참여도는 시간이 경과함에 따라 변하게 되고, 주관부처별 능력이나 동기의 차이에 따라 갈등도 야기될 수 있는데, 특히 지방의 기반시설이 수요의 증가에 부응하지 못하는 경우나 지방개발주체가 외부개발자들과 효과적인 경쟁을 할 수 없을 때 이러한 현상은 심각하게 나타날 수도 있는 것이다(Pearce, 1981).

제3절 관광개발의 단계별 특징

1. 관광개발단계와 지역사회의 변화

관광개발은 규모가 커질수록 지역사회에 많은 변화를 초래하고 지역주민의 통제영역을 벗어나게 되는 경우가 많다. Noronha(1976)는 관광개발을 3단계로 제시하고 있는데, 즉 관광개발은 시간의 흐름에 따라 ① 전단계, ② 지역의 반응과 주도권단계, ③ 제도화단계로 이행된다는 것이다. 따라서 Evans(1987)는 멕시코의 한 연구에서 Noronha의 3단계가 그대로 적용된다고 밝힌 바 있다.

- **제1단계**

  탐험과 방랑의 유형인 관광객은 관광지의 분열을 최소화하면서 목적지를 방문하는데, 이때 관광에 의한 영향의 성질과 정도는 지역의 인구밀도와 자원에 좌우된다.

- **제2단계**

  관광은 지역수준에서 서비스되고 통제되며, 여기서는 지역기업의 참여, 고용증가, 직업의 전문화, 새로운 사고, 생활수준, 개선 등의 영향을 받는다.

- **제3단계**

  개별 대량관광이 나타나게 되며, 이 때에는 성장과 개발을 위한 결정이 외부인에게 인계된다. 재화와 서비스에 대한 수요의 증가, 인구성장, 사회적 계층의 변화, 증가된 교육기회, 현대화를 향한 사회적 변화가 뒤따른다.

그러나 Cohen은 대다수 관광지가 이와 같은 3단계를 거쳤지만, 역사적 필연성에 의한 것이 아니기 때문에 순서도 다를 수 있다고 Noronha의 주장을 비판하고 있다. 그것은 개발도상국이 개발의 전략으로서 관광을 채택했을 때에는 3단계 또는 2단계에서 시작할 수도 있기 때문인 것이다. 바하마(Bahamas) 일부 섬의 한 연구에 따르면 Noronha의 이론처럼 인간적인 단계에서 비인간적인 단계로 진전되지 않았는데, 그 이유는 조직화된 대량관광의 부재, 시설의 적정규모로 지역사회의 통합이 유지되었기 때문이었다고 한다. 그렇지만 태국의 한 섬에 관한 연구에서는 개발된 지역의 경우 관광의 주도권을 외부인이 장악하고 있는 반면, 미개발된 지역의 경우에는 주민이 주도권을 가지고 있는 것으로 밝혀지고 있어 관광개발단계와 지역사회의 변화에 대한 일정모형을 단정하기란 애매하다고 보겠다.

2. 관광개발의 속도와 지역사회의 변화

관광개발의 속도 역시 지역사회에 미치는 영향이 매우 크다고 할 수 있는데, 오스트리아의 한 연구(Melegy, 1985)에서 보면 개발이 비교적 느린 지역은 관광이 전통적 구조를 파괴하지 않고 그 자체 안에 통합이 잘 되어가고 있는 것으로 나타났다. 그러나 전통적 구조 안에서의 개발은 물자, 인력, 시간, 재정능력 때문에 개발에 한계를 가지게 된다는 약점이 따르고 있는 것을 간과해서는 안 된다.

미국의 한 연구에서도 첫째, 급속한 성장을 하는 마을은 외부재정이 지역에 들어오고 지역규범의 급속한 변화, 새로운 권력구조와 경제가 형성되고, 둘째, 느린 성장을 하는 곳은 기업의 지역소유, 규범의 느린 변화, 안정된 권력구조, 지역경제의 확장이 일어나고, 셋째, 일시적 개발을 하는 마을은 권력·경제적 변화는 거의 없고, 안정된 규범, 계절적 방문자를 맞는 일시적인 기업만이 활동한다고 하였다.

지역사회의 크기와 지역인구에 관련된 관광객의 양과 유형도 관광의 영향을 결정하는 요인이라고 볼 수 있다. Loukissas(1982)의 그리스 섬에 대한 연구에 의하면 큰 섬에서는 관광객이 많아도 지역수준에서 충분히 처리되었고, 관광개발에 대한 지역주민의 참여도도 높고 관광객과의 갈등도 적은 반면, 규모가 작은 섬에서는 대량관광에 대처할 수 없었고, 개발을 통제하기도 어려웠으며, 도움이 필요한 주민에게 직접 편익이 돌아가지도 않았다.

따라서 지역의 소규모 기업은 외부 대기업과 경쟁할 수 없고, 농업이나 지역 공예품 산업도 발전하지 못한 것으로 나타나 관광목적지의 크기와 인구 수가 관광개발의 편익에 영향을 미치고 있음이 밝혀졌다.

3. 관광개발 단계별 주민수용 태도

관광개발의 단계에 따라 주민의 관광객 수용태도는 달라질 수 있다. 관광개발의 초기 단계에서 주민은 잠재적 편익 때문에 열렬한 반응을 보이지만, 산업이 확장되고 관광객이 증가하면서 차츰 열의는 식어가게 된다. Mathieson과 Wall에 따르면 첫째, 주민은 시설과 서비스를 관광객과 함께 사용하는데 따르는 혼잡, 둘째, 관광객의 물질적 우위, 셋째, 관광시설의 외부인 소유와 고용에 대하여 분노를 느끼며, 결국은 외국인 혐오증에까지 이른다고 한다. 그러나 허용수준은 다음 조건에 따라 달라질 수 있다.

① 관광객과 주민의 문화적·경제적 이질성

② 관광지 주민의 물리적 · 심리적 수용능력
③ 관광개발의 속도와 강도

따라서 시간의 흐름에 따라 변하는 주민의 수용태도를 Doxey는 다음과 같이 5단계로 나타내었다.

① 행복감의 단계 : 주민들은 관광개발에 열성적이 되면, 관광객을 환영하고 상호만족감을 가지는데, 이 때에는 지역주민에게 고용의 기회가 있고, 관광객과 함께 돈이 유입된다.
② 무관심의 단계 : 관광산업이 확대됨에 따라 주민들은 관광객을 당연한 존재로 여기고, 개인적 수준에서의 접촉은 더욱 공식화된다.
③ 분노의 단계 : 관광산업이 포화수준에 이르거나, 시설의 확장 없이 많은 관광객을 다룰 수 없을 때 일어난다.
④ 적대의 단계 : 분노는 더욱 공공연하게 된다. 주민들은 관광객을 나쁜 존재의 표본으로 여기게 되는데, 즉 관광객 때문에 세금이 올라가고, 젊은이들이 타락하고 마을의 좋은 것들이 파괴된다고 생각한다.
⑤ 최종의 단계 : 환경이 변하도록 허용하며 처음에 품었던 감정을 잊게 된다. 따라서 관광지가 수용력이 있으면 계속 번창할 수도 있다.

그러나 Cohen은 Doxey의 모형을 단편적이라고 비판하며, 예로서 태국의 고산족은 관광객을 대할 때 처음에 행복감보다는 의심을 한다고 하였고, Mac Cannell(1977)에 따르면 주민들은 관광객의 존재를 오랫동안 무시하다가 지역의 풍경으로서 받아들이는데, 이와 같은 경우는 적대감 단계를 거치지 않으며, 스페인에서도 주민들은 무관심하지만 관광객을 미워하지는 않는다고 한다.

키프러스인들은 전통적으로 외국인을 따뜻하게 맞이하며, 발리인들은 종교적 관습에 의해 외부인을 환대하는 경우도 있는 것으로 보아서 반드시 환영에서 적대감으로 수용태도가 이행하는 것은 아니라고 할 수 있다.

관광에 대한 집단 또는 개인의 태도가 각자의 이해관계에 따라 [그림 3-11]과 같이 네 가지 형태로 나타난다고 Butler(1975)는 주장하였다. 관광산업에 관련된 기업인은 적극적으로 개발촉진에 가담하고, 관련이 없는 주민은 개발이나 변화에 적극 반대하고, 대다수의 주민은 추세를 거스를 수 없다는 것을 알기 때문에 수동적 태도를 취하게 된다고 한다. Loukissas(1982)는 중류나 하류층은 경제적 이익 때문에 관광개발의 촉진에 찬성하고, 상류층은 지역의 사회문화적·환경적 비용 때문에 과도하고 통제할 수 없는 개발은 반대한다고 한다.

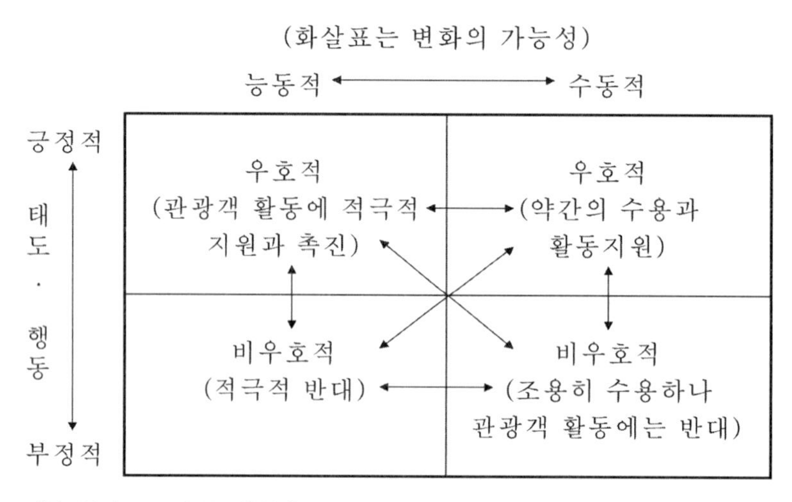

자료 : Mathieson & Wall(1982)

[그림 3-11] 관광객 활동에 대한 주민의 태도

Doxey의 모형은 시간을 두고 결정을 하지 않으면 감정변화를 파악할 수 없는 약점이 있고, Butler의 모형 역시 특정 관광지 내의 집단과 개인의 감정을 나타낸다는 한계를 지니고 있다. Williams는 관광개발의 단계에 따라 변하는 관광의 특성 및 영향을 [그림 3-12]와 같이 나타내었다. 이들 단계가 많은 문제점을 내포하고 있지만, 관광의 규모가 커질수록 적대감은 증가하고, 경제적 영향은 커진다는 것을 나타내고 있다. 따라서 개발단계는 지역의 주도권에서 제도화로 이행되는 과정을 단계별로 표시하였다.

그러나 지역주민은 관광개발의 경제적 편익에서 소외될 수 있는 반면, 수용태도도 반드시 행복감에서 적대감으로 바뀌지는 않을 수도 있기 때문에, 관광산업에 대한 이해관계에 의해 주민의 수용태도는 달라질 수 있다는 것이다. 하지만 중요한 것은 지역주민이 우선적으로 사회적 편익을 얻을 수 있게끔 개발이 진전되도록 해야 할 것이다.

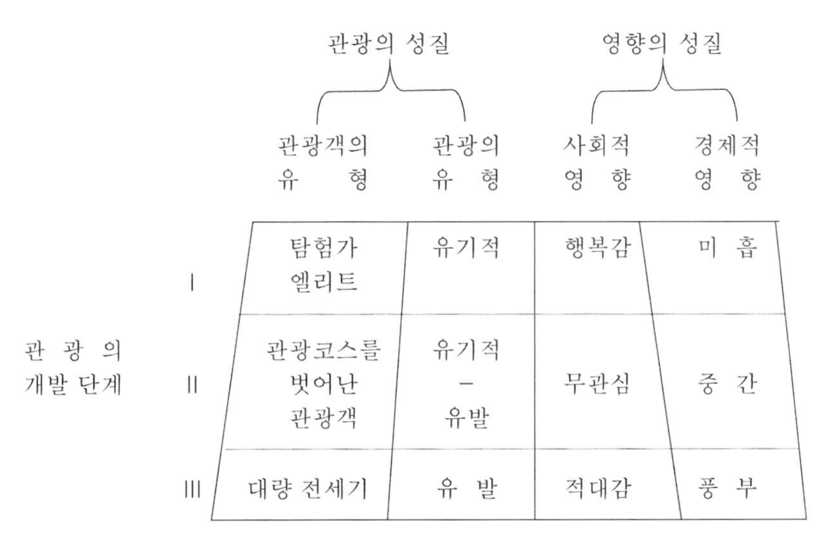

자료 : Duffield(1982)

[그림 3-12] 관광의 개발단계와 특성 및 영향

따라서 관광객과 지역주민의 접촉은 상호간의 가치, 태도, 행동에 대한 변화를 초래할 수도 있는데, 이러한 현상은 경제적, 사회·문화적, 그리고 환경적 측면에서 의식적 전환을 불러일으킴으로써 긍정적 또는 부정적 효과로 나타나게 된다.

특히 관광목적지 주민 가운데 감수성이 예민한 젊은층에 이와 같은 악영향, 즉 경제적인 욕망을 자극한다든지, 사회윤리적 가치관의 혼돈을 야기할 수 있는 퇴폐행위 등과 같은 요인에 대한 반응이 민감하게 나타날 수도 있다. 이러한 현상은 사회적 비용 또는 손실로서 계량적인 측정이 불가능할 뿐 아니라 당장 가시적으로 표출되지도 않기 때문에 묵과할 수 있다는 데 더 큰 문제가 있는 것이다. 관광개발의 궁극적 목적은 관광주체의 객관적 존재 모두에게 총체적 편익의 극대화 실현에 있으므로 물질적, 정신적 양 측면의 부정적 영향은 최소화시키는 반면에 긍정적 관광효과는 최대화시켜 나가야 할 필요성이 있다고 보는 것이다.

제 4 장

관광개발의 유형

제1절 관광개발 유형의 분류

관광개발의 유형을 분류하는 데 있어서 학자마다 견해를 달리하고 있는데, 관광대상 즉 객체적인 자원활용면에서는 다음과 같이 다섯 가지로 구분하기도 한다.

① 자연적 관광자원의 활용형
② 인문적 관광자원의 활용형
③ 교통편의 활용형
④ 지명도 활용형
⑤ 관광대상 창조형

이와 관련해서 Price는 관광지 개발과 매력창조 방법으로

① 호수, 산, 계곡 등을 포함한 자연경관이용 개발방법
② 위치를 이용하여 개발하는 방법
③ 명성을 이용하여 개발하는 방법
④ 무에서 유를 창조해냄으로써 개발하는 방법

등 네 가지 유형이 있을 수 있다(Lundberg, 1974)고 밝힌 바 있다.

또, 관광개발은 자원의 특색에 따라 지역별로 온천개발형, 계절적 휴양관광개발형, 고지 및 산악관광개발형, 해안관광개발형 그리고 전원 및 농촌관광개발형 등 다섯 가지로 분류하기도 하며, 관광개발의 발달과정에 따라 다음과 같이 세 가지로 개발지역을 분류하기도 한다.

① 기존자원에 특별한 인공적인 관광시설을 가미함으로써 개발된 지역
② 일상생활과 깊이 관련된 일상생활의 일부처럼 관광사업이 인식되고 개발이 시행된 지역
③ 관광단지 개발계획에 의해 최근에 개발된 지역

이와 같이 관광개발의 유형에 대한 분류는 자원의 활용면에서, 매력창조 방법에서, 주된 자원적 특색에서, 그리고 관광개발 발달과정과 개발주체 및 목적, 기간 등에 따라 그 분류방법을 달리하고 있다.

Preau(1968)는 관광개발유형의 기준은 다른 상황에서 관광분석의 유용한 도구가 될 수 있으며, 따라서 실체를 검토·분석하는 것이 관광개발의 엄격한 분류보다 더 중요하다고 했다.

관광개발의 유형을 분류하는 데 있어서 고려되어야 할 사항으로는

① 개발주체의 특성과 개발된 자원의 특징
② 자원개발의 방법
③ 개발의 배경 및 정황
④ 개발의 공간적 구조

등을 들 수 있다.

그러나 특수한 경우에는 대부분 공간적 측면에서 개발유형이 지방 또는 지역에 국한되기도 한다.

제2절 해안관광개발

해안형 관광개발유형에 있어서 Barbaza(1970)는 지중해와 흑해 연안지역의 관광개발에 적용된 세 가지 개발형태에 대한 기준을

① 기존인구의 규모와 크기, 그리고 관광개발 이전의 기존활동과 다양성
② 관광시설 제공에 있어서 자발적 또는 의도적 계획상태
③ 관광지역의 국한성 또는 확장상태

등이라고 밝히고 있다.

1. 자발적 관광개발

여기서 자발적 개발이란, 사전에 치밀하고 조직적인 계획이나 정책수립에 의하지 않고 자연적으로 개발된 것을 뜻한다. 예를 들면 프랑스 리비에라(Riviera) 해안에 위치한 꼬떼디아쥬(Cote d'Azur) 지역의 관광개발은 다음과 같은 2단계를 거쳤다.

- 제1단계

  18~19세기에 걸쳐서 깐느(Cannes)와 니스(Nice) 휴양지의 출현과 같이 부유층계급이 겨울에 피한, 동계관광을 목적으로 이 지역에 방문하기 시작한 것이 계기가 되었다. 이로 인해서 해안 뒤편 언덕지역에 별장 건축물이 형성된 것이 1단계의 특징이었다.

- 제2단계

  제2차 세계대전 이후 대량 하계관광이 유입됨에 따라 개발이 이루어졌는데, 이것은 해안과 기존도시 사이에 무질서하고 혼잡한 상황을 초래하게 되었다. 특히 공간적으로 무계획한 확장은 아래쪽 평지의 해변 모래사장까지 개발이 자발적으로 확장되어져 간 특색을 보이고 있었다.

그 다음의 예로는 스페인의 코스타 바라바(Costa Brava) 해안관광지를 들 수 있는데, 이 지역은 돌과 바위로 형성된 해안과 제한된 배후지를 가지고 있었다. 전통적인 방법의 관광개발은 이루어지지 않았고, 작은 어항으로서 약간의 농업과 코르크(병마개) 제조와 연관되는 소규모 산업만 존재하고 있을 뿐이다. 이러한 상황은 기능적 조화가 이루어지지 않을 뿐만 아니라, 해안 또는 내륙도시 간의 연결도 제대로 개발되지 않는 상태를 초래했다.

그러나 그 지역의 해안선과 기후는 매우 매력적이었으며, 생활비도 대체로 저렴해서 제2차 세계대전 이후 하계관광객의 유입이 이루어지기 시작했다.

따라서 관광수요가 공급을 앞질렀으므로 그 지역은 관광시설 면에서 허술하고 부족한 점이 많았다. 무질서한 개발경쟁으로 많은 건축물들이 조화를 이루지 못했으며, 개발계획 대책이 수립되기는 했지만 환경에 대한 질적 저하를 예방하거나 개선하기 위한 대책은 없었다. 그러나 실질적인 공간개발에 대한 재구성이 이루어져 관광시설은 해안선을 따라 길게 개발되었고, 기반시설은 다소 현대화되었으며, 교통시설망은 넓은 지역까지 연결되었을 뿐만 아니라 스페인의 다른 지역까지도 연결되었고, 심지어는 유럽 전역으로의 연결망이 형성되었다. 그래서 이 지역은 기능적인 측면에서 전통적이고 매력적인 행사와 활동들이 계속 추진되어지고 있는 것이다.

2. 지방중심의 계획된 관광개발

계획과 지방 특색을 중심으로 관광개발의 결과가 이루어진 관광위락지의 경우로서는 루마니아와 불가리아 사이에 위치한 흑해연안(Black Sea coast)을 들 수 있다.

주로 모래와 평지, 그리고 경사가 완만한 해안선으로 구성된 이 지역은 3개의 항구가 주된 기능을 감당하고 있었으며, 소규모의 인구는 이 중심지 밖에서의 활동을 거의 하지 않았다.

제2차 세계대전 이후 사회주의 정부가 외화획득과 사회 관광진흥을 목적으로 관광개발을 시도했다. 관광개발에 대한 결정은 의도적으로 신중히 검토되었고, 시장분석, 해변의 수용량평가 등이 분석되었다. 이 지역은 사실상 어떠한 관광활동도 선행되지 않았기 때문에 담당기관은 토지에 대한 집단소유와 함께 재정부담의 역할을 맡고 있었다. 이 지역은 루마니아와 불가리아의 해안에 연접해 있었기 때문에 인접지역의 선행된 관광개발과 같이 15,000~25,000개의 객실을 갖춘 대규모 관광단지 건설을 신속히 이룩할 수 있었다.

그래서 이곳은 매우 기능적이고 지방적 특색을 지니고 있는 관광휴양지로서 개발 이전에 그 지역을 지배하고 있던 항구지역의 구조에 별다른 영향을 주지 않았다.

3. 확장관광개발

프랑스의 랑그도끄 루시용(Languedoe-Roussillon) 해안지역은 많은 소규모의 지방적 휴양지로 개발되어졌지만, 1960년에 대대적 관광개발이 시행되기 전까지는 해안지역의 관광잠재력이 거의 발굴되지 않았다. 비록 관광개발 목적이 흑해연안의 개발계획과는 차이가 있지만, 이 지역의 관광개발은 새로운 기능적인 단지의 건설에 상호협조, 그리고 기존 중심지의 확장과 재개발 측면에서 특색을 찾을 수 있다. 더구나 이들은 지역을 통합할 수 있는 하부구조 및 기반시설의 연결을 이룩했다는 데 큰 의의가 있다.

이와 같이 자발적 관광개발은 수요의 증가에 의해 이루어졌으며, 지방중심의 계획된 관광개발과 확장 관광개발은 공급중심에 의해 건설되었다.

여기서 검토 · 분석되어져야 할 점은 코스타 바라바(Costa Brava)의 경우는 민간기업에 대한 관광개발의 통제가 미흡했다는 점을 지적할 수 있고, 흑해연안과 랑그도끄 루시용(Languedoe-Roussillon)지역은 관광휴양지의 기능적 개발을 위해 능동적이고 적극적인 관광개발을 추진했으며, 민간기업 역시 주된 역할을 수행했다는 점을 특색으로 들 수 있다.

Peck와 Lepie(1977)는 해안관광개발의 유형을 구분하는데 아래의 세 가지 요소를 주된 기준으로 삼고 있다.

① 크기와 속도를 총망라한 개발의 정도
② 토지소유권과 재원, 지방에서의 투입, 그리고 개발사업과 지방전통과의 관계를 포함한 지지 기반
③ 관광수용지(목적지) 사회에 미치는 문화 · 사회적 유익성과 영향

이러한 세 개의 기준요소를 근거로 해서 <표 4-1>과 같이 관광개발의 유형이 제시될 수 있는데, 이것은 특히 관광효과와 관광개발과정을 검토 · 분석하는데 매우 유익하게 활용될 수 있다(Pearce, 1981).

〈표 4-1〉 관광개발의 유형

변화 정도	원동력(지지기반)	지역사회 생활양식에 미치는 유익성과 영향
급성장	· 객실중심 지역사회 · 하계거주자 · 상업중심의 특화 (외자도입)	· 지방금융의 급변 · 새로운 사회구조력과 경제력
완만한 성장	· 개인적 개발 · 지방민의 소유권 · 지방상업의 확대 (지방재정 활용)	· 규범의 완만한 변화 · 안정적인 사회구조력 · 지방경제의 확장
일시적인 개발 (과도적 현상)	· 통과객 · 주말관광객 · 계절적 기업가 (지방재정 활용)	· 안정된 규범 · 사회구조력과 경제력에서의 · 개인적 유동성 · 지방경제의 전반적인 변화가 · 거의 없음

자료 : Peck and Lepie(1977)

입지조건의 검토가 있은 후 개발방침을 설정하게 되는데, 개발방침으로서는 ① 개발범위, ② 개발형태, ③ 테마(소재)의 선택 · 선정이 있다.

4. 해안관광자원의 조건과 개발방침

해안종합관광지구는 해수욕, 보팅, 수상스키, 스킨다이빙, 낚시, 해상 및 수중탐사 등 다양한 해안 레크리에이션을 즐길 수 있는 해안형의 종합 레크리에이션 시설 또는 지역이다.

이와 같은 관광지구의 개발가능성 판단은 먼저 <표 4-2>와 같이 자원조건 해석과 사회조건 해석을 통해야 하며, 개발 가부(可否)를 좌우하는 조건은 여건과 입지에 따라 상이하다. 그리고 활동성에 있어서는 <표 4-3>과 같이 매 활동마다 각기 다른 자원조건과 대조하여 검사해 나가야 한다.

〈표 4-2〉 입지조건의 자원분석항목

분석항목			활동성	거주성	편리성	개발성
자원조건	기 상	기온(봄, 겨울), 풍향	○	○		
		풍속	○			
	해 상	수온, 수질	○			
		조류, 파랑	○			
		표사, 수심	○			
자원조건	사 장	사장 길이 및 폭	○			
	활동수면	면적, 만형	○			
	지 형	경사의 분포	○			○
		경사 방향		○		○
		지형적 구조		○		○
	지 질	경도 등				○
	생 물	분포, 밀도, 내용	○	○		○
	조 망	대상, 범위	○	○		
	흥미대상	소동물, 화초 등	○			
	수 리	수량, 수질				○

사회조건	시 장	주요시장의 인구				○
	교 통	간선도로로부터의 시간, 거리			○	
	경합시설	분포, 내용 등				○
	법 규제	공원법, 수리권 등				○
	수용태세	지방자치단체의 재정 지방의 개발방향				○
	이권관계	어업권, 수리권 등				○

자료 : 일본관광협회, 관광계획의 수법

〈표 4-3〉 활동성에 따른 자원조건

활 동	자 원 조 건
해수욕	사장은 500m 이상, 수온 23~25℃ 이상 하계 쾌청일 2주간 이상, 수림이 있을 것 안전하고 청결한 수영수역이 있을 것
보우팅 요 팅	수역은 만형이 좋음, 넓고 안전한 정수면 수온 25℃ 이상
유 어	풍부한 어패류가 있고 안전한 수역
피 한	2개월 이상 평균 기온 7℃ 이상 수림, 온천이 있고 조망이 좋을 것
피크닉	수림 또는 풀밭 기복이 있는 수사지(20℃ 이하), 조망 양호할 것
관 광	매력 있는 관광자원, 독특한 관광대상, 시설, 조망이 양호할 것

자료 : 일본관광협회, 「관광계획의 수법」

1) 허용되는 개발의 범위

해당 지역의 자연환경(관광자원, 경관, 자연의 자질 등)을 광역적 입장에서 상대적으로 평가하여 환경의 취급방침을 <표 4-4>와 같이 명확히 한다. 이를테면 해당 지역이 관광자원으로서 훌륭한 것인 경우에 해안 레크리에이션을 위한 개발은 그 가치를 손상시키지 않는 정도에서 허용되어야 한다.

〈표 4-4〉 해안환경 취급구분 및 개발방침

구분	지역의 성격	이용 형태	개발 방침
자연 개조 지역	· 집약 개발되어 다수인이 이용토록 관리, 운영되는 지역 · 광범한 레크리에이션 지역에 이용됨 · 아래 3개 지역 이외 의 삼림, 수면, 초지	· 당일 및 주말이용 · 집중이용 · 다수이용	· 자연의 지형, 해안을 개조하여 토지개조와 해안개발로 고도이용 도모
자연 조화 지역	· 자연보존지역에 준하는 해안풍경지와 해중경관 · 자연의존형의 레크리에이션에 이용됨	· 주말 및 휴가이용 · 분산이용 · 일부에 고도이용 지구가 설정될 수 있음	· 자연의 지형, 해안보전에 유의하여 시설을 지형에 어울리도록 분산배치
자연 보존 지역	· 훌륭한 해안풍경지 및 해중 경관 · 보는 활동이 중심이 되어 일반적인 레크리에이션은 제외됨	· 주말 및 휴가이용 · 일부에 고도이용 지구가 설정될 수 있음	· 자연의 개조를 최소한으로 함
완전 보존 지역	· 원시상태에 자연이 남아 있는 지역 · 학술연구 및 보류를 목적으로 한 이용		· 자연을 있는 그대로 보전하는 시설을 필요 · 최소한으로 그침

자료 : 일본관광협회, 「관광계획의 수법」

2) 개발형태

개발내용을 크게 나누면 기간시설의 형태, 규모에 따른 형태, 이용형태로 구분할 수 있다. 내용별 개발형태는 <표 4-5>에서 보는 바와 같다.

〈표 4-5〉 개발 형태

형태		내용
기반 시설 형태	해수욕장형	사장을 살린 해수욕장을 중심으로 한 기지
	마리나형	활동 정수면을 살린 마리나를 중심으로 한 기지
	종합형	해수욕장과 마리나를 합친 종합적인 기지
이용 형태	당일형	시장에서 1시간권
	주말이용형	시장에서 2~3시간권
	체재형	시장에서 6시간권

규모	소규모	동시 수용력 1천~3천명 정도 연간 이용자 5~10만명 정도
	중규모	동시 수용력 1~3만명 정도 연간 이용자 50만명 정도
	대규모	동시 수용력 3~5만명 정도 연간 이용자 100만명 정도
방법	현상 유지	보전해야 할 대상이 있으나 개발이 불필요 시장성이 나빠 수요를 기대할 수 없음
	수리, 복구	지반 유하한 기존 개발지구의 재개발 규모를 확대시키지 않고 갱신, 수리, 복구로 대처
	수리, 확대	기존 개발 지구의 수리복구를 함과 동시에 개발지구를 확대, 새로운 수요에 대처
	재개발 고도이용	새로이 개발시설의 정비를 하고 새로운 수요에 대처 도시와 근교에 재개발하여 레크리에이션 기능을 회복시킴

자료 : 일본관광협회, 「관광계획의 수법」

3) 소재의 선정

당해 지역에만 특별히 가지고 있는 풍경, 환경, 생활소재로서 이용자를 끌어들이는 매력을 갖추고 있을 때 이러한 것을 두고 말한다.

예컨대 우뚝 솟은 기암, 무수한 암초, 조용한 하구, 아름다운 백사장, 아침해와 일몰광경, 바다를 내려다 볼 수 있는 언덕, 어촌, 산야의 꽃, 바닷가의 무수한 어패류 등은 훌륭한 대상(소재)이 될 수 있다. 그리고 그곳에 남겨진 수많은 역사, 문화적 유적, 민속 등도 훌륭한 소재이다. 그러나 이와 같은 소재가 빈약한 경우에는 새로이 테마소재를 인위적으로 조성할 필요가 있다(한국관광공사, 1986).

제3절 산악관광개발

Preau(1968)는 산악관광지 개발에 있어서 고려해야 할 사항으로

① 관광개발이 시작될 때 지역사회의 상태 : 지역사회의 규모, 활력성, 그리고 시설 등
② 관광개발의 격조(리듬) : 지역사회의 성장가능성과 일치·불일치 여부
③ 지역의 특성 및 가능성 : 관광개발을 위한 특성과 기술적·재정적 가능성 등을 꼽고 있다.

이러한 개념은 Preau(1970)의 알프스지역 관광개발을 위한 두 가지 유형의 계획안을 수립하는 기초가 되었으며, 이 2개 지역에서의 개발과정상 위의 요인이 내재함으로써 [그림 4-1]과 같이 다른 양상을 나타내고 있는 것으로 밝혀졌다.

1. 차모닉스(Chamonix)형 관광개발(19세기)

첫째 번 관광개발 계획안은 19세기의 하계관광에 관한 것으로, 이 계획안은 위에서부터 아래로 순리적으로 내려오고 있는데, 지역의 상태와 산악환경의 매력을 발견한 관광객들에 의해 변형된 요인들을 강조하고 있다. 이 지역사회는 관광수요에 부응해서 보다 자연스럽고 용이하게 관광객을 수용할 수 있었다. 외지에 있는 대도시개발자들은 단지 점차적으로 개발의 보충적인 역할, 예를 들면 대규모호텔 건축이나 또는 산악철도건설을 위한 자원제공 등만 감당하게 되었다. 따라서 관광산업은 지역의 경제적·사회적 개발을 효과적으로 발전시키고 점진적인 관광개발로서의 도약을 기할 수 있었다.

2. 레스벨레빌(Les Bellaville)형 관광개발(1970년대)

최근에 개발된 이 지역은 차모닉스형과는 전혀 다른 개발과정을 거쳤는데, 이 계획은 아래에서부터 위로 올라오고 있는 특색을 보이고 있다. 이 지역은 도시개발가들에 의해

하나의 기능적 휴양지의 이미지로 인식되기 시작하면서 개발되었다. 그리하여 이제까지 관광객들이 감상, 애용하던 그 산악자원은 더 이상 자연상태가 아닌, 아파트먼트, 스키 리프트, 그리고 레크리에이션 관련장비들로 대치됨으로써 시설들이 개발되었다. 이 산악은 스키장의 수용능력, 건설가용면적, 접근용이도 등을 위한 기술적 분석으로 그 특징을 잃어가고 있었다. 약 5,000~10,000개의 객실을 건축하기 위한 개발규모가 정해짐에 따라 이 계획을 실현시키기 위해 지방당국은 재원확보와 기술, 그리고 Know- how(방법)를 모색하게 되었다. 이 지역사회가 제공할 수 있는 것은 단지 토지와 인력뿐이었다(Pearce, 1981).

[그림 4-1]에서 나타난 2개 지역 관광개발의 특징을 비교해 보면,

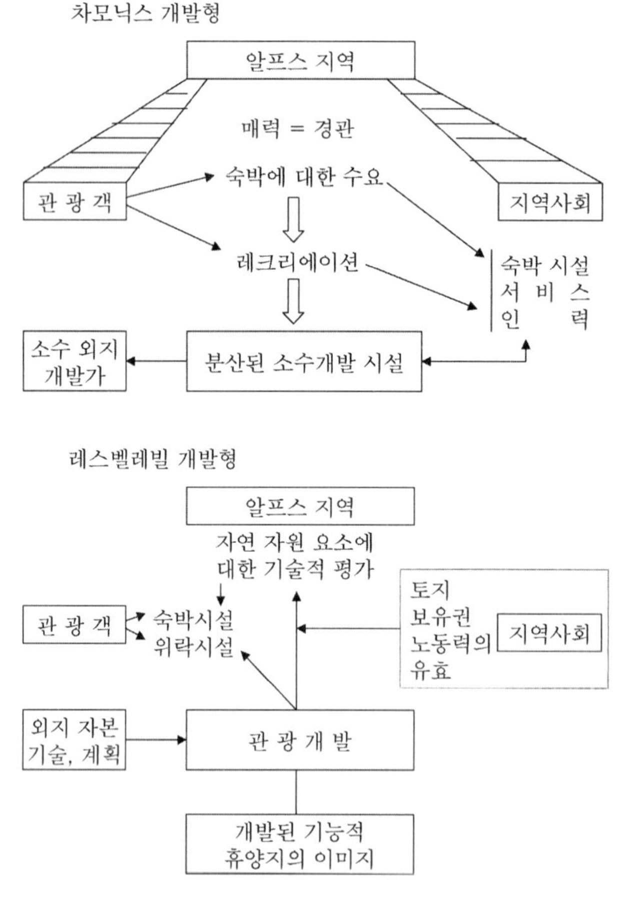

[그림 4-1] 산악관광개발 계획안

① 차모닉스형은 자연스럽고, 비인위적인 개발인 데 반해 레스벨레빌형은 극히 인위적이고 전문가의 계획에 의한 것이다.
② 차모닉스형은 관광수요와 공급의 균형있는 개발인 데 반해 레스벨레빌형은 의도적 개발로 무리한 관광공급을 제공하고 있다.
③ 차모닉스형은 관광적 매력과 시설의 조화가 돋보이는 데 반해 레스벨레빌형은 휴양지 기능면을 강조하고 있어 산악자원의 특성을 상실하고 있다.
④ 차모닉스형은 관광개발의 주도권을 지방민이 가지고 있는데 반해 레스벨레빌형은 외지인이 주도적 역할을 하고 있다.
⑤ 차모닉스형은 관광개발이 지역의 경제 · 사회적인 측면에서 유익한 반면, 레스벨레빌형은 경제적 누출과 사회 · 문화적으로도 문제의 소지가 많다는 점이다. 따라서 이 2개 지역의 관광개발모델은 산악관광개발을 평가 · 분석하는 데 있어서 매우 유용한 표본적 기준이 되고 있다.

3. 산악관광의 입지조건과 개발방침

고원(高原)개발은 국민들을 위해 휴양, 보건, 레저와 레크리에이션을 즐기는 장소를 제공하는 데 있는 만큼 개발대상은 별장지개발, 리조트개발, 산악관광지개발 등이라고 할 수 있다. 그러나 개발은 어디까지나 뚜렷한 개발방향을 설정한 뒤 지역적 특성을 살려야 하며, 이는 나아가서 그 지역관광자원의 특성에 바탕을 둔 지역산업과 지역사회의 발전 및 종합관광지의 개발에 두어야 하는 것이다.

그러나 관광붐이 조성되고 레저수요가 증대된다고 하더라도 개발대상인 관광자원은 유한하며, 또 과도한 개발은 자원의 황폐와 자연의 파괴를 초래한다. 따라서 개발은 확실한 공개념에 입각하여 선견적이고 종합적인 평가가 뒤따라야 한다.

고원관광지의 개념은 상당히 폭이 넓어 호텔, 별장, 스키장, 골프장, 온천장, 캠프장 등 1군의 시설이 갖추어진 관광지이다. 그러나 이와 같은 시설을 특색 있게 모두 수용할 수 있는 개발대상이 되는 고원은 사실상 없으므로 수 개의 고원지역을 각기 특성에 따라 개발하여 상호관련과 보완성을 가지게 하여 리조트와 같은 종합관광지로 발전시키는 것이 바람직하다. 결국 어느 특정고원에라도 적용될 수 있는 합당하고 만족스럽고 완벽한 개발원칙은 없는 것이다.

1) 고원관광지 계획의 수립

계획수립에 있어서 먼저 계획목표가 설정되어야 한다. 공적인 관점에서 본다면 수요충족(국민에게 관광수요를 충족시킴)과 참여(지역경제에 직·간접으로 기여함)를 들 수 있고, 민간인의 입장이라면 이윤추구(유휴자산과 자금을 활용하여 이윤을 얻음)를 의식할 것이다.

그리고 계획과정에서 중요한 것은 계획의 우선순위를 정하는 것이며, 계획에 있어서 구상(계획) → 계획 → 실시의 단계를 밟게 된다. 더 구체적으로 말한다면 구상단계에서는 개발가능성 판단이 주된 작업내용이며, 관광 이외의 다른 부문과의 관계에 있어서도 종합적으로 당해 관광개발 방향을 검토해야 한다.

기본단계에 있어서는 구상을 거친 다음 다시 상세한 정보(극소한 자원조건, 토지관리관계, 개발자금조건, 기반시설 정비에 관한 조건, 인접토지 이용관계 등)를 수집하여 마스터플랜을 작성하는 것이다. 끝으로 실시단계에 있어서는 계획의 실시, 즉 건설, 관리에 필요한 개발방식 및 시설내용을 상세히 다루는 것을 주내용으로 한다.

2) 개발방침의 검토

개발방침의 검토라 함은 계획목표를 보다 구체화시켜 계획내용의 범위를 설정하는 것으로서, 이 검토에는 자원해석, 시장분석, 이용해석의 결과를 종합하는 작업이다.

고원관광지의 입지조건은 <표 4-6>에서와 같이 대체로 자원해석과 시장분석을 통해 상세히 검토하게 되는데, 여기서는 자원개발 잠재력(potential)과 잠재수요를 거시적(macro)으로 파악하고, 개발테마가 되는 자연적·인문적 소재가 어떤 것이 있으며, 주된 이용형태(sightseeing, 피크닉, 피서 등)는 어떤 것이 있으며, 그리고 토지이용패턴은 어떤 것이 있는가를 파악하게 된다.

입지의 검토결과에 따라 어느 정도의 개발이 적정한가(자연환경의 취급방법), 조경 정도, 시설의 서비스수준 등에 대한 것을 판단하기 위한 작업이 바로 이용해석이다.

이용해석에서는 당해 지역이나 지구 및 주변관광지의 이용실적, 개발현황과 그 동향, 개발과 유관되는 규제조건을 파악하는 것이 주된 작업내용이다. 그리고 또 아울러 검토

해야 하는 것은,

〈표 4-6〉 산악관광지의 입지조건(자원해석)

조건	요소	평가항목	내 용
성립조건	지형	표 고 경 사 방 향 규 모	· 연중 이용을 고려한다면 표고는 800~1000m가 될 수 있다(거주성 관점에서 본다면 여름에는 800m 이상, 겨울에는 1,000m 이하가 바람직하다). 고도는 식생, 경관, 기후, 생리적 · 정신적으로 각종 영향을 준다. · 경사 10도 이하의 지형분포(사면의 주방향이 일조량 및 거주성과 유관하며, 수사면이 클수록 좋다. 경사도와 방향은 수용력, 시설규모, 배치, 레크리에이션 활동에 영향을 준다.)
	지표	식 생 호 수 저수지 난 류	· 고랭지대의 식생, 숲, 초지의 유무는 고원 경관에 영향을 준다. · 조류, 수종의 변화는 경이와 매력을 준다. · 물의 존재는 경관에 좋은 효과를 주며, 수상레크리에이션에 큰 매력을 준다.
	날씨	평균기온, 여름의 평균기온, 습도, 한난일수, 풍향, 풍속, 국지풍, 시야	· 주로 여름철에 불쾌지수가 적고, 쾌적성과 거주성이 좋을 것. 천기일수, 시정은 레크리에이션 활동에 영향을 주며, 바람은 적설 및 스키에 영향을 미침.
	시장성	주변 인구분포 도시분포 교통수단	· 대도시 인구는 규모가 큰 고원관광 수요를 가진다(도시에서 볼 수 없는 자연, 아늑한 분위기, 넓은 장소). · 자동차에 의해 용이하게 접근할 수 있을 것. · 시간, 거리는 주말 이용을 고려하여 4시간 정도 이하 거리가 바람직하다(그러나 겨울철 교통편을 고려할 것).
	수리	양과 질	· 물의 편리성은 개발가능성에 가장 큰 영향을 주는 요소이다.
보완조건	온천	양, 수질, 원천수	· 온천의 존재는 숙박가치를 가지고 있다. · 온천분포, 채수 가능성의 크기, 좋은 수질은 온천 요양효과에 영향을 미친다.
	빙설	설질, 적설일수, 평균적설, 최심적설, 동기 월평균 기온	· 지나친 적설은 교통난 야기, 스키는 적설일수와 설질과 유관하며, 월평균 기온이 영하 5℃ 전후일 때 스케이트 가능
	기지성	주변 관광지 분포	· 경합, 보완관계를 검토

자료 : 일본관광협회, 「관광계획의 수법」

첫째, 무엇을 개발테마로 하는가이다. 즉 고원경관을 형성하는 산악, 산림, 벌판, 호수, 담수량, 계절변화, 토양 등에서 소재를 선택하여 어떠한 활동공간(관광지, 스키장 등)에서 어떠한 활동내용(관광, 레크리에이션)을 서비스할 수 있는가의 파악 및 구체적인 이미지 구성이다. 이에 바탕을 두지 않은 개발태도는 자연을 대상으로 한 개발에 있어서, 특히 나중에 큰 효과를 기대할 수 없는 것이다.

둘째, 개발과 지역동향과의 관계이다. 관광개발이 아직 되지 않은 곳이라면 그 지역의 산업 및 인구동향을 검토하여 새로운 개발지로 각광을 받을 수 있으나, 그 지역의 행정관청의 개발방침과 주민들의 태도에 따라 관광개발을 위한 토지이용 및 다른 부문의 토지이용에 경합, 중복이 있을 수 있다. 또, 이미 개발된 지역이라면 기개발부문과 현재 계획하고 있는 개발내용을 보완 내지 조정할 필요가 있다.

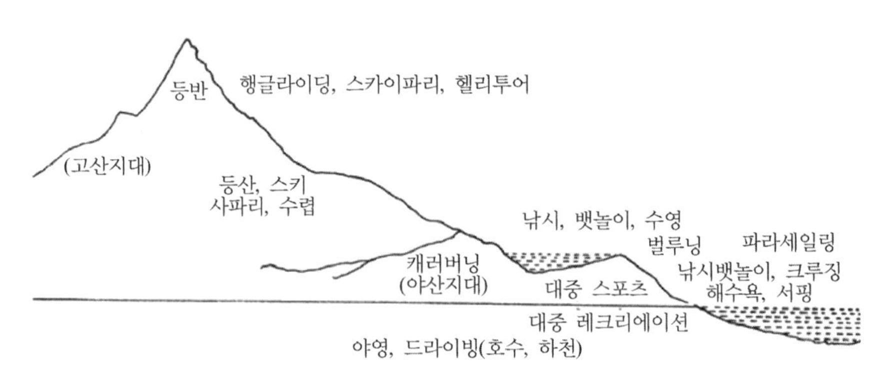

[그림 4-2] 표고에 따른 야외 레크리에이션 행동범위

주: · 스카이파리(skyfari) : 경비행기 또는 케이블카를 이용하여 지상관광지를 조망하는 관광
· 헬리투어(helitour) : 헬리콥터를 이용하여 지상관광지를 조망하는 관광
· 벌루닝(ballooning) : 벌룬을 띄워 고공에서 지상관광지를 조망하는 관광
· 파라세일링(parasailing) : 모터보트 뒤에 사람을 태운 파라슈터를 부착하여 공중에서 관광을 하도록 하는 형태의 해상관광
· 사파리(safari) : 수렵을 겸한 산악관광
· 캐러배닝(caravaning) : 캐러밴 카(caravan car)를 이용한 야영
· 크루징(crusing) : 여객선. 유람선을 이용한 도서탐방, 순항관광
· 서핑(surfing) : 모래사장 해변에서는 윈드서핑, 해상에서는 보디서핑이 있음.
· 드라이빙(pleasure driving) : 산악경승지, 해안풍경을 즐기기 위한 자동차 드라이빙

따라서 개발방침으로 명시해야 할 주요사항은 대체로 다음과 같다.

① 자연환경의 취급은 어떻게 할 것인가?
② 무엇을 개발테마로 하며 어떠한 성격의 관광지로 조성할 것인가?
③ 어떠한 수요에 어느 정도를 응하고(수요충족) 개발규모는 어느 정도로 할 것인가?
④ 전체의 개발형태는 어떻게 할 것인가?
⑤ 개발사업으로서의 성격, 개발, 운영주체는 어떻게 할 것인가?
⑥ 지역과의 관계는 어떠한 체제로 할 것인가?

등이 고려되어져야 한다.

3) 개발내용의 검토

개발내용이라 함은 시설과 즐길 수 있는 관광 및 레크리에이션의 종류, 규모, 배치를 말하는 것인데, 여기에는 건설비와 관리요원도 포함된다.

고원관광지에서는 리조트로서 단일장소에 모든 관광과 레크리에이션을 가능하게 할 수 있는 자원조건을 구비하기란 힘들다. 가급적이면 활동공간이 서로가 근접해 있어야 한다. 비록 각종 레크리에이션을 즐길 수 있도록 하는 자원조건이 골고루 갖추어져 있다고 하더라도 활동공간 상호의 자원을 결합하면 경합 내지 마찰을 가져올 수도 있다.

이를테면 이와 같은 경우에 관광(sightseeing)대상이 되는 아름다운 산이 스키개발의 적지가 될 때에는 그곳은 관광, 등산, 하이킹의 매력을 상실하게 되므로 이와 같은 점을 살리기 위해서는 다른 각도에서 스키장을 개발하는 것이 원칙이며, 자원의 대체성이 적은 활동공간에서는 개발우선순위가 적용되는 것이 필요하다.

동시에 공간의 다목적 이용과 복합개발을 하는 것은 자원을 효과적으로 이용하는 것이며, 다차원개발이 적정하고, 자원간에 피해를 주지 않는다면 이 방법도 바람직한 것이 될 수 있다.

일반적으로, 리조트로서 활동공간의 폭은 자동차편으로 소요시간이 20~30분 정도로서 행동할 수 있는 범위로 생각할 수 있다. 따라서 당해 개발지역이나 지구의 개발내용을 검토할 때에는 이와 같은 범위 가운데 어떠한 이용현황이 있으며 어떠한 개발여지가 있는가를 고려해야 하는 것이다.

이용자에게 매력 있는 쾌적한 활동공간을 만들어주기 위해서는 건축, 조경, 설계, 그리고 보도와 차도의 분리, 위생시설의 정비 등도 충실히 갖추도록 해야 한다.

그리고 개발규모의 설정은 수요에 맞추어야 하는데 수요예측 값은 개발추진의 지표가 되고, 경영면에서는 점검지표가 된다. 일단 수요예측 값이 밝혀지면 이에 맞추어 자원조건, 용지조건, 토지이용규제, 급수, 배수, 오물처리, 다른 산업의 토지이용과의 조정을 고려하여 개발규모를 설정한다.

4) 개발단계의 검토

개발단계란 개발시기(언제부터)와 개발순서(어디서부터, 무엇부터, 어느 정도로)를 밝히는 것으로서, 이 검토작업에는 당연히 개발시기, 기별시설, 기별투자액의 절차도 포함된다.

이와 같은 검토를 할 때 유의할 점은

① 시계열 투자배분의 밸런스(균형)
② 수요의 추세
③ 기능적 조정
④ 자원 및 자금의 효율적 이용
⑤ 개발을 받아들이는 측의 태도와 협조

등이다.

5) 개발효과의 검토

이상과 같은 기획과정에서는 자원에 대한 영향, 이용자에 대한 서비스, 개발지역이 주민에 끼치는 영향에 관한 평가가 뒤따라야 한다. 여기서의 검토는 이와 같은 과정을 거쳐 얻어지는 대안에 대하여 위와 같은 평가가 비교 · 검토되어야 하는 동시에, 이것과 사업비의 규모 및 수익성의 검토를 거쳐 계획 · 결정을 하는 것이다.

민간측에서는 공공부문과는 달리 높은 수익성을 목적으로 하지만, 관광개발사업의 경우에는 그 성격상 수익성이 높은 것만으로는 따질 수 없다. 개발로 인하여 어떠한 양질의 서비스가 제공되는가, 자연환경을 해치지는 않는가, 현지(개발지역)에 경제적 이점이 있는가, 이점이 있다면 어느 정도인가, 현지에 나쁜 영향을 주지는 않는가 등에 관한 사항을 이용자와 현지주민, 관계부처, 기타 이해관계자에게 주지시켜야 한다(한국관광공사).

제4절 온천관광개발

1. 온천지구의 특성

온천지는 온천이라는 자연자원에 크게 의존하고 있으며, 자연현상에 크게 의존하기 때문에 온천운영에 영향을 주고 있다.

그리고 온천의 이용형태는 숙박과 밀접한 관계를 맺고 있으므로 숙박시설 중심의 관광지 형성이 불가피하다. 오늘날 국민관광시설의 상당수가 온천을 중심으로 발달하고 있음을 볼 수 있는데, 온천지가 경관이 좋은 곳이라면 더 없이 좋은 여건을 구비하고 있겠으나 대부분 그렇지 못한 위치(야지, 암석지대)에 자리잡고 있다. 그리고 온천은 온천수의 양과 질에 크게 의존하므로 만약 온천수가 고갈된다면 폐쇄해야 하는 취약점도 있다.

온천수가 자연 용출이라면 더욱 좋겠으나 지하수가 거의 없어 고갈단계에 있다면 동력에 의해 채수해야 하므로 경제적으로 별로 채산이 맞지 않게 된다. 이러한 점이 온천관광지의 최대 결함이다.

반면에 온천수는 생산비를 투입하지 않고 상품화하는 것이므로 경제적 부가가치는 상당히 크며, 채수가능한 시기까지는 일반상품과 같은 자유경쟁원리가 적용되지 않고 독점이 가능하다. 또, 수요가 많다고 해서 이에 비례하여 온천수를 다량 공급할 수 없어 공급탄력성이 결여되어 온천업자의 폭리와 불친절의 소지를 안고 있어 강력한 규제가 필요하게 되는 것이다.

온천지의 이용도는 연중 높지만, 관광업에서의 비성수기인 동계에도 상당히 높다. 관광지에서나 온천지에서도 온천이 있는 숙박시설은 그렇지 못한 숙박시설에 비해 이용률이 훨씬 높은 것은 외국의 예에서도 많이 찾아볼 수 있다.

2. 온천의 형태

온천은 일반적으로 화산지대 및 화산활동이 있는 지역에 많이 분포하고 있다. 화산국인 아이슬란드, 뉴질랜드, 일본을 비롯하여 남・북미 화산대에 속해 있는 미국, 캐나다, 에콰도르, 콜롬비아, 자메이카, 바하마 등지, 유럽중부 내륙국인 독일, 헝가리, 체코, 루마니아, 폴란드 등에 온천이 많이 있다. 특히 아이슬랜드는 세계최대의 온천보유국으로 전국에 수천 개소의 온천이 있다(아이슬랜드는 온천수로써 난방, 온상재배까지 하고 있음).

일본에는 현재 13,000개소의 온천(개발, 미개발, 폐쇄된 것 포함)이 있는데 그 중 숙박시설이 갖추어진 온천은 1,900개소이다. 세계적으로 유명한 온천은 독일의 Baden-Baden, 캐나다의 Banff, 미국의 Yellowstone국립공원, 일본의 아타미(熱海) 등을 꼽을 수 있다.

온천은 광의로 Thermal spring으로 표현할 수 있는데, 이는 주위의 자연누출수보다 수온이 높은 곳을 말하나, 다시 나누어 생각해 볼 때 우리가 흔히 말하는 온천인 Hot spring(열천)과 Warm spring이 있다. 전자는 평균수온이 62℃(143°F), 후자는 31℃(87°F)이다.

온천으로 이용되는 것은 바로 열천이다. 온천에는 각종 광물질이 녹아 있어 온욕효과가 크기 때문에 온천은 요양지・휴양지로서 각광을 받게 되었으며, 국가에서도 이를 국민관광지로 개발하는 데 관심을 보이고 있다. 온천에는 형태에 따라 광천(spa), 이탕(泥湯, clay), 간헐천(geyser)이 있다.

간헐천은 온욕으로 쓰이는 것이 아니고, 오직 관광용으로 이용될 뿐인데, 미국, 뉴질랜드에 많이 있다. 이것은 일정한 시간적 간격을 두고 뜨거운 증기를 내뿜는 것인데 이를 가이저(geyser)라고 부르기도 한다('geyser'는 아이슬란드어로 용출(gush)이란 뜻임). 강력히 내뿜는 증기를 이용하여 뉴질랜드에서는 증기 발전소로 이용하는 곳도 있다.

3. 온천개발

온천은 "수온이 87°F 이상 되는 샘(泉)"(웹스터사전), 일본온천법(제2조)에서는 "지하에서 용출하는 온천, 광천수 및 수증기 기타 가스가 일정한 온도(25℃) 이상 또는 물질을 함유한 곳"이라고 정의하고 있다. 그리고 일본지방세법에서는 온천의 표준온도는 55℃

로 정하고 있다.

국어사전에 따르면 "온천이란 지열로 인하여 땅속에서 지표위의 평균기온보다 높은 온도로 가열된 물이 자연히 솟아나오는 지하수를 말한다"고 하는데 온도기준으로 하여 냉천(광천)과 구분하여 25℃ 이상을 온천이라고 하고 있다.

일본에서는 전쟁 전까지만 하더라도 각 도(都)·도(道)·부(府)·현(縣)령에 의거 온천을 제각기 통제해 왔으나 신헌법이 제정된 이후에 온천법을 제정하였다. 동법의 제정목적(제1조)은 "온천을 보호하고 그 이용의 적정을 기하며, 공공복지의 증진에 기여한다"고 규정하고 동법 2조에는 온천의 정의에 대해서 설명하고 있다.

온천원에서 온수를 채취할 때의 온도가 25℃ 이상이라면 그것이 비록 단순한 온수이더라도 온천인 것이다. 또, 온천수 1㎏중에 정하여진 물질이 일정량 함유되어 있다면 냉천이나 광천이라 하더라도 온천으로 간주한다.

온천은 화학적 성분에 의한 구분으로는 탄산천, 광천, 유황천, 식염천 등이 있다. 온천의 열, 열수, 욕해물(浴解物)은 병의 치료, 지열발전, 농업·공업용으로 쓰이고 있다. 자연히 온천을 찾는 사람이 계속 늘어나고 온천에서 장기간 요양을 하게 되면 숙식문제를 해결해야 할 숙소와 음식점이 들어서게 되며, 점차 이는 부락(部落) 내지 휴양지로 발달하게 된다.

따라서 이용자들을 위한 숙박시설 등 기본시설의 확보는 온천관광지의 사활에 관계되는 요건이므로 결코 소홀히 다룰 수 없는 분야이다.

1) 숙박시설

여관, 호텔, 유스호스텔, 국민숙사, 맨션 등 숙박시설이 건립되어야 하며, 이는 대중을 대상으로 한 것이므로 요금이 저렴해야 한다.

2) 온천시설

입욕시설, 온수풀, 음천(飮泉)시설, 의료용 시설, 의료상담소, 온천 견학시설(간헐천, 분기공 등) 등을 갖추어 온천 이용에 따른 불편이 없도록 해야 한다.

3) 레크리에이션시설

테니스, 사이클링 등 가벼운 스포츠를 즐길 수 있는 시설을 확보해야 한다. 그리고 지형・기후조건이 허락하면 골프장, 스키장, 스케이트장 등도 갖추어 두면 좋다.

4) 오락시설

볼링장, 게임장 등 오락시설을 갖추되 가급적이면 한곳으로 집중시키는 것이 좋다.

5) 중심시설

온천지의 분위기조성 및 이용중심이 되는 시설로서는 광장 및 회관을 중심으로 안내소, 전시관, 온천과학관, 대중음식점, 기념품점을 배치한다. 광장은 각종 행사・축제가 개최될 것을 대비하여 이에 맞게 조성하고, 회관 역시 실내행사 개최가 가능하도록 하여야 한다.

6) 온천병원

온천은 온천수 중에 각종 금속성분, 유황분 등이 함유되어 있어 입탕, 입욕을 하거나 마시면 피부병, 신경계통 질환, 중풍, 외상, 화상, 위장병, 절상, 각기병, 부인병 등에 효과가 있음이 입증되고 있다. 환자가 충분한 의학지식이나 의사의 진단과 지시 없이 온천을 이용한다는 것은 때로는 위험할 수도 있으며, 의사의 지시에 따라 적절히 이용한다면 탕치(湯治)효과를 기대할 수 있다.

일본의 경우 유명 온천지에 온천병원이 있어 온천이용 환자의 문의, 상담, 치료를 해주고 있다. 이들 병원들은 전과목 치료를 맡는 경우도 있으나 대부분이 내과, 외과, 정형외과, 치과, 피부비뇨기과, 부인과를 취급하고 있다.

4. 온천지 이용형태

온천열을 이용한 온실, 수족관, 동물원, 식물원, 지열발전소가 있다면 훌륭한 관광대상이 될 것이다.

온천의 이용 및 기능에 따라 분류해 보면 <표 4-7> 및 <표 4-8>과 같다.

〈표 4-7〉 온천지 이용형태

구 분	시 장	인공물	집락형태	용출상태	이 용
원시 이용형	인 근	욕 사	점	자 분	요 양
초보 이용형	지 방	숙박시설 차도	온천집락	자 분	요양, 보양 휴 양
집적 이용형	지 방	기업화	숙박휴양지	자 분	휴 양
고도집적 이용형	광 역	기업화	온천관광지	동 력 가 온 순 환	요 양 보 양 휴 양, 레크리에이션

〈표 4-8〉 기능별 형태

기능별	기 지		문화 기능	유 흥		탕 치		
	여행	야외스포츠		당일	1박	치료	보양	휴양
종합형	○	○	○	○	○	○	○	○
위락형	○			○	○			
기지형	○	○			○	○	○	○
탕치형	○					○	○	○

5. 온천개발에 따른 유의점

(1) 온천관광지는 자원지향성이 크기 때문에 토지의 영향을 크게 받으며, 또 동업자에 의한 취락 형성으로 각종 시설의 과밀현상을 가져와 재해대책도 세워야 한다. 따라서 장기안목으로 보아서 도시계획을 세워두어야 하는 것이다. 그렇지 않으면 무질서한 건물의 난립과 혼잡을 가져와 관광지로서의 면모를 상실하게 된다.

방화계획은 조경과도 연관되므로 온천지는 그 위치 때문에 산사태, 홍수, 분화, 지진 등 예측할 수 없는 재난이 상존하며, 또 상주인구보다도 유동인구가 많은 것이 특징이다. 이 때문에 방화계획이 중요하며, 피난유도로, 대피로는 온천지의 중심지뿐만 아니라 주변에도 확대시켜야 한다. 유도로의 안내판은 눈에 잘 띄는 위치에 설치하여야 한다.

(2) 이용자는 각계각층의 사람이지만, 그 중에서도 병약자와 노인층이 가장 많다. 따라서 시설이나 서비스 기준도 이에 맞추어야 할 것이다. 금후 인구의 노령화(산아제한과 수명연장으로 인한)로 인해 노인인구의 증가로 노인들을 위한 시설확충이 더욱 필요하게 될 것이다.

시설의 경우에도 노인들이 무리하게 힘을 들이지 않더라도 계단을 오르내리도록 하기 위해서는 계단의 경사가 완만하고 높이를 낮추어야 하며, 난간을 설치하여 손을 잡고 오르내리도록 해야 한다. 뿐만 아니라 게임센터에서도 노인들이 즐길 수 있는 레크리에이션 시설(바둑, 장기 등)도 갖추어져 있어야 한다.

(3) 온천지의 주된 기능은 어디까지나 요양과 휴양에 있으므로 각종 레저시설의 보급은 온천의 본래 기능을 상실하게 해서는 안 되고, 온천의 매력을 실추시켜서도 안 된다. 지역개발도 온천이 레저산업간에 유기적 관계를 맺어가면서 조화된 발전을 기해야 한다.

(4) 온천의 이용시간은 주로 오후와 야간이다. 따라서 이때가 되면 여관, 음식점, 도로에서 큰 혼란을 이루게 된다. 이와 같은 혼잡을 덜기 위해서 야간 레저센터, 게임센터, 경스포츠센터, 노천극장 등을 만들어 유동인구를 흡수하도록 대책을 세워야 한다.

(5) 온천지가 있는 지역주민의 생업이나 사생활에 지장을 주어서는 안되며, 교통시설 확충도 지역민에게 편리를 줄 수 있도록 고려해야 한다. 또, 지역 내의 각급 학교의 통학로는 온천지를 통과하지 않도록 별도로 만들어야 하고, 온천객이 주거지역(민가)으로 들어가지 않도록 관광 동선계획도 세움으로써 지역민의 권리보호에 역점을 두어야 한다.

(6) 조용한 온천지대에까지 간선도로가 개통되면 교통혼잡을 야기시키고 온천객의 안전에도 관계된다. 따라서 큰 도로는 온천지를 피해가도록 해야 하고, 가급적이면 도보로 찾아오도록 한다. 모든 차량은 온천지 입구에 설치한 주차장에 주차시키도록 함으로써 차량통행 및 출입제한을 가능하게 해야 한다.

(7) 일본의 경우 온천지를 국민보양지로 개발할 목적으로 온천의 공공적 이용의 증진을 꾀하기 위해 온천이용시설을 정비 및 환경을 개선하고 있으며, 보양온천지를 지정하는 요건을 다음과 같이 정하고 있다.

첫째, 온천의 효능, 용출량 및 온도에 관한 조건

① 온천의 탕치(湯治)효과가 클 것

② 용출량이 풍부할 것

③ 이용상 적당한 온도를 유지할 것

둘째, 온천지의 환경에 관한 조건

① 환경위생적 조건이 양호할 것

② 경관이 좋을 것

③ 온천기후학적으로 휴양에 적합할 것

④ 적절한 의료·휴양시설을 갖추고 있거나 장래 시설이 갖추어질 수 있을 것

⑤ 교통이 편리할 것

이용대상은 일반인으로 하고, 개발은 환경처장관이 정한 온천지계획에 바탕을 두어 지방자치단체가 개발한다. 개발대상인 시설은 온천관, 온천풀, 주차장, 휴게소, 야영장, 화장실 등은 국가와 공공단체가 개발하고, 숙사(여관, 호텔 등), 온천요양소, 음식점 등은 민간이 개발하도록 하고 있다(단, 공공시설은 공공단체가 국고보조를 받아 개발하고, 유관시설은 민간이 개발한다).

제5절 관광농업개발

1. 의 의

관광농업은 농업을 관광대상으로 한 여행형태로서, 협의로는 농업경영의 견학·관찰·연수, 광의로는 농업을 대상으로 한 레크리에이션이라고 할 수 있다. 경영자에게는 관광농업이라고 할 수 있고, 외래관광객에게는 농업관광이라고 볼 수 있다.

농업관광은 근년에 산업관광의 일종으로 등장했으며, 인간의 자연에 대한 욕구가 커짐에 따라 레크리에이션을 즐기기 위해 농장을 찾는 경향이 현저해졌다.

따라서 관광농업은 본래의 관광적 성격이 약하고 레크리에이션 농업의 성격이 강하다. 결국 관광농업은 레크리에이션적 이용에 적응한 농림어업을 의미하며, 또 서비스산업화한 농림어업이다.

좀더 자세히 말한다면 농림어업의 하나의 과정 또는 전부를 레크리에이션 이용에 개발을 가해 이를 이용자(방문객)에게 레크리에이션을 제공하거나 또는 농장을 대여하고 농업・산림・어업생산물을 직판하는 것을 내용으로 하는 농림어업이다. 이와 같은 관광농업은 선진국에서 많이 볼 수 있고, 이웃 일본의 경우에도 많이 볼 수 있다. 관광농업은 시장(도시)이 가깝고 교통이 편리한 곳이 적지인 만큼 주로 근교농장이 그 대상이 되고 있다.

2. 종 류

1) 농 업

(1) 생산수단 대여형

여기에는 임대농원, 임대과수원 등이 있는데, 포장(圃場)을 일정하게 구획하여 과수 또는 작물 등을 외부인에게 재배하도록 대여하는 형태이다.

(2) 농산물 채취형

농장 내에서의 과실따기, 감자캐기, 딸기따기, 찻잎(茶葉)따기 등과 같이 농가가 재배한 농작물을 채취하도록 하는 형태이다.

(3) 장소 제공형

농장 소유주가 자기의 목장, 화원, 과수원, 농장 등에 방문객이 휴게, 관상, 견학하도록 개방하는 형태이다.

2) 임 업

(1) 임산물 채취형

버섯따기, 죽순따기, 밤따기, 산채캐기 등과 같이 시비재배(施肥栽培)한 임산물 및 산채를 채취하도록 임야를 개방하는 형태이다.

(2) 동식물 채집

곤충원 · 식물원 · 임야에서 곤충 · 동물 · 식물을 채집하도록 하거나 관찰토록 하는 형태이다.

(3) 장소 제공형

산림공원, 야조원(野鳥園), 자연식물원, 유보도(遊步道), 캠핑장 등을 개방하여 일반인들로 하여금 관상, 견학, 레크리에이션을 즐기도록 하는 형태이다.

3) 어 업

(1) 어패류 채취형

임해어장, 양식장에서 낚시 · 조개잡이 · 굴따기 등을 비롯해서 김(해태)양식을 견학 · 관찰하도록 개방하는 것 등이다. 일반이용자가 각기 어구를 가지고 오거나 그렇지 않으면 빌려주기도 한다.

(2) 장소 제공형

어장 · 양식장을 빌려주어 고기잡이, 조개잡이 등을 하도록 한다.

(3) 내수면 어업형

하천, 호수 등에서 양식한 어류를 잡도록 한다.

농업의 경우에는 포장, 과수, 농기구 등 농업생산수단을 빌려주어 농산물을 직접 채취하는 즐거움을 맛볼 기회를 제공하거나 목장, 농장, 화훼원을 개방하여 레크리에이션 수요를 충족시키는 형태로 대별할 수 있으나 금후 레크리에이션의 다양화에 따라 새로운 형태의 농업관광이 생길 수 있을 것이다.

오늘날 대부분의 경우 관광농장은 대도시를 끼고 있는 지역에서 많이 찾아볼 수 있다.

관광농장은 도시권의 레크리에이션 수요의 여하에 따라 크게 좌우되고 있다. 일본의 경우 관광농장 중 44%인 2,682개소가 수도권 주변에 산재해 있고, 내방자수는 전국 농장 내방자의 49%에 해당하는 약 900만명이나 된다. 동일본에서는 사과, 포도, 딸기, 배의 농장이 많고, 서일본에서는 귤, 배, 포도, 밤, 오야스, 감농장이 많다.

3. 입지조건

관광농업개발에 있어서 가장 먼저 결정해야 할 사항은 관광농업의 종류, 내용으로 지역농업의 특성, 지역의 자연적 조건, 지역사회의 경제적 조건 등을 종합적으로 검사・평가해야 한다.

1) 지역농업의 특성

흔히 어디에서나 볼 수 있는 작물을 관광대상으로 한다는 것은 무의미하고 흥미가 없는 것이다. 레크리에이션 대상으로 하기 위해서는 진귀한 내용 및 특산물을 내용으로 하는 것이 합당하다.

따라서 특수농작물로서 희소성이 큰 것을 재배하는 것이 효과적이다.

2) 지역의 자연조건

농작물재배에 대한 자연적 조건으로서 토양・기온・지형 등의 요소가 고려되어야 하지만, 관광 레크리에이션의 측면에서도 아울러 고려해야 한다. 또, 자연적 조건에 적응하는 관광농업을 개발해야 한다.

(1) 동계 온난지역

피한지로서의 조건을 구비하는 곳에서는 겨울 동안 관광농업을 고려하는 것이 좋다.

(2) 하계 냉량지역

피서지로서 조건을 구비한 곳에 개발하되 고원, 산간에는 관광목장, 관광화원, 관광율원 등 관광농업이 적합하다.

피서를 겸한 관광농업의 거점으로 민박의 개발도 고려할 필요가 있다.

(3) 지형적 조건

지형은 개발의 규모와 내용을 결정짓는 요소이기도 하지만 개발종류의 설정에도 극히 기본적인 사항이다.

예컨대 하천유역에는 내수면을 이용한 관광농업, 해안지역에는 임해자원을 이용한 관광농업, 산악고원에서는 산악자원을 이용한 관광농업을 생각할 수 있다. 이러한 지역이라 하더라도 하천지역, 평탄지, 해안지를 충분히 고려할 필요가 있다.

3) 지역의 사회·경제적 조건

개발계획 대상지역 내의 사회, 산업, 인문 등을 비롯하여 농가경제 및 가족구성의 현황·예측, 농가의 태도조사 등이 포함되어야 한다.

내부적 조건보다도 시장, 교통 등 외부적·경영환경적 조건에 대해서 검토하는 것이 좋다.

(1) 관광농업시장의 입지조건

관광농업은 농어촌의 희소가치를 충분히 관광대상으로 하므로 도시주민이 그 수요자가 된다. 특히 자연과 농업으로부터 격리된 대도시일수록 수요는 더욱 크다. 따라서 계획대상지역이 대도시와 어떠한 지리적·시간적 관계가 있는가는 계획내용의 결정에 큰 영향을 미친다.

여행자의 행동시간을 고려하여 대도시로부터 2시간(150km 정도)구역이 당일여행 가능권이므로 이보다 거리가 먼 지역은 숙박지로서 고려되어야 하며, 당일여행은 힘들다.

(2) 교통적 조건

관광시장(도시)과 계획구역(관광농장)을 연결하는 교통조건도 고려하여야 한다. 계획지역이 어떠한 교통수단·시설을 갖추고 있는가는 관광농업의 성격을 바꿀 수 있는 요소이다. 도시근교에서 철도·국도가 있는 지역은 상당히 복합적인 관광농업이 가능하다.

원격지에서는 교통량이 많은 국도연변에서의 직매점 및 경유형이 가능하고 교통사정이 나쁘면 숙박체재를 전제로 한 목적형의 관광개발이 가능하다.

(3) 일반관광지와의 입지조건

계획대상지역의 주변에 큰 관광지를 가지고 이들 관광지와 관련이용이 가능한 경우 관광농업의 종류와 성격에 영향을 미친다. 이 경우 관광지의 성격, 거리, 교통시설에 의해 통과체재형, 주유체재형, 산책형 등의 관광농업이 가능하다.

4. 관광농업경영의 기본적 방향

관광농업의 개발·도입의 목적은 일반적으로 다음과 같은 두 가지이다.

① 농림어업에 있어서의 노동력 부족을 충족하기 위해서
② 부가가치를 높여 농어촌의 소득증대를 위해서

등으로, 수확에 요하는 노동을 줄이기 위해 수확일을 단축하거나 감원할 수도 있고, 노인, 부녀자를 임시고용하거나 가족을 이용하여 부족한 인력을 충원할 수도 있다. 입지적 조건에 따라 관광농업의 성격은 다음과 같은 형태로 나누어 볼 수 있다.

- A형 … 농업+레크리에이션(관광) : 농림어업의 진흥을 배경으로 하면서 관광농업 도입
- B형 … 농업, 레크리에이션(관광) : 농림어업과 관광농업이 공존
- C형 … 레크리에이션(관광)+농업 : 관광농업 개발을 위해 농림어업 겸업

이상 어떠한 형태라도 좋으나 일반적으로 농림어업 입지와 관광입지를종합적으로 평가하여 결정해야 한다. A형의 경우, 농림어업의 근대화를 배경으로 하여 합리적 경영이 영위됨으로써 농림수산업물의 단일상품화와 경영규모의 확대가 진전되어 특산지 형성이 이루어지면 좋다. 따라서 이 경우 관광농림어업은 '농림어업+α'의 성격으로서 위치를 확정지어 대상물을 단일화하여 계절성이 강한 관광농업을 지향해야 하는 것이다.

B형은 농림어업을 기반으로 하면서도 관광농업에 대한 의존도가 크고 산물의 시장출하가 50% 정도 되는 경우이다.

C형은 농림어업으로서는 자립불가능한 지역이며, 그렇더라도 시장출하에 거의 기대

할 수 없는 지역이다.

C형은 B형 이상으로 농작물의 수량 다품목화에 의한 지역특화가 이루어져야 하고, 농림어업 이외에 일반 야외 레크리에이션 시설도 개발하여 목적관광형 농어촌을 지향하여야 될 것이다.

관광농업 경영에 따른 공통된 문제점으로는

① 이용객의 휴일 집중도가 높고,
② 일기(강우, 쾌청 등)에 좌우되며,
③ 작황에 따라 결정되는 등 결실을 임의로 조절하기가 힘들고
④ 각 작물마다 수확일수가 상이하고, 또 수확일수가 극히 짧은 작물이 있다는 점

등이다. 이와 같은 여러 문제점은 관광농업 경영에 있어서 마이너스 요소이며, 경영상 위험이 아울러 따른다. 조건이 좋지 않으면 종합레저농원은 사실상 힘들다. 따라서 이러한 마이너스요인 극복을 위한 경영기술상 노력이 필요하다. 결실과정에 있어서 출하조절을 위해서는 비닐하우스(온실) 재배, 개원기간 연장을 위해서는 재배종목을 확대시키고 단일품종이라 하더라도 조생종, 중생종, 만생종을 안배하는 것이 효과적이다. 또한 수요창출을 유도하기 위해서는 질 좋은 과일의 재배・개량도 필요하다.

5. 관광농업시설

관광농업의 형태, 종류, 규모에 따라서 이에 따른 부대시설도 다양하다. 그러나 관광농장에서 갖추어야 할 최소한의 기본시설로는

① 주차장
② 화장실
③ 세면장
④ 농작물직매점

등이 있고, 규모가 커지게 되면 ① 휴게소, ② 식당, ③ 관리사무소 등이 있어야 한다.

이 경우 식당에는 간단한 음식, 옥외에서 즐길 수 있는 즉석요리를 제공하면 더욱 좋다. 또, 경영규모가 확대되고 영업시간이 길어지면 ① 원지(園地)관광, ② 농원 내의 유보도가 있어야 한다. 관광객 유치에 더욱 비중을 두려면, ① 방목장, ② 낚시터, ③ 풀장, ④ 구기장, ⑤ 숙박시설도 추가시키면 좋다(한국관광공사, 1986).

농촌지역 관광개발계획의 단계에 관해서 Gilbert는 먼저 지역특성과 고객에 대한 이해가 선행되어야 하며, 이것을 근거로 해서 농촌관광목표를 설정하고, 전략수립, 자원의 최적활용 등이 이루어져야 된다고 보는 것이다. 따라서 마케팅, 지역정보, 환경개선 등이 동시에 추진되어야 하며, 이것들은 다시 관광에 근거한 수요의 증대를 가져올 수 있어야 한다. 관광에 근거한 수요의 증대는 농촌지역의 경제적 풍요와 문화 및 사회환경적 복지에 기여해야 하고, 이것은 결과적으로 [그림 4-3]과 같이 농촌 전지역 복리증진의 실현에 그 목적을 두어야 된다고 보는 것이다(Gilbert, 1989).

따라서 프랑스에서는「농촌지드」제도를 실시하고 있는데, 이것은 농가의 주인이 농업회의소의 단기 코스에 등록해서 나무타기, 향토완구 만드는 법, 동·식물 및 지방민속, 전설, 토속요리 등을 배울 수 있게 하고, 동시에 정부에는 저리융자 혜택을 주어 집 내부 수리와 환경 등을 개선하고 가꾸게 하고 있다.

「지드」에 가입하면 세금도 감면되고 농사짓는 일에 지장이 없도록 제도적 장치도 되어 있을 뿐만 아니라 이웃 농가들이 협동해서 경작할 수도 있어 각종 혜택과 편의가 주어지고 있다.

독일에서도 농촌관광을 떠나는 도회지 사람들에게 정부가 보조금을 지급하고 장려한다. 이것은 벽촌까지 사람이 살지 않으면 자연히 황폐하게 되고 그곳에 존재하던 문화마저도 없어져 버린다는 현실에 근거한 것이다. 1954년부터 시작된「지드」제도는 “자조(自助), 공조(公助), 공조(共助)” 세 가지 정신의 융합이 바탕이 되어 이와 같은 선진 바캉스「관광문화」를 만든 것이라고 볼 수 있다.

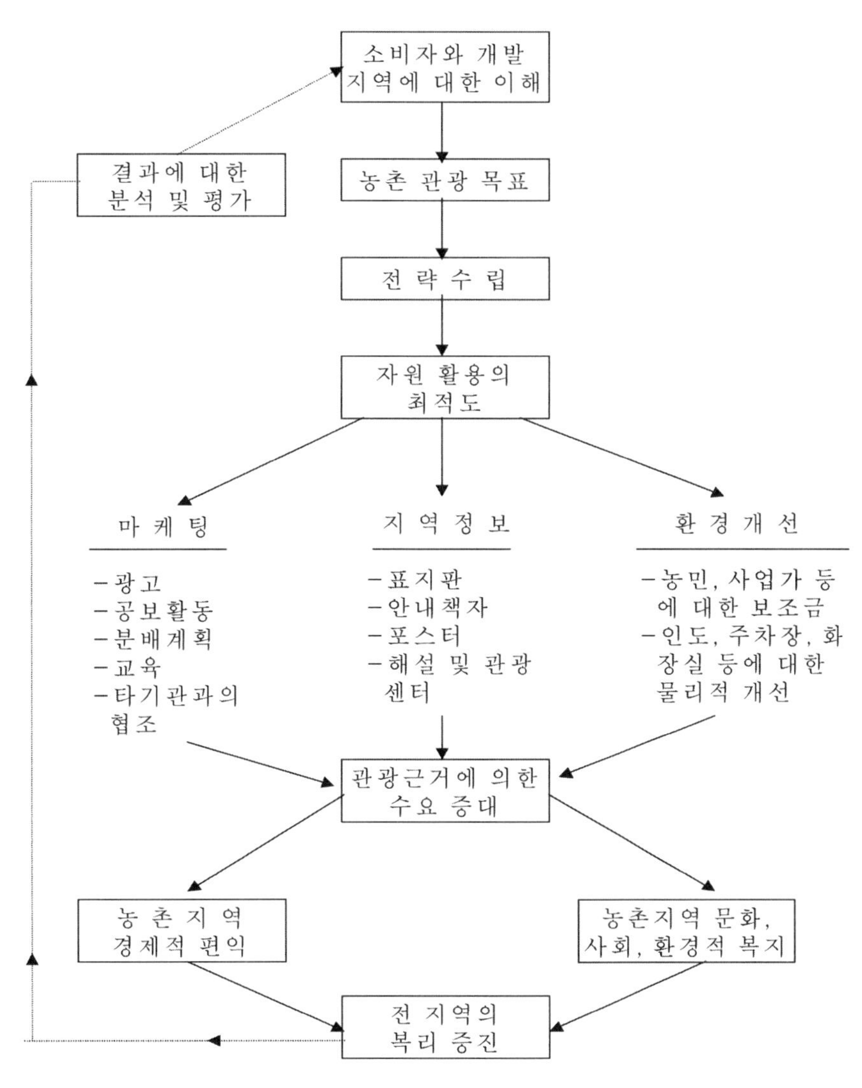

[그림 4-3] 농촌지역 관광개발 계획의 단계적 모형도

제5장

관광수요의 구성요소와 특징

제1절 관광수요의 개념

일반적으로 수요란 일정한 기간 동안 정해진 가격에 판매를 원하고, 또 구매가능한 상품에 대한 소비자의 양(크기)을 의미한다. 구체적으로 말한다면 수요는 주어진 시간과 장소에서 다양한 가격으로 구매되어지는 상품의 양과 함수적 관계를 가지고 있는 것이다.

더구나 기능적 개념으로서의 수요는 제품의 성질과 가격, 그리고 효용성 등과 같은 변수요인들 사이에서 행동의 법칙에 의해 나타나고 있다. 수요의 양은 많은 동시성 변수들에 의해 좌우되기 때문에 어떤 변수 또는 요인이 수요의 변화에 큰 영향을 미치고 있는가를 규명하는 것은 경제적 분석 측면에서 매우 중요한 일로서, 대체로 다른 모든 요인들이 불변할 것이라는 가정하에서 가격요인이 여기에 해당한다고 보는 것이다.

이와 같은 개념은 가격이 주된 요인으로 간주되고 있는 대부분의 일반상품에 있어서는 사실로 받아들여질지 모르지만, 관광에 있어서는 수요와 관계되는 기능적 관계요인은 그리 단순하지가 않다.

관광소비자를 일정한 관광목적지로 여행하도록 유인하거나 또는 참가하게 하는 데 관여된 다수요인은 일반상품의 수요와는 다른 복합적인 형태의 작용에 의한 것임을 알 수 있다. 즉 관광현상의 기본적 요소인 여가시간, 가처분소득, 여행하고자 하는 의지 이외에 합리적 또는 비합리적 요소들이 작용하고 있다는 데 관광수요의 특색이 있다.

Archer는 이론적으로 어떤 특정지역의 거주자들에 대한 관광수요는 다음 공식과 같이 여러 가지 변수들과의 함수적 관계로 표시되어질 수 있다고 주장했다.

$$Da = f(Pa, P_1, P_2, \cdots Pn\text{-}a, Y, T, etc)$$

Da = a라는 관광형태에 대한 수요

Pa = a 관광상품의 가격

$P_1 \sim Pn\text{-}a$ = a 관광형태가 아닌 다른 모든 상품과 서비스의 가격

Y = 잠재적 관광객의 가처분소득

T = 잠재적 관광객의 기호와 취향

따라서 관광송출지역의 인구규모와 목적지까지의 여행거리 같은 요소들도 독립변수로서 위의 공식에 포함시켜 고려되어질 수 있다. 이와 같이 관광수요는 인구규모, 생활수준, 정부의 관광시책, 그리고 잠재적인 관광시장의 다른 요소들, 다시 말해 출추요인들에 의해서 결정되어진다. 동시에 관광수요는 공급요인이 되고 있는 교통편의도 및 비용, 숙박시설, 목적지의 관광조직과 진흥책, 그리고 다른 매력요인들, 즉 인치(引致) 요인에 의해서도 영향을 받는 것이다(김상무, 1990).

모든 관광송출 지역에서는 전체인구의 일정비율 만큼만 국제관광을 할 수 있고, 또 참여할 준비가 되어 있다. 이와 같은 비율은 지역마다 다르고 사회·경제 및 정치적 상황에 따라, 그리고 시기적으로도 격차를 나타내고 있는 것이다.

관광수요는 잠재적인 것과 실제적인 것으로 구분할 수 있는데, 여기서 잠재수요란 관광의 기본적 요건을 갖추고 여행할 수 있는 위치에 있지만 실행에 옮기지 않고 있는 사람들의 수를 말하고, 실제수요는 특정 관광목적지로 실제여행을 하는 사람들을 의미하는 것이다. 잠재수요와 실제수요의 양적인 차이는 마케팅 담당자들의 활동여하에 달려있다고 할 수 있다.

일반적으로 관광수요의 흐름도는 [그림 2-3] 관광의 개괄적 흐름도에서 나타나 있듯이 수요의 욕구와 공급요인이 일치되어짐으로써 [그림 5-1]과 같이 참여가 이루어지게 되고, 분배를 통해 생산지 또는 목적지의 시설에서 소비가 이루어진다고 보는 것이다.

관광수요의 양적인 측면에서 본다면, 가처분소득과 사회·정치적인 조건 및 기타요인이 같다고 가정했을 때 관광송출국의 인구규모가 크면 클수록 국제관광객 송출에 대한 잠재력은 더욱 클 것이라는 이론이 성립될 수 있다.

그러나 관광목적지의 관점에서는 근접성 및 접근용이도와 같은 다른 인치요인들이 가장 영향력이 강한 것으로 인정된다. 이것은 공간적 측면에서의 관광 집중 현상인 것으로 수년에 걸쳐 관광이동 및 수송의 관찰과 통계적 연구에 의해 이미 증명된 바 있다. 그렇기 때문에 다양한 관광송출시장으로부터 관광이동을 추진시키기 위한 경영구조 및 전략을 수립하기 위해서 여러 가지 측면에서의 마케팅연구가 특히 강조되어야 한다.

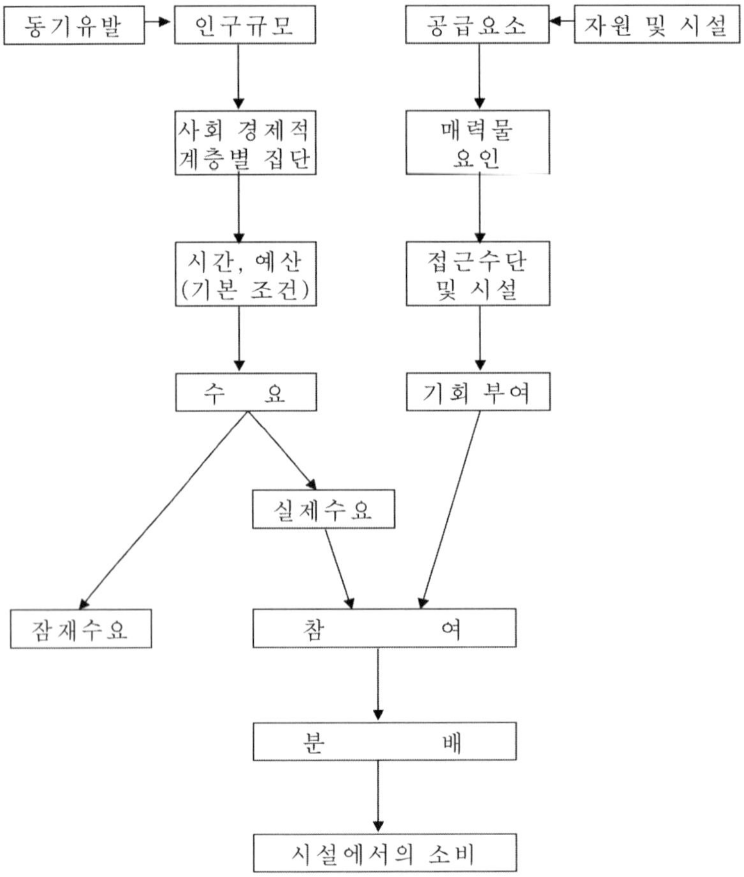

동기유발 → 인구규모 → 사회 경제적 계층별 집단 → 시간, 예산 (기본 조건) → 수 요

공급요소 ← 자원 및 시설

공급요소 → 매력물 요인 → 접근수단 및 시설 → 기회 부여

수 요 → 잠재수요

수 요 → 실제수요 → 참 여

기회 부여 → 참 여

참 여 → 분 배 → 시설에서의 소비

자료 : 김상무(1983)

[그림 5-1] 관광수요의 흐름도

관광수요 창출을 위해서는 다양한 수요층의 욕구분석과 이에 대한 특성을 규명하고 동시에 공급구성요소들의 혼합적 상품이 실질수요를 충족시키고 기대에 부응하며, 나아가서 만족의 극대화를 실현시킬 수 있도록 끊임없이 개선하고 개발해 나가야 할 것이다. [그림 5-2]는 관광시장개발을 위한 연구모형으로서, 새로운 관광상품의 개발과 기회제공의 중요성을 나타내주고 있다.

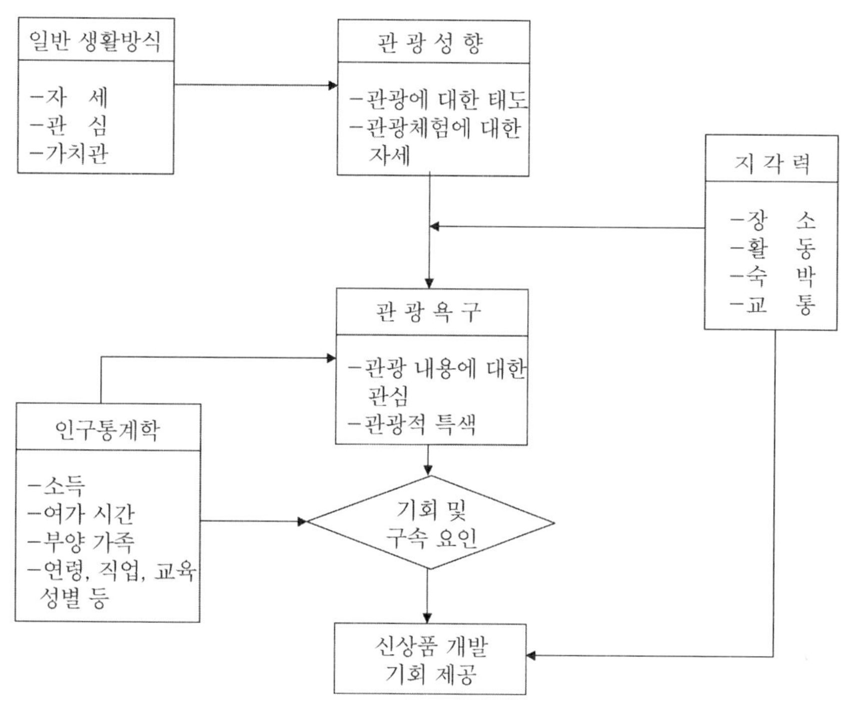

자료 : 김상무(1984)

[그림 5-2] 관광시장개발 연구모형

따라서 특정 송출지역에서의 일정한 관광목적지에 대한 실질수요는 다음과 같은 공식에 의해 예측되어질 수 있다.

$$D_{Aij} = \frac{M \cdot T \cdot F \cdot W}{R}$$

D_A = 실제수요

ij = 출발점(i)으로부터 목적지(j)까지

R = 거리, 비용, 경쟁, 정치적 불안정, 나쁜 이미지, 시설 미흡 등의 관광저항요인

$M \cdot T \cdot F \cdot W$ = 사람, 시간, 재정, 의지(Wahab, 1975)

또, Schmidhauser(1976)에 의하면 관광수요는 여행성향으로도 표현되어질 수 있는데,

여행성향에는 다시 순여행성향과 총여행성향으로 구분하여 생각해 볼 수 있다. 순여행성향이란, 총인구에 대한 여행비율 또는 당해 연도에 적어도 한 번 이상 거주지로부터 여행을 한 인구에 대한 특정단체의 비율을 말하며, 이것은 등식에 의해 산정될 수 있다.

$$NTP = \frac{p' \times 100}{P}$$

NTP = 순여행성향(%)

p' = 일정기간 동안 한 번 이상 거주지를 떠나 여행한 사람 수 또는 특정단체

P = 당해 지역의 총인구 수

로 표시될 수 있는데, 이와 같은 자료는 주로 관광수요나 마케팅조사 연구에 유익하게 활용될 수 있다.

따라서 총여행성향은 총인구 가운데 여행한 사람에 대한 연인원 수의 비율을 말하는데 이것은 다음 공식에 의해 계측이 가능하다.

$$GTP = \frac{T_p \times 100}{P}$$

GTP = 총여행성향(%)

T_P = 당해기간 여행한 총인구수(연인원)

P = 당해 지역의 총인구수

이러한 자료는 관광의 경제적 영향분석과 관광목적지에서의 숙박관광객 수를 산정함으로써 관광공급 계획수립과 수급의 원활을 기하는 데 주로 이용될 수 있다.

그리고 관광에 참여한 인구에 대한 평균 여행빈도는 다음 공식에 의해 산정될 수 있다.

$$TF = \frac{T_K}{p'}$$

TF = 여행빈도

T_K = 총여행인구(연인원)

p' = 순여행인구

위와 같은 방법 등으로 관광수요를 계측해 볼 수 있는데, 효과적이면서도 이상적인 수요의 증가는 순여행성향과 총여행성향의 동시증가, 또는 양자의 적절한 배합에 있다고 보는 것이다.

그러나 많은 지역과 국가에서는 자료의 결핍이 관광분석에 맹점요인이 되고 있기 때문에 관광수요 측정방법은 가끔 이용가능한 통계의 단순기능으로 사용되고 있다. 또, 다른 측면에서 관광수요의 측정은 당면문제의 본질에 따라 분석 · 활용되어지고 있다(Pearce, 1989).

제2절 관광수요의 다양성

관광수요는 일정한 동기에 의해 여행을 하게 된 사람이라고 해서 반드시 동질의 집단이라고는 볼 수 없는 특색이 있다. 이것은 때로 갈등, 욕망, 필요, 취미 그리고 선호 등과 같은 다양한 요소의 복합체라고 볼 수 있다.

이와 같은 수요구조에 있어서의 계층은 국적, 거주지, 직업, 가족구조, 사회기반 등의 이외에도 심지어는 연령이나 성별에 근거를 둔 체계적 양식과도 일치하지 않고 있다.

이러한 모든 다양한 수요들은 잠재적 수요를 형성하는 사회의 보다 의미 있는 세분화를 위한 일반적인 구분 기준이나 또는 변수적 역할을 하고 있다. 그러나 수요지표에 있어서 요구되는 시설의 유형, 이용숙박시설의 형태와 등급, 체재기간의 차이, 이용교통수단, 또는 관광객의 소비특성과 같은 관광행태적 특색이 특정한 관광목적지와 관련이 있다는 단정을 내릴 만한 명백한 예증은 없다. 따라서 고전적인 시장세분화로부터 관광목적지에서의 공급개발의 지침을 추론해 낼 수 있는 부분은 극히 적은 것이다.

수요의 표본조사는 사회경제적, 그리고 문화적 행동의 유사성을 나타내는 서로 다른 소득 · 직업 · 연령계층의 관광집단에 대한 관심과 행동유형의 베일을 벗기는 데 보다 큰 관심을 두어야 한다. 예컨대, 국적과 종교 그리고 교육수준이 다른 배경을 가진 관광객들도 때로는 과거 문명에 대한 탐구, 생활방식의 추구, 전통적 사회에 대한 연구, 또는 음악공연 관람 등에 대한 같은 문화적 관심과 흥미를 보여주고 있는 경우가 있다는 것이다. 마찬가지로 스포츠 애호가, 건강, 휴식, 보양관광 선호가들도 사회적 계층, 연령, 성별 등에 관계없이 특수시장층을 형성하고 있다는 사실을 알 수 있다.

Plog는 항공교통수요에 관해 미국인 1,600여명을 대상으로 표본조사를 실시한 결과 항공교통수단을 이용하지 않는 극단적인 집단과, 반대로 항공교통을 많이 애용하는 집단으로 구분하여, 이것을 과학적이고 논리적으로 규명하는 데 성공하였다.

이들의 특징을 보면 먼저 항공교통을 이용하지 않는 사람은 일상생활에서도 겁이 많고 두려움과 걱정이 많으며, 다른 교통수단으로도 여행을 많이 하지 않는 것으로 나타났는데, 이와 같은 사람들은 매우 제한된 삶의 양식과 되풀이되는 일상생활에 익숙해져 있었고, 자기절제적이며, 안전하고 비모험적인 것으로 이를 자기중심적(psychocentric)인 집단이라고 명명했다.

이와는 반대로 항공교통수단을 애용하는 사람들을 다양형 중심적(allocentric)이라고 부르는데, 이러한 집단에 속하는 사람은 사업상뿐만 아니라 순수 관광목적 여행도 많이 하는 것으로, 모험적이고 자기확신적이며 삶에 도전적인 자세를 가진 것으로 나타났다. 이들은 여행을 탐구력과 호기심의 표현방법으로 생각하고, 새로운 것을 보고 체험하고자 하며 주위세계를 탐험하고자 한다.

또, 이들 극단적인 두 개의 집단은 언론 및 보도매체에 대한 선호도면에서도 특징을 보였는데, 일반적으로 자기중심적인 집단은 TV를 많이 보는 편으로 특히 TV의 코미디와 쇼프로그램을 많이 시청했으며, 야구중계도 좋아하는 편이었으나 대부분이 정기간행물, 잡지에 대해서는 별로 관심이 없었다.

반면 다양형 중심적 집단은 TV보다는 잡지나 신문과 같은 인쇄매체를 더 선호했으며, TV의 경우는 미식축구, 기록 또는 다큐 프로그램을 많이 시청하는 경향을 나타냈다.

따라서 전체집단의 분포면에서는 [그림 5-3]에서처럼 정규분포를 형성하고 있었는데 대부분이 이들 사이인 중간중심적(mid-centric) 위치에 분포되어 있어 자기중심적에서 다양형 중심적까지의 연속체 내에 포함되어 있음을 알 수 있다.

한편, 대상자들의 수입면에서는 다양형 중심적 집단이 자기중심적 집단보다 대체로 더 높게 나타났고, 이들은 자기확신적인 사고로 모든 일에 적극성을 보임으로써 성공률이 높은 것으로 분석되었다. 관광수요에 관한 이들의 특징을 보면, 전통적인 관광목적지의 인기도 순환과정과 상관관계가 있다는 것을 알 수 있다. 즉 최초의 관광지는 다양형 중심적 집단에 의해서 개발이 이루어지고, 이것은 근접-다양형중심적→중간-중심적→ 근접-자기중심적→자기중심적으로 이동되어가고 있음을 알 수 있다. 이들 극단적인 두 집단의 관광수요에 대한 특징을 살펴보면 <표 5-1>과 같다.

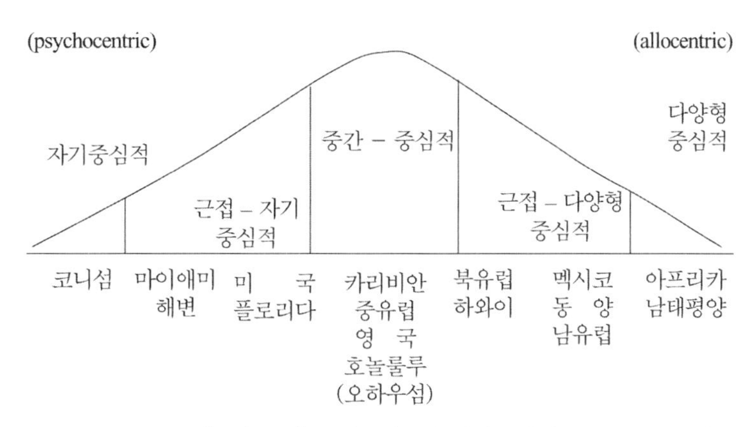

[그림 5-3] 심리묘사도와 관광목적지

〈표 5-1〉 심리묘사형태에 따른 관광여행 특징

자기중심적	다양형 중심적
· 친숙한 관광목적지 선호 · 관광목적지에서 평범한 활동을 좋아함 · 충분한 휴식과 태양과 재미있는 장소를 선호 · 숙박시설 개발이 잘된 관광호텔이 많고 가족단위형 레스토랑과 기념품점이 많은 곳을 선호 · 햄버거 판매점 및 익숙한 유흥시설과 이국적이 아닌 친숙한 분위기를 선호 · 조직적으로 짜여진 일정과 완전한 패키지 관광상품을 선호	· 미개발된 관광지 선호 · 타인이 방문하기 전 그 지역개발의식에 대한 기쁨과 새로운 경험에 대한 즐거움 추구 · 고상하고 이색적인 관광목적지 선호 · 높은 관광활동 수준 선호 · 비행기로 갈 수 있는 목적지 선호 · 현대식 또는 체인호텔이 필수적이 아니고 적절한 숙박시설과 좋은 음식, 그리고 관광적 매력이 적은 곳을 선호 · 낯설거나 이국적 문화배경을 가진 사람들과의 만남과 교제를 선호 · 교통 및 숙박시설 같은 기본적 요소를 제외한 많은 자유시간과 유연성 있는 일정을 선호

자료 : S. Plog(1973)

이와 같은 인간의 심리적 집단유형별 관광수요적 특성에 대한 분석은 관광목적지에서의 공급요소를 개발하고, 또 목적지가 개발의 순환과정상 스스로 어떤 위치에 처해 있는가 등을 평가함으로써 극단적인 하락과 폐쇄위기 등을 사전에 예방할 수 있다는 점에서 유용성이 높다고 보는 것이다. 또, Plog의 이론을 근거로 한 심리적 수요분석은 목표시장 설정과 마케팅전략 수립 및 활동에도 큰 도움이 될 것임이 확실하다(김상무, 1984).

그렇지만 관광수요는 일정한 집단에 대한 특성을 명확하게 구분하기란 힘든 다양성을 내포하고 있다는 점을 간과해서는 안 된다. 그렇기 때문에 특정 관광시장을 확실하게 설정하고 마케팅활동을 집중적으로 추진하기 위해서 관광목적지가 지니고 있는 관광자원의 객관적 평가에 대한 중요성이 강조되고 있는 것이다.

이의 실현은 공급과 수요의 불균형을 예방할 수 있을 뿐만 아니라, 이로 인해 야기될 수 있는 자본과 시간, 그리고 인력의 낭비도 막을 수 있는 것이다.

관광수요의 양적인 분석에 대한 접근은 대체로 관광목적지의 관심사로 되어져 왔다. 따라서 지금까지 당면해 온 문제는 관광수용국에서의 경제발전에 대한 관광의 기여도가 어느 정도이며, 또 관광객 일인당 경제도약에 공헌하는 비중 및 가치가 얼마나 되느냐 하는 것이었다. 물론 이와 같은 접근방식도 매우 중요하지만, 반면 관광수용국에서 야기되고 있는 사회적 · 경제적 문제의 관점에서 본다면, “우리가 원하는 관광객은 누구인가?”라는 질문과 함께 관광수요의 양적인 분석에 대한 접근을 고려하는 것이 필요하다.

이렇게 함으로써 정확한 관광수요에 부응할 수 있는 관광공급을 제공할 수 있고, 동시에 관광성장의 규모와 필수불가결한 관광산업의 개발이 조화를 이루면서 수요와 일치될 수 있도록 하는데 효과적인 정책적 결정할 수 있을 것이다.

제3절 관광수요의 특징

1. 탄력성

관광수요의 탄력성(elasticity)이란 가격구조의 변화 또는 관광시장의 다양한 경제상태의 변화에 대한 수요반응의 정도를 말하는 것이다. 근본적으로 관광수요는 가처분소득과 적절한 유급휴가 등 경제적 여력과 자유재량의 시간적 조건을 갖춘 사람에게 해당된다고 할 수 있다.

관광소비는 승용차나 가전제품 구입, 심지어 제2의 주택 구입 등과 같은 구매의욕과는 경쟁적인 것으로 개인이나 가족의 예산 배정에 전적으로 달려 있는 것이다. 따라서 이러한 수요의 탄력성은 가격 인상이 수요를 감소시키고, 반대로 가격 인하가 수요를 증대시키는 가격과 수요의 상관관계를 알아야 할 목적지의 관광공급에 대한 의사결정자들에게는 매우 중요한 요소인 것이다.

탄력성의 결정은 수요선상에서 서로 다른 두 가격 사이의 탄력계수를 통해 계측이 가능하다. 즉

$$EC = \frac{PID}{PCP}$$

여기서,

EC = 탄력계수
PID = 수요증가율(%)
PCP = 가격인하율(%)

로 표시되어질 수 있는데, 일반적으로 관광수요와 가격간의 관계는 [그림 5-4]와 같다.

관광수요는 특히 신생 관광목적지나 지명도가 낮은 관광지일수록 가격에 대한 탄력성이 높게 나타나는 반면, 잘 개발되고 널리 알려져서 반복고객이 확보된 관광목적지에서는 탄력계수가 낮게 나타난다. 그렇지만 이와 같이 지명도가 높은 관광지일지라도 가

격이 터무니없이 인상된다면 탄력현상이 두드러지게 나타날 것이 분명하나, 특별한 소수의 선민들만 제한적으로 수용하는 특수관광지나 사업 및 관광차 필수적으로 여행을 해야 할 대도시 목적지의 경우는 예외가 될 수도 있다.

그렇다고 관광수요에 있어서 가격인자만이 절대적인 영향을 미친다는 것은 아니다. 예를 들어 시설이 부족하고 홍보가 미흡할 뿐 아니라 관광송출국으로부터 먼 거리에 위치하고 있는 목적지의 경우에는 가격정책의 이점이 수요창출에 별다른 효과를 미칠 수 없을 것은 자명한 사항이다.

가격의 민감도는 관광객의 행동양상과 관계를 가지고 있는 한 요인임에는 틀림이 없지만, 부유층 관광객일수록 반드시 더 많은 관광경비를 쓴다고 단정할 수는 없다. 즉 재정적 여유가 있는 사람이라도 경제적이고 저렴한 관광상품 구매를 원하는가 하면, 재정적 여유가 없는 사람일지라도 특별한 이유 때문에 그들의 관광경비가 소비행동을 부유층 못지않게 높게 하는 경우도 있는 것이다.

따라서 포괄관광여행의 확대가 관광객의 가격에 대한 민감도를 점점 줄이고 있는 경향을 보이고 있다. 이것은 관광목적지는 여행사와 안내책자로부터 결정되어지고, 많은 관광지가 거의 비슷한 가격으로 판매되기 때문에 목적지의 특색과 매력에 따른 선택의 여지가 점점 줄어들고 있다는 것을 의미한다.

2. 민감성

관광수요는 사회·정치적 상황과 여행경향의 변화에 매우 민감하다. 어떠한 정치적 불안이나 사회적 격변과 불안정 등을 겪고 있는 관광목적지가 아무리 싼 가격으로 그들의 관광상품을 제공한다 할지라도 관광객들에게는 좋은 매력물이 될 수 없는 것이다. 관광송출국과 관광수용국 사이의 좋은 정치적 관계 및 호혜적 환경은 대체로 촉진요소가 되지만 그렇지 못한 경우는 그 반대가 된다.

그 이유는 대부분의 관광객이 그들 국가와 방문국 간의 정치적으로 불편한 관계로 인해 목적지에서 환영을 받지 못할 것이라는 선입관을 가짐으로써 그들은 불안하게 되고, 동시에 지역민도 적개심을 가질 것이라는 느낌 때문인 것이다. 그리고 이러한 현상은 몇몇 관광송출국과 수용국 주민 사이에 실제로 나타나고 있는 것이 증명된 바 있다. 그렇게 되면 많은 사람들은 관광활동을 멈추게 될 것이지만, 그래도 소수의 사람은 여전히 관광을 하게 되는데, 이들 소수는 긴장에 대한 자극에 의해 스릴을 맛보기 위해 여행하는 경우도 있다. 하지만 주된 수요층은 부정적인 추세를 보이는 것이 당연하다.

관광수요는 여행경향의 변화에 민감한데, 이러한 여행경향의 추세는 대형 관광여행사의 판촉활동과 각종 광고 및 선전을 통해 조직적으로 형성된 관광진흥활동에 의해 창조된다.

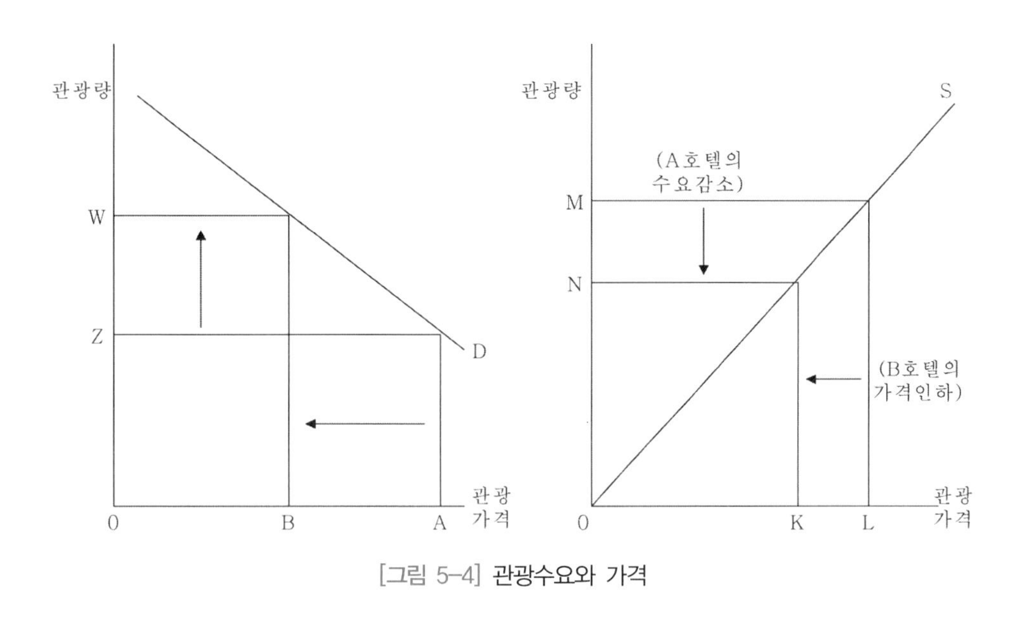

[그림 5-4] 관광수요와 가격

3. 팽창성

최근 국제정세의 격변에도 불구하고 관광수요는 계속 증가일로에 있다. 이러한 팽창추세는 다음과 같은 요인들에 기인한다.

① 현대의 기술적 · 과학적 진보로 인한 교통수단, 특히 편리해진 항공교통의 혁신적 발전

② 여행에 대한 관심과 관광목적지에 대한 호기심을 불러일으키는 대중정보매체의

신속하고 정확한 서비스

③ 관광활동에 참여할 수 있는 폭넓은 인구를 가진 관광송출국의 경제적 풍요

④ 보다 길어진 주말과 연중휴가 등 여가시간의 증대

⑤ 유럽 대부분 관광송출국에서의 기후와 환경적 조건 때문에 연중 어느 시기든 태양과 신선한 공기, 그리고 깨끗한 해수를 찾고자 원하는 많은 사람들의 욕망

⑥ 환경의 변화를 추구하고 일의 단조로움으로부터 벗어나려는 도시거주자들의 기계적 생활방식

⑦ 보다 용이하고 안전성이 높고 저렴한 비용으로 여행할 수 있는 국제화된 패키지관광의 출현

⑧ 유럽 대부분의 관광송출국들은 단시간 내에 자가용으로 여행할 수 있을 만큼 서로 인접해 있다는 사실

등으로 요약되어질 수 있으며, 이러한 관광수요의 팽창요인으로서 이와 같은 추세는 앞으로도 지속적인 현상으로 나타날 것으로 예측된다.

4. 계절성

관광수요의 또 다른 특징은 계절 또는 성・비수기에 심한 영향을 받는다는 사실이다. 이는 관광송출국들의 자연적 기후조건, 학교 및 산업체의 하기휴가, 크리스마스와 부활절휴가 등의 요소가 특정한 기간에 수요를 집중화시키는 요인이 되고 있기 때문이다. 그렇기 때문에 관광수요는 결코 연중 골고루 분석되어질 수 없는 것이다.

이와 같은 계절적 수요변동의 결과는 대부분 관광목적지에서 겪는 경영난의 원인이 되고 있다. 왜냐하면 관광수용국 입장에서 성수기의 수요에 대응할 수 있도록 시설과 서비스 공급계획을 세워놓는다고 했을 때, 만약 비수기에 내국인관광객 수요개발이라도 용이하지 않다면 크나큰 경영적 손실이 따르기 때문인 것이다.

해마다 반복되는 관광이동의 계절적 격차를 진지하게 연구하는 일은 미래의 경향을 예측하고 관광 공급요소를 적절하게 계획하는데 도움을 주게 될 것이다. 많은 국가들이 비수기 극복대책에 대한 정책개발에 전념하고 있는데 대체로 다음과 같은 방안들이 제

시되고 있다.

① 휴가의 분산제도
② 학교방학의 시차제 실시
③ 유럽국가들의 스키장시설 확장
④ 비수기 요금 할인제도 실시
⑤ 해양관광지의 포괄여행요금 인하 실시
⑥ 주말의 연장제도 실시

위의 방안들을 도입·실시함으로써 실제로 많은 지역에서는 계절적 악화현상으로 나타나는 성·비수기 간의 격차를 줄일 수 있었다. 그렇지만 대부분 시장확장에 있어서 저소득층 시장이 잠재개발의 대상이 될 수밖에 없기 때문에, 이와 같은 시장층은 계절적 영향을 쉽게 받아 위의 방안 실시에도 불구하고 가시적인 효과를 거둘 수 없는 경우가 있다. 따라서 만약 비수기 극복방안에 대한 정책이 시행되지 않을 경우에는 관광수요의 계절적 문제가 더 심화될 수밖에 없는 것이다(Wahab, 1975).

제4절 관광수요와 통화팽창 및 환율

1. 관광수요와 통화팽창

선진국과 개발도상국 양쪽 모두 물가의 지속적인 인상은 일반적 경향으로 나타나고 있다. 지역이나 때에 따라서는 연간 두 자리 물가인상을 초래하는 경우도 있다. 관광은 그 나라의 인플레이션에 영향을 미치기도 하며 또 영향을 받기도 하는데 그 이유는 다음과 같다.

① 관광은 수많은 경제적 활동과 밀접하게 관련된 산업으로 대체로 이의 상호작용은 피할 수 없다.

② 관광은 광범위한 인구에 기반을 둔 대규모 경비로 계급차별이 없는 전체적 소비현상으로 나타나고 있다. 선진국의 경우에는 전체인구의 5% 이상의 관광산업에 종사하고 있다.

③ 또 다른 이유는 관광수요의 집중현상이다. 관광이동량은 오랫동안 하계에 집중되어 있는 휴가와 연결되어 있다. 이와 같은 특별한 계절에 모든 관광교통량은 해안휴양지로, 그보다 좀 적게는 산악휴양지로 몰리는 경향이 있다. 따라서 제한된 관광공급으로 인해서 가격인상은 피할 수 없게 되고, 이러한 현상이 지속되면 인플레이션을 유도한다.

④ 관광은 서비스산업이기 때문에 노동임금의 상승에 직접적으로 영향을 받는다. 더욱이 경제적 생산성 향상을 위한 방법으로 노동력을 절감시킬 수는 없는 것이다.

관광서비스가 일반서비스 제품보다 가격면에서 더 빠르게 인상되고 있다는 사실은 이미 밝혀진 바 있다. 영국 Surrey대학의 Kotas교수는 "영국호텔의 가격추세"라는 연구에서 1962년에서 1971년 사이에 영국호텔의 객실요금은 1962년을 기준(100)으로 잡았을 때, 무려 175.84로 인상되었는데, 이것은 같은 기간 동안에 소매물가지수의 147.0과 일반서비스제품 168.6보다 높게 나타나고 있는 것으로, 호텔객실요금이 일반 생활비에 비해 엄청나게 비싸다고 지적한 바 있다. 따라서 Kotas는 영국 호텔산업의 가격 형성 주도는 특히 런던과 주청소재 대도시의 대형호텔에 의해 이루어지고, 이것이 소규모 호텔들의 객실요금 결정에 절대적인 영향을 미치는 경향이 있다고 주장했다.

관광인플레이션은 공급을 초과하는 수요로 인해 약화될 수도 있으며, 관광수요는 호텔, 교통, 도매상 등과 같은 기본적 또는 보완적 관광관련 부문들이 제품과 서비스를 시장가격으로 판매할 때 활성화시킬 수도 있는 것이다.

만약 수요가 증가해서 공급요소의 수용능력이 한계점에 달하고, 더 이상 수요를 감당하지 못할 때에는 가격 인상이 불가피하게 된다. 이와 같은 가격 인상으로 관광사업체들은 추가적 소득을 취득하게 되며, 만약 이러한 소득이 새로운 공급구성요소의 확장 및 개발을 위해 재투자된다면 가격은 보합세를 유지하거나 하락하게 된다.

관광사업체에 대한 세금과 관세에 대한 인상은 업체가 투자에 대한 적절한 이윤을 유지하고자 원하기 때문에 역시 관광서비스 상품가격의 인상요인이 된다고 할 수 있다. 이와 같은 업체들은 대체로 그들이 해당 시장을 독점한 상황이거나 또는 진정한 의미에서 경쟁대상이 없다는 것을 그들의 고객에게 확신하고 있기 때문인 것이다.

일반적으로 공급자들이 시장에서의 특정한 제품이나 상품의 품귀현상 때문에 가격을 인상시키거나, 또는 전반적인 생활적인 생활수준의 향상으로 가격 인상이 불가피하다면, 관광사업체도 그들의 상품을 상대적으로 인상하기 마련이다.

또 다른 경우에는 몇 가지 요인에 의해서 건축비용이 예상액을 초과했을 때에 자본투자에 대한 적절한 회수를 위해서 숙박서비스 가격 인상을 불러일으킬 수도 있다. 국영기업체의 경우는 대체로 고용증대와 횡령예방을 위한 경상비의 비율이 높기 때문에 정부가 정책적으로 이의 손실을 막기 위해서 가격 인상을 조정할 수도 있는 것이다.

2. 관광수요와 환율

국제관광시장에 영향을 미치는 주된 요인 중의 하나는 관광목적지에서의 생활비용이다. 이것 때문에 관광수용국들은 주위의 환율을 둘러싼 몇 가지 방책들을 통해서 관광객의 비용을 줄이는 데 최선의 노력을 기울이고 있다.

1) 공식적 환율

관광객들이 관광목적지에 도착하여 제일 먼저 해야 할 일은 그들의 화폐를 그 지역의 통화로 환전하는 것이다. 이것은 보통 국가마다 공식적으로 정해진 환율에 의거해서 행해진다. 때때로 이 비율은 그 나라 통화의 구매력과 신용, 또는 금본위제에 기초한 황금의 가치에 따라 자유시장가격에 의해 결정되어지기도 한다.

경제적 불황기에는 그 나라 통화의 가치가 신용을 얻지 못하기 때문에 실질적으로 하락할 것이며, 이로 인해 암시장거래와 불법환율이 발생하게 된다.

서로 다른 두 개의 국가간에 관광비용을 비교할 수 있는 가장 쉬운 방법은 공식적 환율을 사용함으로써 평가하는 것이다. 이것은 만약 영국에서 1급호텔의 객실에 20파운드의 비용이 든다면, 관광객은 프랑스에 있는 동급호텔의 객실도 프랑스 통화로 같은 비용이 들 것이라고 생각할 수 있다는 것이다. 그러나 두 나라의 생활수준이 다르기 때문에 이것은 반드시 일치하지는 않는다.

그러므로 재화와 서비스의 가치에 대한 공식적 환율과 실제환율 사이에는 차이가 있으며, 이는 모두가 표준으로 사용할 수 있는 국제통화가 없기 때문에 국제경제의 불완전성에 기인한다고 할 수 있다. 오랫동안 미국달러가 국제통화로 취급되어져 왔으며, 최근 국제무역상의 위기로 그 우위성을 상실하고 동시에 국제시장에서의 가치하락을 초래하고 있다.

더구나 정확한 비교란 국제적 등급이 통일되지 않고 있는 여러 국가의 관광서비스 제품을 표준화시키기에는 어려움이 있기 때문에 더욱 힘든 상태이다. 예를 들면 세계관광기구(UN World Tourism Organization: UNWTO)가 제시한 국제호텔등급제도는 국제호텔협회에 의해서 좌절되었으며, 많은 국가들로부터 비판을 받은 바 있다. 그렇다 하더라도 만약 국제호텔등급제도가 있다면 어느 기관이 그 제도를 집행해야 할 것인가 하는 것도 문제가 되는 것이다.

그리고 또 식당등급에 대한 제도와 지역교통 요금에 대한 기준, 그리고 유흥프로그램과 장소 등이 표준화될 수 있을까 하고 생각해볼 때 그 대답은 분명히 불가능하다고 할 수밖에 없고, 그렇기 때문에 관광주체의 입장에서 이러한 것들을 비교하기란 매우 힘든 일이라고 보는 것이다.

관광객들은 각국에서 제공되어지고 있는 관광서비스에 대한 세심한 비교 없이 단지 패키지 관광상품의 가격만 비교하고 계산하는 경향이 있다. 이러한 추세는 결국 관광여행사의 역할을 최고권위자로 만들고 있으며, 관광여행사에 대한 신뢰가 모든 요소들을 설득시키는 것 같이 보이게 하고 있는 데 기인한 것이다.

2) 환율불균형의 구제책

(1) 평가절하

이 방법은 로마공동시장협정(Rome Common Market Agreement) 이후 1958년 프랑스에서, 1959년 스페인, 그리고 1960년 캐나다에서와 같은 몇몇 선진국에 의해 제창・이용되어졌다.

(2) 관광할증가격 또는 관광객 특별환율

이 방법은 단기적으로 볼 때 효과적이기는 하나 장기적으로 그 나라의 경제적 손실을 가져올 수 있다. 왜냐하면 그것이 화폐가치로서 국제적 신용을 흐뜨려 놓을 수도 있기 때문이다.

(3) 가격통제

이 방법은 주로 공공부문이 최고 실권기관으로 되어 있는 사회주의국가나 또는 정부가 가격통제권을 가지고 있는 국가에서 적용된다.

(4) 상품과 서비스에 대한 일정한 세금의 면제

이 방법은 1958년 프랑스가 구매가의 15%에 해당하는 부가가치세를 관광객에게 면제한 것이 좋은 예가 되고 있다.

프랑스은행은 이 면세액을 상인들에게 지급하고 상인들은 다시 재무부에 납부하는 형식으로 행해졌다. 최근 몇몇 국가들은 자동차관광 여행객들에게 이러한 방법의 일환으로 유류세를 면제하고 있다.

(5) 특정국가에 대한 사증의무의 폐지

이 방법은 관광환경에 호의적인 분위기를 창출하고 있다.

(6) 면세구역 설정

이 방법은 관광객들이 면세로 싼값에 물품을 구입할 수 있도록 국가에서 일정한 지역을 설정하는 것을 말한다.

3) 관광수요에 있어서 환율변화의 영향

관광수요는 탄력성이 큰 가격변화에 민감하여 최근 국제통화인 달러의 평가절하와 독일의 마르크, 일본의 엔화 등에 대한 재평가에 영향을 받을 것이라는 가정은 타당한 근거에 의한 것이라고 여겨진다.

예를 들면 달러화의 평가절하의 결과로 정규 항공운송에 대한 요금이 대부분 국가에서 소폭 인상될 것이라는 사실이다. 이와 같은 인상조치는 휴가관광객들의 입장에서 보면 머지않은 장래에 전세비행기 요금의 인상을 부추기는 결과가 될 것이다. 이것은 특히 독일, 스위스, 일본 등과 같은 화폐 재평가가 이루어진 국가들에 있어서는 피할 수 없는 현실로 나타나게 될 것이다.

관광목적지의 관광수입 측면에서 본다면, 이와 같은 환율의 변화는 소득을 증가시키는 결과를 가져오지 않을 뿐더러, 앞으로의 관광여행 경향 및 추세는 다음과 같이 대체될 것이 예상된다.

① 항공요금의 인상으로 인한 가격이 저렴한 목적지 선택
② 가까운 행선지 선택
③ 관광목적지에서의 체재기간 단축
④ 패키지 관광상품 선택에 대한 선호도 고조
⑤ 호화숙박시설 필요성의 감소
⑥ 휴가를 보냄에 있어 비수기 선택

그러나 이와 같은 환율변동이 대부분의 관광객들을 집에 묶어둘 것이라는 예측에는 설득력이 없다. 왜냐하면, 첫째로 그들이 집에 머무를 만한 충분한 이유가 성립되지 않고, 둘째로 대부분의 국가에서는 집에서 휴가를 보내는 것이 경제면에서 그리 싸게 먹히지 않기 때문이다. 그렇기 때문에 이와 같은 환율변화가 세계의 전체관광 이동량에는 큰 차질을 빚을 것이라고는 예상되지 않고, 다만 화폐의 재평가가 이루어지고 있는 몇몇 국가들에 있어서는 관광수요가 다소 감소될 것 같다는 추측일 뿐이다.

달러화의 평가절하와 관계없이 미국은 최대의 관광송출국으로서의 위치를 유지할 것이라고 보는데, 다만 미국관광객의 행선지가 악간의 변화를 보일 것으로 예측된다. 캐나다나 멕시코 쪽으로의 여행객 수는 증가하고, 유럽지역은 당분간 감소할 것으로 보인다. 한편 관광목적지로서 미국과 캐나다는 유럽으로부터 더 많은 관광객을 유치하게 될 것이다. 따라서 북대서양항로는 왕복여행객의 증가가 예상되고 있다.

반대로 통화의 강세를 가진 독일, 일본, 네덜란드, 스위스, 벨기에 등과 같은 나라들은 국제관광에 있어서 양과 관광지출 증대에 크게 기여하게 될 것으로 기대된다. 그렇기 때문에 국제관광 이동량은 별다른 변동 없이 지속적인 성장추세를 나타내게 될 것으로 보는 것이다.

제 6 장

관광수요예측과 활용방안

제1절 관광수요예측의 필요성과 방법

1. 관광수요예측의 필요성

관광이 사회현상으로 대중화되어 가고 있는 이유로는 인구의 증가와 소득증대, 그리고 여가시간 및 유급휴가일의 증가와 고도로 발달되어 가고 있는 물질문명 사회에서의 각종 압박감으로부터의 도피적 갈망 등의 푸시요인(push factors)과, 편리해진 교통시설의 발달과 숙박시설 및 각종 관광시설의 고급화 내지는 다양화, 관련업무회의 및 분야별 대회개최, 그리고 관광산업 매개체들의 관광상품 개발 및 매력물 창조에 의한 기술적인 마케팅전략 등의 풀요인(pull factor)으로 들 수 있다.

특히 관계국(관광송출국과 수용국) 간의 거래에 대한 제한이나 규제에 관한 법규 같은 것이 존재하지 않기 때문에 신속한 외화획득의 가능성이 짙은 산업으로 지역경제개발은 물론 고용효과 등이 다른 산업에 비해 크다는 점 등, 관광산업의 특징이 선진제국은 물론 개발도상국에 있어서도 관광개발의 촉진요소가 되고 있는 것이다.

관광개발계획은 근본적으로 수요와 공급의 균형을 효과적으로 유지하는 데 그 목적이 있으며, 계획수립에 있어서 필요한 자료 중 가장 중요한 것은 관광수요에 대한 정확한 예측이다. 관광수요예측을 바탕으로 공간(토지)확보와 각종 자원개발, 그리고 시설물설치 및 인력확보 등의 모든 공급계획이 이루어지며, 치밀한 계획을 바탕으로 관광개발이 추진되어지는 것이 순서이다.

정확한 관광수요예측은 정책입안을 하는 데 있어서 중요한 기초자료가 될 뿐만 아니라 관광시설물 공급계획과 관광이동량의 조정을 위한 각종 지원 및 통계계획을 세우는 문제, 관광자원 개발과 보호·관리문제, 그리고 관광상품의 가격과 마케팅전략 결정 등에도 기본자료가 되는 것으로 그 중요성은 매우 크다고 하겠다. 다른 분야에 대한 예측도 그렇겠지만 특히 관광수요에 대한 예측은 어려움이 많으며, 그 이유는 두말할 것도 없이 관광산업이 다른 산업에 비해 정치, 경제, 사회, 문화, 기술, 보건, 안전 및 환경적 경쟁요인 등에 민감하기 때문인 것으로 정확성을 기하기란 매우 힘든 것이다.

특히 관광관계 기초자료의 신빙성과 정확성의 결여, 그리고 예측할 수 없는 환경의 변화 등은 수요조사를 하는 데 있어서 어려움을 더해줄 뿐만 아니라 정확성의 도를 더욱 모호하게 만드는 요인들이 되고 있다. 따라서 수요예측 방법의 적용문제에 있어서도 전문가들마다 견해를 달리하고 있어서 때로는 실제 수용량과 예측의 심한 격차로 당해 지역의 막대한 경제적 손실은 물론 국가나 사회적으로도 크나큰 손해를 초래하는 결과를 가져오는 예가 있다.

그렇기 때문에 객관적이고 신빙성 있는 관광수요 예측 방안을 연구・활용한다는 것은 수요와 공급계획에 있어서 보다 효율적인 균형을 이룩하게 하고 관광개발을 통한 지역사회의 경제적, 사회・문화적 그리고 환경적 발전을 도모하는 데 실질적인 도움이 될 것이다.

2. 관광수요 예측방법

관광수요 예측을 하는데 있어서 Baron은 시간적으로 다음과 같이 분류하고 있다(Baron, 1974).

① 단기예측(1~2년) : 추세 및 주기적 영향에 의한 분석
② 중기예측(2~5년) : 기획된 정책에 의한 장래추세 분석
③ 장기예측(5~15년) : 가능성 있는 바람직한 관광개발을 위한 계획
④ 미래예측(15년 이상) : 사회・경제적 및 기술적인 주된 변화에 의한 계획

구체적으로 말한다면 단기적 관광수요예측은 관광객 이동량의 변화에 대처하기 위한 공급조절을 효과적으로 함으로써 수요와 공급에 대한 효과적인 균형을 이룩하는 데 주목적이 있으며, 중기예측에서는 그것을 바탕으로 관광상품 가격조절・지원대책 및 박람회 등의 행사계획 등을, 그리고 장기계획에서는 수요예측이 관계법규 제정과 하부구조물 건설 및 기반시설물(infrastructural facilities)과 상부구조물(superstructural facilities) 설치 등에 관한 문제를 결정하는 데 필요한 기본자료로 활용되어진다.

관광수요 예측방법으로는 정량적 분석방법(quantitative method)과 정성적 분석방법(qualitative method)이 있는데, 시계열법(time series)과 마케팅분석법(marketing analysis)을 포함한 인과분석법(casual analysis), 그리고 체계모델법(system model) 등이 대표적인 정량적 분석방법에 속하며, 정성적 분석방법에는 단순접근법(simplistic approaches)과 델파이기법(delphi models), 그리고 시나리오기법(scenarios) 등을 포함한 기술적 분석법(technological analysis) 등으로 분류되어지고 있다.

그 외에도 수요예측기법으로 박스-젠킨스법(Box-Jenkins)과 클로슨기법(Clawson Technique), 그리고 성장시나리오법(growth scenario) 등 다수의 다른 방법들이 있으나, 대체로 장기수요 예측분석을 하는 데는 정성적 분석방법을, 그리고 단기수요예측을 연구하는 데 정량적 분석법을 적용하는 것이 보편화되고 있다(Archer, 1982).

그러나 어느 방법이 최선이며 가장 정확하다고는 단정할 수 없으며, 특히 관광수요예측을 조사·분석하는데 있어서는 앞에서도 지적한 바와 같이 예측환경을 구성하고 있는 각종 요인의 예기치 않은 변동으로 실제와는 거리가 먼 예측의 결과도 배제할 수 없는 것이다.

제2절 시계열과 관광수요 예측

1. 시계열예측법

단기예측기법 중 시계열법(time series)을 적용함으로써 향후 1~2년간의 관광수요를 가장 효과적으로 측정할 수 있다. 따라서 이러한 수요에 대비하여 적절한 관광상품을 공급하기 위한 관광관계 시설물 확보, 특히 호텔객실 수요와 공급계획에 관한 방안을 강구한다는 것은 성공적인 관광개발의 기초가 되는 매우 중요한 일인 것이다.

시계열분석은 단순한 시간적 함수에 근거를 둔 변수의 예측이며

$$Y = F(t) \tag{1}$$

로 표현될 수 있다.

여기서 Y는 우리가 구하고자 하는 관측변수로서, t 기간에 관찰치와의 함수적 관계를 설명해주는 종속(의존적)변수이다.

따라서 수요구성요소의 함수적 관계를 분석하기 위해서 추세(trend), 주기적 이동(cyclical movement), 계절적 변동(seasonal fluctuation), 그리고 잔차 또는 불규칙적인 요소(residual) 등을 분리하여 생각할 수 있다. 이들의 상호관계에 대한 결합은 덧셈법칙으로

$$Y = T + C + S + R \tag{2}$$

또는 곱셈법칙으로

$$Y = T \times C \times S \times R \tag{3}$$

와 같이 나타낼 수 있다.

잔차 또는 불규칙적인 요소 R은 평균값이 0이기 때문에 시계열상에서는 비체계적 부분으로 고려되어지지 않고 있다. 따라서 이 기법에서 체계적이며 측정되어질 수 있는 요소의 결합은

$$Y = T + C \tag{4}$$

또는

$$Y = TCS \tag{5}$$

로 정리되어질 수 있다.

앞의 (4)식과 (5)식의 보충적 설명은 [그림 6-1] (가)~(다)에서 잘 나타내주고 있다.

[그림 6-1]에서는 시간 t와 Y에 대한 구성요소가 연속적으로 변화되어 가는 과정을 나타내 주고 있는 것이다.

Y에 대한 시계열분석의 첫 단계는 계절적 변동에서 구성요소변수를 부드럽게 분리시키는 작업이다. 이러한 것은 계열수치에 대한 이동평균을 계산해 냄으로써 가능하다. 이것이 이동평균법이다.

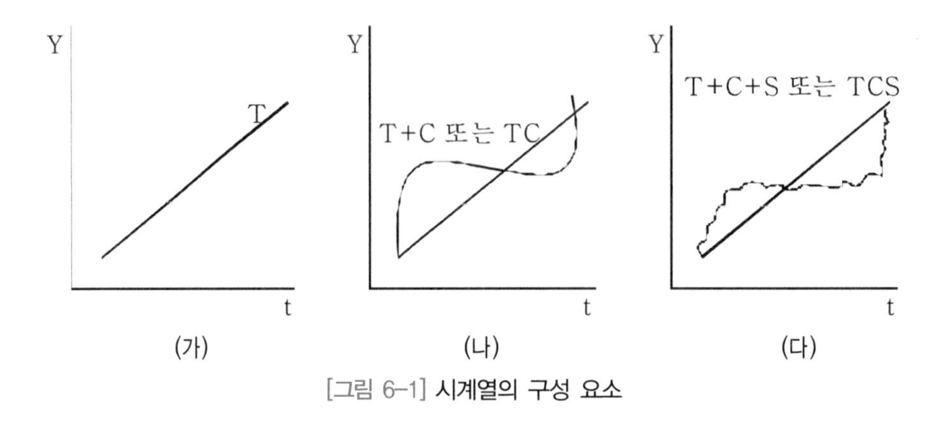

[그림 6-1] 시계열의 구성 요소

즉 주어진 시계열계수 N(기록이 시작된 때부터 끝난 시간까지의 측정) 동안에 P(기간 : period) 순서에 따라 연속적으로 계수를 이동시켜 평균을 아래와 같이 산출해 내는 것이다.

$$\frac{Y_1+Y_2+\cdots\cdots+Y_p}{P}, \frac{Y_2+Y_3+\cdots\cdots+Y_p+1}{P}, \cdots$$

$$\frac{Y_{n-p}+1+Y_{n-p}+2\cdots\cdots+Y_n}{P}$$

변수의 격차를 완화시키게 하는 이 방법의 약점 중 하나는 P의 순서에 의해 관찰계수가 하나씩 줄어진다는 것이다.

예컨대,

t = 1, 2, 3, 4, 5

Y = 8, 7, 15, 2, 13

에서 P의 계열단위를 3으로 가정한다면

제1평균은 $\frac{8+7+15}{3}=10$

제2평균은 $\frac{7+15+2}{3}=8$

제3평균은 $\frac{15+2+13}{3}=10$

이 되므로 2개의 관찰값이 무시되고 원활하게 된 연속평균은 10, 8, 10이 된다.

이동평균법의 장점은 안정된 예측값을 제시하지만 추세를 반영하지 못한다는 단점도 갖고 있다.

2. 단기 관광수요 예측

<표 6-1>은 지난 4년간(*Y*-4, *Y*-3, *Y*-2, *Y*-1) 월별로 X관광지를 방문한 관광객의 수를 집계한 것이다. 이것을 바탕으로 향후 2년(*Y*, *Y*+1) 동안 월별 관광수요 예측을 함으로써 효율적인 관광개발계획을 수립할 수 있고, 따라서 수요에 대한 균형 있는 관광상품의 공급을 해야 할 필요가 있다는 가설을 세워보자.

〈표 6-1〉 X지역 관광객 유치실적

연도 \ 월별	1	2	3	4	5	6	7	8	9	10	11	12
Y-4	225	211	253	289	332	356	389	412	345	327	276	238
Y-3	242	236	275	305	348	375	394	423	351	331	284	246
Y-2	257	248	288	317	352	384	413	434	369	344	297	254
Y-1	274	256	293	324	367	399	422	466	378	355	313	263

지난 4년간 X 관광지에서는 특별한 주기적인 변동이나 변화가 없었으며, 다가올 2년 동안에도 시계열의 구성요소가 상호 타격을 줄 만한 요인이 별다르게 작용하지 않을 것이라는 전제하에 수요를 예측해 보자. 따라서 X 관광단지는 계절성(성수기 또는 비수기)의 영향을 강하게 받는 관광지가 아닌, 기후나 자연조건이 좋아서 대체로 관광량의 변동이 크게 없는 곳이라고 하자.

특히 겨울철에는 동계휴가기간 동안 각종 회의 및 대회를 유치시키기 위한 마케팅전략과 판촉활동에 힘입어 성공적인 효과를 거두고 있는 사계절 관광목적지로서 관광량 증감의 폭이 심하지 않다고 가정하면서 단기 관광수요 예측을 해보기로 하자.

먼저 <표 6-1>에 나타난 관광객 통계를 근거로 계절적 변동과 구성수치의 격차를 해소하기 위해 이동평균의 산출이 필요한 것이다.

P의 단위에 대한 결정에 있어서 절대적인 최상의 방법은 없으므로 여기서 편의상 12개월을 한 단위로 설정하는 것이 바람직하다고 하겠다. 그 첫 단계로써 <표 6-2>에서와 같이 12개월의 이동평균과 중앙이동평균을 각각 계산해낼 수 있다.

〈표 6-2〉 X지역 관광객 유치현황 및 중앙이동평균 (단위 : 천명)

연도 \ 월별	1		2		3		4		5		6	
Y-4 실적	225		211		253		289		332		356	
이동평균												304.4
중앙평균												
Y-3 실적	242		236		275		305		348		375	
이동평균		314.4		315.3		315.8		316.2		316.8		317.5
중앙평균	314.2		314.9		315.6		316.3		316.5		317.2	
Y-2 실적	257		248		288		317		352		384	
이동평균		324.5		325.4		326.9		328.0		329.1		329.8
중앙평균	323.7		32.50		326.2		327.5		328.6		329.5	
Y-1 실적	274		256		293		324		367		399	
이동평균		336.1		338.8		339.5		340.4		341.8		342.5
중앙평균	335.7		337.5		339.2		340.0		341.1		342.2	

연도 \ 월별	7		8		9		10		11		12	
Y-4 실적	389		421		345		327		276		238	
이동평균		305.8		307.9		309.8		311.1		312.4		314.0
중앙평균	305.1		306.9		308.9		310.5		311.8		313.2	
Y-3 실적	394		423		351		331		284		246	
이동평균		318.8		319.8		320.8		321.8		322.2		322.9
중앙평균	318.2		319.3		320.3		321.3		322.0		322.6	
Y-2 실적	413		434		369		344		297		254	
이동평균		331.2		331.8		332.8		332.8		334.1		335.3
중앙평균	330.5		331.5		332.1		332.6		333.5		334.7	
Y-1 실적	422		466		378		355		313		263	
이동평균												
중앙평균												

<표 6-2>에 나타나 있듯이 첫 12개월의 이동산술평균은 304.4로써 Y-4의 1월부터 12월의 중앙점은 6월과 7월의 중간이 되는 것이다. 따라서 월별에 의한 평균을 산출 · 조정하기 위해 중앙이동 산술평균을 계산하면 첫 시점이 7월로서 (304.3 + 305.8) ÷ 2 = 305.1이 되며, 그 다음 8월은 (305.8 + 307.9) ÷ 2 = 306.9가 되는데, 계속 이런 방식으로 순서에 의해서 계산되어질 수 있다. 여기서 중앙이동평균은 [그림 6-1] (나)에서 설명되어진 T+C 또는 TC로써 계열이 덧셈 또는 곱셈법칙에 의해 결정된다. 곱셈법칙을 적용한다면

$$Y = TCSR \tag{6}$$

로써 그 다음 단계인 <표 6-3>에 나타나 있는 계절별 지표(seasonal index)를 산출해내기 위해

$$\frac{Y}{TC} = SR \tag{7}$$

이라는 식이 성립되며 (7)식에 100을 곱해줌으로써

$$\frac{Y}{TC} \times 100 = SR(\%) \tag{8}$$

의 공식에 의해서 계절별 지표를 계산해 낼 수 있다.

〈표 6-3〉 계절별 지표 (단위 : %)

연도 \ 월별	1	2	3	4	5	6	7	8	9	10	11	12
Y-4							127.4	134.2	111.6	105.3	88.5	75.9
Y-3	77.0	74.9	87.1	96.4	109.9	118.2	123.8	132.4	109.5	103.0	88.1	76.2
Y-2	79.3	76.3	88.2	96.7	107.1	116.5	124.9	130.9	111.1	103.4	89.0	75.8
Y-1	81.6	75.3	86.3	95.2	107.5	116.5						
평 균	79.3	75.6	87.2	96.1	108.1	117.0	125.3	132.5	110.7	103.9	88.5	75.9
조정평균	79.3	75.6	87.2	96.1	108.1	117.0	125.3	132.5	110.7	103.9	88.5	75.9

<표 6-3>에 나타나 있는 계절별 지표의 평균은 3년간의 지표의 합에다 3을 나눈 것으

로 합계가 1,200이 되어야 되는데, 1,200.1이므로 그 오차를 줄이기 위해서 평균× $\frac{1,200}{1,200.1}$를 함으로써 조정된 평균을 낼 수 있다. 이렇게 조정된 평균값은 월별 도착예정 관광객 측정에 있어서 매우 민감한 반응을 나타내 주는 결과를 가져오게 되므로 계산상 분리되어져야 한다. 계절별 지표의 계산이 작성된 후에는 <표 6-1>의 관광객 유치실적을 근거로 계절별 조정관광객 측정이 가능하게 되며, 이것은

$$\frac{Y}{S\%} \times 100 = TCR \tag{9}$$

로 성립됨으로써 <표 6-4>와 같이 계산되어질 수 있다.

〈표 6-4〉 계절별 조정관광객 유치실적 (단위 : 천명)

연도 \ 월별	1	2	3	4	5	6	7	8	9	10	11	12
Y-4	284	279	290	301	307	304	310	311	312	315	312	314
Y-3	305	312	315	317	322	321	314	319	317	319	321	324
Y-2	324	328	330	330	326	328	330	328	333	331	336	335
Y-1	346	339	336	337	339	341	337	352	341	342	354	346

이와 같은 추세에 Y가 일단 분리되고 나면 주기적 요소와 불규칙적인 요인인 잔차가

$$\frac{TCR}{T} \times 100 = CR\% \tag{10}$$

의 식으로 계절별 요인과 같은 방법으로 계산되어질 수 있으며, 표 6-7과 같이 주기적 변화와 잔차의 지표를 산출해 낼 수 있다. 여기서 R은 이동평균과 지표를 원활하게 함으로써 제거되어질 수 있다. 미래에 대한 추세를 측정하는 데에는 여러 가지 방법이 있으나 최소자승법(least squares)을 사용하는 것이 정확성을 기하는 데 도움이 될 것이다. 따라서

$$Y = \beta_0 + \beta_1 t \tag{11}$$

라는 공식이 성립되며, 여기서 β_0와 β_1은 지속적인 수치와 예측선에 대한 기울기를 산출해내는 모수가 되는 것이다. 따라서 이들의 값은 다음의 두 식에 의해서 산출되어질 수 있다.

$$\sum Y = N\beta_0 + \beta_1 \sum t \tag{12}$$

$$\sum tY = \beta_0 \sum t + \beta_1 \sum t^2 \tag{13}$$

$\sum^{Y}$는 Y관찰치의 합이며 $\sum^{t}$는 t수치의 모든 합이고, N은 관찰된 전체의 수이다. 위의 식 (12), (13)을 계수화하기 위해서 정리해본다면

$$\beta_0 = \frac{(\sum Y)(\sum t^2) - (\sum t)(\sum tY)}{N\sum t^2 - (\sum t)^2} \tag{14-1}$$

또는

$$\beta_0 = \frac{\sum Y}{N} - \beta_1 \frac{\sum t}{N} \tag{14-2}$$

으로, 그리고

$$\beta_1 = \frac{N\sum tY - (\sum t)(\sum Y)}{N\sum t^2 - (\sum t)^2} \tag{15}$$

로 성립시킬 수 있으며, <표 6-5>와 같이 계산될 수 있다.

〈표 6-5〉 최소 자승법에 의한 계산

연도 \ 구분	t	Y	t^2	tY
Y-4	6.5	304.4	42.25	1,978.6
Y-3	18.5	317.5	342.25	5,873.75
Y-2	30.5	329.8	930.25	10,058.9
Y-1	42.5	342.5	1,806.25	14.556.25
Σ	$\sum_{t} = 98.0$	$\sum_{Y} = 1,294.2$	$\sum_{t2} = 3,121.0$	$\sum_{tY} = 32,467.5$

<표 6-5>에 나타난 추세측정선을 계산해내기 위한 최소자승법 계산은 비록 모든 관찰값이 추세선상에 놓여 있지 않더라도 지난 4년간의 월별 평균을 중심으로 한 것이기 때문에 이러한 평균은 전체를 가늠하는 대표값으로 고려될 수 있다.

따라서 계절적 변화는 동년에 상쇄(相殺)되기 때문에 월별 평균값은 추세를 대표하는 결정값이 될 수 있다. t의 값은 순서에 의한 해당 월의 수치이며, 예컨대 Y-4년의 첫 12개월 이동평균값은 6월과 7월 사이에 위치하므로 t는 6.5가 된다.

<표 6-5>에 의한 계산결과를 식 (15)에다 적용시키면 β_1의 값은 다음과 같이 얻어질 수 있다.

$$\beta_1 = \frac{129{,}870 - 126{,}831.6}{12{,}484 - 9.604} = 1.06 \tag{16}$$

그 다음 β_0의 값을 구하기 위해서 식 (14-2)를 적용한다면

$$\beta_0 = \frac{1{,}294.2}{4} - (1.06 \times \frac{98}{4}) = 297.58 \tag{17}$$

로서 결국 추세측정선은

$$\text{Y} = 297.58 + 1.06\text{t} \tag{18}$$

이 되며, 이것은 매월 1.06천명의 관광객이 계속 증가하는 추세를 나타내주고 있음을 뜻한다.

위의 식 (18)을 적용한 지난 4년 동안의 관광객유치 추세는 <표 6-6>과 같이 나타낼 수 있다.

〈표 6-6〉 X 지역 관광객 유치추세

연도 \ 월별	1	2	3	4	5	6	7	8	9	10	11	12
Y-4	299	300	301	301	303	304	305	306	307	308	309	310
Y-3	311	312	313	315	316	317	318	319	320	321	322	323
Y-2	324	325	326	327	328	329.	330	332	333	334	335	336
Y-1	337	338	339	340	341	342	343	344	345	346	347	348

여기서 <표 6-4> 계절별 조정관광객 유치실적을 <표 6-6> 추세로 나눈다면 <표 6-7>과 같은 주기적 변화와 잔차(CR)요소에 대한 지표를 산출해 낼 수 있다.

〈표 6-7〉 주기적 변화와 잔차지표 (단위 : %)

연도 \ 월별	1	2	3	4	5	6	7	8	9	10	11	12
Y-4	95.0	93.0	96.3	99.7	101.3	100.0	101.6	101.6	101.6	102.3	101.0	101.3
Y-3	98.1	100.0	100.6	100.6	101.9	101.3	98.7	100.0	99.1	99.4	99.7	100.3
Y-2	100.0	100.9	101.2	100.9	99.4	99.7	100.0	98.8	100.0	99.1	100.3	99.7
Y-1	102.7	100.3	99.1	99.1	99.4	99.7	98.3	102.3	98.8	98.8	102.0	99.4

<표 6-7>에 나타난 주기적 변화는 앞에서도 언급한 바와 같이 무시해도 상관없는 것으로 계절적 요인이 전체추세에 별다른 영향을 미치지 않고 있으므로 잔차요소가 수요에 크게 작용하지 않는 것으로 간주할 수 있다. 이제 우리는 구하고자 하는 향후 2년간(24개월)의 관광추세와 수요에 대한 예측을 할 수 있다. 즉 주기적인 변화가 없는 것을 전제로 하며, 다만 식 (18)을 이용하여 월별 관광객 추세를 결정해 낼 수 있다. 따라서 식 (18)에다 계절별 지표를 곱해줌으로써 아래 식 (19)와 같이 향후 2년간의 관광객 수요예측을 할 수 있다.

$$Y = (\beta_0 + \beta_1 t) \times \frac{S\%}{100} \tag{19}$$

이렇게 해서 내년 1월의 관광객추세(Yt_1) 측정은

$$Yt_1 = 297.58 + (1.06 \times 49) = 350$$

이 되며 내년 1월의 관광객수요(Yf_1) 예측은

$$Yf_1 = \{297.58 + (1.067 \times 49)\} \times \frac{79.3}{100} = 277$$

로서 <표 6-8>에서와 같이 산출되어질 수 있다.

지금까지 설명한 예측기법이 분해법(decomposition method)이다. 이 기법은 월별수요

예측에 매우 적절한 기법이며 월별 호텔 객실 수요예측에도 적용될 수 있다.

〈표 6-8〉 향후 2년간의 X 지역 관광객추세와 수요예측

(가) Y : 1~12 (첫째 해) (단위 : 천명)

구분 \ 월별	1	2	3	4	5	6	7	8	9	10	11	12	비고
추세(Yt)	350	351	352	353	354	355	356	357	358	359	360	361	추세 예측
계절별지표 (SI)	0.793	0.756	0.872	0.961	1.081	1.170	1.253	1.325	1.107	1.039	0.885	0.759	$\frac{S\%}{100}$
예측(Yf)	277	265	307	339	382	415	446	473	396	373	319	274	수요 예측

(나) Y+1 : 13~24 (둘째 해)

구분 \ 월별	1	2	3	4	5	6	7	8	9	10	11	12	비고
추세(Yt)	362	363	364	365	366	368	369	370	371	372	373	374	추세 예측
계절별지표 (SI)	0.793	0.756	0.872	0.961	1.081	1.170	1.253	1.325	1.107	1.039	0.885	0.759	$\frac{S\%}{100}$
예측(Yf)	287	275	318	351	396	430	462	490	410	386	330	284	수요 예측

제3절 객실수요 예측과 공급계획

<표 6-8>에 나타난 관광객 수요예측을 근거로 향후 2년간 X관광단지 내의 필요한 객실수를 산출해냄으로써 수요와 공급 간의 바람직한 균형을 이룩하고 아울러 효과적인 개발계획을 수립할 필요가 있다는 가설을 세워보자. 여기서 주지되어야 할 점은 객실은 재고(在庫)로 남을 수 없는 상품으로서 성수기의 수요가 공급량을 결정하는 데 중요한

기준이 되고 있다는 사실이다. 따라서 필요한 객실 수를 예측하기 위한 첫 단계는 다가올 첫해(Y)에 성수기가 될 8월의 관광객을 기준으로 해서 1일 평균 도착 관광객 수를

$$\frac{473,000}{31} = 15,258(\text{명})$$

으로 계산한 다음, 성수기 동안 관광객의 평균 체재일을 6박 7일이라고 가정한다면 전체 관광객에게 필요한 1일 침대 수(tourist bed-nights)는

$$15,258 \times 6 = 91,548$$

인 것으로 계산해 낼 수 있다. 그러나 이들 관광객 중 40%는 친지 가정이나 다른 숙박시설을 이용한다고 가정하면 첫 해 성수기인 8월 중 1일 평균 필요침대 수는

$$91,548 \times 0.6 = 54,929$$

가 되는 것이다. 그렇지만 위의 필요한 침대 수의 계산결과는 침대점유율 100%로 보았을 때 수요에 필요한 침대공급량인 것이다. 여기서 객실점유율은 경영상 융통성에 대한 필요를 감안해서 효과적인 점유율이라고 할 수 있는 85%를 본다면 실제로 X관광단지 성수기 중 1일에 필요한 침대 수는

$$\frac{54,929}{0.85} = 64,622$$

로 산출해 낼 수 있다. 따라서 평균객실점유율(또는 객실밀도)을 1.5라고 가정한다면 필요한 객실 수는

$$\frac{64,622}{1.5} = 43,081$$

로써 그 중 50%인 21,541(64,622 - 43,081 = 21,541)실은 두 사람이 투숙할 수 있는 2인용 객실(double room)이 될 것이며, 나머지 50%인 21,540(43,081 - 21,541 = 21,540)실은 1인용 객실(single room)이거나 2인용 객실인데도 한 사람이 투숙할 수 있을 것이라는 예측

의 결과를 가져오게 된다. 그 다음으로 둘째 해(Y+1)의 성수기인 8월의 관광객을 대상으로 앞의 첫 해와 같은 조건으로 가정한다면 1일 평균 도착 관광객 수는

$$\frac{490,000}{31} = 15,806(\text{명})$$

이 될 것이며, 성수기 중 전체 관광객에게 필요한 1일 침대 수는

$$15,806 \times 6 = 94,836$$

이 된다고 볼 수 있다. 이 중 60%만 호텔 숙박시설을 이용한다고 가정하면 필요한 침대 수는

$$94,836 \times 0.6 = 56,902$$

가 될 것이며, 여기서 객실점유율을 85%로 보았을 때 실제로 둘째 해의 성수기 중 1일 평균 필요한 객실 수는

$$\frac{56,902}{0.85} = 66,944$$

가 되는 것이다.

따라서 평균객실점유율(또는 객실밀도)을 1.5라고 가정하면 필요한 객실 수는

$$\frac{66,944}{1.5} = 44,629$$

로서 그 중 50%인 22,315(66,944 - 44,629 = 22,315)실은 2인용 객실(doubles)이 될 것이며, 나머지 50%인 22,314(44,629 - 22,315 = 22,314)실은 한 사람이 투숙할 수 있는 객실(1인용 또는 2인용인데도 한 사람이 투숙이 가능한 것)이 될 것이다.

이렇게 해서 향후 2년간의 객실수요와 거기에 따른 공급예측을 해본 결과 첫 해(Y)에 필요한 객실 수는 43,081로 나타났으며 둘째 해(Y+1)에는 44,629로서 전년비 3.6%의 증가가 예상되는 것으로 나타나고 있다.

따라서 수요에 대처하기 위한 호텔객실 공급계획은 이러한 수요예측을 바탕으로 수립·추진해 나가야 할 것이다.

제4절 관광수요와 관광단지 조성계획

관광단지 조성에 있어서 적정수용량 또는 관광객 밀도에 대한 결정은 입지적 조건과 시설물의 특징, 그리고 경영상의 특색 등 제요인에 따른 관광상품의 질에 따라 그 기준이 달라질 수 있다.

관광객을 유치하는 데 필요한 시설과 공간을 측정하는 데는 여러 가지 형태로 기획·분석·평가 등이 적용될 수 있으나, 그 중에서도 객실공간을 기준으로 산정하는 방법이 매우 합리적인 것으로 고려되어지고 있다. 따라서 어떤 종류의 숙박시설을 표준으로 삼아서 계획하느냐에 따라 그 결과가 달라진다.

유럽지역 호텔숙박시설의 예를 들어보자.

① 표준객실공간 구성점유율

객　　실　58%
욕　　실　16%
기타 통로　26%
1객실 구성　100%

② 전체 호텔에서의 객실단위 공간점유율

1객실 공간　65% ~ 70%
기타 통로　35% ~ 30%
객실단위 전체공간　100%

③ 호텔등급별 표준객실 단위공간과 침대공간은 다음 <표 6-9>와 같다.

〈표 6-9〉 등급별 객실 및 침대단위면적

구 분 \ 등 급	특 급	2급	4급
객실단위면적	70㎡	45㎡	26㎡
침대단위면적 (1실 2개 기준)	35㎡	22.5㎡	13㎡

한편, 관광수요에 대처하기 위해 공급되어져야 할 침대 수의 산출을 위한 기본공식은

$$Br = \frac{Ta \times Ls}{Pd \times Of} \qquad (20)$$

Br : 필요한 침대수(number of beds required)

Ta : 도착 관광객수(number of tourist arrivals)

Ls : 체재기간(length of stay ……nights)

Pd : 기간 또는 일수(period……days)

Of : 침대점유율요인(occupancy factor)

이 되며, <표 6-8>을 바탕으로 <표 6-10>과 같은 분기별 자료를 인용해서 관광수요에 대한 공급계획을 수립해 낼 수 있다.

〈표 6-10〉 Y년 관광객 도착현황 (단위 : 천명)

구 분	1/4분기	2/4분기	3/4분기	4/4분기	계(1년)
관광객 수	849	1,136	1,315	966	4,266
체재일수 : 평균 6박 7일					
침대점유율요인 : 평균 0.5(50%)					

<표 6-10>의 자료를 근거로 해당 Y년 중 1일 공급해야 할 침대 수는 식 (20)을 적용시킴으로써 다음과 같이 산출해 낼 수 있다. 즉

$$Br = \frac{4,266 \times 6}{365 \times 0.5} = 140.3$$ (1일 공급되어져야 할 침대 수)

따라서 위의 자료를 근거로 분기별 침대점유율(bed occupancy rate)을 산정하는 방법은 아래와 같다.

① 1/4분기(R_1) $140.3 = \frac{849 \times 6}{91 \times R_1} = 0.40(40\%)$

② 2/4분기(R_2) $140.3 = \frac{1,136 \times 6}{91 \times R_2} = 0.53(53\%)$

③ 3/4분기(R_3) $140.3 = \frac{1,315 \times 6}{91 \times R_3} = 0.62(62\%)$

④ 4/4분기(R_4) $140.3 = \frac{966 \times 6}{91 \times R_4} = 0.45(45\%)$

이 경우 1분기 당 침대점유율을 100%(Tmax : maximum number of tourist / quarter)로 끌어올리려면 다음 식 (21)에 의해 최대 관광수용인원을 산출해 낼 수 있다. 즉

$$140.3 = \frac{Tmax \times 6}{91 \times 1.0} = 2,127.9 \tag{21}$$

그리고 가장 성수기로 나타나고 있는 3/4분기 중 실제 고객이 사용하는 침대공급 수 (Bopt : optimum number of beds)는 식 (22)와 같이 계산해낼 수 있다.

$$Bopt = \frac{1,315 \times 6}{91 \times 1.0} = 86.7$$

(침대점유율을 100%로 가정했을 경우 공급되어져야 할 침대 수) (22)

위의 예를 근거로 X 관광단지 조성을 위해 필요한 시설과 공간은 다음과 같이 산출해 낼 수 있다.

① 침대당 필요한 호텔내부 공간(평균 2급 호텔기준) : 22㎡

② 건폐율(3층 기준) : 0.4

③ 침대당 필요한 공간 : $\frac{22㎡}{0.4} = 55㎡$

④ 기타 필요한 시설공간 : $\frac{0.2㎡}{0.4}$ 0.5㎡/bed(침대당)

⑤ 레크리에이션(recreation)공간 : 20㎡/bed

⑥ 도로 · 주차장 등 기타 시설공간 : 25%(75.5 × 0.25 = 19㎡)

⑦ 침대당 필요한 총공간 : 94.5㎡

⑧ 1 ha당 침대밀도 : $\frac{10,000}{94.5} = 106\text{beds/1ha}$

따라서 86,700명의 관광객(또는 침대공급 수)을 유치하기 위해서는 $\frac{86,700}{106} = 817.92\text{ha}$의 공간이 X 관광단지 조성을 위해 필요하다는 결론을 얻을 수가 있다. 이와 같이 1인당 평균 점유면적을 94.5㎡로 추정해 낸다는 것은 관광상품의 질을 최고 수준으로 개발함을 목적으로 단지조성을 계획했을 경우로서, 유럽지역에서도 해양관광지로서는 최적의 관광객 밀도선이 되는 것으로 풀이될 수 있다. 그러나 지역적 특성과 대상 관광수요에 따라 2배의 관광객밀도(즉 관광객 1인당 평균점유면적=47.3㎡)로 추산해낼 수 있으며, 이 경우 같은 수의 관광객(86,700명) 유치에 필요한 총면적은 408.96ha($\frac{817.92}{2} = 408.96$)가 된다. 그러나 관광상품의 질적인 측면에서 본다면 전자의 경우에 비해 다소 저하된 관광환경으로 평가될 수밖에 없다.

앞에서도 언급한 바와 같이 관광단지 개발 및 조성을 함에 있어서 필요한 면적 및 수용량 측정을 하는 것은 매우 중요한 과정의 하나로 당해 관광지의 위치와 시설물의 특징, 그리고 경영적 결정요소 등에 의해 산정 방법이 달라질 수 있다. 따라서 산악관광단지 조성을 위한 측정과 계획의 경우에는 외부 레크리에이션 공간 등이 많이 필요하지 않기 때문에 관광객 밀도가 더욱 높게 나타날 수도 있는 것이다.

결론적으로 관광산업은 다른 산업분야에 비해 정치 · 경제 · 사회 · 기술경쟁요인 등에 민감하기 때문에 수요예측의 정확성을 기하는 데 어려움이 따른다.

특히 앞의 각종 요인들은 예측될 수 없는 변수들로서 관광수요 구성에 미치는 영향은 지대한 것이다.

관광수요량을 좌우하는 기본적인 요인들로 관광상품의 가격(price)과 관광객의 가처분소득(disposable income), 그리고 관광객의 취향 및 선호도를 포함한 추세(trend) 등이 있다. 그러나 이들 요소가 최적의 상태를 유지한다 할지라도 수요환경이 용납될 수 없다면 관광수요는 또 다른 양상으로 나타나게 될 것이다.

이상에서 적용된 시계열법(time series) 이외에도 많은 예측방법들이 있다고 기술한 바와 같이, 필요한 예측기간과 대상, 그리고 활용목적에 따라 그것에 맞는 적절한 방법을 선택하여 활용하는 것이 가장 현명하다고 보겠다.

제 7 장

관광개발계획의 목적과 구분

제1절 관광개발계획의 목적과 배경

관광개발에 대한 의의 및 목적은 앞 장에서 이미 밝힌 바 있으며, 관광개발의 동기에 대해서도 언급한 바 있듯이, 이것이 자원활용의 극대화와 궁극적으로는 지역주민의 복리증진과 효과적인 지역개발에 그 목적이 있는 것이다.

따라서 관광계획의 목적은 이와 같은 관광개발의 목표를 결정하고, 관광의 공급과 수요에 대한 동적 균형을 중시하면서 개발을 통해 경제 · 사회 · 문화적 관광효과의 전반적인 극대화를 성취하는 방법을 결정하는 것이다.

위의 정의는 국제관광에 관한 마닐라선언에서 나타난 관광의 현대적 개념을 총망라한 것이며, 그 중에서도 특히 다음의 내용을 근거로 한 것이다.

"관광은 국가사회의 문화적, 사회적, 교육적, 그리고 경제적 제분야에서와 그들의 국제적인 관계에 직접적인 영향을 주기 때문에 전인류의 생활에 필수적인 활동으로 간주되어야 한다.

인류의 사회 · 문화 · 경제적 개발의 장기계획에 있어서 국가적 · 국제적 관광과 레크리에이션 활동을 고려해야만 할 것이다. 이러한 활동은 현대국가 및 국제사회의 총체적인 한 부분으로서 위치를 굳혀가고 있다.

따라서 관광계획 정책은 전국 종합계획 속에 포함된 지방, 지역 또는 국가 차원에서 입안되어야 하며, 이러한 정책은 양적 · 질적 측면에서 정기적으로 평가되어져야 한다."

– 세계관광에 대한 마닐라선언 : 관광공급의 효율적 관리 중에서

관광개발계획에 대한 중요성이 고조되고 있는 이유는 관광이 복합적 산업으로서 직 · 간접적으로 다른 산업에 미치는 경제적 영향이 클 뿐만 아니라 다른 산업에서는 민감하게 반응을 보이지 않는 사회 · 문화 · 정치 · 환경적 제측면에서의 긍정 또는 부정적 효과를 유발시키기 때문인 것이다.

이와 같은 제분야에서 만약 긍정적인 영향보다 부정적인 영향이 지역사회에서 크게 나타난다면 이것을 회복하기란 매우 힘들 뿐만 아니라 당해 지역 또는 국가가 입을 타

격은 말할 수 없이 크다고 보기 때문에 계획의 중요성이 높아지고 있다.

따라서 계획(planning)이라는 어휘 자체가 지니고 있는 뜻은 여러 측면에서 이해될 수 있으나, 일반적으로 "계획이란 지역사회의 자의적 또는 의무적인 요구에 의해 수립되어진 공식적인 일련의 과정을 말하며, 이것은 수요의 경쟁 가운데 귀중한 자원의 평가, 결정, 집행 그리고 배분에 대한 통제를 뜻한다"고 보는 견해가 지배적이다.

또, 계획과정(planning process)은 수요와 공급의 분석과 평가, 그리고 일련의 합의 또는 의무적인 당해 지역사회의 목표와 우선순위에 따라 성취시킬 수 있는 여러 가지 관련사항 중에서 선택을 결정하는 내용들을 포함한다.

계획은 부정적인 면과 긍정적인 면을 가지고 있는데, 개발이란 계획의 긍정적인 기능으로 고려되어질 수 있으며, 이것은 즉 계획목표나 목적을 달성하기 위한 적극적인 자세를 뜻한다고 볼 수 있다. 계획은 합의 또는 의무적으로 도출된 "최적의 상태"나 "가설의 최대 활용"에 대한 규명에 의해서 창조・건설되거나 유지・보존되어지는 것이다. 따라서 계획은 불확실한 미래와 관련해서 현재의 행위에 대한 질서정연한 순서적 정돈 및 배치를 중시하는 것이다.

관광개발계획에 대한 역사적 배경을 살펴본다면, 제2차 세계대전 이래 즉흥적이거나 때로는 관광계획이 모호하고, 무질서하게 대두되었다. 그럼에도 불구하고, 초기에는 지방의 기반시설 또는 사적지 개발에 국한된 연구가 관광분야의 계획을 통해 이루어졌다. 이러한 단계를 거쳐 종합관광계획이 수립되어졌으며, 잇달아 개발 또는 개발도상국에 의해서 완전한 관광개발계획이 이루어지기 시작했다.

따라서 1979년 세계관광기구(WTO)는 관광계획 및 개발에 관한 국제적 조사차원에서 제1차 세계현황조사를 실시하게 되었다. 이 조사에서 관광계획 및 개발에 관한 실태는 전세계에 1,619건으로 다음과 같이 나타났다.

① 지방관련 계획 184건
② 지역관련 계획 348건
③ 국내관련 계획 180건
④ 지역내관련 계획 266건
⑤ 부문관련 계획 42건

⑥ 관광지개발관련 계획 599건

그 중에서도 조사에 관한 보고서 내용을 다음과 같은 사항들로 요약, 결론지을 수 있다.

① 관광부문에 관한 계획의 요망이 돋보였다.
② 사업 또는 계획의 55.5%만이 실제로 집행되었는데, 이것은 계획상 개념과 실천 간의 단절 또는 괴리적 현상 때문인 것으로 나타났다.
③ 합법적인 계획이 전적으로 결여된 점이 종합기본계획에서의 실질적인 적용에 별 도움이 되지 못했다.
④ 사업 및 계획수립에 원용된 각종 방법론 간에는 격심한 차이가 있었다.
⑤ 국가적 사회·경제개발의 목적으로 종합관광계획을 시도한 경우는 거의 없었다.
⑥ 관광계획의 우선순위가 사회적 국면보다 재정적 비용 및 효과면에서 검토되어 이루어졌다.
⑦ 특히 최근에는 지역적, 전국적 그리고 국제적 차원에서와 마찬가지로 효율적인 지방계획의 수립이 보편화되어 가고 있다는 점 등이다.

Michael Hall은 관광계획의 필요성과 개발과정에서의 정부개입은 일반적으로 관광개발이 부정적 효과에 대한 반응에 근거하고 있다고 했다. 급속한 관광성장과 개발, 즉 관광특성상 개발 관련분야 간의 미흡한 협조는 공공부문 개발목적을 위한 예정된 전략보다는 관광목적지에 미치는 영향에 특별히 반응한다는 뜻이다. 그러나 이러한 접근방법은 계획과 대조를 이룰 수 있다.

비록 계획이 개발의 전 과정에서 만병통치약이 될 수는 없지만, 계획은 적어도 목적지에서 잠재적인 부정적 영향을 최소화하고 경제적 효과를 극대화 시키는데 기여하고, 장기적으로는 관광수용사회에 긍정적 반응을 도출해 내는데 목적이 있는 것이다.

Murphy는 “관광계획이란 개발과정에서 사회·경제·환경적 편익을 증대시키기 위해 시스템의 변화를 예견하고 대응하는 것이다”라고 정의하고 있다. 그러므로 계획은 관광목적지에서 장기적으로 지속가능한 개발을 보장해 줄 수 있는 매우 중요한 요인으로 고려되어야 한다.

또한 Gunn은 “표면상 나타나고 있는 관광계획은 관광이 가지고 있는 간접적, 자발적,

개인적 여행목적과 자유기업개발의 당연한 결과 등과는 모순적일 수 있다고 했다. 그는 관광계획의 가치와 접근방법에 대해 다음과 같이 정의하고 있다.

① 아무리 효과적인 계획이라 할지라도 기획전문가뿐만 아니라, 당해 계획과 관련되는 모든 자들을 포함시켜야 부정적인 영향을 피할 수 있다.
② 관광계획이 목적이나 효과에 상반되어 갈등을 야기시키지 않도록 해야 할 뿐 아니라, 보존과 재창조의 조화가 실현되도록 해야 한다.
③ 오늘날 관광계획은 사회·경제·물리적 차원 등을 포함한 다원적 계획이 수립되어야 한다.
④ 계획은 사회적 목적에도 부합하게 함으로써 다른 열망과 균형이 유지될 수 있도록 해야 하는 정치성이 고려되어야 한다.
⑤ 관광계획은 전략적이고 반드시 통합적이어야 한다.
⑥ 관광계획은 대단위 광역계획을 기초로 하되 지역차원의 계획도 수립할 필요가 있다. 왜냐하면 대체로 소규모 지역단위에서 많은 문제가 발생하기 때문이다.

Gunn의 이러한 주장은 비록 관광비용을 최소화시킬 수 있는 방법은 제공되지 않고 있지만, 관광계획의 유익성을 실현시키는데 매우 유용한 기초를 제공하고 있다는 점이 높이 평가되고 있다.

또한 Gunn 은 계획에 있어 전체적 개념보다는 토지이용 차원의 계획을 중시하고 있는 경향을 보이고 있다. 그렇지만 관광개발에 관해 과다한 규제완화나 무계획은 물리적 사회적 자원의 저하를 가져올 것이라는 것은 자명한 사실이다.

일반적인 연구에서도 관광계획은 전통적인 도시계획이나 농촌계획에서 벗어나 보다 넓게 시행되는 추세로 나타나고 있다. 이러한 현상은 개인 단위의 관광사업 계획보다 관광목적지 단위의 계획이 이루어지고 있다는 데 그 원인이 있다.

최근에는 생태관광과 지속가능한 관광이 주된 이슈로 부각되면서 환경을 고려한 계획이 정책적으로 주목을 받고 있다.

이러한 최근의 개발추세는 관광계획이 더 이상 지역이나 지방차원의 단순한 토지이용계획에 국한되지 않고 있다는 것을 의미하고 있다. 이러한 추세는 결국 관광계획이 앞으로는 단순히 지역이나 지방의 토지이용계획 차원에서 세계적(global)인 차원으로까지 연계된 정책적 고려가 포함되어야 된다는 것을 뜻한다.

따라서 관광계획은 다양한 형태로 이루어지고 있다. 개발(기반시설, 토지자원 이용, 조직, 인력자원, 진흥과 마케팅 등), 규모(국제적, 다국가적, 국가적, 지역적, 지방적, 지구(Zone)적 차원 등) 그리고 시간적 차원(개발, 시행, 평가, 계획목적의 부합 여부와 만족도 등) 등과 같이 다양한 계획이 수립되어질 수 있다.

더구나 이러한 계획은 단순히 관광에만 초점을 맞출 수 없는 것이다. 왜냐하면 관광을 위한 계획은 관광개발에 여러 가지 형태로 영향을 미칠 수 있는 경제, 사회, 환경적 제측면 등이 고려되어야 하는 하나의 혼합물(amalgam)이기 때문이다.

최근에는 관광시장의 변화에 대처하기 위해, 그리고 도시와 농촌의 경제적 구조조정에 관한 문제에 부응하기 위해 정부차원의 관광계획이 요구되고 있다. 더구나 관광시장 개척을 위한 경쟁이 심화되고 있어, 관광목적지는 각종 매력물과 시설, 기반시설 등을 향상시킴으로써 관광상품의 라이프사이클을 연장시키고 관광객을 지속적으로 유치시키기 위해 노력하고 있는 실정이다.

많은 지역에서는 최근 실질적 경제구조 조정이 진행되고 있고, 투자유치와 경제성장, 고용창출을 위해 관광개발에 주력하고 있다. 이러한 관광의 중요성 (즉 관광관련 개발이 경제발전의 수단이 된다는 의식)은 보다 더 관광의 위력을 이해하고 무한경쟁과 끊임없는 도전에 대비하기 위한 심오하고 막중한 학문적 · 실제적 연구를 요구하고 있는 것이다.

제2절 관광개발계획의 기술적 방안

관광개발계획은 긍정적인 측면과 부정적인 측면으로 나누어 볼 수 있는데, 양쪽 모두 효과적인 목표달성을 위해서는 계획이 기본적으로 필요하다고 보지만, 개발에 관한 긍정적 경우에 있어서는 보다 적극적인 계획이 요망되고 부정적일 때에는 통제가 필요한 것이다.

또, 관광개발계획의 특성으로는 경제적 · 물리적 · 사회적 요소들이 그 대상이 되고 있다는 점과, 규모면에서도 소규모 지역에서부터 대규모인 국제적 범위까지 매우 광범위하다는 것이다. 그렇기 때문에 이것은 공간적 개발과 비공간적 개발 또는 물리적 개발과 비물리적 개발의 특징을 가지고 있는 것이다.

따라서 개발의 계획과정에 대한 절차는 다음과 같다.

① 문제점, 강점, 취약점, 경쟁성 등에 대한 분석 및 규명
② 관련자료 및 정보수집
③ 목표 또는 목적 설정
④ 구체적 목표에 대한 공식화

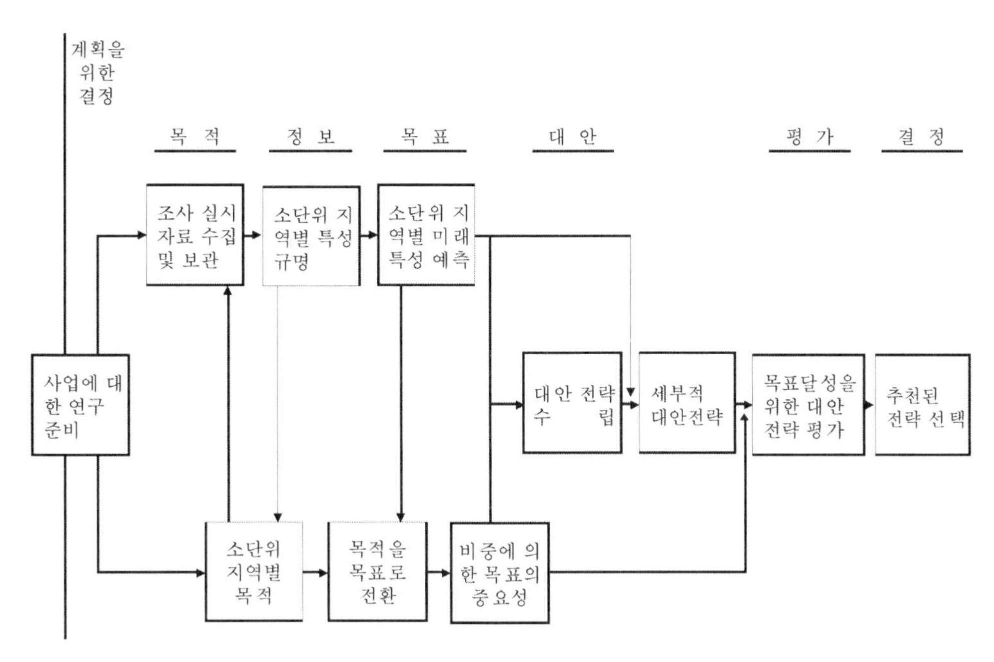

자료 : F. Lawson

[그림 7-1] 전략선택에 대한 계획단계

⑤ 대안 · 전략 수립
⑥ 기술적 평가분석
⑦ 정책집행을 위한 결정
⑧ 청취 및 반향

⑨ 대중참여

⑩ 세부계획 책임단 선정

⑪ 법적 · 제도적 장치 검토

⑫ 계획 및 관리

이와 같은 관광개발의 계획단계는 여러 과정과 절차를 거쳐서 결정되는데, 이를 요약하면 ① 계획결정, ② 목적규명, ③ 정보수집, ④ 목표설정, ⑤ 대안수립, ⑥ 대안전략에 대한 평가, ⑦ 계획된 전략선택 등의 순으로 이루어진다.

[그림 7-1]은 전략선택에 대한 계획단계와 이에 관련된 구체적 내용 등을 알기 쉽게 흐름도를 표시해 놓았다.

1. 계획수립의 기술적 방안

관광개발계획의 수립 기법은 1970년 이후부터 서구에서 많이 이용해 온 전통적인 모델이 공식화되면서 융통성이 결여된 점을 시정 · 보완한 전반적이고 폭넓으면서 다양한 모델로 시스템화되고 있다.

따라서 계획수립에 있어서 수학적 모델이 많이 도입 · 응용되고 있으며, 특히 거시경제학적 모형이나 고도로 발전된 부문계획이 많이 사용되고 있다.

개발기간도 과거에는 수년을 단위로 한 중기계획을 많이 세웠으나 최근에는 개발내용과 대상에 따라 단기 · 중기 · 장기계획을 따로 세워나가고 있다. 관광개발계획 수립에 있어 기술적인 문제는 다음 사항을 고려하여야 한다.

① 국가경제 내지 지역경제의 중요한 부분을 차지하고 있는 관광개발의 계획수립은 경제 및 사회 · 문화적인 제분야를 포함시켜야 하고, 각 부문 간의 조정을 기하여야 한다.

② 다른 경제개발계획과 마찬가지로 관광개발계획도 종합적인 접근방식이 필요하다. 즉 마케팅, 투자, 지역경제에의 기여도 등이 함께 고려되어야 한다.

③ 관광개발에 앞서 당해 지역이 자연 · 문화환경의 보호에 관한 조사연구가 필요하며, 이에 대한 조사연구 내용이 많이 참작되어야 한다.

④ 단기개발계획을 수립할 때라도 장차 합리적 개발을 위해 개발방향 및 전망에 대한 중·장기 타당성 조사가 선행되어야 한다.

⑤ 관광의 범위에 자국방문 외국인 외에도 역내관광과 내국인관광객까지 포함시켜야 한다. 왜냐하면 관광개발계획은 단순한 경제문제가 아니라 사회적 성격을 띠고 있기 때문이다.

⑥ 연간 또는 월간 근로시간의 감축현상과 마찬가지로 주간, 일일 근무시간의 축소경향을 감안해서 개발계획도, 특히 대도시와 공업중심지에서, 도시주변 레크리에이션 지구 및 레저시설을 포함해서 확대시켜 나가야 한다.

이와 같은 계획방법으로 국가적·지역적·국제적 수집에서 적합한 거시적 경제체제의 출현이 가능하게 되고, 개발계획의 다양화로 예측방식의 합리화가 이루어질 수 있다. 따라서 전체 거시경제체제 내에서 볼 수 있는 사회·경제적 생활 및 수많은 상관현상을 보다 합리적이고 신축성 있게 예측·계획할 수 있을 것이다.

2. 관광개발의 계획과정과 구성체계

(1) 주제공원 개발의 사례

최근 관광자원 개발에 있어서 문제점으로 대두되고 있는 요소로는 첫째, 환경 및 생태적 파괴가 관광개발에 기인하고 있다는 강한 주장과 둘째, 관광매력물 창조에 있어서 기존 자연·문화·역사적 자원의 활용에 대한 한계점 인식 등으로 압축될 수 있다. 따라서 현대 기계문명, 특히 첨단기술의 발달로 이것을 이용한 인공적 관광매력물 창조에 관광개발의 방향이 무르익어 가고 있다. 이와 같은 맥락에서 최근에 인기를 모으고 있는 주제공원(theme park) 개발을 중심으로 이에 대한 계획과정과 구성체계 등을 검토함으로써, 관광개발계획의 수행과정과 기본 고려사항에 대한 이해를 높이려 한다.

먼저 공원의 발달사를 살펴보면 다음과 같은 특징을 알 수 있다.

① 구미지역

일반공원 (public park)	→	위락공원 (amusement park)	→	주제공원 (theme park)

② 일본 및 한국지역

일반공원 (public park)	→	유원지 (amusement park)	→	주제공원 (theme park)

위에서 보듯이 공원은 3단계의 과정을 거쳐 발달되어 가고 있는데,

첫째, 일반공원(public park)이란 국가나 지방자치단체가 소유하고 있는 부지에 기본적인 시설만을 갖추고 있는 공원, 즉 수목, 잔디, 산책로, 화장실, 벤치 등을 구비한 우리가 주변에서 흔히 볼 수 있는 공원을 말한다.

둘째, 위락공원(amusement park)이란 단조로운 일반공원 기능에 동적인 각종 유기시설과 게임장, 음식점 등을 갖추고 잔디광장, 화원 등의 휴식공간을 더한 공원을 말한다. 대표적인 위락공원으로는 미국의 서부 LA에 있는 "Magic Mountain"과 샌프란시스코의 "Great America" 등이며, 일본에서는 관동지방의 "요미우리 랜드"와 "후지큐 랜드" 그리고 관서지방의 "Expo Land"와 "Portopia Land"를 들 수 있으며, 한국에서는 "드림 랜드", "어린이 대공원" 등을 들 수가 있다.

셋째, 주제공원(theme park)이란 주제가 있는 공원이란 뜻으로, 어떠한 테마(theme)를 설정하여 그 테마를 실현시키고자 각종 시설물, 건축물, 그리고 조형물 등을 전개하고 실현시킨 곳이 바로 주제공원인 것이다.

세계적으로 유명한 주제공원으로는 "Family Entertainment"를 테마로 한 LA의 "Disney Land"를 들 수 있다. 유명한 만화영화를 수없이 만든 Walt Disney가 심혈을 기울여 1955년 7월 17일 완성한 "디즈니랜드"는 50여년의 역사와 전통을 자랑하고 있으며, 세계 각국에 너무나 잘 알려짐으로써 어린이는 물론이고 어른들까지도 동경의 대상으로 하고 있는 세계에서 가장 대표적이고, 훌륭한 주제공원이다.

디즈니랜드의 주요 시설을 보면 30ha(90,000평)의 평지에 관람시설 23개, 탑승시설 24개, 게임시설 10개, 공연시설 8개, 식당 30개소, 캐릭터 상품점 55개소로 구성되어 있고, 주차장 넓이는 12만평에 달하고 있다. "디즈니랜드"는 일찍이 Walt Diseny가 말한 "나는

모든 고객이 이 곳에 있는 동안 현실세계를 탈피하여 같이 놀라고, 즐기고, 모험하면서 지내기를 바란다"는 뜻을 실현시킨 미국적인 전통과 멋을 살린 훌륭한 주제공원이라고 할 수 있다.

이러한 꿈을 실현시켜 주는 "디즈니랜드"는 연간 1,000만명의 고객이 항상 이용하고 있다는 것은 30여년간 축적한 Know-how를 최대한 활용하고 있는 데서 알 수 있으며, 주제인 "Family Entertainment"를 실현시킨 배경에는 기본정신인 SSCE, 즉 Safety(안전), Show(관람), Courtesy(예의), Efficiency(효율)의 철저한 이행이 뒤따르고 있는 것이다.

이와 같은 공원을 개발하는 계획과정을 살펴보면 다음과 같다.

우선, 주제공원을 계획하기 위해서는 이에 앞서,

① 시설물에 대한 감가상각
② 투자에 대한 이자와 인플레이션
③ 유지관리비 등을 관리할 수 있는 수입을 고려한 경제성

등의 검토가 선행되어야 한다.

예상되는 입장객 수는 주변지역의 인구, 수입수준, 시설의 종류, 연중 운영일수, 경쟁시설의 성격 등에 영향을 받으므로 이에 대한 면밀한 조사와 검토가 있어야 한다.

계획된 공원시설이 완성된 후 운영의 성숙단계에 이르게 되면(개원 후 6~12개월) 지속적이고 효과적인 홍보와 아울러 새로운 시설의 보완과 단계별 시설확장이 검토되어야 한다.

주제공원의 7대 기본구성 요소로는,

① 탑승시설(Rides)
② 관람시설(Attractions)
③ 공연시설(Entertainment)
④ 식음시설(Food & Beverage)
⑤ 상품 및 게임시설(Merchandise & Game)
⑥ 고객편의시설(Guest Facilities)
⑦ 휴식광장(Cushion Area)

를 들 수 있는 바, 위의 일곱 가지 요소 중 한 가지라도 빠진다면 주제공원의 성격을 상실하게 된다.

최신의 탑승시설과 영상물을 이용한 관람시설, 그리고 생동감과 현장감 넘치는 즐거운 쇼 프로그램, 맛있는 식사와 음료수, 사고 싶은 충동을 주는 캐릭터상품, 그리고 게임시설, 고객이 마음대로 이용할 수 있는 편의시설, 그리고 조용히 쉴 수 있는 휴식공간 등이 구비되고, 세련된 매너로 고객을 상냥하게 대해주는 종업원의 서비스가 가미된다면 그 주제공원은 성공적인 파크라고 할 수 있다.

다음은 좀더 세분하여 공원구성체계를 살피고자 한다.

공원은 구상된 각 테마 지역별로 토지이용 및 기능상의 상관관계에 따라 형성되는 연결성이 합리적이어야 하고, 입장한 고객이 이용상 편리하도록 공원체계가 구성되어야 한다. 일반적인 공원체계는 그 형태적 특성에 따라, 척추형(spine), 환상형(loop), 방사형(satellite)과 미로형(maze), 그리고 혼합형(combination)으로 [그림 7-2]와 같이 분류된다.

위에서 언급한 제반 요소와 구성체계를 최대한 활용한 주제공원 계획의 기본 고려사항은,

- 주제(theme)

  전체 시설에 통일감을 줄 수 있도록 주제가 강렬하여야 한다. 대부분의 경우 추상적인 주된 주제(main theme)를 설정하고, 공원 내를 몇 개의 지역으로 나누어 각각 구체적인 테마를 부여하여 개발하는데, 이 경우 각 테마별 지역의 연관성 및 통일성이 중요시된다.

- 표현기법(presentation technique)

  모든 공연, Show, 그리고 각 시설물은 그 각각의 특성과 분위기를 최대한으로 살리면서 고객에게 그 내용을 전달할 수 있는 기법을 사용하여야 한다. 고정된 좌석을 이용하거나 탑승시설(Ride)을 이용하여 이동하면서 관람할 수 있는 경우를 고려해야 한다.

- 수송수단(transportation)

  외부 교통수단으로부터 공원의 주차장까지, 주차장으로부터 공원입구까지, 공원 내

의 한 지점으로부터 다른 지점까지 입장객들을 수송할 수 있는 대책이 강구되어야 한다. 위 노선은 반드시 보행자가 이동하는 노선과 분리되어야 한다.

구 분	형 태	특 징	사 례
척추형 (Spine)		· 중앙에 척추형의 광장을 축으로 각 지역을 일렬로 배치 · 입장객이 중앙에 정체되어 흐름이 혼잡해질 우려가 있음 · 강력한 통일성을 줌	디즈니랜드 메인스트리트
환상형 (Loop)		· 입구에서 환상형으로 순환되는 통로를 따라 각 지역을 연속적으로 연결 · 흐름의 강제성이 강하고 선택성이 없음 · 흐름에 따라 다양한 지역이 전개되므로 새로운 기대감 유발	동물원
방사형 (Satellite)		· 주지역에서 각각의 지역을 연결 · 각 지역에 선택성은 다양하나 지역간의 연결성이 미흡 · 주지역과 부지역의 위계가 엄격	디즈니랜드
미로형 (Maze)		· 각 지역간 연결이 불명확하도록 임의로 분산배치 · 순환체계의 불명확성으로 입장객이 위치나 방향감각을 상실할 우려 · 입장객의 흐름을 계획하거나 통제하기가 어려움	매직마운틴
혼합형 (Combination)		· 위의 네 가지 유형을 적절히 결합	일본의 공원

[그림 7-2] 공원 체계의 구성형태별 특징

- **동선계획(circulation)**

  모든 고객이 원하는 시설을 찾을 수 있도록 하기 위해서는 명확한 동선이 필요하다. 뚜렷한 Main Street(주동선) 또는 중앙광장은 고객들로 하여금 방향 및 위치감각을 도와 혼돈을 예방할 수 있다. 잘 표시된 표지판(안내지도, 방향표지판 등)은 고객이동에 크게 도움을 준다.

- **공간개념(spatial concept)**

  공원 내부에서 공간의 연속성, 녹지대 및 휴식공간의 위치는 동선에 중요한 요소가 된다. 경관의 연속, 휴식공간의 분위기 그리고 한 분위기에서 또 다른 분위기로 연결시켜 주는 부분, 또는 경관물을 사용하는 것은 전체 공간의 성격에 중요한 요소라고 할 수 있다.

공원개발의 장점은 지역개발을 촉진하고, 작업환경 개선으로 생산의욕을 고취시키며, 고용증대의 효과를 기할 수 있다는 점이다.

공원사업을 전개함에 있어 경영자가 항상 유의할 사항은 다음과 같다.

첫째, 모든 시설물(건축물, 조형물, 유기시설물 등)은 물론, 공원 전체에서 풍기는 분위기가 입장하는 관객들에게 강렬한 인상을 심어주어야 한다.

둘째, 경영자는 젊은 사람들의 감상을 익히도록 하여야 한다. 레저를 즐기는 층은 대부분 젊은 세대이기 때문이다.

셋째, 공원 개발시 투자비는 장기적으로 회수한다는 의지가 있어야 하며, 다음의 점들을 유의하여야 한다.

① 완벽한 Master Plan에 의거해서 개발되어야 함

② 투자비에 대한 회수기간이 김(10~5년)

③ 회수기간이 도래하면 토지에 대한 부동산 가치 제고효과는 지대함

넷째, 정성어린 서비스 정신의 발휘와 다음의 자세가 요구된다.

① 경제적인 인력관리(정사원과 아르바이트 사원의 적절한 활용)

② Guest를 맞이하는 Host의 입장에서 서비스 제공

다섯째, 다양성과 기동성의 발휘가 다음과 같이 요망된다.

① 이용률이 저조하거나 유행이 지난 시설은 철거하고 새로운 시설로 보강

② 개관 1년 후부터는 1~2년마다 새로운 기종을 설치(1~2개) 우리나라의 현재 여건으로 보아 경제의 급속한 성장과 국민의 자기계발 향상이 이루어지는 단계에서 필수적으로 공원사업이 활발해지는 것이 당연하다고 보겠다.

일본의 경우, 유원지 성격의 공원(amusement park)이 200여개소나 되고 있는 바, 대도시 주변은 물론이고 중소도시에서도 1~2개소의 공원이 있음으로써 이용하려는 고객 자신이 선택할 수가 있으나, 우리나라의 경우는 선택의 폭이 거의 없는 상태이기 때문에(전국 10여 개소), 향후 공원개발은 지속적으로 이루어질 것이라고 판단되고 있다. 이러한 공원을 개발하려면 투자비의 부담이 크게 따르기 때문에, 어느 개인이 개발하기보다는 재벌그룹 또는 지방자치단체가 단독으로 또는 공동개발형식을 취하는 것이 바람직하다고 보는 것이다.

제3절 관광개발계획의 구분

1970년대 이후부터는 서구에서 많이 이용해온 전통적인 관광개발계획의 모델이 공식화되고, 이에 융통성 등이 결여된 점을 개선 또는 보완한 전반적으로 다양한 모형체계로의 발전적 변화를 보이고 있다.

계획을 위한 연구방법에 있어서도 정성분석보다는 계량적 모델이 많이 응용되고 있으며, 특히 거시경제학적 접근이나 고도로 발전된 부문별 계획이 많이 활용되고 있다는 것은 이미 앞에서 밝힌 바 있다.

이와 같은 계획방법의 발전이나, 또 국가적 · 지역적 · 국제적 수집에서 적합한 거시적 경제체제의 출현으로 개발계획의 다양화가 이루어졌으며, 동시에 예측방식의 합리화를 가져왔고 이로써 전체 거시경제체제 내에서 볼 수 있는 사회경제적 생활 및 수많은 상관현상을 보다 합리적이고 신축성 있게 분석, 예측할 수 있게 되었다.

계획은 개발대상지역의 규모, 기간, 관리 면에서 다음과 같이 나누어 볼 수 있다.

1. 개발지역 규모에 따른 구분

1) 국지계획(Local Planning)

이는 극히 소규모 계획으로서 어느 지역을 찾는 관광객을 대상으로 한 숙박시설 및 레저시설을 세우거나 관광지로 개발하는 것으로 수용인원은 수만명 정도이며 단일 구역 내에 호텔용지 조성이나 리조트 랜드를 개발하는 경우를 들 수 있는데, 지도는 축척 1/1,000 또는 1/5,000 지도를 사용한다.

〈표 7-1〉 국지계획에 의한 관광개발지의 예

- 일본 삿포로(올림픽 경기를 주된 목적으로 동계리조트 랜드, 관광지개발)
- 오스트레일리아 Olga산 국립공원
- 튀니지 Carthage 사적지
- 인도네시아 Bali섬
- 멕시코 Puerto Vallarte 해안휴양지
- 이탈리아 Sila Greca

2) 지역개발계획(Regional & Inter-Regional Planning)

관광개발의 가치가 있는 지역으로서 수용가능 인원은 수만~수십만 명 정도로 사적지나 해안휴양지의 경우에는 30,000명 이상을 수용할 수 있는 숙박시설이 필요하다(5만 ㎢ 지역이라면 3만 명 정도의 수용시설이 필요함). 대체로 축척 1/10,000~1/100,000 지도가 이용된다.

〈표 7-2〉 지역개발계획에 의한 관광지의 예

- 「그리스」 Crete섬
- 「프랑스」 Languedoc-Loussillon 해안휴양지(2,000㎢)
- 「유고슬라비아」 Adria 해안휴양지
- 「베네수엘라」 Andean구역
- 「페루」 Copesco 사적지구

3) 전국규모계획(National Planning)

모든 관광개발은 전국단위로 이루어지는 개발로, 축척 1/100,000~1/2,000,000 지도가 이용된다.

〈표 7-3〉 전국규모계획에 의한 개발의 예

- 「파키스탄」(1965), 「다호메이」(현 「베닌」)(1966), 베네수엘라(1909),
- 「아일랜드」(1970), 「스웨덴」(1970), 「하이티」(1972), 「스리랑카」(1972),
- 「폴란드」(1973), 「이란」(1973), 「시리아」(1974), 「이라크」(1975) 등

국가차원의 관광개발계획에 있어서는 나라마다 전략목표나 관심분야에 따라 다르게 나타나고 있으며, 각 지역의 자원적 특색에 따라 그 내용도 상이하다.

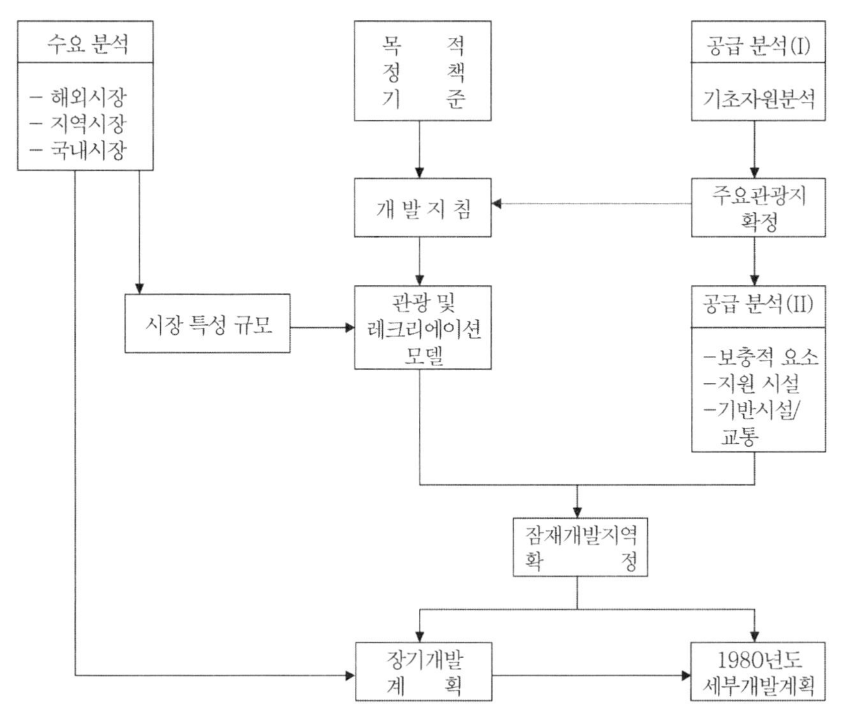

자료 : TDC-SGV(1976)

[그림 7-3] 관광개발계획의 절차(태국)

[그림 7-3]은 1976년에 보고된 태국의 관광개발계획을 위한 기본적 절차를 개괄적으로 정리한 것이다. 여기서 수요와 공급에 대한 분석은 관광개발의 목적 및 지침과 동시에 이루어지고 있으며, 이것이 잠재개발지역에 대한 확정으로 연결되고, 나아가 장기 관광개발계획 형성과 중기적 규모의 계획에 있어서 대단히 좋은 모형으로 활용가치가 인정되고 있다.

4) 국제규모계획(International Planning)

이러한 개발계획은 초국가적이고 거시적 규모의 개발로서 정치 · 경제공동체 또는 국경 인접국들이 이용하는 형태이며, 조사사업과 개발투자도 공동으로 한다. 주로 국경지역의 산악, 하천(국제하천), 해안을 그 개발대상으로 한다. 오늘날 국제규모 관광개발의 예를 많이 볼 수 있으며, 개발에 있어서 개발국 간의 적극적인 협조와 이해가 있어야 한다.

〈표 7-4〉 국제규모계획에 의한 관광개발의 예

① 지중해지역
- 「에게」해 개발(「그리스」, 「터키」)
- 지중해연안개발(모든 지중해 연안국) 및 UN 구주경제위원회(UN ECE 회원국)
- Blue Plan(모든 지중해 연안국) : 환경보호 목적

② 「발트」해 지역
- BTBA(Baltic-Tatra-Budafest-Adriatic Route) 관계국은 「폴란드」, 「체코슬로바키아」, 「헝가리」, 「유고슬라비아」로서 서쪽으로는 「발트」해에서 남쪽으로는 「아드리아」해에 이르는 지역에 이름
- 「발트」해안 개발(환경보호 및 관광개발) (핀란드」, 「스웨덴」, 「노르웨이」, 「덴마크」, 「독일」)

③ 동구권
- CMEA(동구 상호경제협력기구 가맹국) 지역개발, 관계국으로는 소련, 「폴란드」, 「체코슬로바키아」, 「헝가리」, 「불가리아」, 「루마니아」로서 이들 나라의 주말관광지 및 시설개발이 목적임.

④ 서「아프리카」 지역
- 과거 프랑스령 「아프리카」 제국들로서 지역관광개발목적, 관계국으로는 「세네갈」, 「모리타니아」, 「말리」, 「기니」, 「아이브리 코스트」, 「어퍼볼타」, 「가나」, 「토고」, 「베냉」, 「나이지리아」, 「카메룬」, 「가봉」, 「자이레」, 중앙 「아프리카공화국」 등

2. 개발기간에 따른 구분

1) 단기(Short-Term)개발계획

운용계획(operational planning)이라고도 부르는데, 정치 · 경제의 안정과 보조를 맞추어 투자계획을 세우고 추진하는 것으로서 보통 1~3년이다.

대부분의 국가들은 관광시설을 포함한 각종 시설의 투자-이용주기(investment-implementation cycle)의 길이가 거의 2년으로 되풀이된다는 점을 고려하여 보통 2년 계획을 채택하는 경우가 많다.

2) 중기(Medium-Term)개발계획

전술계획(tactical planning)이라고도 부르며, 투자계획은 지역 및 전국단위로 세우고, 개발기간은 일반적으로 3~6년이나, 5년간을 기준으로 하는 UN국제연도(International Calender) 기준에 맞추어 개발계획을 수립해나가고 있다.

즉 UN연도는 1971~1975(5년간), 1976~1980(5년간), 1981~1985(5년간)로 정하고 있다. 이와 같은 계획형태는 관광개발에도 많이 적용하고 있다.

3) 장기(Long-Term)개발계획

전략계획 또는 미래지향적 계획(strategic or forward planning)이라고 부르기도 한다. 개발기간은 일반적으로 10~25년의 기간으로 잡고 있다.

계속적으로 수립하는 중기계획의 가이드라인(방향설정) 구실을 하며, 정부의 장기적 경제 · 사회정책의 진로와 방향을 잘 대변해 주기도 한다.

3. 관리면에서 본 구분

1) 부문별계획(Sectoral Planning)

국가경제의 각 부문, 예컨대 주택, 공업, 농업, 수송, 관광 등의 소부분으로 나누어 각기 개발계획을 세우는 것이다.

수송, 농업, 문화부문 간에 서로 밀접한 관계 내지 상호의존 관계가 있다고 하더라도 이러한 관계를 고려하지 않고 단순히 서비스부문, 건설부문 등의 형태로 나누어 계획이 고려되어지는 것이다.

2) 종합계획(Integrated Planning)

각종 요소(경제개발, 지역, 기간 등)의 다원적 내용과 상호관련성이 큰 부문을 총괄하여 개발계획을 수립한다. 지방, 지역, 전국적 계획 등 전 계획을 각기 지방 · 지역 · 전국 수준의 차원으로 계획 · 실행단계에서 원활한 조정을 할 수 있다는 장점이 있다. 전체 계획집행 과정과 부문 간의 상호균형을 유지해 가면서 효과적인 조정을 하는 기술, 방법 등이 문제시된다.

일본의 경우 관광 장기종합계획을 볼 것 같으면 1962년 경제기획청이 전국종합개발계획을 작성하여 1965년부터 1985년까지 20년간 일본열도의 효과적 개발을 위한 청사진을 제시하였다. 여기에는 관광개발도 장기 국토 개발계획 속에 포함시켜 추진해 나가는 것으로 되어 있다. 이 장기계획의 수립 취지는 “일본열도의 과소, 과밀현상을 근본적으로 해결하고 국토이용의 경직성 타파(편중개발 지양, 균형개발 유도), 새로운 사회에 적극 참여, 새로운 환경의 조성을 위해 개발가능성을 전지역으로 확대시키고 국토개발에 있어서도 레저 이용기술의 개발 및 고속교통수단 발달에 의한 일상생활의 변화, 풍부한 물질사회에서의 자주적 인격형성 요구, 여가시간의 증대, 안전하고 쾌적한 문화환경 보전, 사회적 연대감 형성을 위한다”고 강조하고 있다.

또, 기획청은 일본이 앞으로도 산업구조의 고도화, 기술진보에 따라 GNP는 계획 첫해인 1965년에 비해 1985년에는 3.5~4배에 이르고 그간 근로시간도 크게 단축되어 국민생활 시간구조는 크게 변모할 것으로 전망된다.

국민 총생활시간(4세 이상 국민의 총생활 시간량)은 1965년 8,362억인 / 시에서 1985년에는 9,957억인 / 시로 늘어나 시간구성비는 생활필수시간, 구속시간(노동시간, 가사 등), 자유시간이 1965년의 43 : 30 : 27에서 1985년에는 42 : 25 : 33으로 변모되어 “자유시간”의 경우는 1.4배 증가한 섯으로 예측하고 있다. 그리고 가계지출경비에 있어서 레크리에이션을 포함한 레저부문의 지출점유율은 1969년 27.9%에서 1985년에는 38.3% 증가한 것으로 예측하고 있다(이 기간 동안 엥겔지수는 39.4%에서 27.0%로 떨어졌음).

관광부문에 있어서 관광개발은 레크리에이션 위주의 관광이 크게 성행할 것으로 보아 각종 레크리에이션 수요충족을 위해 전국관광지역(실제 레크리에이션을 즐길 수 있는 실제면적)은 500만 ha에 이르고 순수한 레크리에이션을 즐길 수 있는 면적은 5만 ha로 예상하여 여기에 기반시설, 야영장, 숙박시설 등을 건설하고 해안 레크리에이션을 즐길 수 있는 해안선 1,000㎢를 개발하여 해중공원, 요트항만(yacht harbor), 해수욕장을 개발한다고 한다.

그리고 도시에 있어서의 레크리에이션 수요충족을 위해서 그 도시권역의 특성에 맞게 관광을 개발(휴가촌, 자연공원, 식물원, 산책코스 등)하고 도심지에는 공지(open space), 어린이공원을 확보하여 시민 1인당 이용면적을 3㎡ 이상 유지하도록 하며, 자연 및 역사적 환경보존을 위해서 산업발달에 따른 자연경관 및 자원의 파괴를 하지 않도록 각별한 배려를 하고 각종 관광시설 및 관광자원이 집중된 지역을 광역보존지구로 설정하여 자연과의 조화를 도모하고, 하천 · 해변 · 수로 등의 수질과 경관을 보존하기 위하여 하수도정비, 하천정비, 해안녹지조성을 기한다.

그리고 일본 전지역을 크게 8개 권역으로 나누어 그 지역의 특성에 맞는 관광개발에 주력하기도 한다. 즉 도시권에는 도시민을 위한 레크리에이션 장소(도시공원, 주변 지역 내의 관광도시 개발, 공해방지시설 등)를 건설하고 1985년까지 도시권 주민 1인당 6㎡ 이상 정도의 공원면적을 확보하여 근교녹지는 도심지로부터 30㎞ 정도 떨어진 지역에 두어 개발하되, 가급적 대규모녹지(5만~7만 ha 정도)로 조성한다. 또, 공원지역은 자연환경보존에 힘쓰는 것과 동시에 도심지에서 외곽으로 뻗어나가는 도시확장을 고려하여 방사선 상에 해당하는 곳에는 방향별로 공원, 스포츠시설, 녹지 등을 조성하는 방안도 포함되고 있다.

홋카이도(北海道)는 산림지역이므로 자연공원 12개소 신설, 국민휴가촌 개발, 미지정 공원을 지정하여 개발하도록 하며, 내국인 관광객을 위한 관광보조 숙박시설의 확충, 그리고 교통시설 정비 등이 포함되고 있다.

동북지방은 고산 및 적설지역이므로 동계관광시설을 중점 개발하고, 중부지방은 훌륭한 경관(호수, 해안, 산악, 온천)과 사적 · 문화자원이 풍부하고 대도시로부터의 접근이 용이하므로 각종 레크리에이션 시설, 숙박시설, 다양한 관광루트 개발에 힘쓰며, 규슈

(九州)지역은 교통망정비, 숙박시설 완비와 더불어 남북 종단코스, 동서 횡단코스(북부 공업지구의 관광루트, 남규슈(南九州) 아열대기후대의 관광지) 개발에 역점을 두고 있다.

Richard W. Butler는 통합이란 관광의 측면에서 본다면 여러 가지 의미를 내포하고 있는 용어라고 할 수 있다. 요즈음 "통합 관광계획"이라 불리는 것이 보편화되어 있지만, 관광현상이 대중행동화된 후에야 관광의 공급측면에서 통합형식이 제대로 확립되어 왔다고 했다.

오늘날 관광목적지 개발형태는 양식화된 통합개발형태에서부터 기품 있는 개발형태, 열광적인 개발형태, 공식화된 환대제공형 개발형태에 이르기까지 다양하고 광범위하다. 지난 20년 동안, 특히 개발도상국에서 많은 관광지개발은 통합휴양지로 특징지어지고 있다.

비록 통합(integration)이란 용어가 지속가능한 개발처럼 널리 사용되고 있다 하더라도 이것은 적절하게 정의되고 있다고 볼 수 없다. 사전적 정의는 이를 동사로 보았을 때 "전체로 통합하다, 구성하다, 통합되다와 기존 지역사회와 통합한다"로 되어 있다. 그러므로 관광의 견지에서 우리는 통합계획 및 개발을 어떤 지역에 관광을 도입할 때 기존 요소들과 융합하는 과정을 의미한다고 할 수 있다.

이러한 도입과 통합이 적절하고 조화롭게만 이루어진다면, 결과는 생태계와 인간측면에서 기꺼이 받아들일 수 있고 기능적으로도 성공한 지역사회가 될 것이라는 이해가 가능하다.

관광개발에 관여하고 있는 사람들에게 적절하고 호소력이 있는 관광측면에서 통합의 개념정립은 적어도 세 가지 원칙, 즉 수용성(acceptability), 효율성(efficiency), 조화(harmony)에 있다는 것을 알아둘 필요가 있다: 그리고 개발과 관련된 모든 과정에서와 마찬가지로, 성공적 목표달성은 요인의 다양성에 달려 있다. 통합과 이를 위한 계획차원에서 고려하지 않으면 안 될 정책이슈는 매우 많다. 관광개발의 통합은, 관광이 특정 목적지에서 한 단위 또는 그 이상의 기존 활동과 진행과정이 필연적으로 연관되어져 있음을 뜻한다. 중요한 점은 이러한 활동과 진행과정의 단위에서 내부관계와 그리고 잠재적 상호 간의 관계와 관광과의 관계이다.

따라서 지역사회에서는 개발결정에 관한 견해와 이것이 시행되기 전 어떤 형태와 규모의 개발이 지역사회에 수용될 수 있을지 결정할 수 있는 정책이나 관례가 필요하다.

만약 이러한 과정이 잘 적용되고 운영된다면, 개발의 적절한 형태의 통합은 더욱 쉽게 이루어질 것이다.

Simpson과 Wall이 지적했듯이, 관광은 여러 형태로 나타날 뿐 아니라 결과 또한 매우 다양하다. 특정 형태의 관광개발 통합을 위한 적절한 절차는 다른 형태의 성공적 통합을 위해서도 꼭 같이 적용될 수 없을 것이다. 더구나 어떤 관광목적지든 간에 생애주기에 있어서 한 가지 형태의 관광이나 또는 특정 형태의 관광개발만이 체험된다고는 볼 수 없다. 따라서 성공적인 특정 형태의 관광통합이 모든 개발에 같은 방식으로 수용되어지고 통합되어질 것이라는 보장은 없을 뿐 아니라, 새로운 형태의 관광이 성공적으로 지역사회에 융화될 수 있으리라는 보장도 없다.

일반적으로 통합관광개발 계획에서 문제가 되고 있는 요인은 아래와 같다.

① 공평성의 결핍(Lack of equality)
② 욕구의 결핍(Lack of desire)
③ 인식의 결핍(Lack of appreciation)
④ 메커니즘의 결핍(Lack of mechanisms)
⑤ 자료와 지식의 결핍(Lack of data and knowledge)

통합의 개념은 관광문헌에서 하나의 통속적 개념으로, 채택에 대한 요구도 지속 가능한 개발의 개념을 지원하고 통속화함으로써 매우 증가되어 왔다. 성공적인 지속가능한 개발이란 개발과정이 미래 선택을 제거하지도 않고, 특히 토착민들의 계속된 운영을 방해하지도 않으면서 반드시 통합적 접근의 적용을 요하고 있는 것으로 정의되고 있다. 미래 관광경영계획을 논의함에 있어 Maitland는 "관광과 다른 산업들, 그리고 관광객과 관광산업과 관련 없는 목적지 주민들 간의 상호작용이 증가하고 있다. 결과적으로 관광개발에는 장소와 비 관광사업들의 개발을 포함한 폭넓은 전략을 통합하는 관광계획이 우리에게 필요한 것이다"라고 밝히고 있다.

관광이 세계화 과정과 관련기관에 더욱 확고한 관계를 가지게 됨으로써, 관광은 레저와 직접적으로 관련되지 않은 다른 많은 활동과 과정에 점점 더 관여할 것이기 때문에 관광개발은 이러한 다른 과정들과 통합되어야 성공할 수 있을 것이다. 통합의 결핍으로 세계적 차원에서 관광기업의 실패는 불행한 일인데 반해, 지방 활동과 과정이 적절히 통합되지 않은 지방차원에서의 관광개발은 비참해질 수 있다.

지속가능의 달성이 대부분 상황에서 현실성이라기보다 하나의 목표가 되는 것과 마찬가지로, 관광개발의 완전한 통합은 많은 지역사회에서 이루어지기 힘든 상황이다. 그러나 지방 생태와 경제 및 사회적 체계와의 공생은 못하더라도, 양립을 위해 어떤 노력도 이루어지지 않은 개발보다, 지역사회의 관여를 포함한 통합에서의 진지한 시도는 더욱 추진되어져야 할 것이다. 지속가능성이 하나의 이슈가 되지 않는 곳에서라도, 지역사회에 한 부분으로서의 개발은 지역사회를 외면한 개발보다 대체로 더 성공적이 될 수 있다.

제4절 우리나라의 관광개발계획

국제관광시장의 지속적인 성장과 동북아 관광시장의 부상, 지식 기반사회의 도래와 새로운 관광(new tourism)의 대두, 문화 및 환경의 세기 도래에 따른 삶의 질과 자연환경의 중요성 부각, 남북한 관광교류・협력의 증대 등 관광을 둘러싼 국내외 환경이 급변하고 있다.

이러한 환경변화에 적응하기 위해서는 기존 관광개발의 문제점을 극복하고 내실 있는 관광개발을 추진하여 국민의 삶의 질 향상, 지역특성화, 환경보전에 기여할 수 있는 체계적인 관광개발 전략의 제시가 필요하다.

1. 관광개발기본계획의 수립

문화체육관광부장관은 관광자원을 효율적으로 개발하고 관리하기 위하여 전국을 대상으로 하여 관광개발기본계획(이하 “기본계획”이라 한다)을 수립하여야 한다(관광진흥법 제49조 제1항). 문화체육관광부장관이 수립하는 ‘기본계획’은 관광지 및 관광단지 등 관광자원 개발을 추진함에 있어 전국적이고 장기적인 안목에서 개발계획을 수립하여 국제관광의 여건변화, 국민관광의 질적 · 양적 성숙 등에 원활히 대응할 수 있도록 하기 위한 것이다.

'기본계획'은 문화체육관광부장관이 매 10년마다 수립하는데, 이에 따른 '기본계획'으로는 1990년 7월 13일 당시 중요한 관광정책결정을 위한 유일한 의결기관이었던 '관광정책심의위원회'(2000. 1. 12. 폐지되었음)의 의결을 거쳐 확정된 제1차 관광개발기본계획(1992~2001년)과 2001년 8월에 수립된 제2차 관광개발기본계획(2002~2011년)은 이미 완료되었고, 현재는 2011년 12월 26일 수립 · 공고한 제3차 관광개발기본계획(2012~2021년)을 시행하고 있다.

1) '기본계획'에 포함되어야 할 내용

'기본계획'에는 다음과 같은 사항이 포함되어야 한다.

① 전국의 관광여건과 관광 동향(動向)에 관한 사항
② 전국의 관광수요와 공급에 관한 사항
③ 관광자원의 보호 · 개발 · 이용 · 관리 등에 관한 기본적인 사항
④ 관광권역(觀光圈域)의 설정에 관한 사항
⑤ 관광권역별 관광개발의 기본방향에 관한 사항
⑥ 그 밖에 관광개발에 관한 사항

2) 제1차 관광개발기본계획(1992~2001년)

관광자원을 효율적으로 개발 · 이용 · 관리 · 보전하고 관광객의 다양하고 새로운 관광욕구를 충족시키기 위하여 관광자원의 특성 · 교통권 · 지역실정 등을 감안하여 전국을 5대 관광권, 24개 소관광권으로 권역화하여 각각의 권역별 개발구상을 제시하였다.

또한 관광루트를 체계적으로 설정함으로써 관광활동이 보다 편리하고 쾌적하게 이루어지도록 주요 관광지 또는 관광명소를 연계하는 관광루트를 표준화하였다. 이에 따라 전국적으로는 육로 9개, 해상 3개, 항공 18개 등 모두 30개의 관광루트가 설정되었으며, 권역별로는 중부권에 4개, 충청권에 3개, 서남권에 3개, 동남권에 3개, 제주권에 2개 등 모두 15개의 권역 내 관광루트를 설정하였다.

[그림 7-4] 제1차 관광개발기본계획 권역구분도

그러나 제1차계획을 집행함에 있어서 관광권역과 집행권역인 행정권, 즉 시 · 도가 일치하지 않아 '기본계획'과 '권역계획'의 기능적인 연계 미흡 등의 문제점이 노출됨에 따라, 제2차기본계획에서는 이를 시정하여 행정권 중심의 관광권역인 16개 시 · 도 독립형 관광권역으로 단순화하고, 각 시 · 도별 특성에 맞는 개발방향을 설정 · 제시하였다.

3) 제2차 관광개발기본계획(2002~2011년)

'제2차 관광개발기본계획(2002~2011년)'은 '제1차 관광개발기본계획(1992~ 2001년)' 수립 이후 급변하는 환경변화에 대응하는 새로운 비전과 전략을 제시하며, 21세기 지

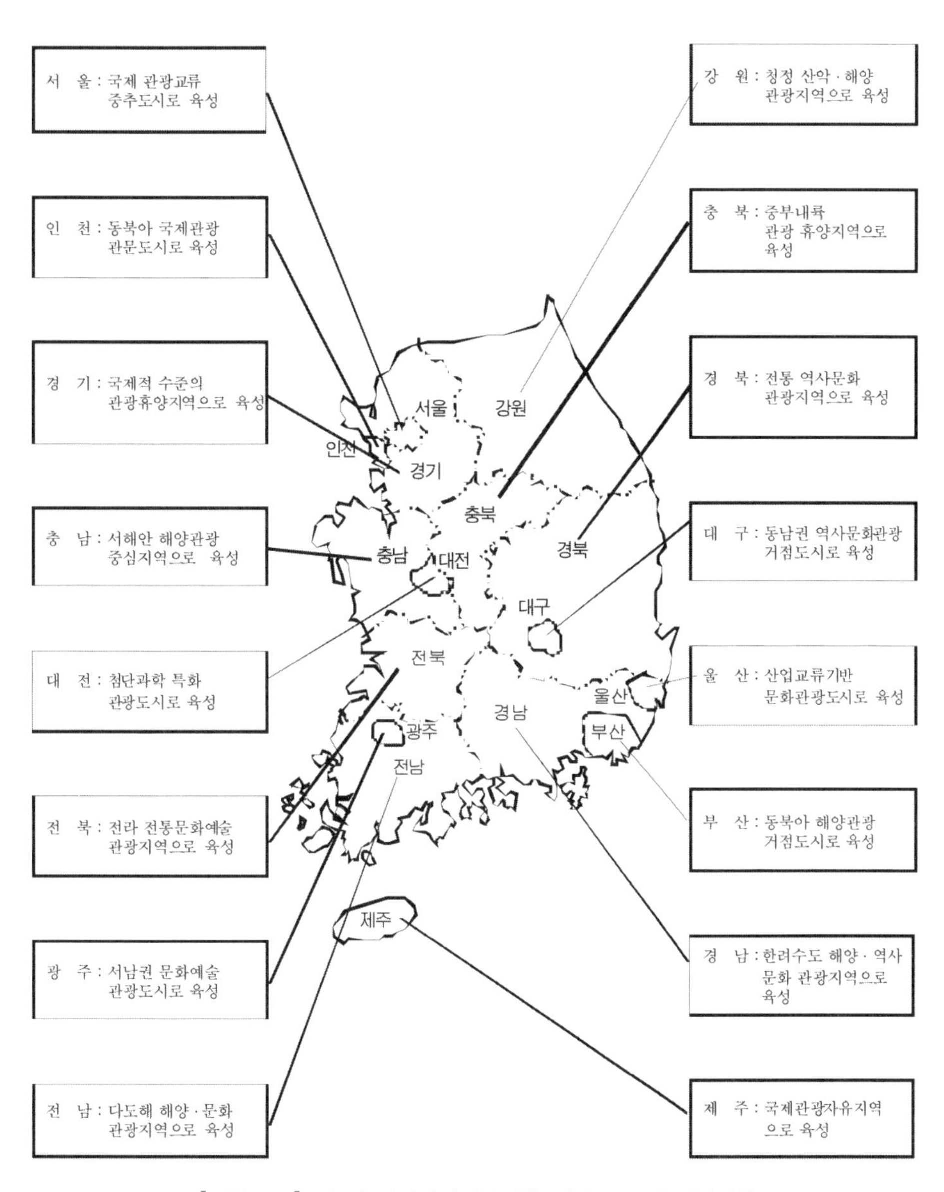

[그림 7-5] 제2차 관광개발기본계획 권역구분 및 개발방향

식정보사회에 맞는 고부가가치형 관광산업 구조를 구축하고 선진적 문화관광사회 육성에 적극 기여하기 위해 전국 관광개발의 기본방향을 미래지향적으로 제시하는 계획이다.

동 계획에서는 '21세기 한반도 시대를 열어가는 관광대국 실현'이라는 비전하에 이를 달성하기 위해 국제경쟁력 강화를 위한 관광시설 개발 촉진, 지역특성화와 연계화를 통한 관광개발 추진, 문화자원의 체계적 관광자원화 촉진, 관광자원의 지속가능한 개발 및 관리 강화, 지식기반형 관광개발 관리체계 구축, 국민 생활관광 향상을 위한 관광개발 추진, 남북한 및 동북아 관광협력체계 구축 등 7대 개발전략을 제시하였다.

또한 기존 7대권 24개 소권 체제하에서 문제점 및 한계로 제기되어 왔던 관광권역과 집행권역의 불일치로 인한 계획의 실천성 미흡을 개선하기 위하여 관광권역의 구분을 16개 광역지방자치단체를 기준으로 재설정하고 권역별 관광개발 기본방향을 제시하였다.

동 계획에서 제시하는 권역별 관광개발 방향을 기초로 각 지방자치단체별로 제3차 권역별 관광개발계획(2002~2006년)과 제4차 권역별 관광개발계획(2007~2011년)을 수립하여 이에 따른 당해 지역의 관광자원 개발 사업을 추진하였다.

4) 제3차 관광개발기본계획(2012~2021년)

'제3차 관광개발기본계획(2012~2021년)'은 '제2차 관광개발기본계획(2002~2011년)' 수립 이후 급변하는 환경변화에 대응하는 새로운 비전과 전략을 제시하며, 국제경쟁력을 갖춘 관광발전 기반을 구축하고 국민 삶의 질과 지역발전에 기여하기 위해 전국 관광개발의 기본방향을 미래지향적으로 제시하는 계획이다.

동 계획에서는 '글로벌 녹색한국을 선도하는 품격 있는 선진관광'이라는 비전 하에 이를 달성하기 위해 품격관광을 실현하는 관광개발 정책효율화, 미래 환경에 대응한 명품 관광자원 확충, 문화를 통한 품격 있는 한국형 창조관광 육성, 국민이 행복한 생활관광 환경 조성, 저탄소 녹색성장을 선도하는 지속가능한 관광 확산, 관광경쟁력 제고를 위한 국제협력 강화 등 6대 개발전략을 제시하였다.

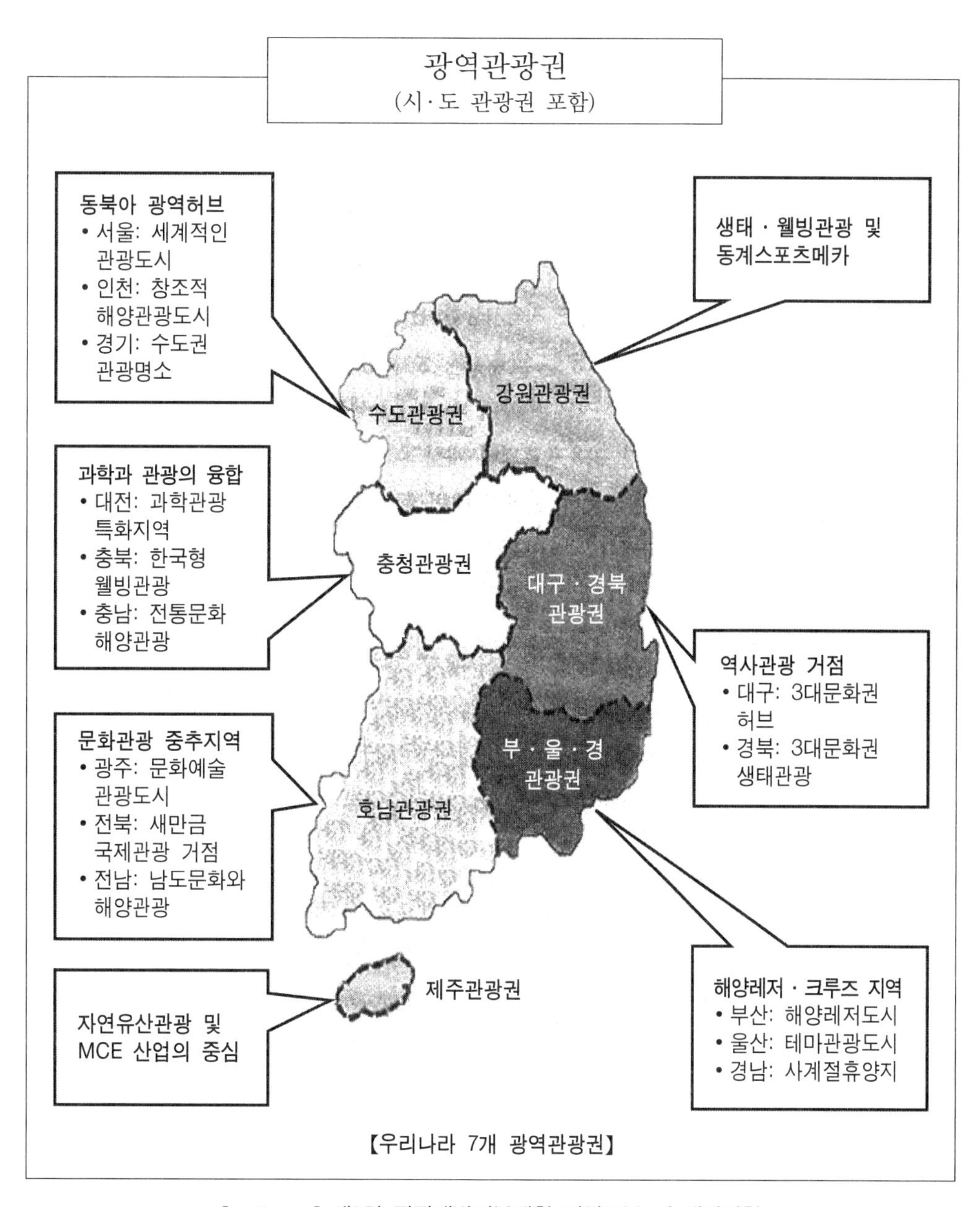

[그림 7-6] 제3차 관광개발기본계획 권역구분 및 개발방향

또한 관광권역 설정에 있어 제3차 관광개발기본계획에서는 16개 시·도, 광역경제권, 초광역 개발권 등 변화하는 행정 위계를 반영한 '다층적 지역 관광발전 전략'을

도입하여 시·도 관광권과 더불어 5+2광역경제권을 계획 관광권역으로 설정하였으며, 해안을 중심으로 한 동·서·남해안 관광벨트 등 초광역관광벨트 설정으로 계획권역을 기능적으로 연계·보완하였다. 동 계획에서 제시하는 권역별 관광개발 방향을 기초로 각 지방자치단체별로 제5차 권역별 관광개발계획(2012~2016년)을 수립하여 시행 중에 있다.

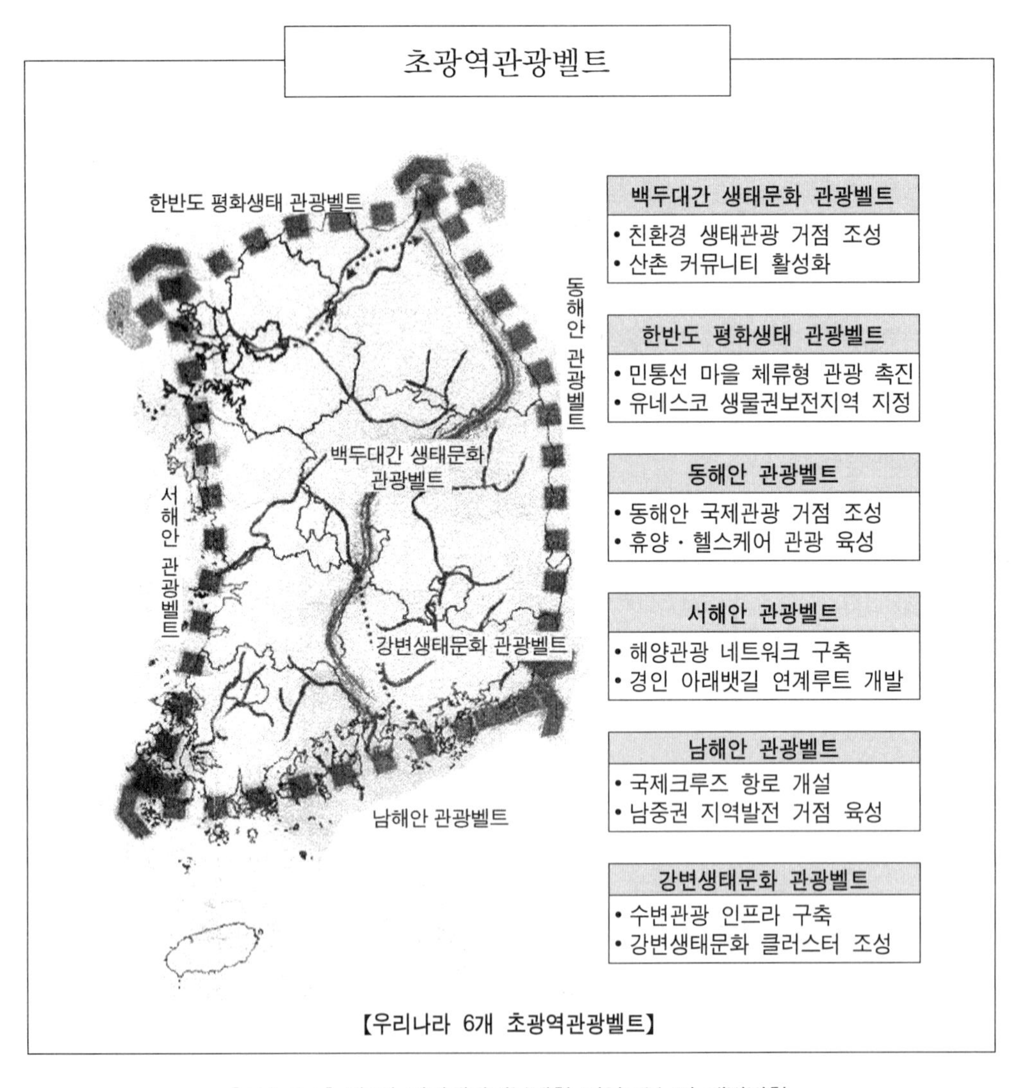

[그림 7-7] 제3차 관광개발기본계획 권역구분 및 개발방향

2. 권역별 관광개발계획의 수립

시·도지사(특별자치도지사는 제외)는 '기본계획'에 따라 구분된 권역을 대상으로 하여 권역별 관광개발계획(이하 "권역계획"이라 한다)을 수립하여야 한다. 다만, 둘 이상의 시·도에 걸치는 지역이 하나의 권역계획에 포함되는 경우에는 관계되는 시·도지사와의 협의에 따라 수립하되, 협의가 성립되지 아니한 경우에는 문화체육관광부장관이 지정하는 시·도지사가 수립하여야 한다(동법 제49조 제2항 및 제51조 제1항).

이 규정에 의한 '권역계획'으로는 제1차 관광개발기본계획(1992~2001년)에 따른 제1차권역계획(1992~1996년)과 제2차권역계획(1997~2001년) 및 제2차 관광개발기본계획(2002~2011년)에 따른 제3차권역계획(2002~2006년)과 제4차권역계획(2007~2011년)은 이미 완료되었으며, 현재에는 제3차 관광개발기본계획(2012~2021년)에 따른 제5차권역계획(2012~2016년)이 시행 중에 있다.

한편, 제주특별자치도의 경우 도지사가 도의회의 동의를 얻어 수립하는 '국제자유도시의 개발에 관한 종합계획'에는 "관광산업의 육성 및 관광자원의 이용·개발 및 보전에 관한 사항"을 포함시키고 있는데, 이 종합계획에 따라 제주권역의 관광개발사업을 시행하고 있기(제주특별법 제238조 및 제239조 제1항 3호) 때문에, 제주특별자치도에서는 "권역계획"을 따로 수립하지 아니한다.

1) 권역계획의 수립권자 및 수립시기

권역계획은 시·도지사(특별자치도지사는 제외)가 매 5년마다 수립한다.

2) 권역계획에 포함되어야 할 내용

① 권역의 관광여건과 관광동향에 관한 사항
② 권역의 관광 수요와 공급에 관한 사항
③ 관광자원의 보호·개발·이용·관리 등에 관한 사항
④ 관광지 및 관광단지의 조성·정비·보완 등에 관한 사항
⑤ 관광지 및 관광단지의 실적 평가에 관한 사항
⑥ 관광지 연계에 관한 사항

⑦ 관광사업의 추진에 관한 사항

⑧ 환경보전에 관한 사항

⑨ 그 밖에 그 권역의 관광자원의 개발, 관리 및 평가를 위하여 필요한 사항

3) 제5차 권역별 관광개발계획(2012~2016년)

(1) 수도관광권

① 서울특별시

- 비전: 세계인이 찾고 싶은 관광도시 서울
- 목표: 세계 관광 경쟁력 Top 15
- 전략: 열린 서울, 매력 서울, 만족 서울, 활력 서울
- 관광수요(2016년 기준): 관광총량 110,884천명
  (국내 관광총량: 53,068천명, 외래 관광총량: 57,815천명)

② 인천광역시

- 비전: "세계인이 교류하는 창조적 해양관광도시" Creative Marine Tourist City with World
- 목표: 창조 관광도시, 해양녹색 관광도시, 관광교류 거점도시
- 전략: 인천형 창조관광 진흥, 해양·도서 및 녹색관광 육성, 문화관광거점 조성 및 산업 육성, 국내외 관광교류 및 네트워크 확대, 관광교통·안내체계 혁신 및 마케팅 활동 정비, 인천형 관광비즈니스 기획과 일자리 창출
- 관광수요(2016년 기준): 관광총량 21,753천명
  (국내 관광총량 20,046천명, 외래 관광총량 1,707천명)

③ 경기도

- 경기도의 품격을 높이는 창조관광 여건조성과 사업 창출
- 목표: 경기도의 다양성을 응집하고 지역성을 강화하는 관광구상, 수도권 관광의 허파 기능 강화를 통한 국민관광지 지역으로 육성, 동북아 관광경쟁력 강화를 위한 관광사업 구상, 시대적 요구에 대응하는 창조적 관광구상, 효율적 관광실행 체계의 구축

- 전략: 지역별 공유된 자원을 테마화하여 스토리텔링을 통한 관광이미지의 통합적 실현으로 차별화 실시, 삶의 숨골 역할을 할 수 있는 다양한 여가공간의 제공, 동아시아 경제권의 확대 및 중국관광시장 급부상에 따른 경쟁력 확보, 신성장 관광산업의 전략적 육성을 통한 창조적 문화관광 공간의 구상, 다양한 시설 및 제도로 인프라 개선, 관광개발사업의 우선순위를 고려하여 실현성 높은 사업에 대한 지원으로 효율적인 실행체계의 구축
- 관광수요(2016년 기준): 관광총량 91,960천명
  (국내 관광총량: 90,207천명, 외래 관광총량: 1,753천명)

(2) 충청관광권

① 대전광역시

- 비전: 웰빙·창조관광을 선도하는 녹색과학 관광도시 대전
- 목표: 녹색웰빙 관광도시, 창조과학 관광도시, 체험문화 관광도시
- 전략: 체험형 녹색관광환경 조성, 대전형 웰빙관광환경 조성, 역사문화자원 연계 관광상품 개발, 첨단의료관광산업 육성, 도심관광형 복합치유벨트 조성, 유성복합온천관광단지 조성, 첨단과학관광 테마파크 조성, 성북지구 관광단지 조성, 쇼핑 엔터테인먼트 시설 확충, 관광홍보 및 안내기능 강화
- 관광수요(2016년 기준): 관광총량 9,934천명
  (국내 관광총량: 9,605천명, 외래 관광총량: 329천명)

② 충청북도

- 비전: 백두대간의 중심축, 중부내륙의 보석 테마형 관광충북 실현
- 목표: 21C 친환경 녹색관광의 중심지, 충북관광의 대내외적 경쟁력 제고, 창의적인 관광상품 개발 및 효율적인 지원체계 확립
- 전략: 테마형 친환경 관광체계 구축, 권역별 거점관광 활성화 추진, 특색 있는 관광자원 발굴 및 관광상품화, 효율적인 관광 지원체계 확립
- 관광수요(2016년 기준): 관광총량 23,541천명
  (국내 관광총량: 23,038천명, 외래 관광총량: 503천명)

③ 충청남도

- 비전: 국민관광으로 도민과 관광객에게 희망을 주는 愛鄕 충남
- 목표: 국토중심 전 국민이 찾는 '국민관광', 모두가 이용하고 향유하는 '복지관광', 글로벌 관광명소가 자랑인 '휴양관광', 구석구석 균형성장하는 '산업관광'
- 전략: 거점 관광도시 육성과 관광권역별 연계시스템 구축, 국민관광지 조성촉진 및 관광루트 활성화, 소통과 만남의 연대공정여행 추진, 소외계층의 관광사업 강화와 유니버셜 관광지, 지역문화권 관광사업화와 국제휴양관광명소 육성, 특색있는 유무형의 관광상품 개발과 홍보마케팅, 지역자원의 관광자원화로 녹색 산업관광 육성, 지역정체성 활용을 통한 지속가능 관광도모
- 관광수요(2016년 기준): 관광총량 39,521천명
  (국내 관광총량: 39,138천명, 외래 관광총량: 383천명)

(3) 호남관광권

① 광주광역시

- 비전: 느끼고 싶은 문화·예술 관광도시 창조
- 목표: 국제적인 문화·예술 관광도시 환경 조성, 30만 외래관광객 유치, 호남권 관광 허브도시 구축, 관광추진시스템 구축
- 전략: 도시관광 거점명소 개발, 근교 녹색생태문화관광 자원개발, 관광명소를 연계한 도시관광「길」조성, 예술 공연 및 전시 관광상품 개발, 축제 및 MICE산업 육성, 관광객 유치 및 관광마케팅, 호텔·음식·쇼핑 관광산업 육성, 홍보 및 관광마케팅, 호남권 관광연계 네트워크 구축, 관광 추진 거버넌스 구축, 공정관광 및 일자리 창출, 관광통계 및 관련 DB 구축
- 관광수요(2016년 기준): 관광총량 9,640천명
  (국내 관광총량: 9,548천명, 외래 관광총량 91천명)

② 전라북도

- 비전: 21세기 동북아 시대를 위한 한국형 관광수도, 전북
- 목표: 관광자원의 폭 확대, 국제적 수준의 관광 인프라 구축, 친시장환경체계 구축, 도 내 지역주민 여가활용 기회 확대, 지역주민 삶의 질 향상

- 전략: 융·복합형 관광을 통한 관광시장 확대, 고부가 관광을 위한 핵심역량 강화, 친시장관광을 위한 지원체계 구축
- 관광수요(2016년 기준): 관광총량 32,900천명
  (국내 관광총량: 32,773천명, 외래 관광총량: 133천명)

③ 전라남도

- 비전: 동북아 생태·해양관광 중심지 "전라남도"
- 목표: 해안·섬·갯벌이 어우러진 해양휴양관광지대 조성, 청정자연으로 녹색의 힘이 느껴지는 녹색관광 추구, 남도의 맛, 온화한 기후와 융·복합화를 통한 웰빙관광 테마화, 고향의 정, 삶이 풍요로운 한국인의 고향 같은 생활관광지대
- 전략: 해양도서자원의 휴양·여가지대 기반조성, 저탄소형 녹색관광 특화 및 콘텐츠강화, 지역간 연계강화 협력 네트워크 구축, 향토자원의 융·복합화를 통한 지역활성화, 역사문화자원의 관광매력 증진
- 관광수요(2016년 기준): 46,012천명
  (국내 관광총량: 45,934천명, 외래 관광총량: 78천명)

(4) 대구·경북 관광권

① 대구광역시

- 비전: 3대문화권의 지식관광 중심도시
- 목표: 지역매력 발산, 삶의 질 제고, 자긍심 고취, 부가가치 창출
- 전략: 대경권 지식관광 중심지화, 도심부 문화정체성 극대화와 대구 관광중심지화, 생활관광 기능 강화로 살기 좋은 도시 만들기, 대구 관광브랜드 제고를 위한 스마트 마케팅, 지역관광 성장을 위한 관광 휴먼웨어 경영, 광역연계 협력으로 지역상생 기회 제공
- 관광수요(2016년 기준): 관광총량 16,671천명
  (국내 관광총량: 16,411천명, 외래 관광총량: 260천명)

② 경상북도

- 비전: 전통과 자연, 인간이 빚어낸 한국 대표 문화관광지대
- 목표: 글로벌 수준의 명품 관광자원 개발, 누구나 공감하는 관광브랜드 창조, 삶

의 질을 높이는 관광일자리 창출, 문화·생태 융합형 Fun 콘텐츠 발굴

- 전략: 머무는 관광지 조성을 위한 3대 문화권 글로벌화, 시대 흐름을 대비한 관광(단)지 리노베이션, 재미와 감동을 주는 소프트 관광콘텐츠 개발, 신관광트렌드를 선도하는 경북관광 브랜드 발굴, 지역 특화산업 융·복합형 관광 비즈니스 기반 확충, 관광경북 실현을 위한 초광역 관광클러스터 구축
- 관광수요(2016년 기준): 43,096천명
  (국내 관광총량: 42,552천명, 외래 관광총량: 544천명)

(5) 부·울·경 관광권

① 부산광역시

- 비전: 글로벌 해양 엔터테인먼트 관광도시 부산
- 목표: 강·바다 체험 해양 관광도시, 산업·콘텐츠 융합 창조 관광도시, 예술·축제 체험 글로벌 관광도시, 스마트 기반 U-관광도시
- 전략: 해양레포츠 관광시설 확충을 통한 블루투어리즘 기반조성, 저탄소 녹색 생태관광도시 기반조성, 신성장 관광산업(영상, 의료, 컨벤션) 기반조성, 역사·문화 콘텐츠 개발을 통한 문화관광기반 조성, 시민이 향유하는 여가·복지관광 추진, 4계절 관광자원 및 상품 발굴·육성(쇼핑, 축제 등), U-Tourism 등 관광 수용태세 재정비 및 관광전문인력 양성, 국내외 홍보마케팅 강화(목표시장 중심)
- 관광수요(2016년 기준): 관광총량 31,583천명
  (국내 관광총량: 29,601천명, 외래 관광총량: 1,981천명)

② 울산광역시

- 비전: 체험과 배움, 감동이 있는 감성체험 신관광도시 울산
- 목표: 생태와 산업이 결합된 브랜드형 신흥관광도시, 울산 1등 관광자원을 활용한 명소형 관광도시, 산과 바다가 어우러진 체류형 관광도시, 관광 인프라가 체계적으로 구축된 스마트 관광도시
- 전략: 고래 테마의 관광상품 체계화, 산업관광의 네트워크화, 태화강의 녹색관광 상품화, 기존 특화 관광자원의 상품성 강화, 신규 이야기 자원의 명소형 관광자원 육성, 울산 12경 관광상품화, 강동권 국제적인 관광기반 확충, 영남 알프스

산악관광 활성화, 교통 관광상품의 다변화, 숙박시스템의 정비·구축, KTX 개통에 따른 관광시스템 개선, 관광 안내 및 홍보체계 선진화, 도심관광 지원체계 확충

- 관광수요(2016년 기준): 8,758천명
  (국내 관광총량: 7,948천명, 외래 관광총량: 810천명)

③ 경상남도

- 비전: 동북아 사계절 관광·휴양 중심지
- 목표: 국제적 수준의 관광지 창출, 꼭 한번 가고픈 경남 - Only One!, 매력과 활력 넘치는 경남관광, 신산업과 융복합된 관광 창출, 복지관광을 통한 도민의 삶의 질 향상
- 전략: 동북아 관광의 거점지 구축 외 3개 전략, 한려해상의 수려한 경관을 체험할 수 있는 해양관광 기반 구축 외 3개 전략, 도시관광 활성화를 위한 기반구축 외 3개 전략, 로봇랜드의 경남 관광랜드마크화 추진 외 3개 전략, 도민 생활체육 기회의 확대 외 2개 전략
- 관광수요(2016년 기준): 관광총량 52,389천명
  (국내 관광총량: 52,010천명, 외래 관광총량: 379천명)

(6) 강원관광권

- 강원도
  - 비전: 글로벌 생명·건강관광 메카(동북아 관광휴양거점)
  - 목표: 순환과 재생의 발전기반 구축, Emerging Sector 발굴을 통한 지역자원 가치화, 지역 어메니티를 살린 관광환경 조성, 글로벌 관광경쟁력 강화
  - 관광수요(2016년 기준): 관광총량 71,320천명
    (국내 관광총량: 70,285천명, 외래 관광총량: 1,035천명)

(7) 제주관광권

- 제주도
  - 유네스코 자연·문화유산 확대 및 관광자원화
  - 제주 고유의 자연환경과 문화를 활용한 관광콘텐츠 개발

- 고부가가치 관광산업 육성과 핵심 산업과의 융·복합
- 지역고유 농수산물을 활용한 음식·쇼핑관광 육성

3. 관광지 및 관광단지의 지정

1) 관광지의 지정

관광지는 관광자원이 풍부하고 관광객의 접근이 용이하며 개발 제한요소가 적어 개발이 가능한 지역과 관광정책상 관광지로 개발하는 것이 필요하다고 판단되는 지역을 대상으로 한다. 이곳에 관광객의 관광활동에 필수적인 진입도로, 주차장, 상·하수도, 식음료대, 공중화장실, 오수처리시설, 관리사무소, 관광지 안내도 등 기반시설과 야영장, 어린이 놀이시설, 청소년 수련시설, 체력단련장, 샤워·탈의장, 물품보관소 등 편익시설을 공공사업으로 추진하고, 그 외 이용관광객의 편의를 위한 운동·오락시설, 휴양·문화시설, 숙박시설, 상가시설 등은 민간자본을 유치하여 개발하는 사업이다. 정부에서는 주 5일 근무제의 본격적인 시행과 국민소득 증가에 따른 관광수요 증가에 맞추어 관광지를 특화하여 개발함으로써 아름답고 쾌적한 환경을 조성함은 물론, 관광을 통하여 국민의 삶의 질을 향상시키는 복지관광정책의 일환으로 활용하고 있다.

정부는 자연적 또는 문화적 관광자원을 갖추고 관광 및 휴식에 적합한 지역을 대상으로 관광지를 지정하여 공공·편의시설, 숙박·상가시설 및 운동·오락시설, 휴양·문화시설, 녹지 등을 유치·개발하고 있다.

한편, 21세기의 관광개발은 선택과 집중, 네트워크화, 지방분권형 개발의 중요성이 대두되면서 정부는 지역+특성을 살린 관광지 개발을 촉진하기 위해 관광지 지정 및 조성계획 승인권한을 2005년 4월 17일자로 시·도지사에 이양하였으며, 동시에 관광지 지정 등의 실효성을 제고하기 위해 지정 후 2년 이내 조성계획 승인신청이 없거나 승인 후 2년 이내에 사업에 착수하지 않으면 관광지의 지정 또는 조성계획 승인효력이 상실되도록 하였다. 2011년에는 경북의 풍기 창락 관광지, 그리고 2013년에는 강원도의 대관령 어흘리 관광지와 경북의 대가야 역사테마관광지가 지정 해제되었다. 2014년도에는 2013

년 실효된 강원도 대관령 어흘리 관광지가 재지정되었고, 강원도 석현관광지가 지정 취소되었다. 그리고 경북 고령 부례 관광지 등 3개가 추가 지정되어 2014년 12월 말 기준으로 전국에 지정된 관광지는 총 230개소이다.

2) 관광단지의 지정

관광단지는 관광산업의 진흥을 촉진하고 국내외 관광객의 다양한 관광 및 휴양을 위하여 각종 관광시설을 종합적으로 개발하는 관광거점 지역을 말한다. 「관광진흥법」에 의하여 2013년까지 36개소가 지정되었으며, 2014년 7월에는 경기도 에버랜드 관광단지 1개소가 지정 취소되어, 2014년 12월 말 기준으로 35개소의 관광단지가 지정되어 있다.

정부는 관광단지 조성·개발 활성화를 위해 관광단지를 「사회간접자본시설에 대한 민간투자법」상 사회간접자본시설로 규정하여 민간자본을 적극 유치케 하고 있으며, 취득세(50%에서 조례에 따라 최대 100% 감면), 대체산림조성비(준보전산지) 및 대체초지조성비의 100% 면제 등 각종 세제 및 부담금의 감면혜택을 주고 있다.

또한 관광단지 지정을 위한 면적기준을 현행 100만 제곱미터에서 50만 제곱미터로, 관광단지 설치 시설기준을 4종에서 3종으로 완화(공공편의시설, 숙박시설, 운동·오락시설, 휴양·문화시설에서 공공편의시설, 숙박시설, 운동·오락시설 또는 휴양·문화시설)하였고, 민간개발자가 관광단지를 개발할 경우 또는 사업시행자로부터 허가를 받아 관광지 조성사업을 추진할 때 지방자치단체장과의 협약을 통해 지원이 필요하다고 인정하는 공공시설에 대해 보조금을 지원할 수 있도록 하였으며, 관광단지내 전기시설을 설치하는 경우 설치비용은 전기를 공급하는 자가 부담하되, 땅속에 설치하는 경우에는 전기를 공급하는 자와 땅속에 설치할 것을 요청하는 자가 50:50의 비율로 정하는 등 관광단지 활성화를 위한 제도개선을 추진했다.

정부는 2010년부터 관광단지개발자와 지방자치단체장과의 협약을 통해 지원이 필요하다고 인정하는 공공시설에 보조금을 지원하고 있다.

앞으로 관광단지는 건강·교육·체험 등 다양한 관광수요를 특징으로 하는 최근의 관광패러다임 변화에 맞춰 관광단지를 특성화하여 개발함으로써 지역 관광산업의 동력으로 활용할 계획이다.

4. 관광특구의 지정

관광특구는 외국인 관광객의 유치 촉진을 위하여 관광시설이 밀집된 지역에 대해 야간 영업시간 제한을 배제하는 등 관광활동을 촉진하고자 1993년에 도입된 제도이다. 현행 「관광진흥법」은 제2조 제11호에서 "관광특구란 외국인 관광객의 유치 촉진 등을 위하여 관광활동과 관련된 관계 법령의 적용이 배제되거나 완화되고, 관광활동과 관련된 서비스·안내체계 및 홍보 등 관광여건을 집중적으로 조성할 필요가 있는 지역으로 이 법에 따라 지정된 곳을 말한다"고 정의하고 있다. 문화체육관광부는 2004년 10월 「관광진흥법」을 일부 개정하여 특구 지정권한을 시·도지사에게 이양하고 특구에 대한 국가 및 지방자치단체의 지원근거를 마련하였으며, 관광특구진흥계획의 수립·시행 및 평가를 의무화하는 등 특구제도의 실효성을 확보하기 위한 다양한 제도적 장치를 도입하였다. 또한 2005년 4월에는 「관광진흥법」 개정을 통해 관광특구 지역 안의 문화·체육시설, 숙박시설 등으로서 관광객 유치를 위하여 특히 필요하다고 문화체육관광부장관이 인정하는 시설에 대하여 관광진흥개발기금의 보조 또는 융자가 가능하도록 하였다.

관광특구 지정요건(관광진흥법 제70조 및 동법시행령 제58조)은 문화체육관광부령이 정하는 상가·숙박·공공편익시설, 휴양·오락시설 등의 요건을 갖추고 외국인 관광객의 수요를 충족시킬 수 있는 지역으로 당해 지역의 최근 1년간 외국인 관광객이 10만명(서울특별시는 50만명) 이상(문화체육관광부장관이 고시하는 통계전문기관의 통계)이어야 하며, 임야·농지·공업용지·택지 등 관광활동과 관련이 없는 토지가 관광특구 전체 면적의 10%를 초과하지 않아야 한다.

문화체육관광부는 관광특구 활성화를 위하여 '관광특구 평가 및 개선방안 연구(2007.4~2008.1)'를 실시하였으며, 현재 관광특구는 제주도, 경주시, 설악산, 해운대, 유성의 5개 지역이 1994년 8월 31일 최초로 지정된 이래, 2014년 12월 서울 강남구 삼성동 무역센터 일대 등을 강남 마이스 관광특구로 새로 지정하여, 2014년 12월 말 기준으로 전국 13개 시·도에 29곳이 관광특구로 지정되어 있다.

1999년 외국인 관광객 유치 촉진을 위해 실시하던 관광특구 대상지역의 야간영업시간 제한 완화 조치가 전국적으로 자율화되면서 관광특구에 대한 실질적인 지원혜택이 부족하게 됨에 따라 2008년부터 지정 관광특구를 대상으로 관광진흥개발기금을 지속적으로 지원해왔다.

제 8 장

관광자원평가

제1절 입지적 요소

관광시장의 수요에 대한 분석은 관광목적지의 자원평가를 근거로 실시되어져야만 한다. 관광의 다양성과 관광수요의 복합적 특성 때문에 목적지에서는 다종의 관광자원이 개발되어야 하고 따라서 관광개발이 진행되고 있는 곳에서는 많은 다른 요인들에 의한 영향을 받게 되는 것이다.

관광자원이란 공간에서 공평하거나 또는 무작정 생기는 것이 아니기 때문에 개발가나 기획가들은 전체적인 관광잠재력 측면에서 지역에 대한 광범위한 평가나 또는 특정한 개발을 위해 여러 대안 중에서 한 지역을 선정함으로써 개발타당성 평가에 대한 실질적 문제에 당면하게 된다. 그렇기 때문에 관광개발에 영향을 미치는 여러 가지 입지적 요소와 이러한 요소가 어떻게 평가되어져야 될 것인가 하는 문제가 중요시되는 것이다.

어떤 지역의 관광잠재력이나 또는 관광개발사업의 입지에 영향을 미치는 요소는 크게 일곱 가지로서, ① 기후, ② 물리적 조건, ③ 매력, ④ 접근성, ⑤ 기존시설, ⑥ 토지보유권 및 사용, 그리고 ⑦ 지역개발장려책의 유효성 등으로 구분할 수 있다. 이와 같은 요소들은 상호 밀접한 관계를 가지고 있기 때문에 각각의 범주는 전적으로 배타적이 될 수 없는 것이다. 예컨대 기후는 일종의 매력요인이 될 수도 있고, 지역의 매력성은 그곳으로의 접근요인의 일부에 의존할 수 있으며, 또 토지보유권 형태는 하나의 구속요인으로 작용할 수 있는 것이다.

그렇지만 이와 같은 범주에 대한 구분은 이론적 검토를 하는 데 있어서나 방법론적 접근을 위해서 유용하고 적절한 기준이 될 수 있다. 어떤 요소이든 이의 중요도는 관광개발의 형태에 달려 있으며, 특히 자원분석의 규모에 달려 있는 것이다.

예컨대 기후적 자료가 광역차원에서는 관광개발에 적합한 요소로 고려될지라도 그 속에 위치한 특정휴양지의 경우에는 최적의 호텔이나 모텔 위치선정에서 접근요인이 주된 결정적 요소가 될 수 있다는 것이다. 또, 이들 요소의 중요성은 집단대상에 따라 다르게 나타날 수도 있다. 토지에 대한 가격과 소유권에 관한 문제는 비록 대부분의 관광객들에게는 무관할지 모르지만 개발가들에게는 매우 중요한 요소가 된다. 그렇지만 관광개발가들이 취득하고자 하는 토지가 관광객들에게 매력적 요소로 작용하는 데 영향을 미치고 있다는 사실은 직접적으로는 느끼지 못하고 있다. 그래서 관광자원평가는 수요와 마케팅연구에도 밀접한 관계를 가지고 있는 반면, 개발적 차원에서도 중요한 역할로 작용하고 있다고 보는 것이다. 지역선정이나 제안된 개발의 규모는 개발되어야 할 지역의 크기에 따라 좌우된다. 수용능력에 대한 연구는 전체 평가과정의 일부로서 개발가들에게는 관심사일 뿐만 아니라 각종 한계요소를 초과할 때 야기되는 외적 영향을 감수해야만 하는 지역주민들에게도 큰 관심사가 아닐 수 없는 것이다.

1. 기후조건

비록 관광과 기후에 대한 관계는 오랜 기간 동안 인식되어 왔지만, 이에 대한 관계의 특성을 직접적으로 규명한 연구는 거의 이루어지지 않았다. 기후적 변화가 관광개발에 미치는 영향은 다음과 같이 여러 측면에서 검토되어질 수 있다.

1) 매력도

거주지에서보다 더 좋은 기후조건이 있는 곳으로의 여행에 대한 욕망은 대서양 연안과 카리브해, 그리고 남태평양지역을 인기 있는 관광지로 부각시키고 있다. 온화한 기온과 일광시간을 많이 가진 특징 있는 지역에서 휴가를 보내는 것은 즐겁고 유쾌한 일인 것이다. 이와 같이 "태양을 찾는 여행"은 비교적 최초의 관광현상으로 나타나고 있다. 비록 리비에라지역의 온화한 겨울기후가 18세기부터 인기를 모으고 있었으며, 이 해안지역에서 7~8월에 머문다는 것은 건전하지 못한 것으로 인식되어 왔는데, 실제로 이 복잡한 지역을 여름관광객들이 회피하기 시작한 것은 1930년대 중반부터였다.

이와 같은 예는 결국 자원이 문화적 평가에 의해 좌우되고 있다는 사실이 강조되고 있는 것이다. 반면에 다른 휴양지는 그들의 인기도를 온화하거나 상쾌한 기후에 은혜를 입고 있는데, 예를 들면 인도와 극동지역의 고원지대라던가 유럽의 레이신과 수퍼베이너 지역과 같은 산지기후가 특징을 이루고 있는 곳의 경우를 말한다. 구체적인 관광형태로 동계스포츠 중심지에서는 또 다른 기후적 기준에 많이 의존하게 되고, 경관 및 문화

관광 중심지에서는 쾌적한 기후조건이 제2의 중요 요소로 작용하게 된다. 반대로 불리한 기후조건은 그 지역의 경관미나 매력도를 저하시키게 되는데, 눈보라가 휘몰아치는 궂은 기후상황에서는 이와 같은 관광행위가 제대로 이루어질 수 없게 될 것이다.

2) 계절성

어떤 특정한 관광활동을 위한 쾌적한 기후조건은 단지 일정한 계절기간에 성립되는 경우가 가끔 있다. 계절성에 대한 정도는 관광지의 수익성과 관계를 가지고 있다. 성수계절이 길면 길수록 시설과 장비에 대한 활용도가 높아질 뿐만 아니라, 따라서 투자자본에 대한 회수율이 높아지게 된다. 이런 관점에서 격심한 비수기가 없는 지역은 축복받은 관광목적지라고 볼 수 있다.

계절성은 관광이 기후요인에 의존하는 정도가 고조됨에 따라 그 중요성이 더욱 커지고 있다. 성수계절의 기간에 대한 중요성은 대도시 관광보다 해안휴양지와 동계스포츠 관광지에서 더욱 절실한 현상으로 나타나고 있다.

그러나 Singh(1975)는 그렇지 않은 경우를 인도의 예에서, 방랑벽이 있는 유람여행객들의 취향은 이와 같은 기후적 장벽을 극복하는 것 같다고 밝히고 있다. 따라서 이런 경우는 계절의 변화에 관광수요의 변동이 거의 없으며, 특히 종교목적의 관광은 기후적 안락성에 전혀 영향을 받지 않는다고 했다. 그는 또 부유층 관광객들이 냉·온방설치와 기타 쾌적한 시설을 사용할 수 있는 경제적 여력 때문에 불리한 기후조건의 악영향을 감소시킬 수 있다고 했다.

3) 건축성

우기 또는 한파가 있는 계절적 기후의 제약성 때문에 건설기간이 제한되어 있는 곳에서는 개발비용이 많이 든다. 또, 기온의 차이가 격심한 지역에서는 중앙집중식 냉·난방 시설의 필요 때문에 추가 비용이 발생한다. La Plagn 휴양지의 경우에는 시설의 통합이 실질적인 건물의 난방 때문에 2,000m까지 확대되었으며, 아파트의 기능적 형태는 건설기간을 단축시킨 결과로 형성된 것임을 알 수 있다. 미시적 기후에 대한 특징도 해안휴양지의 설계에 있어서 매우 중요한 고려사항이 되어져야 한다. 예컨대, 수영장의 부지설정이나 설계에 있어서도 고층호텔의 그늘에 가려지지 않도록 미시적 기후조건을 감안해서 시행되어야 할 것이다.

4) 운영성

잦은 기후의 변화는 특정시설의 운영을 어렵게 할 수도 있다. 강풍이 몰아치는 경우 공중 케이블카 선로의 운전을 중단해야 하고, 폭풍우가 심할 때에는 요트나 유람선의 운항중단은 물론 이에 대한 접근도 어렵게 될 것이다.

해안의 강풍은 모래사장 해변에서 불리한 조건을 유발시키고, 잦은 안개가 발생하는 곳은 항공운항을 제한시키는 요인이 되고 있다. 또, 거친 겨울 날씨를 가진 지역에서는 관광활동기간을 제한시키는 결정적 요소가 된다.

관광개발 대상지역에 대한 연구는 지형적 특색을 감안함으로써 어떤 관광개발이나 레크리에이션 활동이 기후적으로 적합한가를 신중히 검토해야 할 것이다. 레크리에이션 활동과 관광에 영향을 미친다고 생각되는 요소들의 구분을 통해서 기후적 레크리에이션 분류를 도출해보려는 시도가 몇 차례 있었다.

Crowe는 캐나다의 북서지역 분류에서 주된 두 계절의 세 가지 요인(동계-활동 가능일의 기간, 기온, 풍속; 하계-기온, 운량, 풍향)을 선정하고 각 요소의 제한값을 이상적, 적절, 부적절 등으로 한정시켰다. 이와 같은 요소에 대한 등차는 각 요인마다 동등한 비중을 부여함으로써 관광활동의 잠재력에 대한 네 가지의 분류를 가능하게 한다.

유사한 연구가 Day 등에 의해 이루어졌는데, 그는 펀디 국립공원(Fundy National Park)의 연안에 동계스포츠와 하계활동의 적합성에 대한 양태를 지도로 제시한 바 있다. 스키와 썰매를 위한 요소, 즉 기온, 풍속, 강수량, 가시도 등에 대한 기후적 타당성을 분류하기 위해 네 가지 측도방법이 사용되었다. 네 가지에 대한 요소 모두가 적합한 지역은 기후적 타당성이 가장 '높음'으로 그리고 네 가지 요소를 모두 만족시키지 못하는 지역, 또는 그 중 한 가지 요소만 만족시키는 지역은 기후적 타당성이 가장 '낮음'으로 평가되어졌다.

정확한 자료수집이 가능하면 할수록 계량적 분석이 더욱더 용이하게 된다. Crowe는 온타리오(Ontario)지역의 레크리에이션 활동의 기후적 연구에서 하계관광활동의 범위를 경관관광과 활동성관광, 그리고 해변관광활동 등으로 한정하고 이를 위해 안락성과 날씨가 주된 두 가지 요소라고 주장했다. 여기서 안락성이란 최고온도와 습도 등을, 그리고 날씨는 운량과 강우량을 뜻한다.

각 요인별 백분위수로 계산되어서 각 활동요소마다 합산함으로써 전체적 지표를 나타낼 수 있다. 하계관광 타당성을 위한 분석결과는 남온타리오 지역에서는 해변관광 활동조건이 유리하게 나타났고, 다른 지역은 경관관광과 활동성관광이 적합한 것으로 밝혀졌다.

Harker는 동계 레크리에이션 및 관광을 위한 캐나다지역성의 기후적 잠재력을 분류함에 있어서 다른 방법으로의 접근을 시도했다. 그는 7개의 요소를 선정하고, 각 요소마다 가중값을 부여하는 방법을 택했는데, 예컨대 습도보다는 연중 평균강설량에 대한 비중을 높게 두고 있다는 것이다. 기준을 50으로 하여 7개 요소에 대한 가중 평가치를 합산하고 캐나다 전역에 걸쳐 동계스포츠 시설을 개발하기에 적절한 기후 분석도를 작성했다. 연구결과 동계스포츠 개발지로서 잠재력이 높은 곳과 이미 스키장으로서 시설을 갖추고 개발이 잘된 지역과는 여러 측면에서 일치하고 있는 것으로 나타났다.

Besancenot와 Mounier 등도 하계관광 개발에 적합한 기후적 분류를 시도함에 있어서 이와 유사한 기법을 사용했다. 여기서 그들은 6개의 변수치를 합산하는 방법 대신 9배수 분류를 하기 위해 각 변수 측정범위를 규정하고 있다. 사용된 변수는 일조시간, 운량, 최고온도, 풍속, 안개 정도, 강수량 등으로, 이러한 요소들의 결합값이 하나의 매력으로 측정되어진다는 것이다.

그들은 또 월별 평균과 같은 평균값 사용은 별로 큰 의미가 없기 때문에 실제로 관광객들에게 적용될 수 있는 일일 기후적 변수요인들의 기록을 분석에 활용했다. 따라서 이 연구는 지중해연안과 Breton휴양지를 대상으로 10일간씩의 도수분포분석을 제시한 바 있다. 이와 같은 하계절 기후조건을 지역적 차원에서 도식화함으로써 해당 지역의 월별 관광 쾌적일의 파악이 용이하게 될 수 있다. 이들은 또 관광객들에게 관광휴양지의 기후에 대한 신뢰도를 높일 수 있게 하는 문제는 매우 중요하다고 주장하고 있다.

기후의 변화성은 위도에 따라 하계절 기간 동안 관광객 증감을 나타내는 변수적 계수를 사용함으로써 측정되어질 수 있다. 더구나 변화성은 어느 지역의 기후적 조건이 가장 유리한가를 제시해 주어 실제와의 격차를 감소시킬 수 있다.

Dauphine과 Ghilardi는 Cote d'Azur 휴양지의 기후적 안락지표를 검토한 결과 그 지표에 따라 계절적 변화의 범위가 결정되고 있음이 나타났다고 했다.

Clausse의 지표는 하계절에서의 변화는 거의 보이지 않는 반면 동계절에서는 많은 변화를 보이고 있었는데 Terjung의 지표는 그 반대현상을 보여주고 있다. 더욱이 레크리에이션적 안락지표는 1978년 Yapp과 McDonald에 의해 제안되었는데, 여기서 그들은 실제 관찰의 최대활용과 평균값의 최소활용을 근거로 한 인체의 열균형 모델을 사용하였다. 인간의 열균형은 활동수집에 따라 달라지기 때문에 이 모델은 일광욕과 도보, 그리고 보트낚시 등 각기 다른 레크리에이션 활동에 적용되었으며, 유쾌하거나 무심하거나 또는 불쾌하거나 등 기분상태의 빈도에 따라 분석되어지는 것이다.

비록 이와 같은 관광기후에 대한 규명의 시도가 완벽하다고는 볼 수 없으나, 불충분하지만 단순한 기온요소라든가 일련의 요소들을 고려해야 된다는 주장은 과거부터 지금까지 논의되어오고 있다. 전체적인 지표에 대한 특정 변수와 이것이 일정한 레크리에이션 또는 관광활동과 관계해서 실제로 적용될 수 있는 통합적 연구가 이루어져야 할 것이다. 그러나 여기서 논의된 방법들은 어떤 의미에서는 공간과 시간적 변화를 규명하는데 활용가치가 있는 지표가 될 수 있다고 본다. 이와 같은 관점에서 몇몇 전문가들이 기후와 관광활동기간에 대해 실제관광객들의 활용기간보다 기후적으로 관광에 적합한 기간이 더 길다는 점을 규명한 것은 매우 중요한 사실로 주목되어지고 있다.

2. 물리적 조건

기후조건 외에도 물리적 조건은 관광개발의 여러 측면에서 특히 휴양지개발에 있어서 매우 중요한 요인으로 다음과 같은 요소를 고려 대상으로 하고 있다.

1) 건설부지

첫째로 개발대상지에는 요구되는 숙박시설과 부대시설, 그리고 필요한 기반시설을 건설할 충분한 부지가 있어야 한다. 토양, 지질, 지형, 경사안 정도와 방향 등은 물리적 부지에 대한 속성을 고려해야 될 많은 요소들 가운데 중요한 것들이다. 추가로 검토해야 할 요소들은 상수도와 배수, 그리고 하수처리시설의 가능성 여부인 것이다.

2) 접근도

접근 용이도는 관광적 특징면에서 매우 중요한 요인으로, 특히 동계스포츠 중심 휴양지와 자연자원의 매력에 중점을 둔 개발에 있어서 매우 중요한 요소이다. 따라서 현대의 건실공법으로 대부분 지역에서 난공사를 극복할 수 있어 접근용이도가 가능하게 되었다. 물론 여기에 따른 비용문제는 다른 차원에서 검토되어져야 할 것이다.

3) 레크리에이션 자원

대다수의 레크리에이션 중심 휴양지는 그 지역의 물리적 특성에 의존하고 있다. 예컨대 Georgulas는 1급 해변휴양지로서의 기준을 다음과 같이 규정하고 있다.

(1) 수동적 관광활동 적지

① 해변 : 훌륭하고 깨끗한 모래사장이 최소한 넓이 50피트, 그리고 길이는 300피트 이상일 것. 연중 적어도 80% 이상은 관광객이 사용하는데 편리한 지역

② 배후지 : 나무와 그늘, 그리고 쾌적한 환경으로 인공쓰레기와 자연적 유해물이나 해충이 없는 곳일 것

(2) 능동적 관광활동 적지

① 수질 : 침적토나 색깔이 없고 세균이나 오염도가 높지 않으며, 생물학적으로도 위험이 전혀 없는 수질

② 해저 : 만조시 8피트 수심까지는 바닥에 산호나 바위가 없는 활동 가능한 지역

③ 지형 : 해변의 경사는 8° 이상 되지 않고 크기는 수동적 관광활동지역보다 더 길고 더 넓어야 하며, 연중 9개월 동안 수영이 가능한 지역

다른 한편으로 수상스키장 개발에 있어서는 선착장 등의 건설이 요구되므로 다른 물리적 측면에서의 기준이 마련되어야 할 것이다. 구체적으로 특색 있는 물리적 형태 자체가 여기서는 주된 매력이 될 수 있다. 따라서 매력성 분류에 대해서는 그 자체가 모호성을 내포하고 있는 특징이 있다.

3. 매력성

관광개발은 자연적으로나 또는 역사적으로 주어진 자원과 실재 및 잠재수요의 균형 유지에 관한 문제인 것이다.

Guthrie는 외래 관광객에 대한 동기유발 요인은 매우 다양하기 때문에 관광매력에 대한 세계적으로 통일된 측정기준은 있을 수 없다고 지적했다.

왜냐하면 그것은 사람들이 국적과 인종적으로 다르기 때문에 모든 현상을 다른 각도에서, 그리고 다른 방법으로 보기 때문인 것이다. 예컨대, Ritter는 레바논과 이슬람 세계에서는 해안의 매력에 대해 일반적으로 무관심하다고 평했다. 그럼에도 불구하고 앞장에서 지적한 바와 같이 관광객을 유치할 수 있는 매력현상의 범주는 매우 크다고 할 수 있다.

공간적 개발을 위한 목적으로 지리학자나 기획자의 당면과제 중의 하나는 매력성 비교평가에 있어서 계량적 근거로 접근함으로써 미학적 또는 중요한 문화의 매력현상을 감소시키지 않을까 하는 문제인 것이다.

Piperoglou는 관광매력평가를 다음 네 가지 기본단계로 이루어져야 한다고 밝혔다.

① 관광객의 선호도 파악을 위한 시장조사
② 당해 지역에서 관광객이 무엇을 원하는가를 규명하고 평가하는 일
③ 자원의 공간적 상호작용에 관한 그 지역의 특색 규정
④ 인간과 공간요소 양 측면에서 관광객을 흡수할 수 있는 당해 지역의 수용능력 검토

Piperoglou는 그리스 서부지역의 연구에서 그리스 방문관광객 조사를 실시했다. 여기서 그는 주된 매력자원의 집단을 고대 그리스와 아름다운 마을, 그리고 태양과 바다 등 3개로 구분했다. 그 지역의 자원은 평가되어지고 지도 위에 표기되었으며, 각 매력자원은 조사결과 선호도에 따라 상대적으로 평가·표시되었다. 특정자원을 평가함에 있어서는 어느 매력자원이 독특하고 또 어떤 자원이 그리스 다른 지역에서도 존재하고 있는가 하는 것까지 신중히 기록되었다. 각 관광지는 반지름 80km 단위로 자원별 특색을 근거로 규정되었다. 이와 같은 거리는 관광객이 매력지점을 여행하는 데 평균 반나절은 기꺼이 소비할 것이라는 가설에 근거한 것이다.

3개의 주된 관광자원이 있는 곳은 인치력의 범위가 더 확장되고, 3개 모두가 존재하는 곳은 제3의 인치력이 작용할 수 있는 범위까지 확장시켰다. 네 번째의 가중값 요인으로는 5만명 또는 그 이상 거주가 가능한 도시화로서의 기반시설 구성사태를 적용하였다. 그래서 각 지역별 평가점수가 합산되어지면 총점에 근거해서 개발의 우선순위가 결정되어지는 것이다.

이와 같은 연구는 각종 매력요인의 가중값과 이러한 요인의 공간적 관계와의 결합으로 이루어진 접근방법이라고 볼 수 있다. 여기서 구성자원군은 특히 중요시되는데, 그것은 총계보다 개별매력물의 합이 적기 때문이며, 관광자원에 관한 다양성의 폭에 대한 중요성을 강조한 것으로 풀이할 수 있다.

관광객 조사연구는 시간과 경비측면에서 비용이 많이 든다고 할 수 있다. 다른 방법으로는 관광객선호도를 대리 파악하는 입장에서 일반적으로 델파이 조사방법(Delphi method)을 사용한 전문가의견 조사연구기법이 있다.

1978년에 Ritchie와 Zins는 관광매력물 우위결정으로 문화의 중요성을 규명함에 있어서 약 200여명을 대상으로 조사를 실시하였다. 이들 대상자에게 평균 관광여행자 입장으로 질문지에 대한 각 항목별 응답을 요구했으며, 일반적인 우선순위 등급측정과 11점 측도법을 동시에 사용하도록 했다. 대체로 자연적 경관과 기후조건의 매력이 제일 높게, 그 다음이 문화와 사회적 매력의 특징, 그리고 접근성과 관광객에 대한 주민의 태도 순서로 나타났다. 따라서 사회·문화적 요소의 중요도에 대한 평가에 있어서는 거주자와 비거주자 간에 각기 약간 다른 양상을 나타내고 있음이 밝혀졌다.

또, 1979년도 Ferrario는 남아프리카 관광자원의 포괄적 조사에서 이러한 방법들의 종합형태를 활용했다. 처음에는 남아프리카에 관한 10권의 지침서에 기재된 2,300개의 항목들을 조사하고, 그 다음 이것들을 21개의 범주로 분류했다. 그리고 난 후에 호소력과 활용도의 2개 가치기준 차원에서 다음의 공식을 사용함으로써 평가될 수 있다고 했다.

$$I = \frac{A+B}{2}$$

여기서,

I = 관광잠재력의 지표

A = 호소적 구성요소(또는 수요)

B = 활용가능 요소(또는 공급)

으로서, 수요는 광범위한 관광객 조사에 의해서 평가되었다. 이 조사결과 21개의 환경적 요소 가운데 경관과 전망, 그리고 야생물과 자연적 식물 등이 최우선순위로 밝혀졌다. 각 범주별 선호도에 대한 비율은 관광수요의 지표로 활용되었으며, 척도범위는 1에서 10까지로, 예컨대 77%는 지표로 7.7이 되는 것이다. 그래서 남아프리카에 있는 2,300개의 매력요소들은 지침서의 공동작인에 의해서 범주별 지표에 가중값을 부여함으로써 평가가 가능하게 되었다.

앞에서 언급한 1에서 10까지의 측정에 대한 결과값은 그 품목의 제곱근을 활용했으며, 이 새로운 가중계수는 G로써 다음과 같이 공식화시킬 수 있다.

$$I = \frac{AG+B}{2}$$

여기서 B는 접근성에 대한 지표로서 관광공급에 영향을 미치는 계절성, 접근용이도, 입장, 중요도, 미묘성, 인기도 등 6개 요소의 기준에 의해 결정된다. 동시에 전지역에 걸쳐 지역사회의 유력인사들로 하여금 그들의 지역 안에 있는 6개 요소에 대한 미력을 기술적 명목척도로 평가하도록 하였다. 이러한 평가결과를 지표에 가중값으로 변형시켜 각 매력자원에 대한 다른 측면에서의 평가는 결국 평균평가값으로 분석되는 것이다.

이와 같은 방법으로 매력군에 대한 가치가 분석·규명될 수 있으며, 눈금척도가 낮은 지표를 나타내는 매력군보다 높게 나타내는 매력군이 주된 관광매력지로 평가받을 수 있게 하는 것이다. 비록 이러한 연구는 다소의 한계점이 있다 할지라도, 매력성과 공간적 매력자원의 변이에 대한 한계성과 같은 추상적이고 무형적인 개념을 합리적이면서 객관적으로 평가할 수 있는 가능성을 제시해 주고 있다는 차원에서, 연구접근 방법상 매우 발전적이고 큰 의미를 가지고 있다고 볼 수 있다.

4. 접근성

접근성에 대한 2개의 관련된 형태인 물리적 접근도와 시장접근도가 관광개발을 위한 잠재적 지역을 평가함에 있어서 중요시되어야 한다. 물리적 접근도는 접근노선의 위치, 고속도로, 철로, 그리고 공항과의 거리 등으로 주로 기존 하부구조에 많이 의존하고 있는 것을 말한다. 이와 같은 하부구조는 건설에 있어서 상당한 비용이 들 뿐만 아니라, 이것이 이미 존재하고 있는 상태와 존재하고 있지 않는 상태와는 매우 큰 차이가 있는 것이다. 기존의 관광목적지까지 어떤 일정과 교통수단으로 서비스를 제공해야 할 것인가 하는 문제도 신중히 검토되어져야 한다. 특히 항공기술의 개발로 장거리 직항노선이 증가되고, 이로 인해 도서지역 관광목적지는 이제 항공기가 만원을 이루게 되었으며, 반면에 이전까지만 해도 철도교통 수단으로 접근가능하던 소규모 관광지는 이제 우회하게 되기에 이르렀다. 따라서 비교적 대량관광이 배제된 호화시장의 수요가 대상이 되고 있는 고립된 관광목적지가 접근성에 있어서 더욱더 유리하게 되고 있다.

접근성은 여행시간이나 경비 또는 거리 등의 측정요인으로서 시장과 근접도를 나타내 주는 것이다. 국제적인 차원에서는 생활수준이 높은 산업화되고 도시화된 국가에 있어서 접근성은 매우 중요한 요소가 되고 있다. 인접해 있는 대도시와 이의 인구학적 특색이 국가·지역차원에서 관광개발의 결정요소가 된다.

접근성은 그것의 개발형태에 따라 시장층이 달라지게 된다. 그렇기 때문에 제2의 거주지나 별장은 주된 대도시 인구지역으로부터 160㎞ 내지 240㎞ 내외의 거리에 위치하고 있는 것이 일반화되어 있는데, 그 이유는 이용자들이 긴 휴가기간 외에 주말에도 출입이 용이하다는 점 때문인 것이다.

그러나 이와 같은 거리에 대해서는 나라마다 다소의 차이를 보이고 있는데, 미국의 경우는 실제거리가 더 먼 반면에 스웨덴 같은 경우는 더 가까운 것으로 나타나고 있다. 훌륭한 스키장과 아름다운 자연경관이 있는 특수관광 매력지의 경우에 관광객은 먼 거리라도 기꺼이 여행할 준비가 되어 있을 것이다. 관광의 종합적 효과를 고려하지 않고 개발에 임할 때에 관광시장의 근접성에 대한 요인은 특히 심각한 요소로 작용할 수 있다.

이러한 예는 해안관광 항만의 위치에서 찾아볼 수 있는데, 프랑스 바(Var)항에서의 정박시설의 수요는 지역주민과 제2의 주거지 관광객들에게 의존하고 있으며, 이 비율은

한 개의 정박시설이 주민의 1/10에 해당하는 관광객의 2톤짜리 선박 수보다 많은 것으로 나타나고 있었다.

한편, 특정휴양지와 관광개발에 관한 관광객 흐름의 연구가 이루어진 바 있는데, 주로 중력모델을 사용함으로써 이를 규명하려 했다. 이 중력모델은 기본적으로 두 지역의 인구와 거리가 함수관계로서 두 중심지 간의 사람의 흐름을 나타내는 것인데, 이것은 아래와 같이 공식화시킬 수 있다.

$$I = \frac{P_1 \cdot P_2}{d}$$

I = 상호작용
P_1 = 1지역의 인구
P_2 = 2지역의 인구
d = 두 지역간의 거리

로서 계측되어질 수 있는 것이다.

그러나 관광객의 흐름은 대도시지역에서 제2의 거주지나 휴양지로 빠져나가는 교통량이 역으로 돌아올 때에는 같은 교통량으로 역류되지 않는 것처럼 반드시 상호 일치하는 것이 아니다. 따라서 기본적 중력모델을 관광객 흐름에 적용하려면 다양한 방식으로 변형을 시켜야 한다.

수정된 방법 중에는 관광목적지의 스키승강기 수, 육지에 대한 물의 비율 등과 같은 매력요소 측정변수를 결합한다든지, 또는 시간과 경비 측면에서 거리에 대한 평가측정 등을 포함시키는 경우도 있다. 1977년 Bell이 제2거주지와 스키장의 수요에 대한 연구에서 사용한 중력모델과 1973년 Malamud의 라스베이거스 관광연구에 활용된 중력모델은 성공적인 것으로 평가되고 있다.

대부분의 경우 특정지역의 잠재시장에 대한 개발을 결정함에 있어서는 실제 거리요인에 의해서가 아니라 다른 휴양지나 또는 매력요소가 관계한 위치에 의해 좌우되고 있음을 알아야 한다. 따라서 몇몇의 주된 관광지는 기존 관광휴양지와 시장지역의 중간지점에서, 소위 개재기회를 활용하여 성공적으로 개발한 실례를 찾아볼 수 있다.

5. 토지보유와 사용

관광개발을 위한 토지매입이나 또는 장소의 사용권에 대한 획득은 개발계획의 선행조건인 것이다. 자발적인 개발로 이루어지는 제2의 거주지는 대체로 매입자와 매수자 간의 개인적인 매매행위로 시작이 되고 있으며, 이러한 유형의 개발은 주로 작은 규모의 토지를 필요로 하고 있을 따름이다.

그러나 대규모 휴양지나 관광단지 개발의 경우에는 계획시작단계에서부터 신속한 토지확보가 요구되며, 이것은 매우 중요한 일이다. 필요한 토지확보로의 접근은 전체 휴양지 개발을 용이하게 할 뿐만 아니라 특수한 건축 또는 도시계획원칙에 의한 통합적이고 기능적인 한 단위로 개발하는 데도 많은 도움이 되는 것이다. 특히 신속한 토지획득은 어려운 과제를 최소화시킬 뿐만 아니라, 법적 경비를 줄이고, 투자에 대한 회수율을 촉진시키는 데도 기여하게 된다.

토지의 규모에 비해서 소유주가 적으면 많은 개인소유주를 가진 지역보다 토지획득에 어려움이 적을 것이다. 토지소유권과 보유의 다양성은 관광휴양지의 위치뿐만 아니라 형태에도 영향을 미치게 되는 것이다.

1) 국유지

유럽의 오랫동안 안정된 산악지대와는 대조적으로 신대륙의 산지는 대부분 국가 통제하에 있으며, 뉴질랜드의 고지대는 정부 각 부처에 의해서 관리되는 거의 전부가 왕실소유로 되어 있다. 현재로서는 비록 신중하지만 정부기관이 관련단체와 개발사업가들에게 이들 지역을 임대형태로 스키장시설 개발허용의 기미를 보이기 시작했다. 그러나 개발형태에 영향을 미치는 사항에 대해서는 임대자들이 책임을 진다는 조건이며, 어떤 공원당국은 출입도로 건설도 허용하지 않고 있다. 더욱 주시할 것은 스키장에서의 숙박시설은 허가되지 않고 스키장시설과 숙박시설을 완전히 분리되어야 한다는 것이다.

그 예로 Coronet 정상과 Queenstown의 거리는 19㎞나 떨어져 있게 되었고, 이와 유사한 경우는 Colorado에서도 볼 수 있는데, 공유지가 당초에 수목한계선으로부터 나중에는 산꼭대기까지로 확장되어갔다. 그 결과 고지대시설은 그곳에 허용이 되었지만 호텔, 모텔, 캐빈 등과 같은 숙박시설은 계곡 아래에 있는 작은 규모의 개인소유지에 설치하도록 연방정부가 규정하고 있다.

이러한 현상이 일어나지 않고 있는 Aspen과 Vail 지역은 산악관광휴양지로서 매우 성공적인 경우라고 볼 수 있다. 그러나 Simeral이 지적하듯이 산악관광시설을 개발하기 위해서 공유지를 임대하는 것은 사유지를 확보하는 것보다 훨씬 비용이 적게 들 뿐만 아니라, 특히 부동산투기 목적으로 보유하고 있는 사유지 근처일 경우에는 더욱 유리한 조건이 될 것이다.

2) 지방공유지

프랑스 알프스의 고산지는 오래 전부터 전통적으로 지방자치의 공공목장이었으며, 마을 부근의 비옥한 토지는 소규모 형태의 개인소유로 되어 있다. 이러한 공공목장의 경영은 주로 지방자치단체의 권한으로 되어 있고, 지역사용권을 획득하기 위해서 개발주체는 단지 관계기관이나 자치단체장과 협의하도록 되어 있다. 대체로 쌍방간의 계약은 휴양지건설 자체에 필요한 토지만큼만 구입할 수 있게 하며, 스키장의 허가기간은 30년으로 정하고 있다.

이와 같이 공공목장 지역으로부터 취득해서 건립된 시설은 고산지대의 많은 신통합휴양지 조성과 이것이 상호 밀집되어 기능적 형태로 발전시킨 괄목할 만한 기여요소가 되고 있다.

그러나 지방자치주의란 Fiji에서 보여주고 있는 현상과 마찬가지로 반드시 같은 문화적 배경을 가진 단위 내에서의 합의만을 뜻하는 것은 아니다. 토지에 대한 소유권은 소유단체마다 불공평하게 분배되어 있기 때문에 어느 정도의 토지를 거래해야 할 것인가 하는 점에 대해서 가끔 논쟁의 초점이 되어지고 있다.

이러한 복잡한 상황 가운데서도 Fiji 토지관리위원회는 관광개발을 위해 피지인 소유토지사용을 허용하는 정책을 수립하고 당해 지역개발회사의 주를 토지소유자가 최소한 10% 취득할 수 있는 권리를 부여하고 있다. 그러나 현재까지 피지에 있는 대부분의 호텔들은 국외이주자 소유의 토지를 양도받아 그곳에 시설을 건설하고 있는 실정이다.

3) 사유지

Renard는 프랑스 한 지역의 제2의 주택분포를 분석함으로써 토지보유체제와 소유지의 크기에 대해 설명하고 있는데, Talmondais 해안지역에는 기본적으로 2개의 토지보유체제가 존재하고 있다고 했다. 약 30ha에서 60ha 규모의 소유자들은 외지인으로서 지역 소작인들이 농사를 짓고 있으며, 동시에 이 마을 부근에는 작은 규모의 토지소유주들이 있는데, 반소작인들은 10ha 미만의 토지를 농사짓고 있었다. 이러한 작은 규모의 토지는 제2의 주택소유 희망자들이 이주해오는 반면, 대규모 토지소유자들은 그들의 토지를 투기목적으로 보유하고 있을 뿐 이 지역에서의 관광개발은 거의 기대하기 어렵게 되어 있다.

그러나 마피아의 활동이 여전히 계속되고 있는 Sicily의 서북지역에서는 대규모 토지소유 외지인들이 그들의 이윤을 도시지역에 재투자하기 위하여 제2주택 희망자들에게 분할 매매하고 있다.

비록 사유지에 대한 매매나 보유는 개인적 사정에 달려 있다고 볼 수 있으나, 관광개발계획이 설정되면 관계당국이 중재역할로 압력을 가할 수도 있다.

프랑스에서는 만약 개발주체가 그 계획이 공익에 부합된다는 것을 입증할 수만 있다면 관계당국은 개발주체를 대신해서 사유지 수용력을 발휘해 줄 수도 있는 것이다. 그러나 이와 같은 관계당국의 권한이 스위스에는 존재하지 않고, 여기서는 사유재산이 불가침의 보호를 받고 있다. 따라서 개인 산장은 스키장 내에도 건설이 허용되고 있다.

토지의 가격도 또 하나의 주된 고려대상으로서, 특히 관광이 농업과 산업 또는 도시화 용지 목적의 토지와 경쟁하려면, 시골지역이나 고산지역 또는 해안지역의 경우와 같이 토지개발에 대한 문제가 심각하지 않은 지역보다 더 큰 어려움을 겪게 될 것이다. 특별히 도시지역에서는 다른 형태의 개발이 다른 방법으로 토지임차를 가능하게 할 수 있을 것이다. 그 예로 고층호텔과 같은 집약적 시설형태는 도시중심지에 건설이 가능한가 하면, 캠핑장과 같은 시설의 개발은 교외지역에 설치도록 유도하고 있다.

4) 구속력과 장려책

관광개발은 건축규제나 특정용도별 지역규정형태 등의 각종 법적 구속력에 의해 제한을 받을 수 있으며, 이들의 대부분은 토지소유자권의 형태와 밀접한 관계를 가지고 있다. 예컨대 대부분의 국립공원 구역 내에서는 개인적 관광주거 건물을 규제하고 있으며, 영업용 숙박시설의 수도 제한하고 있다.

대부분의 국가에서는 비록 해안지역의 많은 토지가 분명히 개인소유권으로 되어 있다 하더라도 해변가의 토지에 대해서는 국가의 시책에 의해 보호를 받고 있다. 지역적 차원에서, 특히 도시지역에서 용도별 구획규정은 일정지구 내에서 특정한 형태의 영업용 숙박시설 건축을 금지하고 있으며, 동시에 건물의 고도와 크기의 제한규정으로 건물 형태에 영향을 주기도 한다.

이와 같은 지방건축조례나 규정 등은 국가나 지역에 따라 각양각색인 것으로, 대부분이 도시계획상 미관을 해친다는 이유나 또는 생활환경의 질적 저하를 예방한다는 이유 때문에 실시되고 있는 것으로 나타나고 있다. 따라서 자연자원의 보호나 경관파괴를 예방할 목적 또는 역사적 유물이나 문화재보존의 목적 등으로도 신규건축물에 대한 제한 및 규제조치 등이 있는 것이다.

그러나 다른 한편으로는 지역개발을 권장하기 위해서 정부가 특정지역을 대상으로 저리융자나 세금감면 등과 같은 특혜 및 장려책을 관광개발 주체에 지원하고 있는 것이다. 또, 기반시설 제공과 진흥지원책을 통해서 관광개발 주체를 선별적으로 유치하려는 경우도 있다. 국제적으로도 나라마다 관광산업에 대한 공공부문의 지원에 대한 차이는 위치적 요소에 결정적인 영향을 받고 있는 것이다.

이상에서 논의된 것 외에도 교통, 설비, 서비스, 위생 및 안전시설, 하수도, 전력, 그리고 상수도 등과 같은 기반시설도 자원평가측면에서 또한 고려대상이 되어야 한다.

따라서 활용가능한 공간적 변화, 노동력과 비용, 관광에 대한 주민들의 자세, 그리고 정치적 안정성 같은 요인도 관광개발에서는 간과할 수 없는 요소들인 것이다.

6. 수용능력

어느 지역에서든지 그 곳이 적절한 관광지로 개발되기 이전에 먼저 고려되어져야 할 사항으로는 관광객과 새로운 시설 그리고 활동가능 공간에 대한 수용능력이다. 수용능력은 어떤 시설이 포화상태(물리적 수용량)이며, 환경이 저하(환경적 수용량)되고, 또 관광객의 즐거움이 감소(지각 또는 심리적 수용량)되는가를 초월한 관광활동의 시발점이 되는 것이다.

이러한 개념은 현재 일반적으로 그 중요성이 인정되고 있지만, 관광계획의 도구로서 수용능력을 사용함으로써 그 시발점이 제한 받고, 또 받을 수 있기 때문에 그것을 측정하거나 계량화하는 데는 어려움이 따른다. 허용수용 한계점에 대한 기준은 각 지역마다 다르게 나타나고 있을 뿐만 아니라, 물리적 · 환경적 수용능력도 경영기법에 의해 영향을 받고 있다.

이와 같은 문제점은 해안관광지에서의 수용능력에 관한 범위의 차이에서도 그 예를 찾아볼 수 있다.

<표 8-1>과 <표 8-2>에서는 관광수용능력별 밀도와 이에 대한 기준을 각각 다른 차원에서 제시해 주고 있다. 이들 대부분은 지각적 수용량에 관해 언급되어지고 있으나, 분명한 점은 높은 관광밀도에 대해 매우 관대하다는 것이다.

〈표 8-1〉 해변관광 수용량 결정을 위한 밀도기준

사용자 수		해변 넓이		
해변의 직선 1m당		20m	33m	50m
평균값	동시 수용인원	1.2	2.0	3.0
	일일 수용인원	2.5	4.0	6.0
최대값	동시 수용인원	2.0	3.3	5.0
	일일 수용인원	4.0	6.5	10.0

자료 : D. Pearce(1981)

〈표 8-2〉 성수기 해안관광지 적정밀도

해안 형태	숙박 형태	1인당 사용 넓이(㎡)
소규모 해안	특급시설(고가)	20
대규모 해안	중류시설(보통가)	10
장사 해변	하류시설(저렴가)	6.6

자료 : D. Pearce(1981)

한 해안관광지에서의 관광밀도에 관한 조사결과 1ha당 600명의 수용이 허용될 수 있으며, 이것은 결국 1인당 15㎡의 활동범위를 차지하게 되는 것으로 나타났다. 그리고 해변관광객들은 하루에 보통 세 차례의 해변활동유형으로 분류되는데, 이것은 오전활용형, 정오활용형, 오후활용형으로 나눌 수 있다. 또, 해안관광객 중 전혀 해변에 가지 않는 관광객도 있는데, 이의 비율은 전체의 약 25%에 해당되는 것으로 나타났다.

따라서 이러한 자료를 근거로 해안관광휴양지의 1일 관광 적정수용량을 다음과 같이 계측해 볼 수 있다. 즉

3(회)×600 사용자 / 헥타르당 = 1,800 관광객 / 헥타당 + 600 비사용자
= 2,400 관광객(해변 1헥타르당 체재가능자수)

그러므로 20헥타르의 해변을 대상으로 한 관광개발의 수용능력 결정을 위해서는 최대한 48,000명을 수용할 수 있는 숙박관광시설을 건설하는 것이 타당하다는 결론을 얻을 수 있는 것이다.

제2절 관광개발을 위한 자원평가방법

세계관광기구(UNWTO)는 통합된 관광계획에 관한 지침에서 계획의 각종 유형, 그것의 목적, 각종 단계와 방법 등을 분명히 밝히고 있다.

어떤 관광개발의 계획형태를 수립하든 간에, 계획자의 첫 임무는 자원의 중요성과 한계를 명심하면서 집행의 우선순위를 정하기 위해서 여러 대상지역의 자원적 가치에 대한 평가를 실시해야 한다. 다시 말하면 자원과 매력요인이 가장 효과적으로 사용될 수 있도록 할 필요가 있다.

관광적 견지에서 지역에 대한 우선순위를 작성하기 위한 일반적인 과정은 각 지역별 관광자원에 근거를 두어야 하며, 이 자원들의 현재 위치와 잠재력에 바탕을 두고 수립되어져야 할 것이다. 이에 따라 각 지역별 평가에 대한 비교와 관광의 매력도에 근거한 우선순위의 결정은 합리적이고도 객관적으로 도출되는 것이다.

근본적으로, 평가와 관련하여 관광개발을 위한 우선순위 설정에 대한 주된 개념은 다음에 근거한다.

① 수량적인 견지에서 기존 관광세습 재산 및 자원의 유형과 범주
② 사전에 평가된 독특한 내적 요인들에 의거한 자원의 질
③ 접근요인과 이미지 및 관광수요를 유치시키는 데 연관되는 상황(이것은 외적 요인과 관계되는 것으로서 승수적 측면에서 그들의 수용능력을 뜻한다)

방법적인 견지에서 본다면, [그림 8-1]과 같은 요인들에 가치척도를 적용함으로써 평가할 수 있는 과정을 택하는 것이 타당하다.

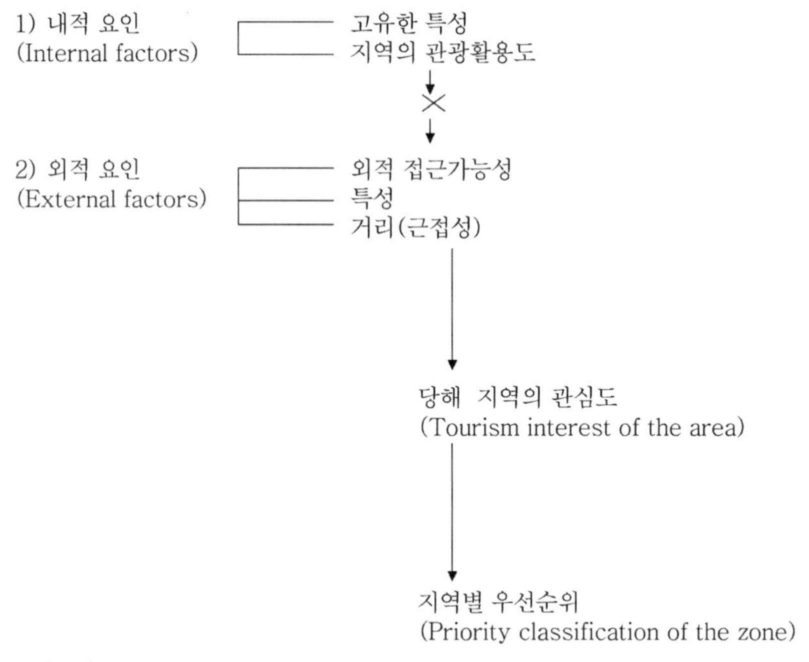

자료 : UNWTO(1980)

[그림 8-1] 평가과정과 우선순위 수립

1. 지역의 내적 요인(Internal factors)

1) 고유한 특징

① 지역의 관광자원(현재와 잠재적인 것)

㉠ 자연자원 : 전망, 식물, 해변, 산악
㉡ 수·광물자원 : 공원, 폭포, 호수, 동굴, 기타

② 지역의 문화적 자원
㉠ 역사적
㉡ 기념물
㉢ 고고학적
㉣ 민속과 전통
㉤ 수공예품
㉥ 박물관
㉦ 예술적, 과학적 및 기술적 특징
㉧ 기타

2) 관광을 위한 자원 활용도

① 도시화 : 유형, 질, 정도
② 기반시설
㉠ 기술적 기반시설 또는 교통과 접근시설
㉡ 도시 : 전기·가스 공급, 위생, 오물수거 및 처리, 통신, 기타 서비스

③ 지역의 관광서비스와 시설
㉠ 숙박시설
㉡ 교통
㉢ 음식, 음료 등
㉣ 쇼핑
㉤ 여가
㉥ 스포츠
㉦ 기타

위의 요소에 대한 평가는 단지 내적 요인에 근거해서 통합된 최초의 부분적 관광가치가 되는 것이다.

2. 지역의 외적 요인(External factors)

① 관광송출지역으로부터의 접근요인과 통신시설
  ㉠ 공항의 존재 여부
  ㉡ 항구
  ㉢ 철로
  ㉣ 도로망
② 다른 지역과 관련해 볼 때의 특수성
③ 관광객 송출지역과의 근접성
④ 관광활동과 유인성에 대해 다른 지역과 비교할 때의 관광중요성

외적 요인에 대한 평가는 내적 요인평가에서와 마찬가지로 요소별 정도에 따라 비중을 부여해야 한다. 이와 같은 방식으로 관광개발 목적을 위한 지역의 평가가 이루어지면, 다음과 같은 공식으로 표현 · 계측될 수 있다.

$$V_Z = \Sigma_{IF} \times \Sigma_{EF}$$
$$\Sigma_{IF} = \Sigma_A + \Sigma_B + \Sigma_C + \Sigma_D$$
$$\Sigma_{EF} = \Sigma_E + \Sigma_F + \Sigma_G + \Sigma_H$$

여기서,

VZ = 지역의 관광가치(tourism value of the zone)
IF = 내적 요인, 즉 각 자원요소의 합이며, 지역 내적 요인의 가치
EF = 지역 외적 요인의 가치

가 되는 것이다.

논리적으로 볼 때, 외적 요인에 부여된 가치는 각 자원의 내적 요인의 총체적 가치와 일치하지 않는다. 왜냐하면 그것은 동질성이 아니기 때문이며, 따라서 이것은 합산될 수 없으므로 승수적 계측에 의존하게 되는 것이다.

관광자원 조사카드는 지역의 관광평가를 위한 기본적인 입력자료가 된다. 특히, 이러

한 평가에서 내적 그리고 수량적 요소의 관점에서 본다면 더욱 중요한 기초자료라고 볼 수 있다. 따라서 전반적인 평가를 가능하게 하기 위해서는, 거리 및 기후적 요소를 포함한 일반사항과 교통 및 도시기반시설을 포함한 하부구조, 건축 및 지형적 형태를 포함한 도시군의 일반양상, 관광숙박 및 위락시설을 포함한 관광시설, 자연 및 역사·문화적 매력을 포함한 관광매력, 전원지역, 수요적 특성, 그리고 현재실태와 잠재력 등 모든 사항을 기록할 수 있는 카드를 사용하는 것이 효과적일 것이다.

제3절 관광자원 개발요소 및 가치측정

관광개발과정의 기본적 요소는 잠재적인 공급과 기존공급, 그리고 기술적 자원 등 크게 3개 범주로 나누어 볼 수 있으며, 다음과 같이 규정지을 수 있다.

잠재적 공급이라 함은 기존문화와 잠재적인 자연 그리고 관광지로서의 관광활용성과 수용능력을 뜻하고, 기존공급은 접근요인과 그것에 대한 자원, 시설, 그리고 관광지로서의 전반적인 이미지를 말하며, 기술적 자원이라 함은 모든 잠재력과 지방화된 수용능력, 그리고 그것을 국가적 또는 다국적 개발계획과 합동으로 추진할 수 있는 자원을 뜻한다. 따라서 위의 세 가지 요소는 다음과 같이 세분하여 설명될 수 있다.

1. 잠재적 공급(Potential supply)

1) 문화적 매력

① 이국정서 : 발견에 대한 매력, 색다른 것을 얻으려는 것 등
② 풍습, 전통양식, 민속, 수공예품
③ 종교 : 성지순례, 종교의식과 예술 등
④ 고고학, 유물, 역사 : 사적지와 기념물

⑤ 현대문화 : 건축양식, 박물관, 문화센터, 페스티벌 등

2) 자연적 매력

① 전망 : 조경측면에서의 특성
② 산악 : 경관이 아름다운 산지 등
③ 바다와 호수 : 해안, 제방, 작은 항구, 만, 도서 및 작은 섬, 물의 순도(수로, 온도, 제방 등)
④ 식물과 동물군 : 식물, 숲, 야생동물 등
⑤ 기후 : 주된 기후조건(기온, 바람, 강우, 적설, 흐림 등)과 미시적 기상의 영향 등

3) 관광활동

① 해변활동 : 각종 수상경기
② 산악활동 : 동계스포츠, 등산, 하이킹 등
③ 기후와 온천효과 : 특정한 수질에 의한 치료력 등
④ 수렵과 사진촬영을 겸한 여행 : 낚시를 겸한 것, 공원과 금렵지역 등
⑤ 스포츠와 레크리에이션 : 승마, 체육행사, 카지노, 회의 등
⑥ 식도락 : 지방요리 시식, 특식, 별미요리 등

2. 기존공급(Existing supply)

1) 접 근

① 국제적, 대륙간, 국내지역간 연결 : 항공, 항해, 육로 등
② 교통통신 기반시설 : 도로와 철도체계, 국제 및 국내공항
③ 주된 관광객 송출지역과의 거리
④ 내부적 거리 : 주된 관광 매력지와의 거리
⑤ 교통수용에 대한 가격의 신축성

⑥ 전세항공기와 할인요금 : 국내 및 국제선
⑦ 여행제도 : 입국절차, 사증제도 철폐, 관광협력 동의 등

2) 시 설

① 해변휴양지 : 기존 국제수준급 휴양지, 항해시설(유람선, 항구 등)
② 산악휴양지 : 기존 동계스포츠와 하계휴양시설, 기계장치시설(리프트, 승강기 등)
③ 풍토적 온천장 : 물치료법 시설, 해양요법센터, 깨끗한 해수의 수영시설, 기타 일반적인 휴양시설 등
④ 내부적 교통 : 기존교통시설, 운영기관 등
⑤ 숙박시설 : 호텔과 기타 유사시설, 보충 숙박시설
⑥ 이용 가능한 인력 : 관광사업체에 고용된 종사원의 수 및 훈련수준 등
⑦ 문화행사 : 페스티벌(축제), 구경거리(주체기관), 전시 등
⑧ 수렵과 낚시 : 기존 수렵 및 낚시에 관한 프로그램 등
⑨ 스포츠 : 시합경기, 국제경기대회 등

3) 지역에 대한 전반적인 이미지

① 문화 : 외국에 비친 문화(문학, 예술 등)
② 국제적 관계 : 무역, 정치, 재정 등
③ 특별한 매력 : 그 고장에서만 존재하는 독특한 매력
④ 선전 : 관광관계 기관에 의한 해외홍보 선전과 외국관광사업자들에 의한 선전(호텔체인, 항공회사, 관광서비스)

3. 기술적 자원(Technical resources)

1) 여행의 가능성

① 국가관광계획 : 국가적 차원의 기존계획

② 지역관광계획 : 지역적 차원의 기존계획
③ 지방관광계획 : 해변과 산악휴양지, 그리고 풍토적 온천장 등의 기존개발계획
④ 국가관광기구 : 계획 · 서비스와 구조
⑤ 해외선전사무소 : 기존 해외선전사무소
⑥ 해외상업망 : 조직망의 범위
⑦ 호텔체인 : 국내(공유 및 사유) 및 국제적인 체인
⑧ 교통정책 : 항공, 육운, 해운교통에 대한 국가시책

2) 수 단

① 관광공무원 : 공무원의 자격(업무수행능력)
② 호텔과 관광산업 서비스 종사원 : 이용가능 인력과 자격요건
③ 직업훈련 : 관계 학교와 훈련원의 수, 그리고 관광과 식음료분야의 학생수와 교육기준
④ 계획의 우선순위와 구조 : 국가개발계획 중에서 관광이 차지하는 비중과 관광개발계획 담당기구의 권한
⑤ 공공기관과 사기업에 투자할 수 있는 자원 : 기본 하부구조와 서비스를 위한 공공단체(기관)의 투자, 숙박시설과 보충서비스를 위한 사기업의 투자
⑥ 국제적 자금융자 : 관광분야에 있어서의 투자와 기술적 지원

3) 다국적 지역 간의 잠재력

① 기후적 유사성 : 지역 전체가 유사한 기후조건
② 일반적인 역사와 고고학 : 사적지, 기념물, 유물 등
③ 조경의 통일성 : 조경의 보편성
④ 지역 전체의 유사한 경관적 매력
⑤ 언어의 유사성 : 의사소통에 있어서 지방어와 공통성
⑥ 지역 내의 교통통신 : 지역 내의 타국과 연결되는 기존항공, 도로, 철도망 등
⑦ 지역적 협정 : 지역 내의 그리고 지역 간 기존협정

4. 특유한 가치에 대한 측면(Determination of specific values)

관광자원의 범주, 집단, 그리고 각종 요인들이 일단 각 고장, 지역 또는 국가의 관광형성과 수용능력에 관계되어서 잠재적 공급, 기존공급, 그리고 기술적 자원 등으로 규정되어지면 그 요소에 대한 가치는 확정된다.

따라서 산출된 총계는 각 고장, 지역 또는 국가의 관광잠재력을 구체적으로 파악할 수 있게 한다.

앞의 범주별 세목들은 그 지방, 지역 국가에서의 내적 평가와 다른 지방, 다른 지역, 다른 국가에서의 외적 가치를 객관적으로 평가할 수 있는 것이다. 따라서 이것은 고려의 대상이 되고 있는 고장, 지역 또는 국가의 관광요인에 대한 평가를 가능하게 해주는 요소들일 뿐만 아니라, 인접한 또는 같은 관광기구 내에서의 부분을 형성하고 있는 요소들로서 동일한 관광시장에 제시되어졌을 때 관광매력의 평가를 가능하게 한다. 또, 이러한 방법은 관광의 잠재력에 대한 현실적 평가를 가능하게 하고 후속단계로서 지방, 지역 또는 국가단위의 자원을 보다 합리적으로 활용할 수 있게 해주는 통합적 평가를 용이하게 한다.

각 요소에 부여되는 가치를 측정하는 데는 여러 가지의 방법이 있다. 질적 평가방법은 관광사업자와 잠재고객들을 대상으로 면담을 하거나 또는 국내 및 국제관광객(실질수요) 차원에서 그들의 관광동기에 대한 조사를 실시함으로써 가능하게 된다. 그러나 양적 평가방법은 위의 것에 비해 매우 단순하다.

이러한 양적 평가작업은 개발계획 담당자들의 입장에서 본다면 외부의 압력으로부터 벗어나 자치적으로 실시할 수 있다는 것에 이점이 있다. 그러나 조사와 면담 등의 평가업무는 가능한 한 많은 범위의 서류기록과 전문기관, 관광사업자, 고객들(잠재적, 실질적 또는 이례적인 여행자 등)과 여론형성자들(사업대표자, 전문학자, 국제적 기구 등)을 대상으로 총망라해야 한다.

이러한 양적 평가방법은 각 요인마다 비중을 부여함으로써 가치의 척도에 대한 결정을 가능하게 한다. 즉 낮음, 중간, 높음 또는 1, 2, 3 등과 같은 단순한 세 가지 가치척도 방법이나 더 상세히 하기 위해서 척도범위를 1에서 5 또는 1에서 10까지로 평가수치를 부여하는 방법 등을 적용시킬 수 있다.

단순척도방법이 사용되었을 경우 주된 요인의 총가치는 최대 171에서 최소 57의 범위로 나타나게 될 것이다. 이러한 등급부여는 전반적인 평가를 가능하게 할 뿐만 아니라 집단별 요인 및 유형별 평가도 가능하게 한다.

이 등급 방법은 관광개발 계획담당자가 지방, 지역 또는 국가의 관광잠재력을 평가하는 데 도움을 줄 뿐만 아니라 전체적 또는 부분적으로 지역, 국가, 그리고 국제적 차원의 전반적 계획과 상호협조적인 관광개발을 가능하게 할 수 있다.

〈표 8-3〉 관광개발 가능지역의 자원평가(태국)

주요 관광지	주요 매력	보충적 요소	지원 시설	접근요인 (항공, 철도, 고속도로)	도시의 레크리에이션 수 요	관광 수요 압력	총점
Bangkok / Pattaya	+++	+	+++	++++	+++	+++	17
Chiang Mai	++	+++	++	+++	++	++	14
Songkhla / Hat Yai	++	++	++	+++	++	++	13
Phuket	+	+++	+	++	+	++	10
Hua Hin(Phetchaburi-Parchuap)	+	+	+	+	+	+	6
Kanchanaburi	+	++	0	+	+	+	6
Upper central Region (Phitsanulok area)	+	+	0	++	+	+	6
Pattani / Narathiwat	+	+	0	++	+	+	6
Khorat	+	0	+	+	+	+	5
Ubon	+	0	+	++	+	−	4
Chanthaburi / Trat	+	+	+	0	0	+	4
Nakhon Si Thammarat	+	+	0	0	+	+	4
Chumphon	+	++	−	+	0	0	3
Trang / Phatthalung	+	+	−	+	+	0	3
Ching Rai	+	+	0	0	0	0	2
Sakon Nakhon	+	+	0	0	0	−	1

※ 배점 : ++++ 4(매우 훌륭함)
+++ 3(약간 훌륭함)
++ 2(훌륭함)
+ 1(양호 / 보통)
0 0(미흡 / 낮음)
− −1(매우 미흡 또는 낮음)

자료 : TDC-SGV(1976)

1976년 태국은 관광개발을 위한 자원평가를 함에 있어서 <표 8-3>에서와 같이 16개의 주요 잠재관광 개발지역을 대상으로 이들 지역에 대한 주요 매력, 보충적 요소, 지원시설, 접근요인(항공, 철도, 고속도로 교통 포함), 도시 레크리에이션 수요, 관광수요에 대한 압력 등 6개 항목에 대해 −1에서 4까지의 배점을 통해 종합평가를 시도했다. 이것을 통하여 각 지역의 특성과 잠재적 자원의 강점과 취약점을 명확히 할 수 있을 뿐만 아니라 전체평점의 합계가 개발의 우선순위를 결정하는 자료로 활용될 수 있다는 차원에서 매우 유익한 연구 분석방법으로 인정될 수 있는 것이다.

한편, Weber는 1989년 유고슬라비아의 관광자원 및 시설요소에 대한 평가를 연구한 바 있다.

이 연구는 유고슬라비아를 방문한 외래관광객을 대상으로 조사한 것인데, 외래관광객들로 하여금 23개의 자원 및 시설요소에 대한 매우 훌륭하거나 만족스러운 요인들을 우선순위로 평가하게 하고, 동시에 이들로 하여금 동일대상을 두고 가장 중요한 요인들의 우선순위를 측정하도록 한 결과, <표 8-4>와 같이 나타났다.

따라서 이러한 자료를 근거로 평가 및 중요성의 범주별 1에서 9순위, 또 10에서 23순위로 나누어 전자는 우수집단에, 그리고 후자는 취약집단으로 [그림 8-2]에서와 같이 (I) 전략상 성공적 위치군, (Ⅱ) 호의적 위치군, (Ⅲ) 주된 취약군, (Ⅳ) 종속 취약군 등 4개의 집단으로 나누어 평가하고 있다.

이와 같은 관광자원 및 시설 또는 공급요소에 대한 분류별 등급 평가방법은 비록 이것이 외적 평가 측도수단이라고 볼 수 있는 실수요자에 의해서 일방적으로 이루어졌다 할지라도 관광개발 및 진흥과 관광효과의 제고를 위해서는 대단히 중요하고 의미 있는 연구자료로 활용도가 높은 연구임이 인정되고 있다. 그러나 보다 타당성이 있고 합리적인 관광자원평가를 위해서는 내적 평가측도 요체인 목적지 주민에 의한 평가분석도 동시에 계측 · 비교 내지는 고려되어야만 할 것이다.

〈표 8-4〉 외래관광객의 관광자원 및 시설에 대한 평가 (유고슬라비아)

우수성에 대한 평가			중요도에 대한 평가	
순 위	항 목	%	순 위	%
1	기후 및 일기	72	1	46
2	환경 및 시골풍경	56	2	39
3	숙박시설의 서비스	49	9	25
4	목적지 체재시 안전도	48	5	28
5	지역주민의 친절도	44	7	26
6	마을 및 동네의 경관	43	11	18
7	가족단위의 관광지로의 적합성	42	17	12
8	유람여행에 대한 범위	40	16	13
9	숙박시설에서의 식음료 수준	37	6	26
10	숙박시설의 안락도	36	3	31
11	지역관광 안내소의 정보제공	35	18	12
12	화폐에 대한 가치	30	4	31
13	스포츠시설의 다양성	29	19	11
14	평화로움과 조용함	28	8	26
15	일반식당의 식음료 수준	28	10	20
16	일반식당의 서비스	26	12	17
17	접근성(교통)	25	15	14
18	인도 및 하이킹시설	25	21	8
19	위락 및 유흥시설	20	14	14
20	문화적 생활상(매력)	17	20	8
21	지방교통상태	14	22	6
22	회의 및 대회장 시설	13	23	1
23	쇼핑시설	13	13	17

자료 : S. Weber(1980)

평가 \ 중요도	매우 중요함 (1 - 9 순위)	약간 중요함 (10 - 23 순위)
매우 훌륭함 (1-9 등급)	I 전략상 성공적 위치군 -기후 및 일기 -환경 및 시골풍경 -목적지 체재시 안전도 -숙박시설에서의 식음료 수준 -지역주민의 친절도 -숙박시설의 서비스	II 호의적 위치군 -마을 및 동네의 경관 -가족단위 관광지로의 적합성 -유람여행에 대한 범위
별로 좋지 않음 (10-23 등급)	III 주된 취약군 -숙박시설의 안락도 -화폐에 대한 가치 -평화로움과 조용함	IV 종속 취약군 -회의 및 대회장 시설 -지방교통 상태 -쇼핑시설 -문화적 생활상(매력) -위락 및 유흥시설 -스포츠 시설의 다양성 -접근성(교통) -일반식당의 서비스 -지역관광 안내소의 정보제공 -인도 및 하이킹 시설

[그림 8-2] 외래관광객의 관광자원 및 시설등급 결정에 대한 분류

제4절 관광자원의 실제 평가

다음은 ○○○○년도에 ○○○광역 자치단체의 특정지역에 대한 유교문화 관광자원을 개발할 목적으로 지역 내의 관광자원을 평가한 자료이다. 지역 내의 자원에 대한 가치를 평가하기 위해 다음과 같은 절차를 거쳐서 개발 대상지를 선정하게 된다.

1. 평가 대상지의 선정

신규 관광자원의 발굴을 위한 평가 대상지의 선정기준, 선정방법과 과정은 다음과 같이 진행하게 된다.

1) 선정기준

① 현재 관광객 및 지역주민들에 의해 관광활동이 발생하고 있는 지역
② 지역주민 스스로가 관광개발이 되기를 바라고 있는 지역
③ 자원특성으로 보아 자원가치나 개발 잠재력이 있는 지역
④ 토지이용 효율이 낮은 유휴지

2) 선정방법 및 과정

광역 지자체가 추천한 개발 후보지에 대하여 현지실사 등을 통한 1차 평가 후 관광지로 개발이 가능한 대상지 ○○개소를 선정한 다음, 이를 다시 자원평가 기준(입지여건 · 부지여건 등)에 따라 2차 평가를 실시하여 자원평가 순위를 산정한다.

〈표 8-5〉 평가 대상지 선정기준

구분	추천대상지		1차 평가 후 개발 가능 대상지	
	개소	자원 명칭	개소	자원 명칭
계	38			
A시	1	민속관광지	1	민속관광지
B시	1	○○관광지		
C시	1	○○관광농원	1	○○관광농원
D시	1	○○유원지		
E군	2	○○사찰, ○○농어촌유양지	1	○○농어촌휴양지
F군	8	A호수주변, B호수 주변, ○○온천, ○○마을, ○○서원, ○○문화재단지, ○○창작예술촌, ○○댐지구	2	○○온천지구, ○○댐지구
G군	4	○○휴양단지, ○○지구, aa관광농원, bb관광농원	2	○○휴양지, ○○지구
H군	7	진남교반, ○○호, □계곡, ◆계곡, ●계곡, ◎계곡, ○○대	7	진남교반, ○○호, □계곡, ◆계곡, ●계곡, ◎계곡, ○○대
I군	5	선몽대, 미호천유원지, 용문사지구, 낙상유원지, 명보사계곡	1	미호천유원지
J군	4	순흥지구, 평은유원지, 소수서원, 금선정계곡	2	순흥지구, 평은유원지
K군	4	청옥산지구, 반야계곡, 우곡약수탕, 두네약수탕, 소수서원, 금선정계곡	1	청옥산지구

〈표 8-6〉 평가대상지 현황 개요

유형	대상지역	위 치	주요현황 및 특성
산악형	a계곡	○○군 ○○번길	• 계곡을 중심으로 피서 행태 발생 • 소각장, 매표소 등 설치 • ○○계곡과 연계 가능
	b계곡		
	c계곡		
	d계곡		
	e지구		
	f지구		
	g지구		
내륙형	h민속 경관지구	○○○군 ○○○번길	• 계곡을 중심으로 피서 행태 발생 • 소각장, 매표소 등 설치 • ○○계곡과 연계 가능
	i관광농원		
	j휴양지		
	k온천지구		
	l지구		
	m지구		
내수면형	n호	○○○군 ○○○번길	• 농업용수 공급을 주목적으로 조성한 인공호수로서 낚시터, 양어장 등 활용 • 조경 휴게지, 선착장 조성
	o교반지구		
	p지구		
	q지구		
	r지구		

2. 자원 평가 기준

관광자원의 평가기준을 마련하기 위해서는 먼저 평가인자를 분류를 실시하고, 개별인자의 중요도를 고려하여 가중치를 부여한다. 그 후 세부적인 평가기준을 수립한다.

1) 평가인자의 분류

① 관광자원에 대한 평가인자의 분류를 점적인 요소로 평가하는 입지여건과 면적 요소를 평가하는 부지여건으로 구분한 후, 이를 다시 소인자로 구분한다.

② 각 소인자별로 세부평가 기준을 설정하여 이를 우수 · 양호 · 보통·불량의 4등급으로 나누어 각각 4점 · 3점 · 2점 · 1점의 순으로 등급별 점수를 부여한다.

〈표 8-7〉 평가인자의 분류

대 인자		소 인자	비고
입지여건	접근성	배후 도시와의 거리, 교통망, 교통수단, 교통시설	
	관광시장	배후 도시의 인구 규모	
	개발효과	긍정적 요소, 부정적 요소	
	연계성	주변 관광자원과의 거리 및 해당 수량	
	계절성	이용계절	
	자원성	자원의 수준	
부지여건	자연요소	지형, 식생, 수문, 토양 및 토질	
	인문요소	토지이용, 이용상태, 관련법규, 제약조건, 개발의지	

3. 가중치의 부여

관광지 개발에 따른 각 인자의 중요도를 고려하여 가중값을 3단계로 구분하고, 가각 3배, 2배, 1배의 점수를 부여한다.

〈표 8-8〉 소 인자별 가중값의 부여

구분	가중값			비고
	3배	2배	1배	
입지여건	• 주변 관광자원과의 거리 및 관광자원 수량 • 이용계절 • 자원의 수준	• 배후도시와의 거리 • 배후도시의 인구 • 부정적인 요소 • 긍정적인 요소	• 교통망 • 교통수단 • 교통시설	
부지여건	• 제약조건 • 개발의지	• 지형(가용지) • 토지이용 • 관련법규	• 식생 • 수문 • 토양 및 토질 • 이용상태	

3) 세부 평가기준

세부 평가기준으로는 입지여건과 부지여건에 의하여 실시하게 되는데, 먼저 입지여건으로는 접근성, 관광시장, 연계성, 개발효과 계절성, 자원성이 해당되며, 그리고 부지여건으로는 자연요소와 인문요소가 포함되게 된다.

(1) 입지여건

〈표 8-9〉 접근성

소 인자	기 준	등급	비 고
배후 도시와의 거리	• 5㎞ 이내 • 5~15㎞ • 15~30㎞ • 30㎞ 이상	우수 양호 보통 불량	• 행정중심지에서의 관광배후지까지 거리 • 도보 및 차량이동 소요시간을 기준 • 배후지역의 기존 대규모 관광지 포함
교통망	• 포장 및 2개 노선 접근가능 • 포장 및 단일노선 접근가능 • 비포장 및 단일노선 접근가능 • 도보로만 접근 가능	우수 양호 보통 불량	• 접근도로의 다양성 및 포장여부 등으로 구분
교통수단	• 3종 이상으로 접근가능 • 2종으로 접근가능 • 1종으로 접근가능 • 도보 접근도 곤란	우수 양호 보통 불량	• 도보, 버스 및 승용차, 철도, 선박, 항공 등
교통시설	• 3개소 이상 이용가능 • 2개소 이용가능 • 1개소 이용가능 • 없음	우수 양호 보통 불량	• 공항, 항구, 철도역, 버스터미널 등의 교통시설 유무와 질적 수준 • 30㎞ 이내의 이용시설을 기준

〈표 8-10〉 관광시장

소 인자	기 준	등급	비 고
배후 도시의 인구	• 30만명 이상 • 15~30만명 • 5~15만명 • 5만명 미만	우수 양호 보통 불량	• 배후 중소도시의 인구, 소득 수준을 고려하여 구분

〈표 8-11〉 연계성

소 인자	기 준	등급	비 고
주변 자원과의 거리	• 10㎞ 내 1개소 이상 • 20㎞ 내 1개소 이상 • 30㎞ 내 1개소 이상 • 30㎞ 내 없음	우수 양호 보통 불량	• 기준거리 내에 입지된 보완기능의 관광자원의 유무

〈표 8-12〉 개발효과

소 인자	기 준	등급	비 고
부정적 요소	• 없거나 미약 • 1가지 포함 • 2~3가기 포함 • 3가지 이상	우수 양호 보통 불량	• 기준거리 내에 입지된 보완기능의 관광자원의 유무
긍정적 요소	• 4가지 이상 • 2~3가지 • 1가지만 적용 • 해당 없음	우수 양호 보통 불량	• 개발효과로서는 지역개발, 고용효과, 지역소득 증대, 애향심 고취, 지가상승 등 가시적으로 구분 가능한 것

〈표 8-13〉 계절성

소 인자	기 준	등급	비 고
이용계절	• 4계절 이용 가능 • 3계절 이용 가능 • 2계절 이용 가능 • 1계절 이용 가능	우수 양호 보통 불량	• 자원 이용의 계절 여부

〈표 8-14〉 자원성

소 인자	기 준	등급	비 고
자원의 수준	• 4종 이상의 자원보유 • 3종의 자원보유 • 2종의 자원보유 • 1종의 자원보유	우수 양호 보통 불량	• 단일자원으로 관광대상이 가능한 지역 • 또는 단일자원으로는 미흡하지만 2종 이상이 모여서 관광대상이 될 수 있는 지역 - 문화자원 : 역사적 유·무형자원 - 자연자원 : 기암괴석, 폭포, 계곡, 동굴, 호수, 해안경관, 모래사장, 동식물 등 - 인문자원 : 야영장, 위락시설, 골프장 등의 스포츠 시설 - 특수자원 : 온천, 약수 등

(2) 부지여건

〈표 8-15〉 자연요소

소 인자	기 준	등급	비 고
지형	• 30만㎡ • 15~30만㎡ • 3~15만㎡ • 3만㎡ 미만	우수 양호 보통 불량	• 지형은 개발가용 면적을 추정하기 위한 것으로 경사도 20% 이하인 부지면적을 기준 • 기존 관광지 부지면적은 대략 10~15만㎡가 가장 많으나 본 대상지는 개발 가용지를 기준으로 관광지 기능발휘 최소면적 30만㎡ 설정
식생	• 나대지(30% 이하) • 소(30~50%) • 중(50~70%) • 밀(70% 이상)	우수 양호 보통 불량	• 개발 가용지의 교목 수관 점유면적인 울폐도에 의한 구분
토양 및 토질	• 지양토, 경암 • 미사질양토, 경암 • 미사질양토, 연암 • 점질토, 사양토	우수 양호 보통 불량	• 식물이 생육할 수 있는 토성과 지하 3m 이하의 지반 강도를 기준
교통시설	• 오염되지 않은 호수, 계곡수 • 오염되지 않은 농업용수 • 폭우 때 피해 예상되는 하천 • 상수도 보호지역에 포함되는 하천	우수 양호 보통 불량	• 대상지 내 물의 보유량, 수질, 이용여부 등을 기준

〈표 8-16〉 인문요소

소 인자	기 준	등급	비 고
지형	• 국유지가 많으며, 저지가의 임야 · 하천부지 • 저지가의 전 · 답 • 고지가의 전 · 답 • 고지가의 취락지	우수 양호 보통 불량	• 토지이용, 소유, 지가 등을 기준
식생	• 5만명 이상 • 2~5만명 • 2만명 이하 • 거의 없음	우수 양호 보통 불량	• 미개발로 인하여 관광객 집계가 없으므로 지역주민의 면담조사에 의한 연간 관광객 기준

토양 및 토질	• 주민의 적극적 개발의사 • 주민의 긍정적 개발의사 및 지장물 포함 • 지장물이 많으며 공사가 곤란 • 주민의 부정적 의사	우수 양호 보통 불량	• 지장물의 유무, 공사 난이도, 지역주민의 개발의사 등을 기준
교통시설	• 관광진흥법, 개발촉진지역 등 • 산림법, 농지보전법 • 환경보전법 등 • 군사시설보호법	우수 양호 보통 불량	• 관련 법규를 검토하여 법적 저촉유무(토지 형질 변경의 규제)를 기준

4. 자원 평가 결과

1) 총괄 평가 순위(권역 전체)

권역 내의 신규 관광자원에 대한 총괄평가 결과는 내륙형 h민속경관지구가 1위로 나타났으며, 다음으로는 내수면형 'o교반지구', 내수면형의 'r지구' 등의 순으로 나타났다.

〈표 8-17〉 신규 관광자원 평가 총괄표

구분		입지 여건										부지 여건									평가점수	백분율(%)	평가 순위	
		접근성				개발효과		관광시장	연계성	계절성	자원성	자연요소				인문요소								
		배후도시	교통망	교통수단	교통시설	부정적요소	긍정적요소					지형	식생	수문	토양및토지	토지이용	이용상태	관련법규	제약조건	개발의지			동일유형내	권역전체
가중값		2	1	1	1	2	2	2	3	3	3	2	1	1	1	2	1	2	3	3				
산악형	a계곡	○	●	●	○	○	○	○	○	○	●	△	●	■	●	●	●	●	○	○	84	58	6	14
	b계곡	○	●	●	○	●	●	○	○	○	●	○	●	■	●	●	■	●	○	○	91	63	4	10
	c계곡	○	●	●	○	●	●	●	○	○	●	○	●	■	●	●	■	●	○	○	93	65	3	8
	d계곡	○	●	●	○	○	○	○	○	○	●	○	●	■	●	●	●	●	○	○	86	60	5	13
	e계곡	○	●	●	○	○	○	○	○	○	●	○	●	●	●	○	●	○	○	○	81	56	7	15
	f지구	○	●	●	○	●	■	■	●	■	○	■	●	●	●	●	○	●	●	●	110	76	1	6
	g지구	△	○	○	○	●	●	●	○	■	○	●	●	●	●	●	△	●	●	●	95	66	1	6
내륙형	h민속경관지구	■	■	■	■	■	■	■	■	■	■	■	●	●	●	●	■	○	●	■	132	92	1	1
	i관광농원	■	●	●	●	○	○	●	○	●	○	○	○	●	●	●	○	●	●	○	93	65	4	8
	j휴양지	●	●	●	●	○	●	○	○	●	○	△	○	●	●	○	○	●	●	○	87	60	5	11
	k온천지구	○	●	●	●	○	■	■	●	■	■	●	●	●	●	○	●	■	■	■	122	85	3	5
	l지구	○	●	●	●	○	○	●	○	●	○	○	○	●	●	○	○	○	●	○	87	60	5	11
	m지구	●	■	●	●	■	■	●	■	●	●	●	○	●	●	●	○	●	●	■	127	88	2	3
내수면형	n호	○	■	■	■	○		●	△	●	○	△	○	●	●	○	○	○	○	○	80	56	3	16
	o교반지구	■	■	●	■	■	■	■	■	■	■	●	■	●	●	●	■	●	●	●	129	90	1	2
	p지구	△	●	●	●	○	○	○	△	○	○	○	○	●	○	○	○	○	●	●	77	53	4	17
	q지구	●	●	●	●	○	○	○	△	△	○	△	○	●	○	○	○	○	●	●	76	53	5	18
	r지구	○	●	●	●	■	■	■	■	●	■	●	●	●	●	■	○	●	■	■	125	87	2	4

(■ : 우수, ● : 양호, ○ : 보통, △ : 불량)
※ 총점수 : 144점

2) 자원 유형별 평가순위

자원유형별 평가순위를 산악형 · 내륙형 · 내수면형으로 구분하여 상위 3위까지를 순서대로 열거하면 아래와 같다.

〈표 8-18〉 자원 유형별 평가순위

구분	1위	2위	3위	비고
산악형	f지구, g지구	c계곡	b계곡	
내륙형	h민속경관지구	m지구	k온천지구	
내수면형	o교반지구	r지구	n호	

위의 요소들을 심층적으로 분석한 후 권역별로 총괄 평가표를 작성한다. 총괄평가표에 포함되는 내용은 입지여건과 부지여건의 평가요소를 반영하게 된다.

먼저 입지여건은 접근성과 개발효과로 구분되는데, 접근성에는 '배후도시, 교통망, 교통수단, 교통시설' 등이 포함되며, 개발효과에는 '부정적 요소와 긍정적 요소'로 구성하여 평가를 하게 된다.

다음으로 부지여건은 자연요소와 인문요소로 구분되며, 자연요소는 '지형, 식생, 수문, 토양 및 토지'를 포함하여 평가를 하게 되고, 인문요소는 '토지이용, 이용상태, 관련법규, 제약조건, 개발의지' 등을 반영하여 평가를 하게 된다. 이렇게 평가를 실시한 다음에 각 요소별로 가중값을 적용하게 되는데, 우수(■)는 4점, 양호(●)는 3점, 보통(○)은 2점, 불량(△)은 1점의 가중값은 가산하고 이렇게 도출된 평가점수를 백분율(총점 144점)로 환산, 동일 유형(예: 산악형, 내륙형, 내수면형 등) 내에서 평가 순위와 전체의 평가 순위를 도출한 후, 자원유형별 평가순위를 결정한다.

제 9 장

관광개발의 영향분석

제1절 영향평가의 개요

관광개발이 관광수용지역과 그 사회에 미치는 영향에 대한 특성과 한계를 규명하는 데 있어서 논란이 계속되고 있는 것은 관광현상의 특징과 그 중요성 때문일 것이다. 관광은 당해 개발지역에 전적으로 편익만을 주는 것이 아니라 비용과 손실적 부담도 안겨 줄 수 있다는 사실이 밝혀지고 있기 때문에 이의 모호성이 더한 것이다. 19세기 초에는 주로 경제적인 측면에서 관광의 영향평가가 이루어져 왔으나, 최근에는 점차 환경적인 면과 사회·문화적인 측면으로 그 범위가 폭넓게 확장되어 가고 있다.

학자들 간의 상호관심과 견해의 차이로 그동안 많은 학술적 논쟁이 있었으며, 1960년대까지만 하더라도 경제학자들의 관광개발에 대한 경제적 편익의 우월성 강조로 말미암아 다른 분야의 영향적 요소들이 무시되어 온 것도 사실이다. 그러나 다른 한편으로 사회인류학자들은 관광영향의 사회적 악영향에 대한 특성을 강조함으로써 매우 비판적이고 부정적인 입장을 견지해 왔다.

Mathieson과 Wall(1982)은 관광의 영향연구가 주로 경제적 측면에 치중되어 온 이유를 첫째, 사회·문화적 영향이나 환경적 영향에 비해 경제적 영향은 측정하기가 용이하고, 둘째, 통계자료가 주로 경제적 측면에서 수집되어 왔으며, 셋째, 관광이 경제문제를 해결하는 데 손쉬운 방안 중의 하나라는 정책당국자들의 생각 때문이라고 했다.

Travis(1982)는 기존의 관광영향연구를 분석한 결과 긍정적 영향연구는 [그림 9-1]과 같이 경제적 영향에 관한 것이 제일 많은 반면에, 부정적 영향연구는 사회·문화적, 정치적 영향에 관한 것이 많음이 밝혀졌다고 했다.

그간에 관광의 영향연구에서 다루어진 것을 보면 관광의 경제적 영향 중에서 긍정적인 것으로는 외화획득, 고용창출, 소득발생, 경제구조의 개선 등이 있고, 부정적인 것으로는 인플레이션 유발, 부동산투기, 고용의 불안정성, 고급노동력 취업기회 저조, 관광에 대한 지나친 의존위험 등이 있다. 사회·문화적 측면에서는 국제이해, 세계평화 증진, 지역문화 발전, 전통예술의 부활, 문화적 파급효과 등의 긍정적 측면이 있는가 하면, 단일사회의 창조, 범죄·매춘의 증가, 문화의 상품화, 교육환경 악화 등의 부정적 측면도 있다. 관광의 환경적 영향에서 하부구조의 건설, 시설의 개발, 경관개선 등은 긍정적 영향이고, 공해, 생태계 파괴, 소음발생, 농토의 전용 등은 부정적 영향이라 할 수 있다.

Cohen(1979)은 관광연구에 대한 사회인류학적 접근에 있어서 다음 사항을 유의해야 한다고 했다.

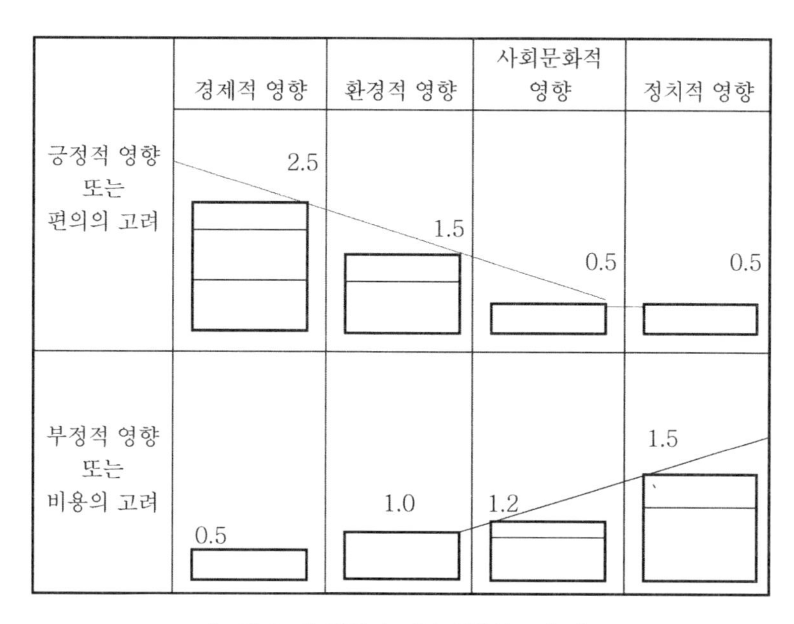

[그림 9-1] 관광의 각종 영향연구의 양

① 과정적 : 관광은 복합적 혼합체이므로 연구에 있어서 과정적인 시각을 갖추어야 한다.
② 전후 관계적 : 관광은 지리학적, 생태적, 경제적, 사회적, 문화적, 정치적 배경에서 일어나므로 이러한 배경들을 고려해야 한다.
③ 비교 분석적 : 분석은 비교적인 관점에서 이루어져야 한다.
④ 내부인적(emic) : 내부의 관점에서 연구하는 것이 필요하다.

Jafari(1984)는 연구방식을,

① 대상지역을 내부인의 견지, 또는 원주민의 안목에서 사물을 그들의 눈을 통해서

연구하는 내부인적 방식(emic)

② 대상지역을 외부로 보는 외부인적 방식(etic)으로 나누면서 한 지역의 성공사례가 다른 지역에도 그대로 적용되기 어려우므로 관광연구는 내부인적 방식(emic)을 취해야 한다고 주장하였다.

Potter(1978)는 관광개발의 영향을 조사하는데 관한 방법으로 환경적인 측면뿐만 아니라, 사회 · 경제적 영향까지도 확대하고 보완되어질 때 비로소 효과적인 결과를 도출해 낼 수 있을 것이라 보고, 이에 대한 9개의 기본절차를 <표 9-1>과 같이 제시하고 있다.

〈표 9-1〉 관광영향평가를 위한 총체적 구성요소

1. 내용검토 : 환경, 사회, 경제 등
2. 관광개발이 진행되어오지 않았거나 착수되지 않고 있을 경우 이에 대한 미래예측
3. 관광개발 검토
4. 개발 진행에 대한 미래예측 및 개발착수시 상황변화에 대한 검토
5. 2항과 4항의 계량적, 정성적 차이점에 대한 규명
6. 역효과, 감소를 위한 개선책 제안
7. 영향분석과 대안비교
8. 결과 제시
9. 결정

자료 : Potter(1978)

이와 관련해서 Thurot(1980)은 관광송출지역과 통과지역, 그리고 목적지 간의 원인요소와 영향적 요소에 대한 상호관계를 [그림 9-2]와 같이 설명하고 있다.

이와 같이 관광의 현상은 매우 다양하고, 관광영향 평가에 대한 접근방법도 여러 가지가 있다. 그러나 일반적으로 관광을 보는 시각은 크게 두 가지의 관점으로 나누어 볼 수 있다. 경제학자들은 관광이 관광지 주민에게 미치는 영향에 대하여 고용창출, 외화획득, 자본과 전문가의 유입 등 관광의 긍정적 편익산정을 중시하는 반면, 사회인류학자들은 약물, 매춘, 도박의 유입, 인종주의, 심리적 식민주의 등 관광의 부정적 효과에 초점을 맞춘다. 이와 같이 경제학자와 사회인류학자는 접근방법이 서로 다른데, 사회인류학

자는 과거 속에 황금의 시대를 설정하고 현대사회는 타락을 겪고 있다고 보며, 경제학자는 미래의 언젠가에 황금의 시대가 있는데, 그것은 관광개발의 수단으로 도달될 수 있다고 주장한다. 즉 사회인류학적 접근은 편익의 모호함을 조사하여 관광의 편익이 매우 작을 뿐만 아니라 대개 비토착집단에게 유리하다고 보는 데 반해, 경제학적 접근은 기술적 방식에서 관광개발을 평가하려는 특색을 보이고 있다.

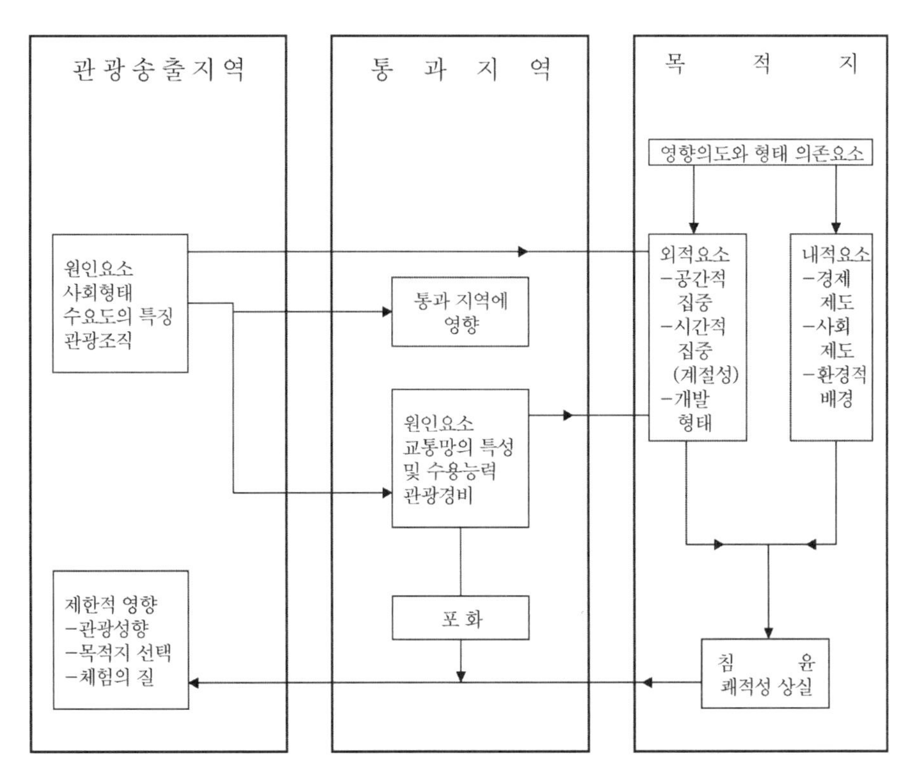

[그림 9-2] 광송출지역·통과지역·목적지와 관련된 원인요소와 영향 간의 상호관계

따라서 유네스코 보고에서도 경제학자들은 급속한 개발에 대한 비교적 손쉬운 방법으로 대개 관광개발에 적극적 태도를 보이며, 사회학자나 인류학자들은 토착문화와 그 지역사회의 보존에 깊은 관심을 표명하기 때문에 관광산업에 대해 부정적 태도를 취하는 것으로 나타나고 있다.

제2절 관광개발의 경제적 영향평가

객관성 있고 구체적인 관광의 경제적 영향을 분석한다는 것은 오랜 기간이 걸릴 뿐만 아니라 매우 복잡한 작업인 것이다. 이러한 복잡성은 대부분 관광산업의 특성과 각종 집단이나 개별적인 것으로부터 야기되는 수익과 비용의 폭넓은 범위에 기인하고 있다. [그림 9-3]은 각기 다른 발생요인과 상호관계를 체계적으로 규명함으로써 이러한 문제에 접근하려는 의도에서 작성된 하나의 총체적 구조이다. 관광에 있어서 이의 개발이나 운영단계의 초점이 되는 것은 개발의 특수한 양상과 특정한 인적 집단과 관련된 비용과 편익에 강조되고 있는 것이다.

1. 관광개발과 운영

먼저 관광단지 및 시설이 건설되어지는 개발단계와 그것이 관광객에 의해 사용되어지는 운영단계를 구분하는 것이 중요하다. 첫째 번 단계에서는 대부분의 자본이 개발자나 또는 재정부담자에 의해 투자된다. 둘째 단계에서는 당해 지역 경제순환에 기여하는 관광객의 지출에 주로 의존하게 된다. 이러한 첫째 번 단계에서 둘째 번 단계로의 전환 관정에서는 다양한 비용과 편익이 유발되어지는 것이다. 대부분 최초 토지매각으로부터 시작되는 제2의 주택소유자들은 당해 지역에 실질적인 고용증대나 경제적 이득을 크게 주지 못하고 있다. 기반시설을 위한 국비의 최초지출은 매우 크지만 세수증대를 통한 경비회수는 꽤 오랜 기간이 걸린다. 따라서 관광개발사업이 검토되는 기간이나 단계에서는 그것이 경제적 평가에 영향을 크게 미칠 수 있다는 것을 인식해야 할 것이다.

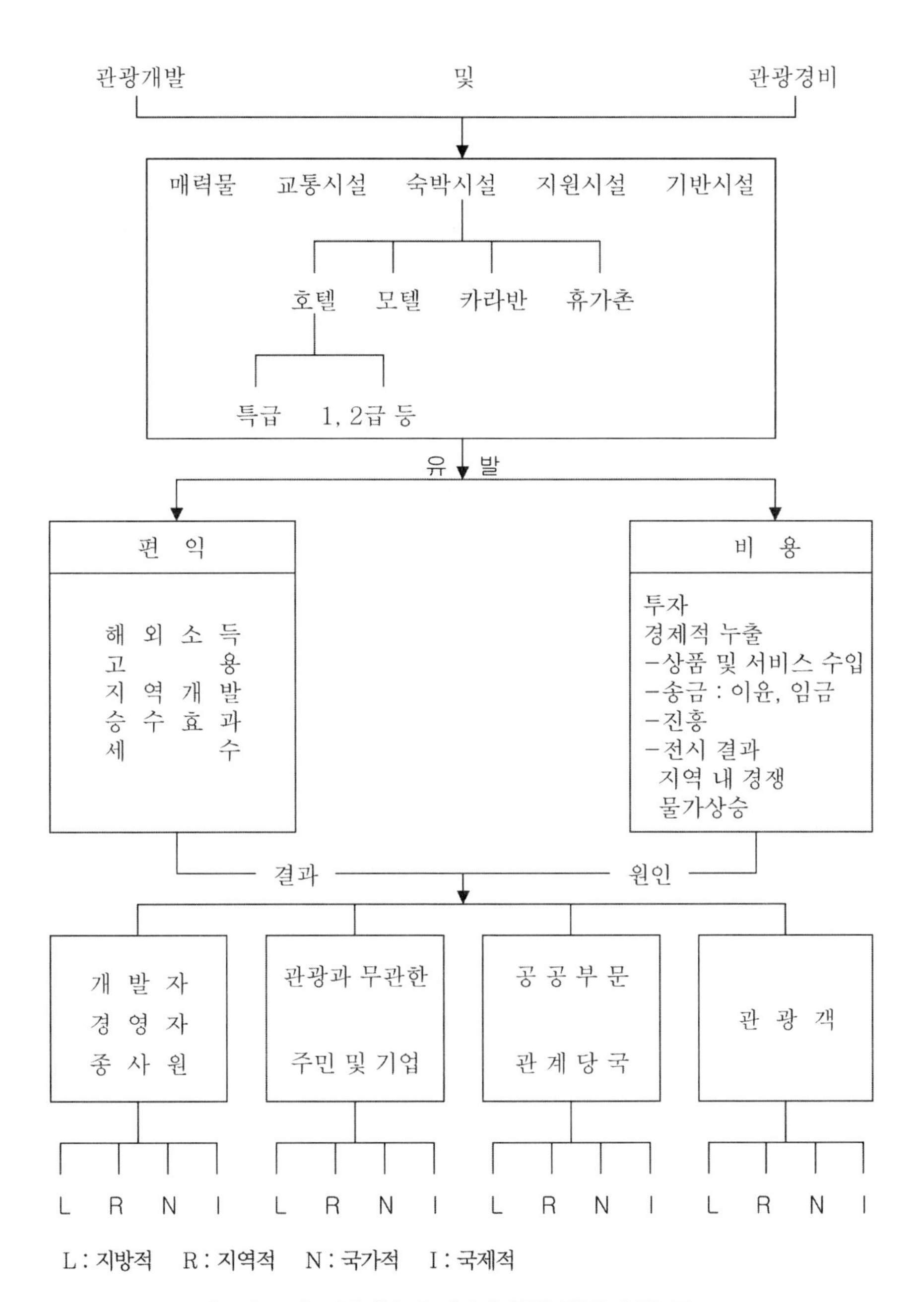

[그림 9-3] 관광개발의 경제적 영향분석을 위한 구조

2. 개발의 범위

종합적인 경제적 영향연구는 해당 관광사업의 전체범위나 또는 국가 및 지역관광산업을 고려해야만 한다. 비록 숙박시설에 대한 단일투자의 규모가 크고 또 관광객의 지출비가 많을지라도 숙박분야에만 그것을 국한시킨다는 것은 부적합하다. [그림 9-3]에서도 나타나 있듯이 다른 부문도 역시 고려되어야 한다. 소유권의 형태, 투자비용, 소득, 그리고 고용창출 효과 등은 분야마다 다르게 나타나기 때문에 전체 윤곽을 파악하기 위해서는 각 부문별로 이와 같은 요소들의 검토가 요망되는 것이다.

일반적으로 그러하듯이 관광목적지에만 영향분석의 초점을 맞추다보면 비록 같은 공간에서 관광행동이 주체자로서 개념화될 수 있어도 관광송출지 측면에서의 시장중심 서비스에 대한 영향평가는 합법적으로 무시될 수도 있다는 것이다. 이러한 경우는 특히 해외여행객을 거의 송출하지 않는 개발도상국에서 나타나고 있는 현상이다. 그렇지만 많은 양의 아웃 바운드(out bound)와 인 바운드(in bound) 관광객을 동시에 가지고 있는 선진국에서는 시장중심 서비스의 효과가 매우 중요하게 나타나고 있다. 예컨대 1983년 프랑스의 2,300개 여행사에서는 18,000명의 종업원을 고용하고 있는 사실로, 이것은 전체 관광산업부문 고용의 3%에 해당하는 것으로 밝혀졌다. 따라서 각기 다른 형태의 숙박시설과 이들의 관련영향을 각각 구별해야 할 필요가 있듯이 관광산업 부문별 개발형태의 특징을 고려하는 것이 매우 중요하다. 그러나 주된 기술적인 문제는 경제분석의 목적을 위해서 관광개발의 범위에 대한 실제 한계를 어떻게 정하느냐 하는 것이다.

대부분의 경우 관광은 관광객이 원하는 상품과 서비스 범위에 국한된 복합적 수요에 대해서 정의되고 있다. 이러한 관점에서 관광은 생산단위에 의해 산출되는 상품과 서비스로 규정되며, 농업과 다른 산업 등과 같은 생산활동과는 구별되는 것이다. 실제로 대부분 국가회계계정 체계에서는 명확한 관광항목이 없을 뿐만 아니라 하나의 경제적 부분으로서가 아닌 관광활동이 관습적으로 정의된 부문들의 집단에 포함되어 있는 것으로 보여진다. 그렇지만 호텔과 같이 명확하게 정의된 부문에서도 모든 소득이나 고용창출이 관광수요에 기인하고 있다고는 볼 수 없는데, 한 예로 도심지에 위치하고 있는 호텔영업의 주된 요소인 주장에서의 매상은 지역 거주민에 의존하고 있는 경우를 들 수 있다. 그래서 어떤 연구자들은 이와 같은 판매액을 수축시키기 위해서 계정에 넣지 않고 있다.

이러한 문제점들을 피하기 위해서 관광은 소위 수요라는 측면에서 다른 상품과 서비스에 지출되는 관광경비에 의해 한계를 정하게 되는 것이다. 한계가 정해진 관광에서의 상이한 관례는 분명히 생성된 계수에 커다란 영향을 미친다.

3. 편익과 비용

관광개발이 가져다 주는 주된 경제적 편익에 대해서는 이미 제3장에서 경제개발의 지름길로서 주장되어 온 이유와 공공부문과 민간부문의 개발동기 항목에서 상세히 밝힌 바 있다. 이와 같은 편익은 여러 요소들의 상호작용과 균형의 결과로서 최종적인 관광의 경제적 영향을 주는 일련의 연관된 비용에 의해 감소되거나 수정되고 있는 것이다.

4. 국제수지

국가적 차원에서 관광진흥을 위한 선진국과 개발도상국들의 주된 목표는 공통적으로 외화획득 증대와 국제수지 개선이나 또는 적자를 줄이는 데 있다. 이것은 외래관광객에게 최소 외환(한도액)규정을 적용시켜온 동유럽 국가에서도 현실로 나타나고 있다. 국제관광의 개발은 외화획득 증대를 위한 세 가지 주된 장점이 있다.

① 관광은 이제까지 그러했듯이 여전히 성장산업인 것이다.
② 관광시장은 많은 1차 산업이나 제조상품과는 달리 비교적 보호장치가 없다. 더구나 생산자에게로 오는 시장적 특성이 있다.
③ 많은 국가에서는 관광을 경제의 다원화와 전통적인 수출의 취약점을 보완하는 수단으로 활용하고 있다.

관광경비는 전통적인 수지계정에서 분리된 가시적이 아닌 무역의 항목으로 분류되어 있고, 일반적으로 은행환전, 관광여행사의 기록 또는 관광객 경비조사를 통해서 추정되어지고 있다. 그래서 학자들 간에는 이견이 많은데, 특히 White와 Walker(1982) 같은 학자들은 이와 같은 추정은 가끔 부정확하다고 지적하고 있다. 또, 나라마다 여기에 대해 적용하는 기준과 실제가 다르게 나타나고 있으며, 예컨대 교통의 경우 관광객이 사용하느냐, 아니면 지역주민이 사용하느냐에 따라 각 나라마다 다른 기준을 적용하고 있는 것을 볼 수 있다. 그렇기 때문에 비교연구는 각 나라 사이에 큰 차이를 보여주고 있는데, 관광에 관련된 외환수치는 신중히 다루어져야 할 것이다.

국제수지면에서 관광의 역할은 일반적으로 외래방문객에 의해 쓰여진 수익과 자국민의 해외여행에서 소비한 경비를 계측해 내는 일이다. 1984년도 유럽지역의 국제관광수지를 분석해 보면 흑자국으로는 스페인이 ECU(유럽화폐 단위 1ECU= ￡0.60) 8,801백만, 이탈리아가 8,262백만, 프랑스가 4,231백만의 순으로 나타났으며, 적자국으로는 독일이 10,902백만, 영국이 761백만으로 밝혀졌다. 그러나 실제로 관광은 스페인과 그리스에서의 경제적 공헌도가 매우 높게 나타나고 있는 반면, 독일이나 영국과 같이 산업화된 경제를 가지고 있는 국가에서는 별로 중요하게 나타나고 있지 않다.

국제관광의 주된 송출국으로서 독일의 위치는 다른 모든 유럽공동체 국가에서 여행을 통한 순수 또는 비교소비가 가장 크다는 것이 확인되고 있다.

〈표 9-2〉 각국의 국제관광 수입

국 가	GNP(A)	수출액(B)	국제관광수입(C)	$\frac{C}{A}$(%)	$\frac{C}{B}$(%)
한국(86)	83,684	30,283	1,547	1.85	5.11
일본(86)	1,331,500	177,164	1,379	0.13	0.78
대만(86)	60,171	30,717	1,330	2.2	4.33
미국(86)	3,988,600	213,144	12,700	0.32	0.60
캐나다(85)	332,281	90,061	2,700	2.71	3.00
서독(85)	624,287	183,912	6,600	2.95	3.59
프랑스(85)	511,196	101,672	8,000	1.56	7.87
영국(85)	455,196	101,248	8,700	1.91	8.59
스페인(85)	162,000	24,012	8,150	14.82	24.01
오스트리아(85)	8,497	16,955	5,200	6.12	30.67
이탈리아(85)	362,000	77,681	11,000	3.04	14.56
멕시코(85)	50,600	21,869	1,728	3.42	7.90
태국(81)	40,200	7,059	1,220	3.03	17.30

자료 : 한국관광공사(1987)

각국의 GNP와 수출액에 대한 국제관광수입의 비율은 <표 9-2>와 같다. 우리나라의 경우 1986년의 국제관광수입은 1,547백만 달러로서 GNP에 대한 비율은 1.85%이고, 수출액에 대한 비율은 5.11%로 나타나고 있다. 국제관광 수입의 수출액에 대한 비율이 가장 높은 나라는 오스트리아로서 30.67%이고, 가장 낮은 나라는 미국으로서 0.60%로 밝혀졌다. 스페인, 태국, 이탈리아 등은 관광수입의 비중이 높은 것으로 나타나고 있으며, 반대로 일본, 캐나다 등은 상대적으로 낮게 나타났다.

가시적인 통계는 어떤 국가에서든 국제수지 면에서 관광의 기여도가 그렇게 높지 않은 것을 보여주고 있다. 여기서 지적되어야 할 점은 관광수지를 단순히 외래적 방문객의 소비에서 얻은 수익에서 자국 해외여행자의 경비를 차감한 것으로만 생각하고 있다는 것이다. 따라서 국제관광에 있어서의 순수한 국제수지 기여는 외래관광객의 관광경비 및 비용에 의해 더욱 정확하게 계산될 수 있다. 이러한 비용과 누출은 다음과 같이 여러 가지 형태로 나타날 수 있다.

① 관광객에 의해 사용된 상품과 서비스의 원가(예로 수입된 과일이나 주류 등)
② 관광시설을 위해 투자한 외국자본 비용
③ 외국에 지급한 금액
  ㉠ 외국관광 기업체에 송금된 이윤 또는 자본금
  ㉡ 외국근로자의 봉급송금
  ㉢ 외국차관의 이자지급
  ㉣ 경영, 로얄티 또는 다른 비용(예로 프랜차이즈 호텔 등)
  ㉤ 외국관광여행 도매상 또는 소매상에 지급된 금액
  ㉥ 해외선전 및 관광진흥
  ㉦ 전문요원의 해외연수
  ㉧ 관광산업으로부터 얻은 소득을 내국인이 수입된 상품을 구매하거나 또는 관광의 전시효과에 의해 형성된 소비형태의 변화에 따른 외국상품이나 서비스의 소비 등으로 들 수 있다.

이와 같은 누출과 관광외화소득을 계산하는 것은 매우 힘든 일이지만, 최근 카리브해와 아시아, 그리고 남태평양지역의 연구에서 보여준 것과 같이 전혀 불가능한 일은 아니다.

〈표 9-3〉 태평양·카리브해·아시아지역 국가의 관광외화 수입에 대한 누출

국　가	연　도	총 관광수입에 대한 누출비율(%)
피　지	1979	56
쿡아일랜드	1979	50
샌트루시아	1978	44.8
아 루 바	1980	41.4
버진아일랜드	1979	35.9
안티구아	1978	25.2
홍　콩	1973	41
스리랑카	1979	26.6
필 리 핀	1978	10.8
한　국	1978	19.7

자료 : Britton(1987), Seward and Spinard(1982), Pye & Lin(1983)

<표 9-3>에서는 비교적 작은 규모의 카리브해와 태평양지역의 경우 관광수입의 절반가량이 누출되고 있어 경제적 손실을 나타내고 있음을 보여주고 있다.

다음의 자료는 1970년대 후반에서 1980년대 초반의 것으로서 그간 국가별 관련산업의 성장발달에 따라 많은 변화가 예상되지만 지역 및 국가간 좋은 비교가 되고 있다. 이와 같은 경제적 누출은 대체로 선진국에서는 그 정도가 훨씬 낮게 나타나고 있다. 1976~1977년도 뉴질랜드의 조사연구에서는 외래관광객으로부터의 순외화수입은 88%인 것으로 나타난 반면, 1972년 유고슬라비아 관광을 위한 수입비율은 단지 총 외화수입의 11%인 것으로 추정되었다.

Allcock(1986)은 1979년 자국에서 외래관광객에 의해 소비된 육류와 생선은 14,000톤에 달했는데, 이것은 일반수출상품의 형태로 판매해서 얻은 가격보다 크다고 지적했다.

경제적 누출의 범위와 외래관광객에 의해 소비되어진 상품과 서비스의 정도는 국가의 상황에 따라 다양하게 나타날 수 있으며, 대부분 다음 사항에 기인하고 있다.

① 국가의 크기

② 국가경제의 구조와 다양성

③ 국가수입정책

④ 수요와 공급의 유지 정도
⑤ 관광의 유형과 개발정책
⑥ 관광객의 수준
⑦ 관광개발의 위치 : 오지의 경우 상품의 국내공급이 불확실하여 더 많은 수입상품을 필요로 하게 될 수도 있다.

개발도상국의 경우는 관광의 편익에 대한 누출의 결과가 발생하는지, 그리고 선진국에서는 관광객을 송출하면서 많은 경제적 투입을 왜 하는지를 결코 무시해서는 안 된다는 것이다. 따라서 정확한 관광의 경제적 편익을 측정하기 위해서는 관광외적 계정(tourism external accounting)을 고려해야만 할 것이다. 이와 같은 광역계측 방법은 비록 어려움이 있다 할지라도 관광수지의 일반적인 계산보다 객관적일 뿐만 아니라 합리적 평가에 유익하다.

<표 9-4>는 Wahab의 국제관광 수지분석 내용과 유사하지만 Baretje는 이를 관광외적 계정의 구성요소로 보고 있다는 점이 다르다.

〈표 9-4〉 관광외적 계정의 구성요소

지 출	수 입
관광객의 해외경비	외래관광객의 국내경비
교 통	교 통
외부에 대한 투자	내부로의 투자
배당금, 이자, 이윤의 지출	배당금, 이자, 이윤의 수입
관광유발 상품수입 (자본재와 소비재)	관광유발 상품수출 (자본재와 소비재)
교 육	교 육
진흥 및 선전간행물	진흥 및 선전간행물
기타 서비스	기타 서비스

자료 : R. Baretje(1982)

외화획득에 있어서 관광의 역할 및 능력에 대한 다른 부문과의 비교에 의한 측정과 평가도 또한 필요한 것이다. BERL(1982)의 뉴질랜드 연구에서 관광(88%)은 규모가 큰 농업(87%)부문과 제조업(72%)부문보다 외화획득률이 높게 나타나고 있음이 밝혀졌다.

Pye와 Lin(1983)의 연구에 의하면 홍콩은 관광의 누출이 다른 아시아 국가와 비교해 볼 때 크기는 하지만 이것은 식민경제의 다른 중요한 부문인 전자산업보다 낮은 것으로 밝혀졌다.

또, Rao(1986)는 피지의 관광과 상품, 그리고 설탕수출로 발생하는 외화획득의 불안정 지표를 연구한 결과 1963~1981년 사이에 관광산업이 가장 안정된 외화획득의 원천임이 분석되었다고 했다.

요약하자면 관광산업에 관한 국제수지 계측은 1차적이고 직접적인 관광 달러의 흐름에 대한 관광 내적계정(tourism internal accounting)으로만 분석 · 평가할 것이 아니라, 관광 외적계정(tourism external accounting)도 고려해서 관광유발지출 또는 누출과 수입이 동시에 분석되어야만 할 것이다. 따라서 관광외화 획득을 비교 · 평가함에 있어서는 현재 화폐가치 위주보다는 환율의 변동에 따른 현재가치와 소매물가 지수 등이 감안된 불변가치(constant value)에 의한 분석이 이루어져야 할 것이다.

〈표 9-5〉 연도별 외래관광객의 1인당 평균경비와 불변가치 (단위 : 달러)

연 도	1인당 평균경비	환율(지수)	현재가치	소매물가지수	불변가치
1976	330	69.8	473	30.7	1,541
1978	378	84.9	445	38.8	1,147
1980	378	104.4	362	59.0	614
1982	439	103.6	424	73.3	578
1984	519	102.4	507	94.3	538
1985	550	100.0	550	100.0	550
1986	932	99.6	936	113.1	828
1987	1,227	107.9	1,137	128.3	886

자료 : S. M. Kim(1989)

5. 고 용

서비스산업으로서의 관광은 노동집약적이며, 특히 지방차원에서 고용창출이 관광개발의 중요한 영향으로 평가되고 있다. 영국관광청(1982)에 의하면 1980년 영국에서 관광객지출에 의해 창출된 고용은 약 120만명으로, 전체고용의 4.9%를 차지하고 있는 반면,

관광경비는 국내총생산(GDP)의 단지 3.8%인 것으로 추산되어, 이 산업이 노동집약적이면서 다소간 저임금수준임이 입증되고 있다.

노동수요는 관광산업 중에서도 부문별로 매우 다르게 나타나고 있는데, Henderson(1975)의 스코틀랜드지역 경제비교 조사에 의하면 그 지역에서는 1만명의 관광객(1일)이 다만 13명의 고용기회를 창출하는 것으로 나타났다. 그러나 호텔부문의 경우는 이보다 2배에 가까운 28명의 고용창출이 되어진 반면, 셀프 케이터링 숙박시설에서는 평균 9명의 일자리가 창출되고 있는 것으로 밝혀졌다.

일반적으로, 경제침체기에는 셀프 케이터링 숙박시설이용객이 증가하는 경향을 보이는데, 서유럽의 많은 관광지에서는 임금이 비싸기 때문에 관광객이나 관광시설 이용자들이 아파트를 빌리거나 콘도미니엄과 같은 노동력이 적게 드는 숙박시설을 많이 이용하는 경향이 있다.

따라서 영국과 다른 일부지역에서는 이에 대비해서 생산성을 높이려는 경향을 보이고 있는데, Ruiz(1985)는 1972년 푸에르토리코의 호텔부문에서 1백만 달러의 산출을 위해 88명의 노동력이 필요했지만, 1979년에는 59명이 같은 가치의 생산을 해냄으로써, 비록 서비스 측면에서는 다소의 영향이 있었을지 모르나 생산성향상 측면에서는 많은 발전을 보였다고 했다.

관광개발을 통한 고용유발의 이점은 경제의 다른 부문보다 더 작은 투자로 일자리를 창출할 수 있다는 것이다. 물론 이것과 관련된 연구결과는 매우 다양한 것으로, 영국관광청의 연구에서는 관광관련 산업 1인당 고용창출에 요구되는 자본은 전국평균의 절반 정도로 나타난다고 결론지었다. 즉 영국의 전산업에 걸쳐 1인의 고용창출에 필요한 평균자본은 1만 9천 파운드인 데 비하여 호텔 및 식음료부문에서는 9천 파운드로 밝혀졌다.

한편, Romsa(1981)는 독일의 연구에서 관광산업에 1인의 정규고용창출에 요구되는 자본금은 일반산업에서보다 5배 가량 많이 필요하다고 했다. 자본 대 고용의 비율에서 이점을 가진 관광관련 산업과 다른 산업 간의 차이점에 대해서는 멕시코에 있어서 관광개발의 초기단계에서 이미 논란이 되어 왔다. 관광산업 부문별 차이점에서는 숙박업이 가장 자본집약적인 부문으로 나타나고 있는데, 이 부문에서의 차이점 또한 대규모 특급호텔에서는 많은 자본투자가 요구되고 객실당 더 높은 고용창출 비율을 보이고 있지만,

자본과 고용의 비율에 있어서는 규모가 작은 일반호텔보다 낮은 것으로 밝혀졌다.

Hughes(1982)는 다른 부문에서의 고용창출과 비교한다면 관광은 특정지역에서의 직업창출의 기회에 대한 선택에만 국한되어 있다고 지적하면서, 직업당 비용이란 창출될 수 있는 직업의 어떤 종류라도 선택이 가능하다는 의미가 아니라, 다행스럽게도 직업이 저렴하게 창출될 수 있었다는 것을 뜻한다고 했다. 이러한 관점에서 본다면 위의 논쟁은 관광개발의 종류 및 형태에서 적용, 고려될 수 있다고 보는 것이다.

그러나 관광은 직업의 수요가 계절적이고 여성 또는 시간제(part-time), 임시직 고용이 많고 임금이 낮은 저급상태의 일자리로 이해되어 진정한 의미에서 바람직한 직업인가 하는 의문이 제기되기도 한다. 그리스에서는 관광종사원 중 반 정도는 연중 일부분만 일을 하고, 또 일하는 분야가 바뀜에 따라 큰 변화를 겪게 된다는 것이다. 영국의 경우에도 호텔이나 숙박업소의 60% 이상이 여성인데, 이들 중 반은 시간제 고용으로 일하고 있는 것으로 나타났다. 따라서 Vanghan과 Long(1982) 그리고 Cooper와 Pigram(1984) 등에 의하면 영국의 호텔 및 식음료업과 소매업부문에서와 오스트레일리아, 그리고 독일의 관광관련업체 종사원들은 다른 산업부문에 비해 비교적 낮은 임금을 받고 있는 것으로 보고되고 있다.

Allock(1986)는 유고슬라비아에서 관광산업의 양상을 높은 계절성, 낮은 기술수준, 낮은 교육수준, 그리고 낮은 임금의 노동력으로 특징짓고 있다. 하지만 Spartidis와 Attanayake(1983)는 그리스의 호텔종사자의 평균임금은 다른 부문보다 높은 것으로 추정하고 스리랑카의 관광산업 종사원의 월평균 임금은 다른 산업체보다 훨씬 높다는 연구결과를 보고한 바 있다. 결국 이와 같은 차이는 관광개발 경험의 모형에서 뿐만 아니라 선진국과 개발도상국의 광역경제 구조에서의 차이를 반영하고 있는 것으로 보아야 할 것이다.

고용창출에 대한 관광의 특징적 기여도를 축소시키기 위한 효과적인 수요는 여러 요소에 의존하고 있는 것이다. Lever(1987)는 관광의 계절적 영향은 계절노동 수요가 있든 없든 간에 큰 영향을 미치게 되며, 이러한 기회는 상호 보완적일 수도 있고, 또 경쟁적일 수도 있다고 했다. 예컨대, 스키장은 산악지역 사회의 농업활동이 비교적 적은 시기에만 노동력이 필요하게 되고, 여성의 시간제노동력 수요는 가정의 일과 상충되지 않고 있다는 것이다. 따라서 여성들이 관광업체에서 일하는 것은 필수불가결하거나 매우 적합하다고 보는 사람이 많다. Van Houts(1983)는 튀니지에서 여자들이 레스토랑이나 카페테리아 등 공공장소에서 근무하는 일은 매우 드물고, 전통문화가 강하기 때문에 관광지원 부문에서도 이 나라 여성의 참여도는 대단히 낮다고 했다.

요약하자면, 풍부한 노동력을 가지고 있는 개발도상국 또는 미개발국가에서의 고용에 대한 관광의 기여도는 매우 중요한 것으로 평가되고 있다. 따라서 관광산업 고용은 다음과 같은 특징을 가지고 있는 것이다.

① 고용과 소득효과는 완전하게 관련되지 않더라도 밀접한 관계에 있다.
② 고용효과는 관광객 유형에 의해 영향을 받을 수 있다.
③ 고용효과는 지역적으로 유용한 기술의 유형에 의해 영향을 받는다.
④ 지역 내의 다른 부문이나 지역 외부에서 일자리가 충당되는 경우가 많다.
⑤ 고용효과는 위장되기 쉬우므로 관광의 영향측정이 어렵다.
⑥ 고용의 불안정성을 내포하고 있다.

Mathieson과 Wall(1986)은 관광의 고용은 직접고용, 간접고용, 유발고용 등 다음과 같이 세 부문으로 나눌 수 있다고 했다.

① 직접고용 : 관광편의시설 등에서 관광객의 지출로부터 직접 발생되는 직업(숙박업, 식음료업, 정부관광 관련기구 등의 종사자)
② 간접고용 : 관광산업에 재료나 제품을 공급하는 부문(농업, 어업, 건설업 등)
③ 유발고용 : 관광소득의 일부를 재소비함으로써 생기는 추가 고용

이와 관련해서 고용효과를 측정할 수 있는 방법으로는 고용승수가 많이 사용되고 있는데, 이는 관광객의 최초 지출로 창출된 직접고용이 지역 내의 간접 및 유발고용 기회를 얼마나 증대시켰는가를 계측해 내는 것이다.

Pavaskar(1982)는 인도의 경우 국제관광은 고용승수가 2.82이고 국내관광은 3.58로 나타나 국내관광이 고용효과면에서 훨씬 큰 것으로 밝힌 바 있다. 그러나 일반적으로 일정한 누출액에서 국제관광의 평균소비력이 높다고 가정할 때 반대현상을 나타내게 되며, 지역단위보다는 국가단위에서의 관광승수가 높게 나타나게 되는 것이다. <표 9-6>은 1990년도 경주지역의 관광산업 부문별 수입에 대한 고용효과를 예측 · 분석한 것으로

관광산업의 평균고용승수는 2,002로, 그리고 1천만원의 관광경비당 창출되는 평균고용자 수는 0.65인 것으로 나타나고 있다.

〈표 9-6〉 관광수입의 고용창출 효과예측(1990) (단위 : 백만원)

산업부문	관광수입 (1)	고용효과				고용승수 (6) = (5) ÷ (2)	관광수입 1천만원당 창출되는 고용인구 (7) = (5) ÷ (1)
		직접(2)	간접(3)	유발(4)	총계(5)		
숙 박 업	19,856	1,936	496	499	2,931	1.514	1.48
식음료업	22,686	2,142	332	582	3,056	1.427	1.35
기념품업	148,424	2,255	2,354	1,814	6,423	2.848	0.43
교통 · 관광	8,579	630	142	192	964	1.530	1.12
사찰 · 공원	18,496	161	327	403	891	5.534	0.48
총 계	218,040	7,124	3,651	3,490	14,265	2.002	0.65

자료 : S. M. Kim(1989)

이상에서 보듯이 관광개발이 고용창출에 미치는 영향도 역시 경제적 누출이 적으면서 관광객의 실질소비력이 높고, 또 계절적 격차가 적을 때 매우 긍정적인 효과를 가져올 수 있다는 것을 알 수 있다. 따라서 이에 대한 분석은 지역이나 국가마다 다를 뿐만 아니라 그 나라 경제구조에 따라 달라질 수 있기 때문에 일정한 기준이나 최선의 분석방법을 제시하기란 매우 어려운 실정이다. 또, 관광산업의 고용을 추정하기 위한 방법의 하나로 다음과 같은 공식이 사용될 수도 있는 것이다.

$$T_1 = f(X_1, \cdots\cdots, Xn) \quad (1)$$

$$T_{2,3} = f(T_1, X_1, \cdots\cdots, Xn) \quad (2)$$

$$\triangle S = f(\triangle T_1, X_1, \cdots\cdots, Xn) \quad (3)$$

$$\triangle Tx = f(\triangle T_1, S, X_1, \cdots\cdots, Xn) \quad (4)$$

$$\triangle E = f(\triangle T_1, S, Tx, X_1, \cdots\cdots, Xn) \quad (5)$$

T_1 = 관광산업의 직접(또는 1차) 고용자

$T_{2,3}$ = 관광산업의 2차와 3차 고용자

S = 소매상 및 입장권 판매원

Tx = 세금수입에 의한 공무원

X_1, …… Xn = 관광산업의 크기에 대한 결정요소(경영수익, 총수요, 매력물의 수량, 매력도의 크기 등)

E = 총고용인 수

이와 같은 방법으로 관광지출의 파급효과에 따른 직접 · 간접 · 유발고용효과까지도 계측함으로써 정확한 분석과 다른 산업과의 비교가 가능하다고 보는 견해가 타당성이 있다.

6. 지역개발

지역개발은 1960년대에 나타난 분배의 정의에 기인한 개발주제의 주요한 양상 중의 하나로 부각되었다. 지역개발의 목표는 다양하지만 일반적으로 중요시되는 것은 지역주민의 실질소득과 고용기회의 편중적 차이를 줄이거나 없애는 데 있는 것이다. 이와 관련해서 유럽지역개발기금(European Regional Development Fund)의 목적은 개발에 참여를 통해 지역사회의 불균형을 개선하고 낙후된 지역을 부흥시킴으로써 당해 지역의 산업을 발전시키고 동시에 산업구조를 조정하는 데 있다.

관광은 여러 가지 이유에서 지역개발의 유용한 도구로 사용되고 있는데, 첫째로 앞에서 지적했듯이 거대한 도심지역이 주된 관광시장으로서 관광송출 경향이 가장 높다. 둘째로 도시는 그 자체가 사람들에게, 특히 방랑벽이 있는 자들에게 중요한 관광목적지가 되어 왔지만, 해변, 전원, 그리고 산악지역 또한 훌륭한 목적지로 각광을 받아 왔다. 이와 같은 도시 외 오지의 관광목적지는 사회 · 경제 · 복지의 지표에서 국가평균지수 이하로 떨어져 있기 때문에 관광은 부유한 도심지역에서부터 가난한 도시 외 지역으로 부(富)를 재분배하는 수단이 되고 있다는 것이다. 더구나 관광객 유치를 위한 자원은 제조업이나 농업과 같은 목적을 위해 개발하는 것과는 상반되는 것이다. 예컨대, Duffield와 Long(1981)은 스코틀랜드의 경우에서 아이러니컬하게도 개발이 미흡하더라도 전망이 좋고, 독특한 지방문화를 유지하고 있으면, 관광측면에서는 매우 중요한 긍정적 자원이 될 수 있다고 했다. 이와 같은 이유 때문에 비록 지역의 목표가 다른 국가차원의 목적과 병행할지라도 특정지역 개발기관은 초기단계에 그들의 전략에 관광을 주요 요인에 포함시키는 것이다. 예를 들면 이런 것들은 프랑스의 랑그도끄 루시용 해변 개발사업과 아퀴타인의 공동개발사업, 스코틀랜드의 고산지역 개발과 도서개발위원회 공동사업, 동유럽의 관광개발사업, 오지·도서지역의 관광개발 시도, 그리고 유럽지역개발기금(ERDF)을 통한 관광잠재력에 대한 인식이 고조되고 있는 데서 찾아볼 수 있다.

지역적 불균형을 줄이고 내부적으로 생성된 개발에 기여하는 데 관광의 역량은 외화획득에 영향을 미치는 것과 비슷한 정도로 작용하게 되는 것이다. 국가적 차원에서 뿐만 아니라 지역수준에서도 누출현상은 생기게 마련인데, 그 정도는 대부분 관광개발의 성질에 따라 결정된다. 대부분의 필요한 투자가 지역 내에서 조달되고 개발의 대부분이 지역 내의 기업과 주민에 의해 이루어진다면 개발로부터 유발되는 많은 편익은 그 지역 안에 떨어지게 되는 것이다. 그러나 반대로 관광개발이 주로 외부의 자본과 노동력, 노하우(know-how) 그리고 기술적 자원에 의존하게 되면 지역경제에서의 누출은 매우 높게 나타날 것이다. Mathieson과 Wall(1982)은 관광지로서 성공하기 위해서는 다음과 같은 조건을 갖추어야 한다고 했다.

① 제공되는 시설과 서비스의 혼합, 질, 가격의 적절성
② 숙련되고 경험 있는 조직화된 단체의 존재
③ 관광객 송출지역과의 인접성
④ 관광편익에 대한 누출방지

관광개발은 실업자가 많고 개발이 낙후된 지역이나 개발대안이 없는 소규모 도서지방 또는 국가 같은 곳에서 경제발전 및 지역개발에 다소 공헌할 수는 있지만, 입지적 조건도 중요한 변수가 되고 있다. 따라서 관광은 지역개발 및 성장을 촉진하는 유일한 도구가 아니라 지역경제를 보완해 주는 역할을 한다고 볼 수 있다.

7. 승수효과

지역개발과 일반적인 경제개발에서 관광의 기여에 대한 논쟁은 관광소비가 경제에 침투되어 다른 부문에 생산을 자극하는 법칙에 관해 주로 초점이 맞추어졌는데 이것이 바로 승수효과인 것이다. 승수효과란 추가지출이 경제 안에서 미치는 영향을 측정하는

것인데, 관광승수효과는 관광지출에 국한된 것을 말한다.

대부분의 연구에서는 관광소비가 다만 관광에 의해 자극된 상품의 수출과 관광설비나 기반시설 등 외적인 자원을 위해 투자형태로서의 경비로 쓰여지는 것에 국한시키고 있다. 세계관광기구와 Archer(1982) 등은 관광승수가 다음과 같은 세 가지 형태의 소비와 상호관계에 반영되고 있다고 주장하고 있다.

① 직접소비

관광관련 투자나 관광유발 수출품을 포함한 상품과 서비스 전역에 관광객이 소비하는 모든 것으로, 여기서의 계산은 다만 당해 지역에서 최초로 남는 그 소비일 뿐 누출이나 저축을 통한 손실은 고려되지 않는다.

② 간접소비

당해 지역에 남아 있는 화폐는 호텔업자가 지역소매상이나 도매상으로부터 구매하는 상품과 같은 사업간 거래의 후속적 재소비행위가 이루어진다.

이와 같은 거래의 결과 지역 내에서 전반적인 산출이 발생하고, 고용기회가 증대되고 개인소득이 증가하게 된다. 이와 같은 후속적 소비가 매번 이루어질 때마다 누출이 발생하게 되고 나중에는 재소비가 불가능해질 때까지 매우 작아지거나 없어지게 된다.

③ 유발소비

추가적인 개인소득은 더 많은 소비를 불러일으키게 되는데, 예컨대 호텔종사원이 그들의 임금으로 상품이나 서비스를 구매하는 행위를 말한다.

Archer의 이와 같은 관광소비의 흐름은 이미 제3장([그림 3-7])에서 설명한 바 있다. 그는 또한 간접 및 유발효과를 제2의 효과라고도 부르며, 관광승수는 추가적 관광소비의 결과인 전체효과(직접 및 간접)가 최초의 소비에 얼마만큼의 비중을 차지하고 있는가를 계측하는 것이라고 했다.

따라서 관광소득 승수란 특정지역에서의 관광지출을 한 단위 증가시킴으로써 그 지역에서 추가로 발생하는 소득의 증가분을 나타내는 계수라고 보는 것이다.

관광승수는 지역 내의 다른 산업부문이 관광에 필요한 재료나 제품을 많이 공급할 수 있으면 있을수록 더 높게 나타난다. 개발도상국은 대체로 관광승수가 1.4를 초과하지 못하는가 하면, 캐나다나 영국과 같은 선진국은 1.7과 2.0 사이에 있다고 한다.

국가단위의 관광승수는 그 국가 내의 어느 지역단위의 관광승수보다 높게 나타나게 마련인데, 그 이유는 지역단위 경제에서의 외부누출이 국가단위보다 많기 때문이다. 그러나 때에 따라서는 국가단위의 승수보다 지역적 관광승수가 더 큰 의미를 나타내고 있을 수도 있다. 미국의 주 및 군단위 관광소득승수는 <표 9-7>과 같이 나타나고 있는데, 이중에서 하와이주의 관광승수가 0.90~1.30으로 제일 높은 반면, 나머지 지방단위인 군지역은 상대적으로 낮게 나타나고 있다.

한편, 1990년도 경주지역의 예측 관광소득 승수는 평균 0.416으로 나타났으며, 그 중에서도 식음료부문이 0.667로 가장 높게, 그리고 숙박업부문은 0.656으로 <표 9-8>과 같이 분석되었다.

〈표 9-7〉 미국의 주·군 단위 관광소득승수

주 또는 군	관광소득승수
하와이	0.90~1.30
미주리	0.88
위스콘신의 왈위스군	0.77
콜로라도의 그랜트군	0.60
위스콘신의 도어군	0.55
펜실베이니아의 설리반군	0.44
와이오밍의 남서부	0.39~0.53

자료 : B. Archer(1982)

〈표 9-8〉 경주지역 관광수입의 가내소득 창출효과 예측(1990)

산업부문	관광수입(1)	가내소득				소득승수 (6) = (5) ÷ (1)
		직접(2)	간접(3)	유발(4)	합 계 (5) = (2) + (3) + (4)	
숙 박 업	19,856	8,016	2,278	2,739	13,033	0.656
식음료업	22,686	9,662	2,289	3,180	15,131	0.667
기념품업	148,424	26,527	10,719	9,910	47,156	0.318
교통 · 관광	8,579	3,274	673	1,050	4,997	0.582
사찰 · 공원	18,496	5,550	2,728	2,203	10,418	0.567
총 계	218,040	53,029	18,687	19,082	90,798	0.416

자료 : S. M. Kim(1989)

Archer(1982) 등은 일반적으로 사용되는 승수는 네 가지 형태로서 다음과 같다고 밝히고 있다.

① 판매 또는 거래승수는 관광소비의 한 추가단위에 의해 추가로 발생하는 영업(직접 및 간접)을 측정하는 것이다.
② 산출승수는 ①과 비슷하지만 판매에 추가해서 재고변화를 고려한 것이다.
③ 소득승수는 한 단위의 추가적 소비와 그 경제의 소득수준의 변화에 대한 관계를 나타내어 주는 것이다. 여기에는 두 가지 방법이 있는데, 첫째는 직접소득과 간접소득의 비율을 표시하는 방법이 있고, 둘째는 전형적인 방법으로 특정부문의 최종수요가 한 단위 증가함으로써 발생하는 총소득(직접 및 2차적)을 측정하는 것인데, 다시 말해서 이것은 직접 및 2차적 소득이 한 단위 직접소득을 발생시키는 비율을 측정하는 것이다. 이러한 전형적인 방법은 관광승수 측정형태 가운데 가장 유용한 것으로, 비율승수측정은 경제 내의 각 부문간 존재하는 내부적 연결만을 가리키고 있을 뿐 본질적으로 한 단위의 직접소득 창출을 위해서 얼마만큼의 관광소비가 필요한가를 제시해 주지는 못하는 반면, 전형적 방법은 이것이 가능하기 때문인 것이다.
④ 고용승수는 관광의 추가적 소비에 의해 발생한 직접 및 2차적 고용의 직접고용에 대한 비율을 계측하거나 또는 관광의 추가적 소비의 한 단위가 고용을 발생시키는 양을 측정하는 것이다.

이러한 관광승수에 대한 분석은 산업연관분석 또는 투입·산출모형을 이용한 분석(input-output analysis)방법이 가장 신빙성 있는 객관적이고 합리적인 것으로 알려져 있지만, 이 방법을 사용하는 데는 정확한 자료수집과 시간, 그리고 비용이 많이 든다는 어려움이 따른다. 산업연관분석이란 1936년 미국의 Leontief 교수가 “미국경제 체계에서의 수량적인 투입산출 관계(Quantitative Input and Output Relations in the Economic System of the U. S.)”라는 논문에서 처음으로 적용했으며, 그 후 UN에서도 세계 각국의 경제분석 도구로 이 방법채택을 유도하고 있다. 이것은 산업부문 상호간의 재화와 용역의 거래, 즉 상호의존 관계를 파악함으로써 최종수요와 산업생산, 고용, 수입, 소득 등 국민경제의 각 부문 간의 연관관계를 분석하는 방법으로 특징지을 수 있는 것이다.

이와는 비교가 되지 않지만 단순한 관광승수 계측에 있어서 Keynes의 전통적 모형을 살펴본다면 다음과 같다.

$$K = A \times \frac{1}{1-BC}$$

여기서

A = 관광소비의 1차적 거래시 누출 후 그 지역에 남아 있는 비율
B = 지역주민이 지역상품이나 서비스에 소비한 소득의 비율
C = 지역소득 창출을 위해 지출한 지역주민의 소비에 대한 비율(다른 누출은 차감됨)

그래서 만약 관광소비의 1차적 거래시 누출 후 50%가 그 지역에 남아 있고, 지역주민이 그들의 소득 중 60%를 지역에 소비하고, 지역소득 창출을 위해 40%를 소비했다면 소득승수(K)는

$$0.5 \times \frac{1}{1-0.6 \times 0.4} = 0.65$$

가 된다는 것을 알 수 있다.

한편, Checchi회사의 연구에서 동회사의 부사장인 Clement는 최초의 관광소비액 미화 1,000달러가 1년 동안 5회의 거래를 통하여 최종적으로 3,272달러의 경제적 가치를 창출함으로써 3.27의 승수효과를 가져왔다고 밝혔다. 관광산업 부문별 거래횟수에 따른 승수는 <표 9-9>에서 보는 바와 같다.

〈표 9-9〉 최초의 관광소비액 1,000달러의 연간 승수효과 (단위 : 달러)

소비내역	거 래 횟 수					합 계	연간승수
	1	2	3	4	5		
숙 박	250	250	178.00	112.00	64.50	854.50	3.42
식 음 료	320	320	211.00	137.00	63.50	1,050.50	3.28
쇼 핑	250	250	149.00	89.50	48.50	787.00	3.15
관 광	100	100	70.50	41.50	25.00	336.50	3.365

소비내역	거 래 횟 수					합 계	연간승수
	1	2	3	4	5		
지역교통	50	50	29.00	16.50	7.50	153.00	3.06
기타경비	30	30	16.50	9.00	4.50	90.00	3.00
합 계	1,000	1,000	654.00	405.00	213.50	3,272.50	3.27

자료 : S. Wahab(1975)

따라서 Clement는 관광승수 계측을 위해 다음의 공식을 이용하였다.

$$K = \frac{1}{1 - \frac{\Delta C}{\Delta R}} = \frac{1}{1 - \frac{2,272.5}{3,272.5}} = 3.27$$

여기서

K = 관광승수(multiplier)

C = 소비(consumption)

R = 수익(revenue)

△ = 일정기간 동안의 증가분(supervening change in the period considered)

$\frac{\Delta C}{\Delta R}$ = 소비성향(marginal propensity to consume)

이와 관련해서 Lundberg(1974)는 관광승수를 계측함에 있어 다음과 같은 공식이 유용하다고 했다.

$$TIM = \frac{1 - TPI}{MPS + MPI}$$

여기서

TIM = 관광소득승수(tourism income multiplier)

TPI = 관광객의 수입상품 구매성향(tourist's propensity to import)

MPS = 관광지 주민의 저축성향(marginal propensity to save)

MPI = 관광지 주민의 수입상품 구매성향(marginal propensity to import)

위 공식을 근거로 바하마지역의 관광승수를 측정한 결과 다음과 같이 나타났다.

$$TIM = \frac{1-0.341}{0.281+0.456} = 0.894$$

위에서 보듯이 관광객 수입성향(TPI)이 높으면 높을수록 관광소득 승수는 낮아지며, 마찬가지로 한계저축성향(MPS)과 한계수입성향(MPI)이 높으면 높을수록 소득승수가 낮아진다는 것을 알 수 있다.

한편, Archer는 영국의 군 및 지역단위 관광소득승수에 대한 연구에서 잉글랜드 서남부의 컴브리아가 다른 지역에 비해 가장 높게 나타나고 있다고 <표 9-10>에서와 같이 밝히고 있다.

〈표 9-10〉 영국의 군 및 지역단위 관광소득 승수

군 또는 지역	관광소득 승수
북웨일즈의 그윈드	0.37
컴브리아	0.35~0.44
잉글랜드 서남부	0.33~0.47
그래이터 타이사이드	0.32
동앵글리안 해변	0.32
로티안 지역	0.29
스키에 섬	0.25~0.41

자료 : B. Archer(1982)

요약컨대, 관광의 승수효과를 높이기 위해서는 지역내 관광관련 산업의 육성과 더불어 지역 외 경제적 누출을 막고, 건전한 소비를 통해 역내산업의 산출을 높여나가야 될 것이며, 아울러 역내 경제적 파급효과를 증대시켜야 할 것이다. 따라서 관광승수 계측을 정확히 함으로써 관광개발의 경제적 영향평가가 과소 또는 과장되지 않도록 과학적이고 합리적인 방법을 적용해야 할 것이다.

8. 정부의 세수입과 지출

관광개발로부터 생성되는 정부의 주된 편익은 세입 및 외화획득 증대와 사회후생비의 절감, 그리고 관광산업의 직접참여로 얻는 이윤 등에 의존하는 것이다. 세계관광기구(1983)의 보고에서 나타난 관광에 의해 창출된 세입의 변이와 개발도상국과 선진국 간의 회계제도 차이에 대한 개요는 정부편익에 대한 관광의 기여를 이해하는 데 큰 도움이 되고 있다. <표 9-11>에서 보는 바와 같이 대체로 작은 국가는 전체세입의 절반 이상이 관광에서 유발되면서 의존도가 매우 높은 반면, 규모가 크고 산업화된 국가는 관광에 대한 세입의 의존도가 5% 미만인 것으로 나타나고 있다.

〈표 9-11〉 국가별 세입에 대한 관광의 기여도

국 가	연 도	관광에 의한 연간 세입 (미화 : 백만 달러)	관광에 의한 연간 세입	
			총 국가세입에 대한 비율(%)	국제관광수입에 대한 비율(%)
오스트레일리아	1973 / 74	237.1	0.2	12.6
바하마	1968	-	55.0	-
	1974	74.6	61.9	22.7
버뮤다	1975	35.6	57.0	21.3
캐나다	1974	380.9	1.1	25.6
자마이카	1975	10.3	1.5	18.4
케 냐	1976	9.1	1.4	8.3
파키스탄	1978 / 79	21.9	1.0	21.9
	1979 / 80	23.9	-	15.6
페 루	1979	26.3	0.7	8.1
세이셀	1976	0.6	-	5.6
스페인	1974	801.6	7.6	24.5
스리랑카	1971	4.9	1.0	15.4
미 국	1977	-	3.4	-
	1978	13,985.0	3.4	-
유고슬라비아	1972	78.4	2.3	13.5
잠비아	1980	0.04	-	0.2

자료 : WTO(1983)

정부의 세입에 대한 변동은 국제관광수입에 부과하는 세수율에 따라 다르게 나타나고 있는데, 대부분의 국가에서는 10~25%선에서 징수하고 있다. Mill과 Morrison(1985)에 의하면 미국과 같은 나라에서는 대부분의 세입을 국민관광에 의존하고 있는데, 국내여행비 1달러당 30센트의 세수를 창출하는 것으로 추정되었다고 한다. Rose(1981)는 텍사스주 겔베스톤에 대한 구체적인 연구에서 이 지역의 연간 총세입은 1,100만 달러에서 1,400만 달러가량 되는데, 그 중에서 1백만 달러 이상이 그 도시 자체에 의해 징수되고 있는 것으로 밝혀졌다.

Lundberg(1980)는 바하마의 경우 2개의 콘도미니엄 건설로 인해 수입된 원자재와 비품에 대한 관세, 숙박시설 자체에 부과되는 세금, 그리고 관광객으로부터 징수한 세수입 등은 11,200달러의 정부세입을 유발시켰으며, 이와 같은 세수입은 그 지역에 새로운 1개의 학교교실 운영에 충분한 경비인 것으로 밝혔다. 그리고 각각 2개의 호텔객실은 연간 200명의 관광객을 맞아들이는데, 여기에서 발생하는 세수입은 8,200달러로써 1명의 교사 봉급액에 해당하는 금액이라고 했다.

대체로 중앙정부는 대부분의 세수를 소득세와 법인세로부터 징수하는 반면, 지역 및 지방정부에서는 간접세에 많이 의존하고 있다.

재산세는 특별히 지방정부 차원에서 매우 중요한 세입원으로, 이에 대한 증대 때문에 공공부문이 제2의 주택을 권장하는 하나의 이유가 있는 것이다.

정부의 세수익은 각종 조세감면 조치 및 관광사업체에 대한 특혜조치로 많은 손실도 따를 수 있게 마련이다. 관광의 경제적 영향을 파악할 때도 이와 같은 측면을 무시하고는 올바른 평가가 이루어질 수 없다. 따라서 정부의 세금은 다음과 같은 조치에 의해 큰 손실을 볼 수 있다.

① 조세감면(수입설비, 기계, 재료)
② 우호적인 저평가 허용에 의해 관광사업체 세금면제, 물품세 · 판매 · 소득 · 매상고 · 이윤 또는 재산세에 대한 특혜조치
③ 일정기간 세금면제
④ 세금조건의 안정보증(20년 이상 등)
⑤ 보조금(전체 자본비용의 몇 % 정도)
⑥ 저이율 대출

⑦ 토지의 자유보유 조항(명목적, 거의 비용이 없거나, 낮거나 명분만의 지대)
⑧ 보조금(이익의 최소수준 보장)
⑨ 투자된 자본, 이윤, 배당금, 이자의 자유로운 본국 송금
⑩ 산업 국유화·몰수방지에 대한 보장

따라서 관광객은 다양한 공공서비스 비용을 증가시키는데, 이 비용은 저개발지역으로부터 고도로 개발된 도시에 이르기까지 아주 다양하다. 하와이의 경우 공공서비스 비용은 <표 9-12>와 같다.

〈표 9-12〉 하와이 관광객에게 제공된 공공서비스 비용

항 목	공공지출(백만$)	1인당 연간비용($)	관광객 1인당 비용($)
고속도로	38.8	68.88	0.189
공 항	7.4	-	0.249
경찰보호	15.7	21.24	0.058
화재보호	8.7	11.77	0.032
하수도	13.2	17.86	0.049
자연자원	13.1	17.72	0.049
지방공원 및 위락	16.6	22.45	0.062
관광객 1인당 총비용	-	-	0.688

관광지주민 중에 실업자가 없거나 주민이 관광사업체에서 일하기를 싫어할 때 외부에서 노동자가 들어와야 하므로 모든 종류의 추가적 공공서비스가 필요해진다. 하와이의 한 연구(Lundberg, 1980)에 따르면 가족 4명의 이주자에 대한 공공서비스 비용은 취학아동이 없을 때에는 1,557달러(미화) 정도이며, 취업자녀가 있을 때(초·중등학교 학생 1명, 대학생 1명)는 3,041달러까지 소요되었다고 한다.

정부지출은 관광행정이나 통제면에서 광고, 촉진, 훈련계획, 연구 등에서도 이루어지며, 관광설비의 운영에도 막대한 비용이 들게 된다. 그리고 하부구조에 대한 신설, 확장, 연결투자에도 커다란 비용이 소요되게 마련이다. 즉 공항, 오수처리, 상수도, 도로, 주택, 교육, 전기통신 등의 부문에 비용은 커지게 된다. 또, 관광객에 의해서도 버려진 쓰레기 처리, 파괴되고 손상된 관광자원의 유지관리 등에도 많은 비용을 써야만 한다.

제3절 관광개발의 사회 · 문화적 영향평가

1. 사회 · 문화적 영향연구의 대상 및 범위

관광개발의 사회 · 문화적 영향에 관한 초기연구들은 대개 사회적 비용과 문화적 비용을 주로 다루어왔지만, 곧이어 관광의 확장으로 다른 사회나 공공체에 야기될 수 있는 장점과 단점을 인식하고 이에 더 큰 초점을 두고 평가되어지고 있다. 관광개발의 사회 · 문화적 영향을 조사함에 있어서 주안점이 되는 것은 관련된 다양한 집단의 구성과 특성, 그리고 상호관계이다.

Jafari(1982)는 고객(guest)과 연관된 넓은 의미에서 수입문화(imported culture)와 특별히 관광객의 여행 중 생활양식에서 나타나는 관광문화(tourist culture)를 구분지음으로써, 3개의 문화적 분류를 주장하고 있지만, 일반적으로 Smith(1977)의 고객(guest)과 주인(host)의 양분법이 인류학적 측면에서 포괄적으로 받아들여지고 있다.

Smith(1977)는 관광객의 숫자와 목표, 지역규범에 대한 적응을 기준으로 관광객을 탐험가, 엘리트, 특별한 관광객, 별난 관광객, 초기 대량 관광객, 대량관광객, 전세기도착 관광객 등 일곱 가지로 분류하였다. 탐험가는 발견과 새로운 지식을 추구하며, 그들은 관광객이 아니라 활발한 참여관찰을 함으로써 인류학자의 생활과 유사하다. 엘리트는 일주일 정도는 원주민생활을 할 수 있다는 관광객이다. 관광코스를 벗어난 특별한 관광객은 대량 관광객의 혼잡을 피하고 규범의 차원을 약간 벗어나 어떤 것을 함으로써 관광의 흥분을 높이고자 한다. 별난 관광객은 조직화된 관광을 통해 남미를 방문하나 하루 정도는 안내원의 도움으로 인디언을 방문하며, 돈을 주고 사진을 찍고 원주민 집 내부를 구경하고, 음식은 가져간 것을 먹는다. 여기서 소수의 탐험가나 엘리트 등에서부터 대량 관광객, 전세기관광객 등 대량관광 성향을 띠어 갈수록 지역규범에 대한 적응성은 낮아지며, 반대로 자신의 출신지에서와 같은 쾌적성과 안락성을 강하게 요구하게 된다. Smith는 관광객의 유형과 주민 사이의 접촉관계에서 일어나는 이런 현상을 <표 9-13>과 같이 요약하고 있다.

〈표 9-13〉 관광객의 유형과 지역규범에 대한 적응

관광객의 유형	관광객의 수	지역규범에 대한 적응
탐험가	아주 제한적임	충분히 수용
엘리트	드물게 보임	충분히 수용
특별한 관광객	보통은 아니나 보임	잘 적응
별난 관광객	이따금 보임	어느 정도 적응
초기 대량관광객	점차적 유입	서구적 쾌적성 추구
대량관광객	계속적 유입	서구적 쾌적성 기대
전세기도착 관광객	대량도착	서구적 쾌적성 수요

자료 : V. Smith(1977)

이어서 그는 주민문화에 대한 관광객의 영향과 관광객의 지역에 대한 이해의 정도를 [그림 9-4]와 같이 나타내었다. 관광객의 숫자가 많아질수록 지역문화에 대한 영향은 커지며 반대로 지역에 대한 이해는 줄어든다는 것이다. 그는 도표의 두 삼각형 접점에서 관광산업은 지역문화를 보호하기 위해 장려할 것인가, 통제할 것인가를 결정해야 한다고 주장하고 있다. 즉 개발의 전략으로서 대량관광을 선택하는 경우와 지역의 보호를 위해 대량관광을 통제하는 경우가 바로 이 접점을 중심으로 하여 결정되어야 한다는 것이다.

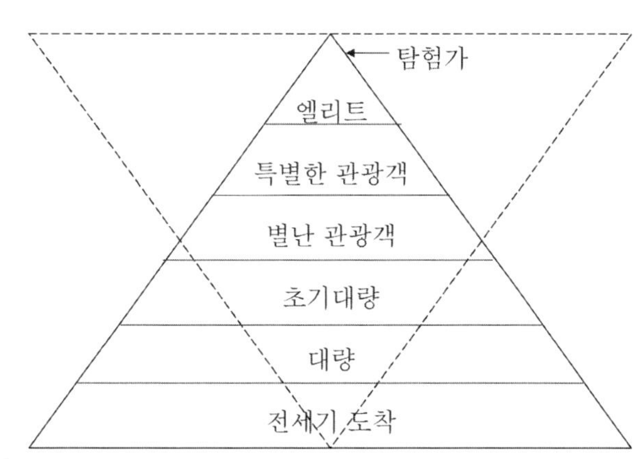

자료 : V. Smith(1977)

[그림 9-4] 관광객의 영향과 지역에 대한 지각

이와 같이 관광의 사회·문화적 영향은 관광과 관광객의 유형에 따라 달라진다는 것을 알 수 있는데, 숫자가 많다고 무조건 부정적인 결과를 초래하는 것은 아니다. 예컨대, 약물을 복용하며 퇴폐적인 행동을 하는 히피가 있다는 것은 숫자가 적더라도 지역사회의 젊은이에게 좋지 않은 영향을 줄 수도 있다. 히피는 세계도처에서 많은 문제를 야기해 왔으며, Turner와 Archer에 의하면 히피는 마지막 낭만주의자로서 과학적 진보에서 비롯되는 공해와 소외를 피해 여행한다고 한다. Hills는 이러한 기술환경에 거부감을 느끼는 사람들이 하는 관광을 대안적 관광(alternative tourism)이라고 부른다.

대량관광객은 효과적으로 통제되고 관광전용 지역만 오간다면 지역사회에 대한 해로운 영향은 줄어들 수도 있으며, 히피와 같은 관광객이 퇴폐적인 영향을 주는 경우에는 이들의 행위를 제한할 필요가 있다. 따라서 관광의 영향은 관광객의 수와 목적에 따라 크게 달라진다고 볼 수 있다.

Figuerola(1976)는 이미 스페인 해안과 프랑스 산악, 그리고 스코틀랜드의 고산관광지의 연구에서 나타났듯이 첫째 인구구조, 둘째 직업의 형태와 종류, 셋째 가치관의 변형, 넷째 전통생활방식, 다섯째 소비행태의 변화, 여섯째 관광객에 대한 편익 등에 관광개발이 사회·문화적으로 영향을 미치고 있다고 <표 9-14>와 같이 밝히고 있다.

따라서 이와 같은 관광개발로 인한 지역적 도시화의 변화는 특히 인구구조에 많은 영향을 미치고 있는데, 뉴질랜드의 퀸즈타운은 전국 평균보다 20~30대의 여성인구가 현저하게 많은 반면, 15세 미만은 남녀 모두 적음이 연구결과 밝혀졌다(Pearce, 1989).

Mathieson과 Wall(1982)은 사회·문화적 영향을 연구할 때 우선적으로 고려해야 할 영향범주로 다음과 같은 것을 들고 있다.

① 인구학적 구조: 성·연령구조, 이주, 주민이동, 인구밀도 및 구성
② 사회적 쾌적성(시설과 서비스에 대한 지각): 교통, 교육시설, 선택의 자유, 생애주기의 보호
③ 단체의 회원: 종교단체, 사교클럽, 시민단체, 정치 및 스포츠단체
④ 개인적 안전과 사생활: 치안수준의 질, 범죄율, 가족과의 시간소비
⑤ 심리적 특징: 심리적 긴장, 일의 만족, 자아표현, 가변성, 애국심, 향토애 등

따라서 문화적 영향부문을 연구할 때 고려할 점으로는 첫째, 문화간의 커뮤니케이션

촉진에 있어서 관광의 효과와 둘째, 원주민문화의 물질적 · 비물질적 요소에 대한 관광의 효과 등 두 가지로 크게 나누어 접근해 볼 수가 있을 것이다.

〈표 9-14〉 관광의 사회·문화적 영향

(1) 인구구조에 대한 영향
① 인구의 크기
② 성별, 연령별 구성
③ 가족 크기의 변화
④ 농촌에서 도시로의 인구이동

(2) 직업의 형태와 종류에 대한 변형
① 언어와 자격수준에 대한 영향
② 부문별 직업분포에 대한 영향
③ 여성노동에 대한 수요
④ 계절고용에 대한 증가

(3) 가치관의 변형
① 정치적 가치관
② 사회적 가치관
③ 종교적 가치관
④ 도적적 가치관

(4) 전통적 생활양식에 대한 영향
① 미술, 음악, 민속 등에 대한 영향
② 인습과 관습에 대한 영향
③ 일상생활에 대한 영향

(5) 소비형태의 변화
① 질적 변화
② 양적 변화

(6) 관광객에 대한 편익
① 휴식, 건강회복, 레크리에이션
② 환경의 변화
③ 식견을 넓힘
④ 사회적 접촉

자료 : M. Figuerola(1976)

2. 관광의 사회·문화적 효과 및 비용과 편익

Bennett와 Kassarjian(1972)은 문화란 어떤 일정한 사회에서 통용되고 있는 일련의 신뢰, 가치, 습관, 그리고 행위의 양식 등으로, 세대에서 세대로 전수되어지는 것을 말한다고 정의하고 있다.

Mill과 Morrison(1985)은 관광에 대한 문화의 영향에 대해 문화는 다음과 같은 네 가지 모향으로 그 사회에 영향을 미치고 있다는 주장을 하고 있다.

첫째, 문화의 전체적 가치는 어떤 목적과 행동이 사회에 용납 또는 불용납될 것인가에 따라 결정되어진다. 여기서는 사람이란 다른 사람들이 그들을 어떻게 생각할 것인가에 관심을 가짐으로써, 그들의 필요와 욕구에 대한 것을 사회가 용납하는 차원에서 만족을 찾게 하는데 영향을 미치게 된다는 것이다.

즉 이와 같은 사람들에게 각종 상품과 서비스를 구매하도록 유도하기 위해서는, 그들에게 사회에서 용납될 수 있다는 것을 전제로 이들 상품과 서비스가 유익하다고 호소하는 것이 필요하다. 수많은 광고는 사회가 점차적으로 향락적 여가관광 행태를 허용하고 있다는 가치관 때문에 선전이 가능하다고 한다. 몇 십년 전만 하더라도 이와 같은 여가관광을 제멋대로 할 수 있도록 사회가 용납하지 않았기 때문에 이것은 호소력이 별로 없었다.

둘째, 많은 사회적 제도가 그 사회의 문화에 반영되고 있다. 예컨대, 미국에서는 개인의 진취적인 생각과 모든 삶에 대한 기회균등이 어느 정도 자유적인 자녀양육 철학과 더불어 대량교육제공 제도방식에 영향을 미치고 있다. 그러나 이러한 제도는 사회전반에 걸쳐 서로 다르게 나타나고 있다. 미국의 중하위가정 부모들은 자녀중심적이고 아이들 자신의 만족에 대해 관심을 가지고 있는 반면에, 상류층 부모들은 그들의 자녀가 어떤 성취를 할 수 있도록 도와주는 데 더 큰 관심을 가지고 있는 것이다. 이러한 현상은 곧 상류층 부모들이 만약 휴가관광이 그들의 자녀가 사회진출에 도움이 된다고 판단되면 즉시 구매할 수 있다는 것을 뜻한다는 것이다.

셋째, 문화가 사회적 배경에 영향을 미치는 방법은 사회의 실재와 인습의 확립에 있다. 사회는 어떤 음식을 먹을 수 있고, 유흥을 어떻게 하고, 어떤 것들이 선물로 적절하지 않다고 하는 등 각종 풍습형태를 취하고 있다.

예컨대, 프랑스에서는 말고기를 먹을 수 있는가 하면, 미국에서는 그렇지 않고, 미국에서는 만찬에 초대되었을 때 포도주를 가져가는 것이 적절한데도 프랑스에서는 그렇게 했을 경우 모독적인 행위가 된다는 것을 알 수 있다.

다른 문화권의 시장을 유치하거나 서비스해야 할 때에는 실례되는 행동을 피하기 위해 어떤 풍습이 통용되는지를 알아야 할 필요가 있는 것이다.

넷째, 사회에 대한 문화의 영향은 사람들이 다른 사람과의 의사소통을 위해서 사용하는 언어에도 있다. 이것은 비단 단어에서 뿐만 아니라 제스처, 표현, 그리고 다른 체화(body language) 같은 것에도 영향을 미치고 있다는 것을 알아야 한다. 서구문화에서의 미소는 대인관계의 진전을 위한 따뜻한 신호가 될 수 있을지 모르나, 동양문화권에서는 이것은 당황할 때나 부끄러울 때 순간의 상황을 극복하기 위해 사용되기도 한다는 사실을 인지하여야 한다(Mill & Morrison, 1985).

한편, 문화의 변화는 그 지역사회의 내적 · 외적 양 요소에 의해 이루어질 수 있으며, 이러한 변화는 관광이 존재하지 않는 사회에서도 일어날 수 있다고 보는 견해도 있다. 즉 문화의 변화과정 및 유형은 다음과 같다.

① 지역의 생태학적 변화는 그 사회에 의해 수용되고 내적 변화를 야기시킬 수 있다.
② 다른 문화와의 접촉은 두 문화 간의 변화를 초래할 수 있다.
③ 사회에서 일어나는 전통적인 변화는 사회가 그들의 환경에서 만족을 얻기 위해 내부나 생물학적, 그리고 사회적 욕구에 의한 반응으로써 발전하는 과정으로 볼 수 있다.

따라서 관광의 문화적 변화에 대한 가설을 세우는 데 있어서는 다음 사항들을 고려할 수 있다

첫째, 방문하는 집단보다 토착사회의 전통, 관습, 사회제도에 우선 변화가 생길 것이다.

둘째, 지역의 독특한 문화는 번성한 문화의 전래에 의해 흡수되는 과정에서 점진적으로 문화적 융화를 가져올 것이다. 그렇지만 문화는 단지 다른 문화를 가진 사회의 구성요소에 자신의 것을 드러내는 형태로 표현될 수 있기 때문에 문화에 대한 관광의 효과를 평가하는 데는 어려움이 많다고 보는 것이다.

학자에 따라 사회의 사회 · 문화적 효과에 대한 시각은 약간씩 다르지만, 긍정적인 면

과 부정적인 면은 대체로 다음과 같이 지적되고 있다. 긍정적인 영향은 교육적 효과, 평화증진, 이해 · 사회 · 인종 · 종교적 장벽 타파, 새로운 사상의 도입, 문화교류, 전통예술의 발전, 향토애 제고 등이며, 부정적인 영향은 문화적 몰이해, 외국인 혐오증, 전시효과, 매춘, 충돌, 범죄, 도박 · 알코올의 도입, 약물중독, 문화의 상품화와 타락, 의미없는 접촉 등이 있다. 세계관광기구(WTO)는 관광객의 이동으로 발생되는 사회 · 문화적 효과를 <표 9-15>와 같이 요약하고 있다.

〈표 9-15〉 관광객 이동의 사회·문화적 효과

긍정적	부정적
(1) 사회적 효과	
· 사회구조의 변화 : 농업에서 서비스로 고용되어 토산품 산업발전, 소득격차 해소, 교육기회 증가	· 주민의 양극화 : 소득격차, 관광산업 종사자 유리
· 가족의 현대화 : 여자의 지위향상, 자녀에 대한 관용	· 가족의 파괴 : 이혼증가, 성개방
· 원주민의 시야 넓어짐 : 윤리적 태도의 변화, 편견 해소	· 소비지향 사회 : 매춘, 약물남용, 알코올 중독, 퇴폐
(2) 문화적 효과	
· 지역문화의 발전(민속예술, 박물관)	· 토착문화 소멸(수입문화에 대치됨) : 문화의 상업화 · 과다한 관광유입으로 유적지 파괴
· 역사유적 보존	· 전통적 건물과 비인간화된 현대건물의 병존
· 현대건축양식 도입	

자료 : WTO(1982)

관광의 사회 · 문화적 효과는 개발도상국에서 주로 부정적인 영향이 문제가 되고 있지만, 선진국의 경우도 문제가 야기되고 있다. 오스트리아의 경우 국민생활의 질적 향상, 지역의 균형적 발전이 이루어지긴 했으나, 단일문화에 대한 위험, 유적지의 파괴, 전통문화의 상업화 등에서 부정적인 영향이 나타났다. 일본의 경우에도 향토의식의 저하, 범죄, 청소년비행의 증가 등의 문제가 발생하였다고 한다.

Travis(1982)는 관광의 사회 · 문화적 영향을 사회적 측면과 목적지의 문화개발 측면, 그리고 관광객을 풍요롭게 하는 측면 등으로 보고 이에 대한 편익과 비용을 <표 9-16>과 같이 설명하고 있다.

〈표 9-16〉 관광의 사회·문화적 영향에서 발생하는 편익과 비용

편 익	비 용	
	일반적인 경우	최악의 경우
(1) 사회적 · 관광객에 의한 지역문화의 인지도 증대 : 관광지의 음악, 요리, 예술, 언어 등을 인식시킴 · 지역사회의 실태와 명성을 외부인에게 선전 가능 · 사회적 접촉, 새로운 생각과 가치관, 새로운 생활방식 개선 및 향상	· 지역문화의 변질 · 문화적 갈등과 변화를 용납할 수 없는 정도 · 부유한 관광객에 의한 지역주민의 위축감 조장 · 사회적 가치관, 의상, 관습, 행동규범 등의 변형에 대한 압박	· 문화적 제도와 문화자원에 대한 손상, 소수민족일 경우 언어의 존속 여부가 위험 · 문화의 상품화, 사회의 상품화 · 민속예술이 잡동사니가 됨 · 심오한 가치관의 이념이 위협을 당함
(2) 지역문화 개발 · 전통적 유흥의 수요와 전통 · 소비풍조의 변화 : 예술, 공예 및 음악 등의 수요에 대한 개발	· 원상태와 안정감 상실 · 문화적 긍지의 상실 · 지역과 관광문화 변형 간의 지위 관계	· 도박, 윤락, 전염병, 마약, 도둑, 경범죄의 발생 및 확대 · 단기적이고 일시적인 관광
(3) 관광객을 풍요롭게 함 · 관광으로 인한 서비스 시설과 오락설비의 지역주민에 대한 제공 : 사회적 활동에 대한 선택 범위가 확대됨 · 교육적이고 학습적인 도움 · 유적 보호, 이해, 관리 등을 향상시킴 · 사회적 범위와 경험을 증대시킴 · 문화적 교류를 통한 평화와 이해증진 · 새로운 경험, 새로운 생각, 새로운 문화에 대한 체험	· 오해 유발 : 관광객과의 사회적 관계는 비진실적이고 의미가 없음 · 관광객의 지속적인 대량유입은 건전한 접촉이 이루어지지 않고 상호관계는 무의미함	· 적개심, 변질, 전염병 발생 · 지역주민에 대한 지식과 그들의 문화 및 언어에 대한 관광객의 이해가 전혀 안됨

자료 : A. S. Travis(1982)

3. 관광객과 관광지 주민의 만남

관광지에서 이루어지는 관광객과 관광지 주민의 만남은 여러 가지 특징을 가지고 있

으나 대량관광에서는 의미 있는 접촉이 힘들게 되어 있다.

관광객은 관광지에서 세 부류의 주민, 즉 첫째, 관광업체 종사원, 둘째, 간접적으로 관광산업과 관련된 주민, 셋째, 직·간접적으로 관련이 없는 주민 등과 만날 수 있으나, 관광객의 대량이동이 발생할 때에는 상호간 정보교환을 위한 만남은 더 어려워지게 된다. 관광집단은 이동식 폐쇄사회를 형성하게 되어 이 한계를 벗어나는 것은 용이하지 않다.

Nettekoven(1979)은 관광객과 주민의 만남은 아래와 같은 특징을 가지고 있는데, 지금까지 있어 왔던 오해는 일소될 필요가 있다고 주장하였다.

① 외국관광객은 가정되는 것보다 주민과의 강렬한 만남은 덜하게 된다.
② 관광객과 주민은 한정된 국면에서 만나기 때문에 토착문화에 대한 영향이 적다.
③ 관광객은 강한 상호문화적 만남에 대한 욕망이 적다.

주민과의 접촉기회가 적을수록 지역에 대한 피해는 적어지지만 참다운 만남의 기회도 점점 줄어들게 된다. 튀니지의 한 연구(Huit, 1979)에서도 이런 사실들이 잘 밝혀지고 있다. 관광객의 89%가 튀니지의 자연환경 때문에 방문하였고, 단지 11%만이 튀니지의 역사, 문화, 국민에 관심이 있는 것으로 나타났다.

또, 전세비행기로 도착한 관광객은 24시간의 휴가 중 22시간 동안 체재하는 호텔단지를 버스를 타고 가며, 나머지 2시간만 다른 곳을 방문하는 기회가 있어도 65% 정도는 아예 방문조차 하지 않았다고 한다.

단체 속의 대량관광객은 관광전용 지역으로 보내졌다가 바로 고국으로 돌아가기 때문에 주민과의 상호이해를 위한 접촉은 한계를 가지기 마련이다. 관광전용지역이 형성되는 것은 개도국관광의 특징인데, Britton(1982)은 관광객의 흐름은 중심국에서 통제하며 변방국은 단지 중간 또는 한계적인 부문만 담당하고 관광객은 관광전용 지역 사이를 오가게 된다고 하였다. 제3세계에서만 관광전용 지역이 생기는 것이 아니라, 이탈리아, 스페인 같은 선진국에서도 반고립된 관광지가 흔한 것을 볼 수 있다. 관광전용 지역이 생기면 관광지 주민은 이 지역에 기술적으로 접근할 수 있을지 몰라도 심리적으로 장벽이 생겨서 이용하지 않게 되는 것이다.

관광객과 주민의 만남은 의도적으로 조절되기도 하는데, 이것은 주민에게 미치는 부정적인 영향을 줄이기 위해 관광객 방문을 제한하거나 일정한 지역으로 유도하기도 하며, 반대로 상호간 진정한 대화를 위한 기회를 제공하는 경우도 있다. 예를 들면, 스리랑카의 멜다이브는 주민에 대한 부정적인 영향을 방지하기 위해 인구가 적은 섬 또는 무인도를 택해 관광전용 지역으로 건설하여 접촉을 제한하고 있으며(Richter, 1979), 세네갈의 농촌마을에서 인류학자인 Saglio(1979)가 '발견을 위한 관광'이라는 소규모 프로젝트를 계획하여 주민이 마을에서 직접 운영하여 경제적 편익이 주민에게 돌아가게 하고, 관광객에게도 주민의 진실된 생활을 볼 수 있도록 하여 호평을 받은 사례처럼 만남을 조정하기도 한다.

관광객은 관광전용 지역으로 보내지고 거기에서 지역문화의 조작된 것을 즐기게 되므로 그 나라에 대한 참된 모습은 거의 보지 못하게 된다. 이런 경우 관광객과 주민의 관계는 최소화되어 '전체적 제도(Total institution)'의 일정이 만들어지고, 상호이해는 불가능해진다. Huit(1981)는 주민과 관광객의 만남은, 첫째 시간적 구속, 둘째 공간적 구속, 셋째 불평등한 관계, 넷째 감사의 관계가 아닌 거래적 관계 등으로 특징짓게 된다고 했다.

관광객과 주민 사이의 접촉이 빈번하지 않을 때에는 서로 오해나 고정관념이 형성되게 마련이다. 관광객은 주민에 대한 기대가 있고, 반면 주민도 관광객을 대할 때 특정의 생각으로 고정관념화(stereo-type)하게 된다. 이것은 일반적인 것과 특별한 것 두 가지로 구분할 수 있는데, 후자는 주민이 특정의 사업적 관계에서 다수의 관광객을 처리하기 위해 적응할 때 나타난다고 한다(Brewer, 1984). 스페인의 지역연구에서 보면 관광객이 증가함에 따라 주민은 관광객을 개성과 인간적 기질이 없는 것으로 지각하였으며, 만일 관광이 문화를 상품화한다면 주민은 관광객을 사람으로보다는 자원 또는 귀찮은 존재로 분류할 것이라는 사실이 밝혀졌다. 한편, 관광객도 주민에 대한 고정관념적인 이미지를 가지고 있는데, 예를 들면 관광객은 하와이 원주민에 대하여 목가적이고 낭만적인 생활을 하는 것으로 인식한다는 것이다(Tuner & Ash, 1976).

4. 전시효과

관광지의 주민들은 관광객의 존재로 인하여 여러 가지 변화를 겪게 되는데 그 중에서도 전시효과는 가장 주목의 대상이 되어 왔다. 전시효과란 단순하게 관광객을 관찰하는

데서부터 초래될 수 있는 태도, 가치, 행동에서의 변화라고 정의된다(Dekadt, 1979). Bryden은 관광객 생활양식에 노출되지 않았던 사회 속으로 외국의 이데올로기와 생활양식의 도입은 전시효과를 야기한다고 주장하였다.

Mathieson과 Wall은 고용과 이주에도 전시효과가 발생함으로써 관광지 사회의 내부구조는 여성역할, 지역사회 응집력, 인구학적 구조, 제도적 구조와 구성원 등 네 가지 면에서 변화가 일어난다고 하였다. Boissevain(1977)에 따르면 관광은

① 청소년을 가족의 통제권 밖으로 나오게 하고
② 고용기회는 여성에게 경제적 독립을 주며
③ 외국이나 외부인과의 접촉으로 결혼범위 확대

등의 영향을 주어 말타인 가족의 밀접한 전통적 관계를 느슨하게 만들었다고 한다.

전시효과는 긍정적인 측면도 있는데, 키프러스에서는 관광이 기성세대에게 열린 마음, 더 큰 관용, 더 폭넓은 견해를 가지도록 만들었으며, 그리스에서도 젊은이 사이에서 태도의 민주화와 현대화는 젊은 서양 관광객과의 접촉에서 일어났다고 하였다.

Mathison과 Wall도 지적하였듯이 관광객들의 방문이 만일 주민 자신들의 부족한 점을 고치거나 일하도록 고무시켜 준다면 이익이 될 수도 있는 것이다.

그러나 전시효과는 부정적인 측면에서 더 많이 지적되고 있다. Travis가 지적하였듯이 관광객의 부(富)는 부러움을 발생시키고 능력을 초월하는 물질적 욕구를 유발하고 지역민의 허탈감을 강화시킬 수도 있는 것이다. 관광객의 단순한 물리적 존재는 행동모방의 욕구를 자극하는데, 예를 들면 통가의 젊은이들이 관광객을 모방하여 행동하는 경우처럼 젊은이는 특히 전시효과에 민감하여 외부관광객의 영향을 쉽게 받게 된다. Greenwood(1972)는 전시효과를 가치의 현대화를 위한 거대한 학교라고 표현했으며, Turner와 Ash는 전시효과는 문화의 진실성과 지역사회의 정체성을 파괴하는 관광의 주요한 무기라고 하였다. 세이셸의 경우에서도 주민들은 유럽문화를 동경하여 모방하고, 소비패턴에서 변화가 일어났다고 한다.

전시효과는 자주 지적은 되지만 실제로 측정하기는 쉽지 않으며, 또 전적으로 관광의 영향 때문만은 아니다. 전시효과는 다만 간접적・중개적이며, 이미 진행 중인 변화를 가속화시켜 주는 데 불과한 것으로 인식될 수도 있다.

5. 관광지 공간과 모형문화

관광지를 방문한 관광객은 그 지역의 실상을 보고싶어 하지만, 현실적으로는 언어장벽, 정해진 관광코스, 짧은 여정, 관광지의 지리에 밝지 못한 점 등 여러 가지 제약이 따르므로 욕구충족이 쉽지는 않다. 관광지 주민들도 자신들의 생활이 방해를 받는 것을 원치 않기 때문에 관광객의 공간과 주민의 생활공간은 의도적으로 분리되어지기도 한다. 그리고 관광객의 편의를 위해 원형과 비슷한 공간이 만들어지기도 하는데, 이와 같은 상황은 다음 몇 가지 경우에서 잘 나타나고 있다.

Goffman은 사회를 전면지역과 후면지역으로 구분하고, 전면지역은 주인(host)과 손님(guest), 고객과 종업원이 만나는 장소(연회실, 응접실 등)이며, 후면지역은 주인이 휴식이나 준비를 하는 장소(부엌, 보일러실, 욕실 등)라고 했다.

MacCannell(1976)은 Goffman의 주장을 좀더 세분화시켰는데, 전면과 후면 사이에 중간유형의 사회적 공간이 있기 때문에 양극단은 '무대배경'에 의해 연결된다고 한다. 즉 양극단은 후면부처럼 보이도록 치장된 일련의 전면부들과 외부인들을 맞아들이게 만든 후면부들에 의해 연속적으로 연결되는데, 다음과 같이 여섯 단계로 구분하였다.

- 1단계 : Goffman의 전면부, 관광객들이 극복하고자 하는 사회적 공간
- 2단계 : 몇 가지 특성에서 후면부처럼 보이도록 치장된 관광용 전면부
- 3단계 : 후면부처럼 보이도록 완전하게 조작된 전면부
- 4단계 : 외부인에게 개방된 후면부
- 5단계 : 관광객들에게 이따금씩 구경이 허용되기 때문에 깨끗하게 정돈되거나 약간 변형되는 부분(부엌, 공장, 교향악단 리허설)
- 6단계 : Goffman의 후면부, 관광인식에 동기를 부여하는 사회적 공간

이와 같이 관광객을 위해 만들어진 공간은 무대세트 또는 관광환경(무대화된 고유성)이라고 불리는데, 이의 전형적인 예는 오직 관광객을 위해 건설된 디즈니랜드에서 찾아볼 수 있다. Cohen(1979)은 관광적 상황의 유형을 <표 9-17>과 같이 네 가지로 구분하였다. 관광객이 만나는 장면은 관광객의 인상에 따라 평가가 달라지는데,

① 고유성의 경우 관광객의 수용은 물론 객관적으로도 원형인데, 관광공간의 바깥이

며, 고유성을 추구하는 관광객이 가는 곳임

② 무대화된 고유성은 MacCannell이 주장한 상황인데, 관광객은 무대화된 면을 눈치 채지 못함

③ 고유성의 부인은 장면은 객관적으로 원형이나 관광객은 부인함

④ 고찰된 것은 무대화된 시설이며, 관광객도 이를 인지함

등인 것이다.

Smith(1978)는 에스키모의 연구에서 원주민들이 사진 찍히는 것을 거부하고 관광객의 접근을 봉쇄하는 것을 보고 모형문화의 필요성을 강조하였다. 하와이의 폴리네시안 문화센터는 모형문화의 성공적인 사례라고 볼 수 있다. 폴리네시아에서 이미 사라진 문화를 성공적으로 무대에 올렸으며, 폴리네시아를 여행하지 않아도 이국적인 문화를 한곳에서 볼 수 있도록 만들었을 뿐만 아니라 지역주민들의 일상생활에도 방해가 되지 않도록 하고 있다.

〈표 9-17〉 관광적 상황의 유형

		장면에 대한 관광객의 인상	
		원 형	무대화된 것
장면의 성질	원형(진품)	① 고유성	③ 고유성의 부인 (무대화로 의심)
	무대화된 것	② 무대화된 고유성 (암암리의 관광 공간)	④ 고안된 것 (공공연한 관광 공간)

자료 : E. Cohen(1979)

6. 문화의 상품화

문화의 상품화란 관광객이 문화를 패키지로 구매할 때 원래 문화의 특징이 소멸되면서 단순히 팔리기 위한 하나의 상품이 되는 경우라고 할 수 있다. 원주민의 문화행사가 장소와 시간이 변경되어 무대에 올려지거나 편리한 시간에 공연될 때, 이런 것을 모형

민속문화라고 한다.

Turner와 Ash(1976)는 하와이에서 이런 경우를 발견하였다.

"하와이 문화는 두 가지 중요한 국면이 소멸되고 있는데, 훌라(Hula)는 춤과 제스처로 고도의 표현적 조화인데, 관광객의 수요는 문화측면에서 자연발생을 앞질러 여행업자들이 매주 수요일 오전 10시에 시작하는 모형행사를 발명하였다. 따라서 알로하(Aloha) 정신은 보수 없이 기쁨을 주는 것인데 이것이 변질되었다."

미국의 버몬트 마을은 관광객이 몰리는 여름에는 관광객들만을 위한 교회를 따로 운영하며, 공예품도 산업화된 제품인데 관광객들은 이를 알지 못한다고 하였다(Jordan, 1980). 프랑스의 한 작은 알프스 관광지도 개발이 진전됨에 따라 지역문화는 외부소비를 위한 민속으로 바뀌어졌다고 한다(Reiter, 1978). 또, Greenwood(1978)는 스페인 바스크 농촌의 후란떼라비아의 연구에서 지역문화의 상품화를 분석하면서 관광산업에서 '지역적 색깔(무대에 올려지는 지역문화)'의 이용과 남용을 비판하면서 한 축제를 예로 들었다.

"알라르데(Alarde)는 옛 전투의 승리를 기념하는 축제로서 온마을 사람들이 축제준비에 가담하고 남녀노소 전계층이 참석하여 행사를 치르면서 지역의 연대감을 다시 확인하는 기회가 되어 왔다. 당국에서 관광자원화하기 위해 무대를 새로 만들고 하루에 두 번 하려고 했을 때 지역민은 자발적으로 참가하지 않아 나중에는 수고비를 지급하는 지경에까지 이르렀다. 지방정부는 문화를 대중공연으로 만드는 데 2~3분 정도 결렸으나, 350년 된 오랜 의례 · 의식의 원래 모습은 소멸되고 말았다."

그 외에도 튀니지의 결혼식 무대공연, 북미 인디언의 민속춤 공연(Tuner & Ash), 아이티의 부두 쇼(Voodoo show)가 무대에 올려진 경우 등이 문화의 상품화 사례라고 볼 수 있다.

관광으로 인해 문화의 상품화만 초래되는 것이 아니고, 소멸되었거나 사라지는 전통문화의 재현에 도움이 된 긍정적 측면도 있다. 관광객 때문에 주민들은 자신들의 문화에 대한 새로운 인식을 통하여 주체성을 강화하고 문화의 가치를 재발견하는 등의 긍정적인 영향도 있는 것이다. 말타의 경우 관광객의 관심은 지역주민의 문화에 대한 인식을 새롭게 하는 계기가 되었고, 키프러스에서는 민속공연의 증가를 가져왔으며, Andronicon,

1979), 세이셸에서도 전통문화는 관광객의 애호로 소생되었고, 지역주민의 향토애도 높였으며(Wilson, 1979), 오스트리아에서도 문화적 장벽을 없애는데 큰 도움이 되었다고 한다.

7. 예술품과 공예품의 변화

관광객은 관광의 개념으로서 지역의 예술·공예품을 사고싶어 하기 때문에 문화의 물질적 요소에도 변화가 일어나는데, 긍정적인 측면도 있고 부정적인 측면도 있다. 예술과 공예품이 관광객을 위하여 크기가 달라지거나 다른 재료, 또는 새로운 기법을 모방해서 변화가 초래될 수 있다. 이와 관련해서 Graburn(1984)은 예술의 여러 가지 형태를 다음과 같이 분류하였다.

① 기능적 예술: 주민들에게 의미를 지니는 예술
② 상업적 예술: 특별한 고객을 위해 만든 것
③ 기념품 예술: 더 넓은 관중을 위해 만든 것
④ 동화된 예술: 외부인 것의 모방

세계 도처의 관광지에서 비슷한 공예품이 팔리는 것을 공항예술(airport art)이라고 하는데, Graburn은 단순화, 양의 증가, 표준화, 대량생산의 결과로서 기능적 예술을 상업·기념품 예술로 바꾼 형태라고 하였다. 그러나 발리와 같은 경우 기능적 예술, 상업적 예술이 서로 공존하며 예술품의 타락이 일어나지 않았다고 한다. Graburn은 예술의 변화과정을 [그림 9-5]와 같이 나타내고, 현대관광객은 문화의 고유성을 추구하기 때문에 반드시 문화가 타락하는 것은 아니라고 하였다.

아프리카의 공예품 연구에서 보면, 관광예술품의 형태가 변하고 재료가 새로운 것이 도입되었으나 이것이 타락에 이르지는 않았다고 한다(Schadler, 1978).

대부분의 아프리카 국가들은 지역장인을 위한 센터를 만들었고, 관광객의 편의를 위해 호텔, 공항에서 팔았으나 별문제가 없었다고 한다. MacNaught(1984)에 의하면 남태평양에서도 전통공예는 관광 때문에 발전하였고, 소득기회를 제공했다고 한다.

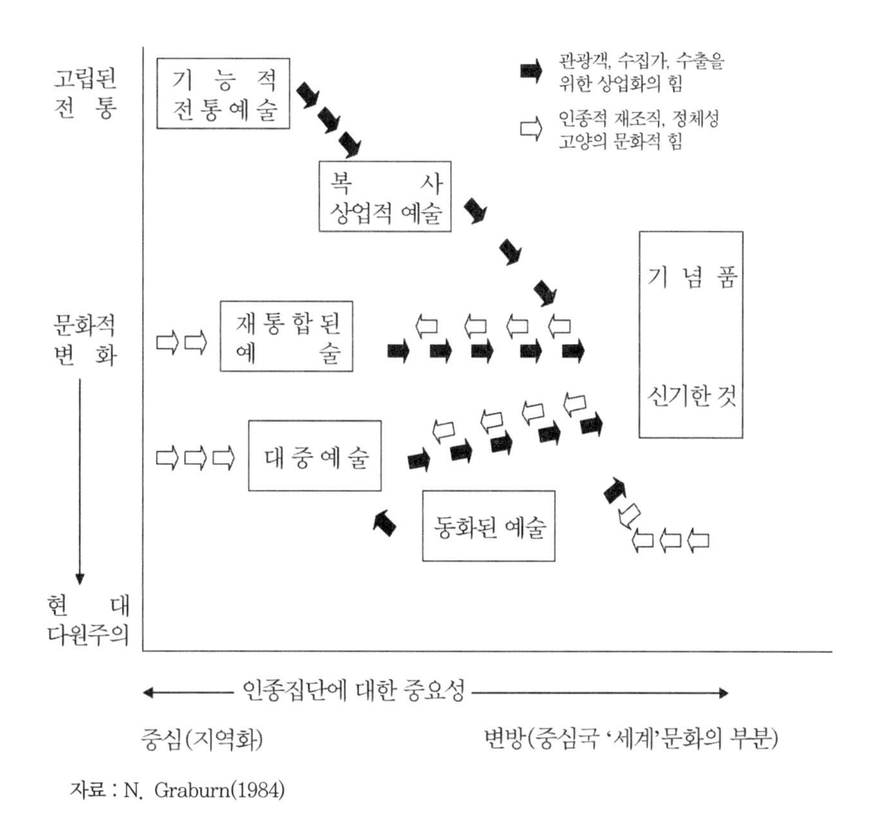

자료 : N. Graburn(1984)

[그림 9-5] 관광예술의 변천과정

말타의 경우도 관광객의 지역예술에 대한 관심은 말타인들의 문화유산 평가에 큰 도움을 주었으며(Boissevain, 1979), 마이크로네시아 지역에서도 관광은 수공예품 시장에 큰 도움을 주었다고 한다(Nason, 1984).

예술 · 공예품의 형태와 재료가 바뀌는 것은 시간의 흐름에 따라 변화되기 마련이므로 반드시 타락이라고 볼 수 없고, 하나의 변형이라는 주장도 있다.

따라서 일부 타락이 있는 것도 사실이긴 하지만 문화의 재창조에 긍정적으로 기여하는 측면도 관광은 아울러 지니고 있다.

제4절 관광개발의 환경적 영향평가

1. 관광의 환경적 영향 연구경향

관광의 환경적 영향평가는 관광개발에 있어서 각종 환경적 요인이 기본적 구성요소로 되어 있기 때문에 더욱더 중요시되고 있다. 더구나 관광객들은 복합적이고 손상되기 쉬운 환경, 예컨대 작은 섬, 해변가, 산악지역, 그리고 사적 및 문화유적지 등과 같은 곳을 선호하는 경향이 있는 것이다.

Jackson(1984)은 카리브해 지역에 대해 그의 관찰을 다음과 같이 밝히고 있다.

"요트부두와 같은 관광시설은 물에 의존도가 높기 때문에 쉽게 해변을 훼손할 수 있는 요인을 안고 있다. 해변에 위치하고 있는 호텔들은 비록 물에 의존도는 없지만 바다의 전경을 활용함으로써 매우 유리한 강점을 지니고 있다. 마리너는 낚시, 해변의 숲, 해초와 암초 등과 관계가 있는 생산적인 특징을 가지고 있어 개펄에 설치되는 경향을 보이고 있다. 이러한 요인의 결과로 카리브해 관광의 주된 시설은 대체로 수심 800m 이하에 설치되어 있어 지리적으로나 해양학적으로, 그리고 도량학적 현상이 훼손되기 쉽고 불안한 상태에 있다."

관광의 환경적 영향을 연구함에 있어서는 경제적 평가와 함께 관광의 구조적 특성도 함께 고려되어야만 할 것이다. 그간의 연구에 대한 특징을 살펴보면 다음과 같다.

첫째, 전형적으로 비일률적이며, 특히 토양과 공기, 수질 등에 대해서는 산재적이다.

둘째, 대부분의 연구는 한 가지 특정 환경요소에 대한 관광의 영향을 다루고 있으며, 전체적인 환경에 대한 관광의 많은 구성요소에 대해 통합적 영향분석의 시도는 없었다.

셋째, 영국 및 북미에서 수행되고 있는 대부분의 연구와 더불어 지역적으로 주제가 다양하다. 지중해연안의 연구가 수질에 대해서 강조하는 것과는 달리 아프리카에서의 연구는 야생동물을 중요시하고 있다. 또, 특정 생태계, 예컨대 해안, 섬, 산악 등과 같은 특정환경에 대한 강조도 해왔다.

넷째, 관광의 환경적 영향에 대한 많은 연구는 발생된 사건의 분석에 제한되어 있다. 따라서 이러한 조사가 직면하는 방법론적인 문제들은 다음과 같다.

① 관광에 의한 변화와 다른 활동에 의한 변화들 사이에 구분의 어려움
② 관광의 도래 이전 상황에 관련된 정보의 부족, 변화를 측정할 수 있는 기준선의 결핍
③ 각 동·식물군의 수, 종류, 내구성 정도에 대한 정보의 부족으로, 이것이 다양한 과거 및 현재의 이용수준에 관련해서 환경을 재구축하는데 어려움을 주고 있음
④ 연구가 특정 주요 자원들(해변, 산악 등과 같은 생태적으로 민감한)에 집중하고 있음

경제협력개발기구(OECD)는 관광과 환경문제에 관해 그간의 조사연구된 것들을 비교·종합해서 포괄적인 구조를 개발한 바 있다. <표 9-18>은 관광에 의해 발생되는 직접 압박(또는 긴장) 요인적 행위와 부수적 압박요인, 이들이 미치는 환경의 변화, 그리고 개별 및 집단적으로 이에 대한 인간의 반응에 관해 설명하고 있다(Pearce, 1989).

2. 관광과 환경 간의 관련성

관광의 역사는 그 지역의 환경이 관광의 탄생과정에 기여한다는 것을 명확히 입증해 주고 있다. 빼어난 풍광, 적합한 기후, 유일한 경관지 등은 특정지역이나 국가의 관광발전에 중요한 영향을 미치고 있다.

관광은 고대기념물과 고고학적 보물의 재건에, 그리고 경제적 수단의 달성뿐만 아니라 자연자원의 보전에도 자극제가 된다고 보거나 또는 관광은 사람과 소음과 쓰레기를 의미하기도 한다. 그것은 또 동물의 생명주기의 파괴, 연약한 식물의 멸종, 인간이 만든 쓰레기를 강과 해변에 쏟아 붓는 것을 의미하는 것이다.

〈표 9-18〉 관광과 환경의 압박에 관한 구조

압박을 주는 행위	압 박	1차적 환경의 반응	2차적 인간의 반응
1. 영구적 환경의 개조 (1) 주된 건설행위 · 도시 확장 · 교통망 · 관광시설 · 마리너, 스키장, 궤도, 해변축대 및 방파제 (2) 토지 사용의 변경 레크리에이션 시설 지구확장	지역환경의 개조 · 건축환경의 확장 · 생산토지의 전용	· 자연번식지의 변화 · 생물학적 종류의 분포 변화 · 인간의 보건 및 복지 변화 · 시각의 질적변화	· 개별적 : 심미적 가치에 영향 · 집단적 측년 : 환경개선에 대한 비용 보호관리에 대한 비용 야생보호와 공원지정 레크리에이션 지역 출입통제
2. 쓰레기 및 오물의 발생 · 도시화 · 교통화	오염증가 · 방사물 · 폐기물 유출 · 고체쓰레기 처리 · 소음(교통, 항공)	질적변화 · 환경적 매체 · 공기 · 물 · 토양 · 생물학적 유기 · 조직의 위생 · 인간의 건강	개별적 방어측면 지방민 · 냉방시설 · 폐기물질의 재순환 · 반항 및 자세변화 관광객 · 환경에 대한 자세변화 · 관광수입의 감소 집단적 방어측면 · 관광관련 산업의 오염 경비감소 · 하천과 해변의 정화
3. 관광활동 · 스키 · 산책 · 사냥 · 자전거 경주 · 수집	식물군과 토양의 훼손 종류의 파괴	· 자연번식의 변화 · 생물학적 종류의 변화	집단적 방어측면 · 보존 및 관리비용 · 야생보호와 공원지정 · 위락지 출입조정
4. 인구의 동적 영향 · 인구증가	인구밀도(계절적)	· 혼잡 · 자연자원, 토지, 상수도, 에너지에 대한 수요	· 개별적 : 환경과 과밀현상에 대한 자세 · 집단적 : 지원 서비스 증가(상수도, 전력 등)

자료 : OECD(1981)

Budowski(1976)는 환경보전을 옹호하는 것과 관광개발을 촉진하는 것 사이에 세 가지의 다른 연관성이 존재할 수 있다고 주장하였다. 이들 관계들은 관광이 자연으로부터 나온 가치에 매우 의존적이기 때문에 특히 중요하다고 보며, 그 내용은 다음과 같다.

첫째, 관광과 환경보전은 양자가 서로 간에 분리된 채로 거의 접촉없이 상호영향을 미치지 않는 상태로 존재할 수 있다. 이러한 상황은 대량관광의 성장과 더불어 발생하기 쉬운 환경에서의 실질적인 변화 때문에 오랫동안 지속될 가능성은 거의 없다. 그러므로 이러한 국면은 대개 공생적이거나 갈등관계에 의하여 이어진다.

둘째, 관광과 보전은 서로 간에 각자의 이득을 취하는 방법으로 구성되는 상호의존적이거나 공생적인 관계를 가질 수 있다. 보수주의의 입장으로부터 환경적 특성과 조건들은 가능한 한 본래적 상태에 가깝게 남아 있으나 동시에 그들을 보고 경험하는 관광객에게 이득을 제공하여 준다. 이러한 것이 성취된 지역은 거의 없다.

셋째, 관광과 환경보전은 갈등관계에 있다. 특히 관광이 환경에 악영향을 미칠 때 대부분의 관광과 환경 사이의 기록된 관계들은 이러한 범주에 들어간다. 일부의 경우 관광의 영향은 연약한 생태계를 보호하기 위하여 보존적 조치들을 강화하여 왔다.

관광산업은 특별히 양질의 환경을 유지시키는데 큰 관심을 가지고 있다. 야생 및 산림보호지역이 설정되고 경관지의 넓은 면적이 부분적으로 관광매력성 때문에 보존되고 있다. 역설적으로 지방관광당국, 관광회사, 호텔 등은 허가받은 등반로를 통한 안내등반 및 캠핑여행을 구성하여 그들의 시설물을 자랑하기도 한다. 이와 같은 방법으로 관광객이 그들 스스로 그러한 활동을 하기에 부적절하다거나 관심이 없을 경우에는 야생동물과 식생군 및 풍경을 감상할 수도 있을 것이다.

관광은 또한 환경의 질적 평가를 신장시키는데 공헌할 수 있다. 관광산업은 특정지역의 자연의 모습을 발견하고 알리고 접근가능하게 한다.

예를 들어 스위스에서는 겨울휴가를 이용해 산을 찾는 것은 산에 철로와 스포츠·리조트시설이 개발되기 전에는 비교적 알려지지 않았던 관광행위였다. 또는 스위스의 광물질 온천의 증가는 지난 몇 십년 동안 신속한 관광객 증가로부터 연유된 것이다. 이와 비슷한 예로 캐나다에서는 이전에는 과학자나 사냥꾼들 이외에는 방문한 적이 없었던 지역인 툰드라 지역에로 생태계관광을 시도하고 있는 것을 볼 수 있다.

매력적인 환경의 부재 하에서는 관광은 존재하지 않을 것이다. 태양, 바다, 모래 등의 기본적 매력물로부터 역사지역과 구조물 등의 매력물에 이르기까지 환경은 관광산업의 토대가 된다.

관광은 만약 그것이 성공적으로 지속되어야 한다면, 실질적으로 관광목적지 풍광 및 역사유적의 보호를 요구할 것이다. 이러한 주요 자원의 보호는 관광의 경제적인 잠재력이 한층 크게 인식됨에 따라 하나의 투자로까지 보게 되는 것이다. 이것은 또 계획 및 개발업체들이 환경적 측면에 관심을 가지게 하는 어쩔 수 없는 이유이기도 하다. Cohen은 그러한 행위들은 보존과 보호정책이 단순히 관광수요를 충족시키는 수단으로서만이 아니라 경제적으로 필요한 것으로서 공공에게 제시될 수 있으므로 종종 정치적이고 방어적이라는 결론을 내리고 있다.

유럽의 장엄한 유산인 도시들과 성당, 성, 정원, 교회와 기념물들을 비추어볼 때 그러한 지역의 보존에 관광이 주요한 자극제가 되었다는 것은 놀라운 일이 아니다. 따라서 관광시설물의 보존은 다음과 같은 세 가지 형태를 취한다.

첫째, 관광은 현존하는 역사지, 건축물 및 기념물의 재건을 자극시키고 있다. Alexander는 그의 케이프 콘의 경제적 연구에서 기묘한 매력을 풍기는 마을들이 그 지역의 주된 관광자산이 되며 등대, 항구, 낚시를 위한 방파제, 오래된 집 등을 전체적으로 새롭게 단장함으로써 그 지역은 부가적인 매력을 더하게 된다고 언급하고 있다. 18세기 영국 식민지하의 수도였던 버지니아의 윌리암스버그는 거의 황폐한 도시였으나, 보존과 재건의 과정에 의하여 새롭게 된 일례가 된다. 이것은 또 재건 불가능한 본래 건물들을 과거의 모습대로 복원·건축하였다는 데에서 교훈적이 될 수 있다.

둘째, 관광은 오래된 건물과 장소를 완전히 새로운 관광시설로의 변형을 자극한다. 많은 관광지역 내의 낡은 지하실과 창고들을 기묘한 매력을 풍기는 바와 디스코 텍으로, 또는 레스토랑으로 변형시키면서 본래의 건축구조적 특성을 보존시키고 있다. 이러한 형태의 보존은 영국에서 선호되어왔는데, Middleton은 그것이 특성있고 매력있는 마을 및 읍들이 쇠퇴하는 것에 대하여 활기와 새로운 생명을 불어넣어 주고 증가하는 관광객에 의한 혼잡의 범위를 경감시켜 준다고 하였다.

셋째, 관광은 자연자원의 보존에 대한 자극제가 되고 있다. 아프리카의 국립공원 설립은 보진을 자극하기 위한 관광의 역할 중 좋은 예가 된다. 지금은 탄자니아가 된 탄가니카(Tanganyika)가 1961년 독립하기 전, 아프리카의 야생동물은 유럽인들의 통제에서 벗어나게 되면 멸종될 것이라고 예견되었다. 하지만 그러한 두려움은 발견되지 않았을 뿐만 아니라, 동아프리카의 국립공원들은 그 수와 세력에 있어서 크게 증가하였다. 즉 동아프리카의 정부들은 관광객에게 매력 있는 관광자원, 특히 야생동물의 보전이 필요한 외화획득에 기여한다는 인식이 증가한 것이다. 지난 20년 동안 아프리카 사바나 지역의 수많은 공원이 경제적, 정치적, 그리고 사회적 압박에도 불구하고 설립되었으며, 경제개발의 수단으로써 그 장소를 관광지역으로 확정시켰던 것이다. 또, 207,200㎢가 동부 및 남부아프리카에서 국립공원으로 설정되었으며, 세계 최대의 야생동물을 수용하고 있다. 세렝게티(Serengeti : 아프리카 국립야생공원) 하나의 면적이 15,540㎢이며, 최소한 30여 종의 초식동물과 12종의 육식동물을 포함하여 1백만 이상의 야생동물이 서식을 하고 있다.

마니아나(Manyana) 국립공원의 호수는 야생육식동물, 물오리, 기린, 얼룩말, 사자, 표범, 플라멩고 무리 및 펠리칸 등을 위한 동물의 천국이라 할 수 있다. 이러한 관광환경은 국내 및 국제관광객을 유인하는 주요 매력물일 뿐만 아니라 이들 다양한 종의 보호에도 기여해 온 것이다.

3. 관광과 환경 간의 갈등관계

관광으로 인하여 행정적이고 계획적인 통제책을 가끔 마련해야 하는 경우가 있다. 그러나 조절책은 보호지역의 회복이나 매력성, 자연과 관광객 이용의 정도, 그리고 그 조절정책을 입안하고 관리하는 기구와 장소와 나라에 따라 다양하다. 그런데 불행하게도 그러한 많은 조치들은 통제되지 않고 지나치게 이용되면서 관광지 매력물의 질적인 저하만을 초래하였다. 예를 들면 영국에서는 하드리안(Hadrian)의 로마성곽(Roman Wall)이 붕괴되고 있으며, 웨스트민스트 수도원도 낡아 부스러지고 있는데 이는 지나친 관광객의 압력에서 기인한 것이다. 비슷한 현상들이 중국의 만리장성과 요세미티(Yosemite) 국립공원, 그리고 아테네의 아크로폴리스, 파르테논 신전에서도 나타나고 있다.

채택된 조정책들은 직면되어 있는 문제의 심각성에 따라 다양하다. 유럽의 많은 역사지에서 교통은 주요 관광매력물에 접근하는 것을 제한하고, 대중 집합지에의 접근도 통제받는다. 공공장소에서의 선전도 삭제되고 모순적인 개발은 방지된다. 그러한 조치들의 수정은 자동차교통이 생태학적으로 바람직한 통로에만 제한되어 있고, 공원 내의 개발이 금지되고 악영향을 낳는 활동이 제한되는 지역인 아프리카와 오스트레일리아의 국립공원에서 적용되었다. 관광객의 수요가 많고 이에 따른 방문객 압력이 격심한 극단적인 경우에는 더욱 급진적인 보존책이 채택되었다. 영국의 스톤헨지(Stonehenge)와 아테네 파르테논 신전의 관광매력물들은 최근에 관광객에게 입장제한을 규정하고 이들 지역의 내부접근이 배제되었다.

1974년 하와이의 성장통제종합계획(General Plan of Controlled Growth)은 개발계획이 중요한 역사 · 문화지역에 영향을 미칠 조짐이 있다면 관광개발자들은 상세한 조사를 완성해야 한다고 규정하고 있다.

관광객들의 무자비한 압력을 통제하기 위하여 채택된 대부분의 온건한 조치들은 성공률이 낮았다. 관광객의 숫자가 증가하고 생태적으로 민감한 지역에의 방문이 증가함에 따라 더욱 급진적인 보전책에 대한 요구가 강화될 것이다.

다음에서 관광의 수질, 대기의 질, 식생, 야생동물, 기타 주요한 환경파괴에 대하여 살펴보기로 한다.

1) 관광과 수질

OECD보고서에서 보면 관광객이 즐겨 찾던 호수가 수질이 오염됨에 따라 방문자 수가 종래의 절반수준으로 떨어진 사례도 있고, 해변이 오염됨에 따라 방문자가 25%나 감소된 경우도 있으며, 브리타니에서는 해안에 기름이 쏟아짐에 따라 관광객 수가 50%나 감소된 예가 있었다.

Wall과 Wright(1977)는 물을 중심으로 한 관광객 행동이 미친 영향을 조사하고 다음과 같이 결론을 내리고 있다.

① 하수폐기물의 부적절한 처리로 인하여 병원균이 수질에 섞여들게 되며 이것은 해안, 호수, 강 등지에서 수자원 중심의 위락을 즐기는 관광객에게 잠재적인 건강 위협요인이 된다.

② 물에 영양소를 더하게 됨으로써 영양전달 과정이 빠르게 진행되는데, 이로 인하여

잡초가 지나치게 성장하므로 결국 수중의 비용해 산소수치를 높여 물고기의 수, 종의 구성, 성장률을 바꾸어 놓는다.

③ 선박, 자동차 등의 기름유출로 수중 동식물의 생존을 위협하고 그곳에서 수영하는 관광객들에게는 불쾌감을 주게 된다.

④ 수상교통의 가솔린 유출로 호수, 강 등에 독성이 스며들어 수중 동식물에 악영향을 미친다.

이와 같이 대부분의 연구는 도시와 산업폐기물, 수질에 미치는 영향 등에 대하여 조사가 이루어져 왔다. 비록 그 원리들은 비슷하다 할지라도 관광객들의 활동은 저마다 다른 유형의 오염인자와 양적·질적 변화인자들을 반영하고 있다.

2) 관광과 대기의 질

관광이 미친 대기의 질적 상태에 대한 영향에 관한 조사자료는 미흡하지만, 관광이 여행을 포함하고(주로 자동차, 배, 기차, 버스, 비행기 등) 있으므로 대기오염에 미친 영향의 정도를 추론할 수 있다. 그러나 일부 전문가들은 관광이 공기오염에 주는 악영향은 문자 그대로 받아들일 수 없다는 견해도 있듯이 보는 관점은 실로 다양하다 할 수 있다.

Ann의 '관광은 환경을 개선한다'는 주장에서와 같이 관광은 여타 산업처럼 공해를 유발하지 않는다는 견해도 있으나, 관광지의 대기의 질에 영향을 미치는 자동차의 집중현상이 주요 문제로 부상하고 있다.

3) 관광과 식생

식생은 많은 관광지역에서 주요 자원 중의 하나이다. 관광활동이 식생에 미치는 영향은 다양하며, 다음의 활동과 영향들을 포함하고 있다.

① 꽃, 식물, 버섯류의 채집이 종의 구성에 변화를 유발하고

② 공원에서 부주의로 큰 화재를 일으키기도 하며

③ 야영시설용 목재와 땔감을 위한 고의적인 벌채는 그 숲의 환경을 보호하기 위한 어린 나무들의 나이구조를 변화시키며

④ 쓰레기를 과도하게 쏟아버림으로써 은연 중에 토양의 영향상태를 변화시키며, 공기와 빛을 차단하여 생태적으로 손상을 입히고
⑤ 보행자와 자동차 교통은 식생군에 직접적인 영향을 미치며
⑥ 캠핑 또한 짓밟은 행위와 비슷한 영향을 미치는 것

등이다.

피크닉 장소와 오솔길을 개발함에 따라 손상지역은 그 주변지역으로 확대된다.

위의 활동들은 기계적인 손상과 더불어 다른 영향들도 가지고 있다. 즉 이들은 Wall과 Wright가 지적하고 있듯이 지피율, 종의 다양성, 성장률, 연령구조 등에도 영향을 미친다.

4) 관광과 야생동물

Wall과 Wright(1977)는 관광 및 레크리에이션 활동이 야생생물에 미치는 영향에 대해 [그림 9-6]과 같이 그 파급효과가 정도에 따라 수량 및 종의 구성에 대한 변화로까지 매우 심각하게 나타날 수 있다고 했다(Pearce, 1989).

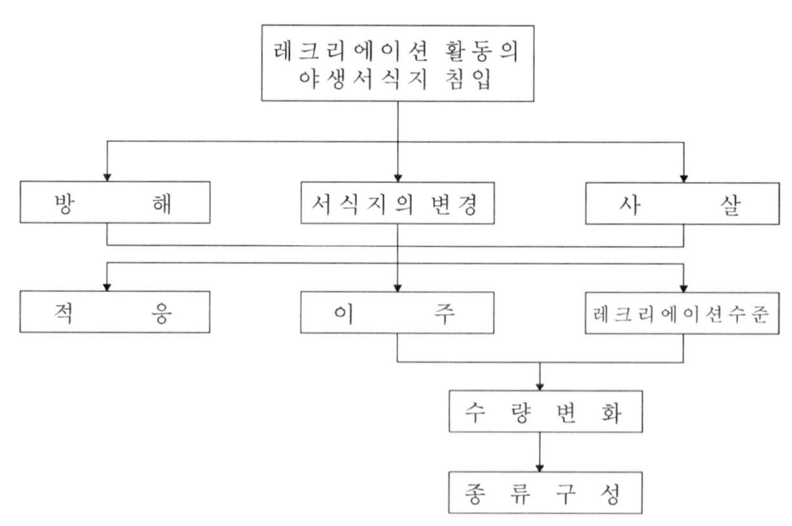

자료 : Wall & Wright(1977)

[그림 9-6] 야생동물에 레크리에이션이 미치는 영향

이와 같이 관광객이 찾아드는 야생동물 서식지는 환경적 변화를 일으키는데, 그 변화로는 다음과 같은 것이 제기되고 있다.

① 번식의 장애

많은 관광객들에게 야수들이 거닐고 사냥하는 것을 관찰하는 것이 야생공원(Wildlife Safari)의 핵심부분이다. 그러나 이러한 자연의 순진무구함과 폭력성을 즐기기 위한 관광객의 활동은 첫째, 야생동물의 사적 자유를 해치게 되어 먹이사슬을 위협하게 된다. 예를 들면, 사자, 치타 등의 사냥을 방해(차 위에서 사진을 찍음으로써 먹이를 쫓아 버림)하여 많은 육식동물에게 먹이를 인위적으로 놓치게 만든다. 또, 소형버스 운전자의 급작스러운 행동으로 새끼동물을 어미로부터 잃게 만들기도 하고, 동물을 추격하는 것으로 많은 동물의 심장 쇼크사를 유발하기도 한다.

둘째, 특히 무분별한 사진촬영 행위가 야생동물의 번식에 악영향을 미치게 되는데, 예로서 갈라파고스 서군도해안의 많은 종의 번식이 현저히 줄어드는 데에서도 찾아볼 수 있다. 즉 근접한 거리에서 사진촬영을 시도하여 알과 새끼들을 둥지에서 빠져나가게 하여 다른 육식동물의 희생이 되게 한다.

셋째, 공원 및 관광지개발로 통로를 개발함으로써 야생동물을 재배치하게 만들어 이전에는 번식지였던 곳을 잃게 만든다.

② 야생동물 살해

무차별한 사냥과 낚시는 야생동물 수를 줄이는 반면, 동물들이 또 우발적으로 살해되기도 한다. Kraus의 독일 국립공원의 연구는 자동차교통의 증가에 따라 사슴, 토끼 등의 야생동물이 많은 피해를 당했다고 보고하고 있다.

③ 기념품과 밀렵

아프리카 야생동물을 이용한 모피, 가죽, 상아, 장식물, 뿔, 꼬리 등의 기념품에 대한 수요는 동아프리카의 진기품 무역을 성행시키며 변덕스러운 관광객의 기호를 맞추기 위하여 야생동물을 파괴하는 현저한 증거가 있다.

5) 기타 주요한 환경파괴

관광 및 위락을 위하여 개발된 관광지의 성장은 관광과 연관된 가장 의미심장한 환경적 변천 중의 하나가 되어 왔다. 다음의 영향들은 그 제한된 연구로부터 나타난 가장 현저한 현상들이다.

① 교통혼잡

이 문제는 관광개발상의 더욱 심각한 문제 중 하나로 대두되고 있다. 스위스 관광연맹이 스위스 주말 관광지에서 실시한 조사결과를 보면, 방문객들은 교통혼잡 문제를 가장 시급히 해결되어야 할 문제로 지적하고 있다.

Schaer는 관광객의 교통문제를 분석하고 다음 세 개의 형태로 분류하였다.

㉠ 제각기 다른 서로 다른 교통수단에 의한 상호방해(차단), 특별히 보행자와 자동차 사이의 갈등에서
㉡ 관광중심지의 주요 도로 접근지점에서의 교통혼잡
㉢ 이용가능한 주차공간과 그 수요와의 모순성

등의 문제이다.

② 급수문제

그리스의 미코노스섬에서 보면 관광객이 많아짐에 따라 급수가 큰 문제로 제기된다. 1950년대 초반 이후 물부족 현상이 더욱 심화되고 있고, 호텔측에서 하수처리용 부패탱크 속에 하수오물을 버려 왔기 때문에 지하수가 오염되어 더 이상 지하수를 사용할 수 없게 됨에 따라 급수가 더욱 큰 문제가 되고 있음을 볼 수 있다.

③ 소음공해

일상을 떠난 관광객들의 무분별한 행위 가운데는 남의 사정을 무시한 채 떠들어대거나 또는 주로 야간에 고성방가함으로써 관광지 주민이 느끼는 소음공해는 심각한 실정이다. 특히 항공기의 경우 소음을 10데시벨 줄이는 것은 전체 소리출력의 90%를 포함할 정도이나, 이러한 문제의 해결을 위한 기술적인 발명은 아직 이루어지지 않고 있으며, 공항근처의 주민들을 위하여 야간이착륙을 제한하는 등의 비행계획상의 조치를 취하는

정도이며, 관광지 주민이 받는 소음문제에 대해서는 적절한 대책이 마련되지 않고 있는 실정이다.

④ 건축공해

아름다운 자연환경에 대한 거대한 호텔건축물이 들어서 주변의 미적인 부조화를 만드는 것이 그 예이다. 그러한 실태는 미관상의 불쾌와 경제적으로 불이익을 낳은 결과에 대한 원인이 된다.

Wimberly는 건축학적 우수성이 경제적 이득을 낳는다고 주장하면서 호텔의 경우 물리적 구조의 매력이 시설 및 건축물의 성공에 절대 필요한 것으로 디자인과 분위기가 돈의 가치를 지니고 있다고 말한다.

그리스 미코노스섬의 경우 관광매력은 수백 년의 전통을 가진 토착장인의 창작품인 기묘한 건축물에 바탕을 두고 있었는데, 이 섬이 세계적 관광지가 됨에 따라 건물 외관에는 신경을 쓰지 않고 단순히 관광객을 숙박시키려고 짓는 새로운 건물들 때문에 고유의 건축양식이 망쳐진 사례도 있다.

⑤ 성수기의 시설부족 현상

많은 관광지에서 하부구조는 성수기의 관광객 유입에 대처하지 못하게 되어 공급실패나 공해, 건강에 대한 위험도를 증가시키기도 한다.

⑥ 리본형 개발과 확산

규제나 억제적 요인이 없는 해안관광지 개발은 해안을 따라 길게 확산되는 경향이 있다. 이것은 해변을 주요 자원으로 이용하는 것과 건축물 설립에 비용을 줄일 수 있기 때문이다. 리본형 개발은 내륙지역에서 골짜기와 경관루트를 따라 발생하게 되는데, 많은 경우에는 질적 상태가 저하되고 대부분이 오랫동안 방치된다.

⑦ 지역민과의 분리

관광지역과의 그 주변 토착주민의 공간적 분리는 사회적 차별을 낳게 되며, 이러한 차별은 관광객이 주민들에게 이용가능한 시설물을 이용하거나 주민들이 상품구매를 위하여 중심지상가 이외에 다른 지역으로 가게 될 때 발생되는 것이다.

이와 같이 관광개발의 주된 대상 및 매력물인 바다, 호수, 강, 계곡, 산악 등과 같은 자연자원은 인간의 부주의와 무관심, 그리고 야생에 대한 잔인성 등과 함께, 관광쓰레기 및 폐기물 방출로 환경오염은 물론 심지어는 생태계의 파괴마저 야기시키고 있다. 이러한 자연환경의 훼손은 근본적으로 관광개발 및 경영측면에서 부적절한 구조적 계획과 효과적인 관리의 부재로부터 발생한다.

관광과 환경의 관계는 대립적이고 갈등적인 것이라기보다는 상호의존적이고 보완적인 것이기 때문에 관광개발의 효율적인 계획과 과학적인 관리로 환경의 질적 저하와 파괴를 사전에 예방하고 개선해 나가는 일은 매우 중요한 것이라 하겠다.

제5절 관광개발의 편익적 영향 극대화방안

관광개발의 편익은 비용과 동시에 고려되어야 하며, 항상 편익만이 발생하는 것이 아니므로 정책선택에 있어서 주의가 요망된다. 특히 개발도상국에 있어서 경제적 편익을 극대화하고 위험부담을 줄이기 위해서는 다음 지침을 고려해 볼 필요가 있다.

① 투자(하부구조, 호텔, 항공사)의 정면에 맞서는 것을 피해야 한다.
② 전략적 기술(관리체계, 마케팅 조직망)의 이전을 확보하고, 적절한 기술을 고안해야 한다(투자와 수입에서, 또 고급관광의 형태는 국가자원에 연결되고 국가적 유산은 보호한다).
③ 위험성은 제한해야 한다(특히 호텔과 여행업분야에서 다국적 기업과 분담함으로써)
④ 다양하고 고유한 관광상품을 개발하고, 마케팅방법을 다양화하고 공동행동을 통한 계약위치를 개선시킴으로써 특정국가 또는 다국적 기업에의 의존을 줄여야 한다.

개발이익의 확보와 경제적 편익의 유출을 방지하기 위해서는 외부자본에 대한 규제를 가하여 투자의 일정비율을 지역사회 공익사업에 투자하도록 하거나 토지소유를 근본적으로 부분적으로 허용해서 지역주민이 소외되지 않도록 하는 정책도 필요하다. 지역주민을 우선적으로 고용하고, 단순업무가 아닌 전문화된 분야에 취업시키기 위해서는 직업훈련도 필요하다.

개발계획은 장기간에 걸쳐 충분한 영향평가를 거치고 지역주민의 의견을 반영하여야만 하고, 사전에 사회문화나 환경에 미치는 영향을 평가하여 예상되는 부정적 영향에 대한 대비책을 세워야 할 것이다.

대규모 개발에서는 지역주민이 참여하기는 어려우므로 적절한 소규모개발도 병행추진하여야 할 것이다. 대량관광에서는 관광객과 주민이 시설사용에서 경합이 벌어지지 않도록 고려하여야 하며, 때로는 분리하는 것이 좋다. 주민생활의 방해를 줄이고 관광객의 편의를 도모하기 위해서는 경우에 따라서 모형문화의 개발이 바람직하다고 볼 수 있다.

유네스코와 세계은행은 1976년 워싱턴에서 관광의 사회 · 문화적 영향에 대한 세미나를 개최하여 각 국가에서 다음과 같은 정책 권고를 채택하였다.

✥ 분배, 계획, 참여에 관한 사항

① 관광개발은 조심스럽게 착수되어야 하고, 조직적이고 주의 깊게 계획되어야만 한다.
② 관광은 지역자원의 최대한 이용을 위해, 판매할 상품을 확보하기 위해, 그리고 다른 관광지와의 경쟁위험을 감소시키기 위해 그 나라의 독특한 특색에 의해 자본화되어야 한다.
③ 개발되기 위한 관광의 유형을 선택해야 한다.
④ 국민의 수요를 만족시키기 위한 위락적 · 관광적 자산을 개발하여야 한다.
⑤ 관광객은 다양한 사회적 · 지역적 · 국가적 배경에서 유치하려고 노력해야 한다.
⑥ 고용과 수익의 안정을 위해 계절적으로 관광객을 분산시켜야 한다.
⑦ 사회적 · 경제적 · 환경적 목적과 구속을 고려하면서 다른 부문과 통합된 기반 위에서 관광을 계획해야만 한다.
⑧ 계획은 적절한 곳에서는 문화적 · 자연적 유산의 보존과 개발을 다루어야 한다.
⑨ 외화의 원천으로서 관광에 대한 과도한 의존은 피해야만 한다.
⑩ 크고 다양한 경제에서는 대규모 프로젝트가 이로울지 모르나 일반적으로는 조심과 점진주의가 바람직하다.
⑪ 계획은 하부구조, 주택, 건강, 교육의 추가적 서비스와 설비의 계획과 통합되어야 한다(기존주민과 전입자 고려).

⑫ 외국투자나 다국적 기업이 지역의 생산물과 인력을 최대한 이용하도록 해야 한다.
⑬ 해변, 공원, 역사적 기념물과 같은 자원은 공공적 영역으로 남겨두어야 한다. 관광을 위한 이용에서 지역민을 소외시켜서는 안 된다.
⑭ 계획에서는 지역의 권한을 증가시켜야 하고 지역주민의 의견을 반영해야 한다.
⑮ 프로젝트 승인 전에 사회적 · 문화적 영향 연구를 완전히 수행해야 한다.

✤ 만남과 관광의 문화적 국면에 관한 사항

① 지역주민의 관광수용력에 대한 사회적 · 심리적 국면을 고려해야 할 필요가 있으며, 다음과 같은 대안이 있다.
㉠ 관광전용지역 개발 : 주민과 관광객의 분리
㉡ 반 정도 개방 : 지역의 엘리트 같은 선정된 집단만 관광객과 접촉
㉢ 공개패턴 : 주민과 관광객을 혼합
② 관광객과 주민의 만남은 접촉의 유형과 정체성에 의해 좌우되므로 이 요인을 고려해야 한다.
③ 관광객과 주민에 대해 일방적이 아닌 적절한 이미지를 가지고 보내져야 하며, 여기에는 정부의 홍보노력이 필요하다.
④ 관광객은 그들 행동의 바람직하지 않은 결과를 피하기 위해 더욱 진지한 여행준비가 필요하다.
⑤ 지역주민도 자신의 문화와 외부문화에 대한 존경을 강화하기 위해 교육이 필요하다.
⑥ 관광객과 주민이 참여할 수 있는 활동이 조직되어야 한다.

✤ 주민과 관광객의 편익을 위한 지역문화 고무수단에 관한 사항

① 문화적 · 자연적 유산은 수용력을 고려하여 쉽게 접근할 수 있도록 하여야 하고, 현재의 문화도 관광객을 끌어들이는 중요한 자산임을 알아야 한다.
② 전문화된 출판물이나 연구는 좋은 홍보자료이다.
③ 예술과 공예품의 개발에서 품질유지 및 기술지도가 필요하다.
④ 지역의 물질적 문화는 관광의 목적을 위해 이용되어야 한다.

이상에서와 같이 관광개발의 영향은 가시적으로 관광주체와 객체 그리고 매체적 요소에서 각각 나타나고 있는 단순한 현상이 아닌 상대적이면서도 의존적인 관계에 의해 복합적으로 발생, 파급되고 있다는 특색을 엿볼 수 있다. 이러한 혼합현상에서 야기되고 있는 비용과 손실의 부정적 측면을 예방하고 극소화시키는 것도 관광개발의 중요한 목표 중의 하나가 되고 있을 뿐만 아니라, 관광의 3대 구성요소에 대한 총체적 편익의 극대화가 바로 관광개발 목적 그 자체가 되는 것으로 보아 마땅할 것이다. 이와 같은 견지에서 관광개발의 영향분석은 계획시 타당성 조사에서부터 경영 및 관리단계에까지 반드시 시행되어야 할 중요한 사업과제로서의 의미를 가지고 있다고 볼 수 있다.

제 10 장

관광개발지구 관리와 타당성 조사 및 투자계획(안) 평가

제1절 관광개발지구 관리방안

목적지에서의 관광수요는 크게 두 가지 유형으로 구분하여 볼 수 있는데, 그 하나는 지역거주민이고, 다른 하나는 비거주민이다. 전자의 수요에 부응하는 것을 주된 목적으로 개발하는 것을 사용자중심 개발형으로, 또 후자의 수요를 충족시키기 위해서 개발하는 것을 자원중심 개발형으로 볼 수 있다. 이들 수요와 토지, 자본, 인력 등을 활용한 관광중심별 개발형태와 관계는 [그림 10-1]에서 구체적으로 설명되어지고 있다.

따라서 이와 같은 관광개발에 영향을 미치는 요소들은 일반적으로 다음의 일곱 가지로 고려될 수 있다.

① 수요에 대한 압력요인(혼잡성, 밀도의 증가, 인공물의 증대, 새로운 위치 등)
② 수요의 변화(인구통계학적 · 경제적 변화, 관광권장 등)
③ 계획변경(영향분석 및 효과측정 등)
④ 종합계획(자원, 상호연결, 전망, 정책 등)
⑤ 재정요소(개발비용, 소유권 등)
⑥ 설계요인(조직, 공간, 시설, 디자인, 기타 숙박시설 등)
⑦ 보존문제(자연환경, 유적지, 기념물 등)

한편, 구체적인 관광개발의 대상이 될 수 있는 요인적 특성은 다음의 12가지로 들 수 있다.

① 관광상품의 특징
② 빠른 외화획득
③ 노동력 활용
④ 현장 직업훈련
⑤ 비보호무역주의
⑥ 산업의 다양화

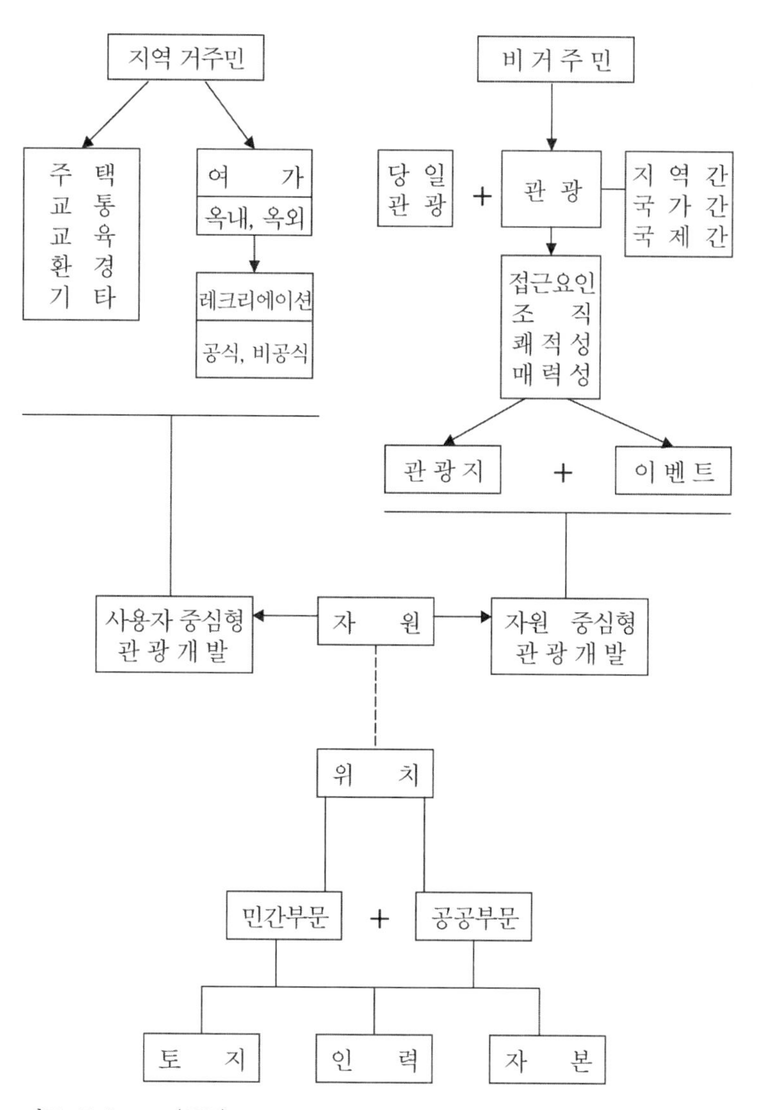

자료 : F. Lawson(1986)

[그림 10-1] 관광수요에 의한 목적지 개발형태

⑦ 가격경쟁

⑧ 계절적

⑨ 고차원 운영수단

⑩ 융통성 있는 기술

⑪ 전체에 의한 평가의 개방성
⑫ 정치적 상황의 민감성

이러한 요소들은 관광만이 가지고 있는 특징도 될 수 있어 경우에 따라서는 개발의 유혹 내지는 좋은 구실이 될 수도 있으며, 반대로 개발을 기부할 수 있는 요인으로도 작용할 수 있다고 본다.

관광목적지의 효과적인 관리를 위해서는 먼저 수요에 대한 정확한 분석과 이에 부응할 수 있는 관광지의 목적설정, 그리고 효과적인 마케팅전략 등이 상호보완적 작용으로 조화를 이루어 나가면서, 관광활동지역에 대한 수용능력이 결정되어야 하며, 그 다음 토지에 대한 할당과 배치, 그리고 평가를 통한 방문객 조정이 [그림 10-2]에서처럼 이루어져야 한다.

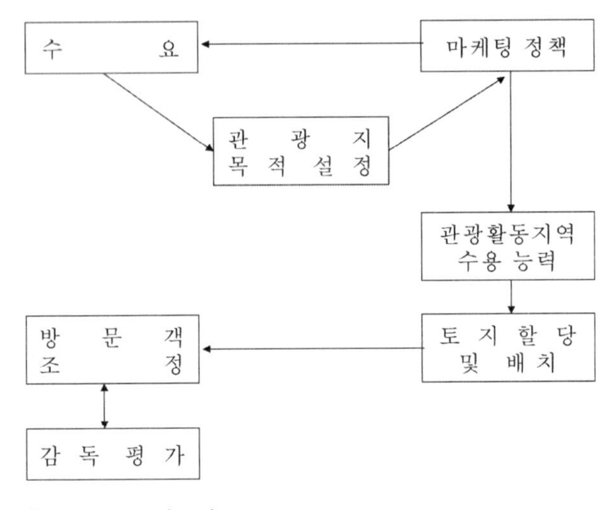

자료 : C. Cooper(1986)

[그림 10-2] 관광지의 효과적인 관리방안

여기서 수요란 관광공급에서의 각종 형태의 상품에 대한 수요층의 분석이 요구되며, 동시에 자연자원 중심지와 인공자원 중심지 등과 같은 목적지별 수요의 특성 등을 말한다. 마케팅정책은 공공기관과 민간기업의 거시적 또는 미시적 마케팅활동과 동시에 이것은 관광활동지역의 수용능력에 대한 결정을 하는데 기초자료를 제공할 수 있어야 한다. 관광지의 목적은 첫째, 당해 지역을 효과적으로 전시해야 하고, 둘째, 손상과 피해를 최소화해야 하며, 셋째, 지역의 특성을 보호해야 하고, 넷째, 갈등과 충돌을 줄여야 하는데 두어야 한다. 관광활동지역에 대한 수용능력이란 어떻게 하면 관광지가 손상을 입지 않고 관광객을 수용할 수 있을까 하는 문제를 신중히 고려해야 한다는 뜻이다. 적절한 물리적 연간수용능력은 다음 공식에 의해 산출되어질 수 있다.

$$APC = SPC \times UP$$

여기서,

APC : 연간물리적 수용능력(annual physical capacity)
SPC : 일시물리적 수용능력(sustained physical capacity)
UP : 사용기간(user periods)

가 된다.

토지할당 및 배치에 있어서는 충돌이 없어야 하고, 보완적이어야 하는데, 특히 하부구조물(주차장, 화장실 등)에 대한 공간적 배려가 적절히 이루어져야 한다. 방문객 조정을 위해서는 공식·비공식적인 조사와 관찰 등을 통한 분석·평가를 수시로 실시해야 하고, 이를 바탕으로 효과적인 조절이 되어야 한다. 따라서 관광지 관리측면에서 상호자세에 관한 문제와 장애요인 등이 분석·개선되어야 하고, 지역경관, 관광대상물에 대한 해석, 시설의 위치, 그리고 편의시설 형태 등의 적절한 관리를 위한 관광객 조정이 직·간접으로 이루어져야 한다.

이와 같은 관광지의 효과적인 관리 및 운영을 실현하기 위해서는 타당성연구가 우선적으로 실시되어져야 하는데, 타당성연구는 개발대상지의 관리 및 운영계획을 수립하기 위해서 수요측면과 공급측면을 동시에 조사해야만 한다. 먼저 수요측면에서는 실제수요량을 측정하고, 이에 대한 자원관리계획과 토지사용 분석, 그리고 편의시설에 대한 허가 및 면허에 대한 분석을 해야 한다. 그리고 공급측면에서는 자원에 대한 재고조사와 철저한 기본계획 수립, 그리고 충분히 설명되어질 수 있으며, 설득력 있는 세부적 분석이 이루어져야 한다.

물론 이와 같은 부문별 타당성 조사는 상호 실태조사와 자료를 근거로 해야 할 필요가 있는 것이다. 관광개발대상지 타당성연구의 단계 및 절차에 관한 흐름과 각 부문별 상호 연결관계에 대한 내용은 [그림 10-3]에서 보는 바와 같다.

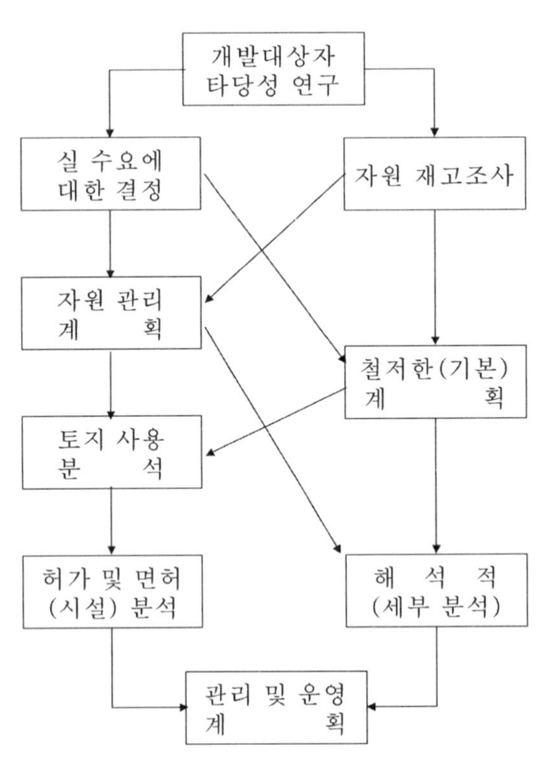

자료 : C. Cooper(1986)

[그림 10-3] 관광지 관리계획 수립과정

제2절 관광개발을 위한 타당성 조사방안

성공적인 관광개발을 위해서는 과학적이고 면밀한 사전조사가 선행되어야 하는데, 이것은 타당성연구(feasibility study)라고 한다. 이와 같은 타당성 조사연구는 수요자에게는 보다 질높은 상품과 서비스를 제공함으로써 만족의 수준을 높이고 투자자에게는 합리적인 판단을 할 수 있게 함으로써 효율성 높은 사업에 대한 투자결정을 할 수 있게 한다. 관광개발은 다른 사업과는 달리 민간부문의 투자 및 개발참여 이전에 공공부문의 공익적 시설을 포함한 기반시설에 대한 투자가 선행되어야 한다. 따라서 사업결정의 오류에서 발생될 수 있는 토지를 포함한 각종 자원과 자본 및 인력, 그리고 기술요인 등의 낭비와 손실을 사전에 막을 수 있다는 점에서 이러한 타당성 조사연구는 매우 중요한 의미를 가지고 있다. 관광개발에 관한 타당성 조사대상은 당해 지역의 전반적인 경제 · 사회환경과 송출시장 추세, 그리고 공급조건 등 크게 세 가지로 구분하여 생각할 수 있는데, 이들 요소는 기능적으로 독립적이면서도 상호의존적 관계를 형성하고 있다. 공간적 차원에서는 물론 관광수요시장과 개발 대상지구로 구별할 수 있지만, 양쪽의 전반적인 경제 · 사회환경이 어떠한가를 분석하지 않고는 수요에 대한 예측분석이 어려울 뿐만 아니라, 관광공급요소의 개발과 관리 및 운영에도 많은 어려움이 따를 수 있기 때문에, 이와 같은 3개 요소가 조사대상으로 설정되어야 하는 것이다.

타당성 조사연구의 대상과 요인별 측면에서 구체적으로 검토 · 분석되어야 할 사항은 다음과 같다.

1. 전반적인 경제 · 사회환경

여기서는 현재의 경제개발 실태를 규명하기 위해서 국내총생산, 소비, 국제수지, 투자, 실업률, 인플레이션, 그리고 산업구조 등과 같은 거시경제현황을 평가 · 분석해야 한다. 첨가해서 해당 개발사업에 절실한 요구 또는 필요 요소나 악영향을 미칠 중요사항 또는 강제적 요인 등이 존재하고 있지 않는지를 파악하기 위해 사회정책, 노동시간, 인구추세, 그리고 공익사업비 책정 등에 대한 것을 검토하는 것이 필요하다. 이와 같은 조사를 위한 자료수집은 해당 정부기관의 부처, 사업기회 및 예산부서, 통계국, 금융기관, 그리고 이와 관련된 보고서 등에 의존하면 된다.

2. 송출시장 추세

기존관광객의 인구통계학적 특징, 관광행동 및 형태적 특성, 관광기대 및 당해에 대한 평가를 포함한 자세, 그리고 관광경비 내역 등을 분석 · 규명해야 한다. 관광추이를 평가하기 위해서는 과거통계를 활용한 시계열분석방법이 활용될 수 있다. 그러나 구체적이고 과학적인 관광수요예측을 위해서는 제6장에서 다루어진 기법들을 원용하는 것이 효과적일 것이다. 이에 대한 정보 및 자료수집은 관광통계 수집당국, 여행사, 항공사, 관광시설 경영기관 등에서 용이하다.

3. 공급조건

① 경쟁요인

경쟁력강화를 위한 조건과 필요한 추가계획 수립 여부를 조사한다. 이것은 실제조사와 관련업체 및 관계당국과의 논의, 그리고 정부통계 등에 의한 자료를 활용함으로써 연구가 가능하다.

② 운영자료

손익계정, 종사원의 특징, 가격정책, 시설에 대한 점유율 등을 조사해야 한다. 여기서 필요한 정보 및 자료는 관련기업 경영인과의 논의, 사업기준과 통계자료에 근거하여 얻을 수 있다.

③ 교통요인

접근요소에 대한 고려와 이에 대한 구속요소, 그리고 운행에 대한 합의 여부 등이 검토되어야 한다. 필요한 자료는 실제조사, 정부의 관계부처, 그리고 교통기관의 책임자들과 논의를 함으로써 수집이 가능하다.

④ 위치와 설계

개발지역에 대한 평가, 활용가능한 기반시설, 조경관계, 필요한 환경적 제한조치의 여부, 그리고 설계개념 등에 대한 조사가 이루어져야 한다. 이러한 것은 현지조사를 통해 건축사, 개발전문가, 개발계획기관, 그리고 기술자들과의 논의를 거쳐 필요한 자료를 얻어낼 수 있다.

⑤ 계획규정

개발대상구획의 토지이용도에 대한 규정을 검토 · 조사해야 한다. 따라서 정부의 실제계획담당부서 및 토지이용에 관한 심사위원회와의 논의를 해야 하고, 토지보유형태 등에 대한 상황을 분석함으로써 이에 대한 필요한 자료를 확보할 수 있다.

⑥ 재정적 환경

공공부문과 상업부문의 투자가능 재정에 대한 분석과 자산에 대한 부채비율, 이자율, 그리고 대부에 대한 필요조건 등을 조사해야 한다. 이를 위해서는 개발은행과 재무부, 대출기관, 그리고 기존경영자들과의 협의가 필요하다.

⑦ 국가회계제도

개발사업과 관계되는 모든 세금과 특혜요인 등에 대한 검토와 조사가 이루어져야 한다. 따라서 이에 필요한 정보 및 자료는 관광행정 담당부서와 재무부 관계관과의 협의를 통해 얻어질 수 있다.

이상 열거한 요소들은 관광개발을 위한 타당성 조사연구 수행시에 필수적으로 검토·조사·분석되어야 할 사항인 것이다. 그러나 개발사업의 성격과 규모, 그리고 개발주체에 따라서는 필요에 의해 관련사항들을 가감할 수 있는 융통성이 전혀 없는 것은 아니다. 따라서 타당성 조사연구의 목적에 대한 인식을 명확히 하고, 이의 효율성 제고를 위한 주제선정 및 조사과정과 방법에 대해서는 책임감을 가지고 객관적이면서도 과학적인 연구를 수행하는 한 별다른 문제가 될 것은 없다고 보는 것이다.

4. 타당성 조사연구의 기본형식

Gee(1981)는 타당성 조사연구는 근본적으로 경제목적을 달성할 수 있도록 종합적인 검토가 이루어져야 하며, 다음과 같은 6개 부문의 기본형식에 의해 조사·연구가 실시되는 것이 바람직하다고 보고 있다.

• 제1부문 : 일반적 개관

A) 지역과 국가

(1) 경제

① 경제적 특성

② 지역의 개인소득

③ 관광개발지에 미치는 정치적 요소

(2) 추세

① 역사적 배경

② 미래예측

(3) 여행

① 관광성장

② 지역의 여행형태

③ 지역적 매력

(4) 국가 및 지역관광진흥기관

① 상공회의소

② 국가단위 관광국(또는 공사)

B) 지역사회

(1) 경제

(2) 인구추세

(3) 통과교통통계

(4) 교통시설

(5) 지역적 매력

(6) 공공 관광진흥기관

(7) 도시 또는 지역사회 종합기본계획

(8) 용도지구 및 건축규정

(9) 부동산세율 및 평가기준

(10) 알코올 음료와 기타 독점사업

(11) 관광시설의 지역사회 활용예측

(12) 운영을 위한 재료와 공급의 활용가능성

(13) 노동력

① 경영층, 기술층, 그리고 일반노동력의 공급

② 임금추세

③ 효력 또는 심의중인 노동법

④ 최저 봉급액과 예상임금 범위

(14) 자연적 재해에 대한 역사(지진, 폭풍, 해일 등)

C) 경제요소 : 호텔, 클럽, 레스토랑, 기타 위락시설

(1) 기존시설

① 명칭과 위치

② 수용능력과 경영특징

③ 서비스와 시설에 대한 현재 수요

④ 일반적 객실요금과 식사요금

⑤ 호텔협회

⑥ 호텔 및 관광관련 학교

(2) 미래경영

① 새로운 관광지에 대한 예상계획

② 기존시설의 확충에 대한 예상계획

③ 현재 경쟁경제

D) 지방자치단체

(1) 주체성

(2) 책임

(3) 협회와 연결

(4) 관광개발 사업에 대한 경험

(5) 재정적 지원에 대한 선호도

• 제2부문 : 시장분석

A) 고객시장 규명

(1) 체재 목적별

① 위락

② 사업(회의 및 대회)

③ 보양

(2) 지리적 송출지역별

(3) 사회 · 경제적 수준별

(4) 여행성향별

B) 적격조건

(1) 계절적 요소

(2) 다른 관광지 존재

① 근접성

② 경쟁적 운영

③ 보완적 운영(역계절적)

C) 평가 및 측정

(1) 고객의 요구와 선호도

(2) 시장수요를 가장 만족시킬 수 있는 시설

① 규모

② 수량

③ 질(수준)

D) 기타 수집가능한 정보자료

• 제3부문 : 물리적 특성

A) 위 치

(1) 유리한 점

① 단지의 크기와 모양

② 지역사회 자원과 관련한 위치

③ 접근성(대중교통의 이용가능성)

④ 교통상태와 지역민의 순환행태

⑤ 지역사회의 특성

⑥ 지역의 물리적 등고선

⑦ 토지특성(토양의 종류 및 배수)

⑧ 서비스 계약 가능성

⑨ 주변지역의 개발확장

⑩ 용지구획화

⑪ 건축규제

⑫ 레크리에이션, 문화 · 사적지, 외곽 서비스 지역, 기타 관광시설, 공항, 고속도로 체계, 인근 상업지구 등을 명시한 지역지도

⑬ 경쟁관광지의 사진 실태

⑭ 당해 지역과 인접지역에 대한 항공사진

(2) 불리한 점

① 위의 ①에서 ⑪항목과 관련된 것

② 기타

(3) 교체

① 위치

② 유리한 점

③ 불리한 점

④ 기타

B) 관광지 호텔

(1) 특성

① 양식 : 전통적, 현대식 등

② 재료 : 종류, 이용가능성, 불연성, 지진에 대한 견고성, 녹슬지 않는 것(염분, 해수 등에 쉽게 마모되지 않는 것), 기타

③ 온방, 냉방, 환기시설 : 기후, 계절적 격차, 평균온도, 습도 등

④ 지역의 수요와 습성

⑤ 냉 · 난방시설의 객실, 비사업용(공용) 공간

⑥ 이 · 미용소 등과의 연결

⑦ 방열처리, 창문의 형태(미늘살 창문, 열창유리, 밀봉창, 태양차단창), 태양열 시스템

(2) 규모

① 형태와 규모별 객실 수

② 관광지호텔 건물과 개별객실의 높이

③ 매점과 상점의 수

④ 공용시설의 수와 형태 및 크기 : 레스토랑, 무도장 및 식당, 바 및 칵테일 라운지, 로비 및 공용공간, 극장 등

⑤ 공용시설과 객실공간과의 비율

⑥ 기타시설 : 지면(테니스장, 골프장, 옥내 · 외 수영장), 일기 및 온천류 등과 연관된 보건시설, 체육장, 스키장 또는 마리나, 자동차 수리소, 이 · 미용실, 창고, 각종 상점

(3) 각종 서비스 및 필요한 시설

① 세탁 : 고객 및 사내세탁

② 종사원

③ 드라이클리닝

④ 전기부

⑤ 목공부

⑥ 가구 취급부

⑦ 페인트부(합법적 또는 보험가입 여부)

⑧ 사내 인쇄부

⑨ 고객을 위한 자동판매기

⑩ 제과부

⑪ 배관부

⑫ 정비부

⑬ 은기류 정비관리부

⑭ 자물쇠 제조부

⑮ 냉장고 및 에어컨 정비부

⑯ 컴퓨터 서비스

⑰ 응급처리 및 의무실

(4) 설비 및 위생

① 전기 : 유용성, 요금, 전력 및 전광 형태, 비상발전기

② 수도 : 유용성(유료 또는 자영), 요금, 음료수 및 세탁 등 업무용(정수필요 여부), 지하수 허가 및 세금, 수압 및 수온 격차

③ 열 : 형태(스팀, 온수, 광체, 공기 등), 유류(유용성 및 가격), 주방 및 세탁소의 스팀보급, 주방 및 제과시설의 유류, 비상열 보급체계

④ 전화 : 유용성, 요금, 교환사의 외국어구사 여부, 기타 통신시설 또는 압착공기 전송기, 사진전송기, 청소부를 위한 암호시설, 자동조정시설 등

⑤ 위생 : 규칙, 평소수준과 요구사항, 기존 오물처리 방법과 계획, 진공청소 체계

⑥ 냉동 : 음식 및 음료의 종류, 쓰레기 종류, 특수장비

⑦ 화재경보, 진화장비, 비상구, 화재경보상태

⑧ 안전장비(경보, 자물쇠, TV감시 등)

(5) 건축기간(계획) 평가 및 측정

① 정지 및 매립

② 기초

③ 건물

④ 설비

C) 가구 및 비품(종류별)

(1) 객실(컬러 TV 및 기타 비품 포함)

(2) 테라스(베란다)

(3) 로비

(4) 식당

(5) 회의장

(6) 기타

D) 공용공간 및 객실의 음향처리

• 제4부문 : 재정적 측면

A) 소요자본평가 및 측정

(1) 토지

(2) 건물 및 옥외시설

(3) 운영자본 및 기타(조직, 자금조달, 개장전 경비)

B) 운영평가 및 측정

(1) 수용시설 이용평가

(2) 계절적, 평균객실요금

① 한도액과 할인가

(3) 식품과 음료

① 비용

② 판매가

③ 판매량 측정

(4) 다른 수입원으로부터의 순수입 평가 및 측정

① 레크리에이션 시설

② 프로숍

③ 보양온천

④ 고객세탁

⑤ 미용실

⑥ 이용실

⑦ 잡화실

⑧ 매점임대

⑨ 기타

(5) 봉급 및 임금률

(6) 개장 이전 및 기타 조직 비용

(7) 부동산 세금

(8) 소득세

(9) 관리비

C) 자금조달 제안

(1) 필요한 순수자본의 평가 및 측정

(2) 부채조달의 평가 및 측정

(3) 자본지출의 시기 계획평가

• 제5부문 : 추가정보

(1) 수입세

(2) 면허세

(3) 노동법(관계규정)

(4) 무역협정(지역 및 외국 매각인)

(5) 관광지 운영에 영향을 미치는 지방 및 중앙정부 규정

• 제6부문 : 의견 및 추천

(1) 전문가의 상담에 대한 합의 및 반대의견

(2) 고려될 수 있는 대안

(3) 타당성 조사연구단의 요약된 추천

위와 같은 타당성 조사연구 수행 가운데 특히 유의해야 할 사항은 토지확보에 관한 것으로, 중앙정부는 전국토개발계획에 입각한 토지구획설정 및 계획조정 등 기본적인 정책을, 그리고 지방정부는 구체적이고 세부적인 농업지구, 상업지구, 공업지구, 관광개발지구 등과 같은 토지용도 계획을 주로 다루고 있다는 것을 인지해야 한다. 따라서 중앙정부차원에서는 지역 고용창출과 소득증대 등 경제·사회적인 측면에 대한 관심과 관광개발지구를 지원할 수 있는 기반시설에 대한 중앙 및 지방정부의 투자가능성, 그리고 토지의 쾌적성과 가치를 높이기 위한 환경적 보호 등에 대한 주된 관심을 가지고 있

다. 이에 반해 지방정부는 건축물의 높이, 관광호텔 구성의 밀도와 단형, 의무적 주차장 확보, 관광호텔 객실 수에 의해 측정된 수용능력, 그리고 건축에 사용되는 자재의 제한 등, 보다 미시적인 요소들에 대한 제약을 가하고 있기 때문에 타당성 조사연구시 특히 유의해야 하는 것이다.

제3절 투자결정 요인과 투자계획(안) 평가방법

1. 투자결정 요인

관광지 개발을 위해서는 대규모의 자본이 투자되어야 하기 때문에 투자여부의 결정을 위한 재정계획이 요구되는 것이다.

이러한 계획은 사전에 준비가 이루어져야 하는데 짧게는 5년, 그리고 대규모 관광개발을 위해서는 30년간의 계획이 수립되어야 하는 경우가 있다. 이러한 재정계획을 일반적으로 자본지출예산 또는 자본예산이라고도 하며, 경제적인 근거에서 개발사업에 대한 우선순위 결정과 규명하는데 그 목적이 있다.

대부분 관광지개발의 자본예산은 이에 대한 타당성 여부를 나타내어 주는 계획안의 준비로부터 시작되어진다. 이와 같은 계획안은 다음과 같은 세 가지의 중요한 분야로 이루어지고 있다.

① 배경 : 제안된 개발사업의 역사적 배경과 당해 사업이 상 · 중 · 하의 우선순위로 판단될 수 있도록 필요한 현재상황을 설명하고 있는 내용을 담고 있어야 한다.

② 명세서 : 당해 개발사업의 범위, 목적 또는 실용성, 그리고 비용 등에 대한 구체적인 사항과 이것이 어디에, 어떻게, 그리고 언제 시행될 것인가에 대한 보고서 작성이 요구된다. 특히 기존 관광시설에 대한 개보수 또는 확장사업의 경우에는 기존 경영에 대한 방해가 되지 않도록 해야 하기 때문에 이와 같은 시행규칙이 매우 중요한 것이다.

따라서 투자계획을 평가함에 있어 고려해야 할 세 가지 중요한 요인은 다음과 같다.

① 투자비용
② 투자로부터의 예상수익
③ 용납될 수 있는 수익률

투자비용이란 새로운 개발사업을 지원하는 데 필요한 현금지출 또는 자금사용을 말한다. 관광개발에 있어서 대부분의 자본계획은 초창기에 자립할 정도의 충분한 현금유통이 안 되고 있지만, 몇 년 후에는 실질적인 현금수입이 이루어지게 된다. 이에 대한 좋은 예로는 관광지 내의 회의장 시설이나 골프장 건설에서 볼 수 있는데, 이들 개발사업 계획이 기각되지 않는 이유는 경영자나 기업주가 현재 자본투자에 대한 미래수익을 신중히 평가하기 때문인 것이다.

관광개발사업에 있어서 투자와 수익의 흐름은 [그림 10-4]에서 보는 바와 같이 시간이 경과함으로써 단계적 순서에 따라 부문별로 그 기능을 발휘할 수 있는 것이다.

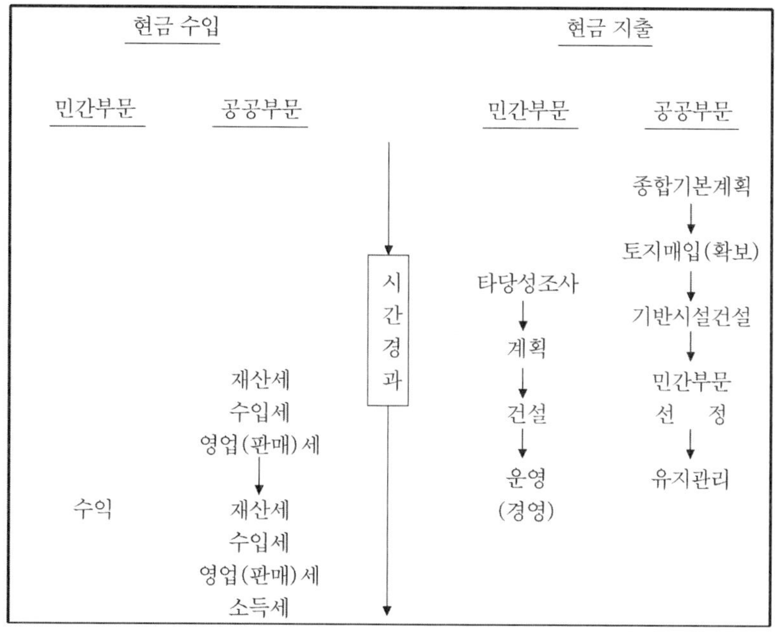

자료 : S. Wanhill(1985)

[그림 10-4] 관광개발사업에 있어서 투자와 수익의 흐름도

[그림 10-4]에서와 같이 관광개발 사업은 최초의 자본투자가 많이 요구되며, 이것이 완성되려면 오랜 기간이 걸리고 또 완성되어야만 하나의 매력물 내지는 관광상품으로 판매되어 투자에 대한 수익을 유발시킬 수 있다는 특징을 가지고 있다.

그렇지만 관광개발 사업에 대한 투자비용 결정은 반드시 가시적인 계산에만 의존한다고 볼 수 없다. 왜냐하면 대부분의 관광개발 사업가들은 매각을 할 수 있는 여분의 토지를 가지고 있기 때문이다. 그래서 이 지역의 토지를 매각만 하면 당장 현금수입이 들어올 기회가 있다는 것이다.

그러나 그렇게 하지 않은 이유는 장기적으로 토지가격이 상승할 것이라는 기대 때문인 것이다. 결국 이러한 현금수입의 포기는 경영자와 기업주가 다른 대체적인 사업투자에서 얻어질 수 있는 이익을 상실하는 기회비용을 의미한다고 볼 수 있다.

투자에 대한 이윤은 당해 자본재의 내구연한(耐久年限) 동안에 올린 현금수입실적에서 비용을 차감한 것으로 측정될 수 있다. 특히 호텔, 식당, 매점, 그리고 위락 및 레크리에이션 시설에 투자한 사람들은 매출액을 높임으로써 이윤을 기대하는 반면, 기계와 설비분야에 대한 투자가는 노동력과 운영비를 절감함으로써 이윤을 올리려 하고 있다.

결론적으로 모든 투자는 투자가들이 모험을 감당한 만큼의 적절한 수익률을 산출해 내어야 할 것이다. 대부분의 경우 자금은 귀하고 확보하는 데는 그만한 대가, 즉 이자비용이 들게 마련이다. 자금을 외부로부터 차용하든 내자(內資)에서 충당하든 간에 그것은 원래부터 이자비용요소가 있는 것이다.

따라서 자본비용은 많은 요인에 의존하게 된다. 투자가 및 대금업자들은 관광지의 명성과 운영회사, 계획안에 따른 모험, 관광시장의 경제적 전망, 현재 화폐율, 통화팽창률 그리고 기타 다른 요인들을 고려하게 되는 것이다. 화폐의 시간적 가치를 인식한다면 투자에 대한 기대수익은 현재가치에 대한 할인율이 적용되어야 하고, 투자액수와 비교가 되어져야 할 것이다. 그러나 일반적으로 투자는 자본비용보다 수익이 크게 나타날 때 이루어지는 것으로 간주되고 있는 것이다(Gee, 1981).

2. 투자계획(안) 평가방법

관광개발에 대한 투자가들의 요청이나 기준에 의해 한 가지 또는 그 이상의 투자편익 평가방안이 사용되어질 수 있다.

투자에 대한 편익을 평가하는 데는 많은 방법이 있을 수 있지만, 그 중에서도 일반적으로 널리 알려져 있는 것으로는 현재가치법과 내부수익률, 그리고 회수기간 분석법 등이 있으며, 구체적인 내용은 다음과 같다.

1) 현재가치 분석법(Present Value Methods)

현재가치법이란 화폐는 시간적 가치를 가지고 있다는 가정하에서 오늘의 100원이 1년 후에 똑같은 구매력의 가치(현재 시장가치)를 가질 수 없다는 이론에 근거한 것이다. 순현재가치법(net present value methods)은 개발사업 비용과 미래수익의 흐름에 대한 현재가치를 비교함으로써 투자의 계획안 수락 여부를 측정하는 방법이다. 이것은 현재화폐율, 통화팽창률, 사업에 대한 위험부담, 그리고 다른 경제적 요인들을 근거로 해서 이에 대한 할인율을 적용함으로써 현재가치에 대한 미래수익의 흐름을 할인하여 계산해내는 것이다. 만약 할인된 미래수익의 흐름이 개발사업비보다 클 때 그 사업에 대한 투자는 수익성이 있는 것으로 고려될 수 있다. 이와 반대로 만약 개발사업 투자비가 할인된 수익의 흐름보다 클 때에는 그 사업에 대한 투자는 수익성이 없는 것으로 간주되는 것이다. 따라서 순현재가치는 다음과 같은 공식에 의해 계산될 수 있다.

$$NPV = \sum_{t=1}^{T} \frac{Bt - Ct}{(1+r)^t} + \frac{ST+1}{(1+r)^{T+1}} - Ko$$

여기서,

T = 사업의 수명(project life)

Bt = t년의 수익(benefit in year t)

Ct = t년의 운영비(operating costs in year t)

$ST+1$ = T+1년의 잔여자산 가치(scrap value in year T+1)

Ko = 최초 자본비용(initial capital cost)

이 되는 것이다.

위의 공식에 근거해서 <표 10-1>과 같은 조건으로 A개발사업의 예를 들어 순현재가치를 산출해 보기로 하자.

〈표 10-1〉 A관광개발 사업의 순재원의 흐름도(Net Resource Flows) (단위 : 백만원)

연 도	최초자본 비용(Ko)	t년의 운영비(Ct)	t년의 수익(Bt)	T+1년의 잔여자산가치(St+1)	순재원의 흐름도(NRF)
0	200				-200
1		50	100		50
2		100	200		100
3		100	200		100
4				50	50

조건 : 수명(3년), 투자비용(연간 8%)

<표 10-1> 자료를 근거로 순할인(연간 8%) 재원의 흐름도를 계산하면 A관광개발사업의 경우는 <표 10-2>와 같이 사업수명이 끝난 후 48.15백만원의 순현재 가치의 수익이 예상되고 있다. 따라서 A관광개발사업의 경우 사업수명이 끝날 때 잔여자산 가치를 포함한 총수익에 자본비용과 운영비를 차감하면 48.15백만원의 순현재가치가 이윤으로 남게 되는데, 이것은 최초 투자비용에 대한 24%에 해당하는 것으로 나타난다. 이와 같이 순현재가치 분석법에 의한 투자결정 방식은 t 년의 수익에도 영향을 받지만 순할인율에도 영향을 크게 받고 있다는 것을 알 수 있다.

〈표 10-2〉 A관광개발사업의 순할인재원의 흐름도 계산

연 도	순할인 재원의 흐름도
0	-200 × 1.000 = -200
1	$50 \times 0.926 = 46.3 ......(\frac{100-50}{1+0.08})$
2	$100 \times 0.857 = 85.7 ......(\frac{200-100}{(1+0.08)^2})$
3	$100 \times 0.794 = 79.4 ......(\frac{200-100}{(1+0.08)^3})$
4	$50 \times 0.735 = 36.75 ......(\frac{50}{(1+0.08)^4})$
	NPV 48.15

2) 내부수익률분석법(Internal Rate of Return)

내부수익률이란 시장이자율과는 무관한 것으로 투자가 가져다 주리라고 기대되는 예상수익의 현재가치를 0으로 만드는 할인율로서 다음 공식과 같이 계산될 수 있다.

$$0=\sum_{t=1}^{T}\frac{Bt-Ct}{(1+i)^t}+\frac{ST+1}{(1+i)^{T+1}}-Ko$$

이것은 투자비용(Ko)과 투자로부터 예상되는 기대수익에 의해서 결정된다. 그리고 예상수익은 기업가의 주관적인 평가에 달려 있는 것이다. 따라서 내부수익률은 결국 기업가가 주관적으로 기대하는 수익률이라고 할 수 있다. 다음 B관광개발사업에 대한 재원의 흐름도를 근거로 <표 10-3>과 같이 시도 1(이자율 : 15%)과 시도 2(이자율 : 20%)에 대한 순현재가치의 계산과 이에 대한 비교를 해보기로 하자.

〈표 10-3〉 B관광개발사업의 순재원 흐름도와 시도 1과 2에 대한 순현재가치

연 도	순재원의 흐름	시도 1(15%)	시도 2(20%)
0	-1000	-1000	-1000
1	-1000	$\frac{-1000}{(1+0.15)}$ = -869.57	$\frac{-1000}{(1+0.2)}$ = -833.33
2	2550	$\frac{2550}{(1+0.15)^2}$ = 1928.17	$\frac{2550}{(1+0.2)^2}$ = 1770.83
		NPV1 58.6	NPV2 -62.5

위의 계산결과 시도 1의 경우 순현재가치가 58.6으로, 시도 2의 경우는 −62.5로 나타나고 있다. 이것을 근거로 다음과 같은 공식에 의해 보간(중항)을 계산해 낼 수 있는 것이다.

$$i=i_1+(i_2-i_1)\cdot\ \frac{npv_1}{npv_1+npv_2}$$

위의 공식에 B관광개발사업의 자료를 대입하면 다음과 같다.

$$\text{이자율}=15\%+(20\%-15\%)\cdot\frac{58.6}{58.6+62.5}=17.4\%$$

따라서 선형보간은 [그림 10-5]와 같이 나타난다는 것을 알 수 있다.

3) 투자에 대한 회수기간 분석법(Payback Period)

투사에 내한 회수기간 분석법은 투자에 대한 원금의 회수기간이 얼마나 되며, 이에 대한 평균회수율은 얼마인지를 계측해 내는 방법이다. 따라서 이것은 다음 공식에 의해 산출될 수 있다.

$$\sum_{t=1}^{\ell}(Bt - Ct) - Ko = 0$$

위의 공식을 인용해서 다음의 C지역 관광개발에 대한 사업(안)별 투자와 수익 그리고 회수기간 및 평균회수율을 계산해 보기로 하자.

<표 10-4>에서 보듯이 C지역 관광개발에 대한 회수기간은 X 사업(안)이 Y 사업(안)보다 0.67년 더 짧게, 그리고 1년에 대한 평균회수율도 X 사업(안)이 100%, Y 사업(안)은 60%로 나타나고 있어 투자결정을 위한 좋은 비교가 되고 있다.

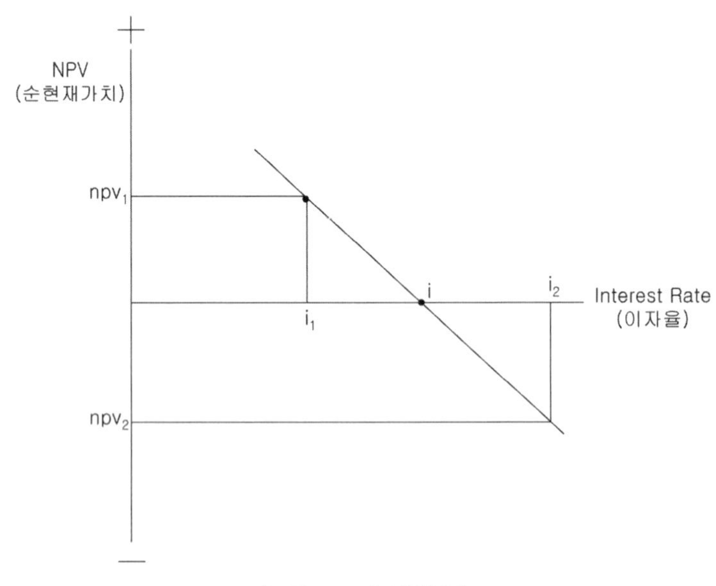

[그림 10–5] 선형보간

〈표 10-4〉 C지역 관광개발의 사업(안)별 투자에 대한 회수기간 및 회수율

연 도	순재원의 흐름	
	X 사업	Y 사업
0	-1000	-1000
1	1000	600
2	$\frac{100}{100}$	$\frac{600}{200}$
ℓ(회수기간)	1년($\frac{1000}{1000}=1$)	1.67년($\frac{1000}{600}=1.67$)
1/ℓ(평균회수율)	100%($\frac{1}{1}\times 100=100$)	60%($\frac{1}{1.67}\times 100=60$)

$$1 \leqq \sum_{t=1}^{T}\frac{Bt}{(1+r)^{t}}+\frac{ST+1}{(1+r)^{T+1}}$$

$$Ko+\sum_{t=1}^{T}\frac{Ct}{(1+r)^{t}}$$

4) 수익-비용률 분석법(Benefit-Cost Ratio)

수익-비용률 분석법이란 현재가치 수익(present value benefits)에다 현재가치 비용(present value costs)을 나눈 값을 말하는데, 다음의 공식에 의해 산출된다.

위의 공식을 인용해서 <표 10-5>에서와 같이 사업(안), A, B, C에 대한 현재가치 비용(또는 자본비용)과 현재가치 수익을 근거로 순현재가치(net present value)와 수익-비용률을 계측해 보기로 하자.

〈표 10-5〉 사업(안)별 순현재가치와 수익-비용률

사업(안)	현재가치 비용 (자본비용)	현재가치 수익	순현재가치	현재가치 수익 현재가치 비용 (수익-비용률)
A	200	400	200	2.0
B	100	220	120	2.2
C	100	240	140	2.4

이상의 계측에서 사업(안)별 순현재가치 측면과 수익-비용률 측면에 대한 우선순위를 <표 10-6>과 같이 정리해 볼 수 있다.

〈표 10-6〉 사업(안)별 우선순위

순 위	순현재가치 측면	수익-비용률 측면
1	A(200)	C(2.4)
2	C(140)	B(2.2)
3	B(120)	A(2.0)

그외 아주 단순한 투자계획(안) 평가방법으로는 수익률 또는 투자에 대한 수익계산법(accounting rate of return or return on investment method)이 있는데, 이 방법은 수익률 또는 투자에 대한 수익법은 관광개발사업에 요구되는 투자액과 당해 사업으로부터 예상되는 수입 또는 저축액을 비교함으로써 분석되는 계산법이다. 이것은 대체로 단순한 평가형태인데, 예상되는 수입에다 평균투자액을 나누어줌으로써 산출된 수익률을 수락할 수 있는 표준이익률과 비교해서 투자를 결정하는 방법으로 다음과 같은 공식에 의해 계측될 수 있다.

$$RoI = \frac{NaY(\text{or } NaS)}{A'I(\text{or } CoA)}$$

여기서,

RoI = 투자에 대한 수익(return on investment)
NaY = 연간 순수입(net annual income)
NaS = 연간 순저축(net annual savings)
$A'T$ = 평균투자(average investment)
CoA = 자산비용(cost of asset)

이 되는 것이다.

이상과 같은 관광개발에 대한 투자계획(안) 평가방법 외에도 다른 여러 가지 방안이 있을 수 있으며, 여기서 어느 것이 최상이라고 단정하기는 곤란하다. 다만, 사업의 성격과 경우에 따라서 적절한 방법이 적용되어야 할 것이다.

3. 투자를 위한 경영자의 책임

위와 관련해서 관광개발의 투자를 위한 경영자의 책임에 대해 살펴본다면, 먼저 관광개발 관련기관은 자본과 인적 자원에 대한 폭넓은 투자를 해야 할 필요가 있다. 따라서 경영자들은 이윤을 모험적으로 창출하고 기업의 건전한 재무구조를 수립할 수 있도록 신중하고 성실한 자세로 소유권을 위임받음으로써 이와 같은 자원을 활용할 책임을 가지게 되는 것이다.

이러한 자원의 사용과 관리는 주의 깊고 세심한 예산(안)의 계획에서 시작되는 것이다. 예산(안)은 경영자에게 사업목표가 예상대로 성취될 것인지와 어디서 언제 조정이 적용되어져 할 것인지를 알려줌으로써 확실한 기준 또는 척도를 제공해 준다.

다른 조정기구에서의 경우와 같이 효과적인 예산(안)은 계획과 실행을 담당하는 인사들의 책임에 달려 있다. 이것은 책임 있는 회계의 개념과도 관계가 있는 것이다.

대부분의 성공적인 관광개발지는 정적이 아닌 동적인 기업적 활동을 전개하고 있다. 지각 있는 경영자는 관광개발지가 시간이 경과함에 따라 대체로 기능면에서나 경제적으로 높은 퇴화도를 나타내고 있다는 것을 이해하고 이에 시설을 개선함으로써 효율적인 경영과 질적 향상, 그리고 시장확보를 통한 새로운 수익창출 등을 실현할 수 있다는 판단 아래 정기적으로 자본재에 대한 재투자를 해야 한다는 것을 인식하게 되는 것이다.

일일경영을 위한 자금확보와 사용통제, 장·단기계획에 대한 대처, 차용자본 사용의 최적화를 위한 주주와의 비례, 새로운 계획(안)과 사업에 대한 투자, 그리고 이윤의 극대화 및 투자에 대한 호의적인 수익 등을 어떻게 하면 된다는 것을 안다는 일이 관광개발지역의 재정적 관리 측면에서 경영자가 갖추어야 할 본질적인 요소인 것이다(Gee, 1981).

부록

외국의 관광개발 사례

외국의 관광개발 사례

1 랑그도끄 루시용(프랑스)

랑그도끄 루시용(Languedoc-Roussillon) 지역은 프랑스 남쪽 지중해 연안에 위치하고 있으며, 또한 인근 스페인과 접경하고 있다. 피레네(Pyreness) 산맥으로부터 120km 떨어져 있다. 개발대상지역의 해안선은 180km이며, 이 일대에는 수많은 사적과 프랑스 남부 특유의 풍물들이 산재해 있다.

1962년 프랑스 정부가 이 지역을 대단위 해양레저단지로 조성하기 이전에는 포도밭이 군데군데 흩어져 있고 들소와 야생마가 뛰노는 불모지와 습지였다.

프랑스 정부는 국민 중 당시 70%가 하계 바캉스를 즐긴다는 사실과, 앞으로 늘어날 바캉스 인구를 수용할 하계휴양지가 크게 부족할 것을 대비하여 새로운 후보지를 물색한 끝에 기존 대휴양지인 「꼬뜨 다쥐르」 서남쪽에 현재의 랑그도끄 루시용을 선정하게 된 것이다. 「랑그도끄 루시용」은 그 지역이 광대하기 때문에 민간기업에 의한 개발은 사실상 불가능하게 되어 프랑스 정부는 관민협력체제하에 개발하기로 한 것이다.

이곳은 또 수자원이 부족하고 해충과 모기가 많아 이를 구제・박멸하기 위해 지역개발을 하기로 한 것인데, 이 지역개발을 다시 국민관광지로 조성할 방침을 굳힌 것이다.

1) 자연조건(기후)

여름(6~9월)의 평균기온은 22℃, 일조기간은 1,100시간 이상, 풍속 3~4m, 강우일수 25일 이하, 조수간만의 차는 40cm 이하로서 <표 1>과 같이 비교적 좋은 조건을 갖추고 있다.

〈표 1〉 랑그도끄 루시용 지역의 기후

구 분	계 절	랑그도끄	루 시 용
일조시간	연평균	2,750	2,650
	여 름	1,240	1,120
기온(℃)	연평균	14.6	15.4
	여 름	22	22.3
강우일수	연평균	88	85
	여 름	21	25
강우시간	연평균	400	550
	여 름	65	100
강우량(mm)	연평균	770	620
	여 름	190	130
미풍일수	연평균	16	13
	여 름	7	4
풍속(초속)	연평균	3.4	4.9
	여 름	3.2	4.3
강풍일수	연평균	26	127
	여 름	5	30

2) 배후지의 관광조건([그림 1] 참조)

국도 113호와 9호선이 거치는 도시와 다양한 자원이 산재해 있다.

① Nimes(인구 13만명, 고대 로마시대 유적이 많음)

② Montppelier(인구 17만명, 화불박물관 등)

③ Bezier(인구 8만명, 포도주와 숯불그릴 요리로 유명)

④ Narbonne(인구 4만명, 고대 로마항구, 성당 등)

⑤ Perpignan(인구 10만명, 성곽, 대사원 등)

3) 개발계획

1962년 개발공단 발족, 1963~1965년(3년간)을 연구기간으로 정했다. 프랑스 국내 유명 건축가 6인을 선발하여 이들에게 건설계획을 위촉하였다. 6개 레저개발 단위지역(unite tourique)은 Marina를 중심으로 개발하되, 새로 개발한 레저기지(station)를 중심으로 기존 해변촌락을 재정비한다. 개발은 관광지조성을 주목적으로 하되, 자연보존과 도시화 억제에도 주안을 둔다. 6개 개발지구는 모두 고속도로와 연결하고 17개 항구를 개발하여 마리너항으로 조성하면서 하계 200만명의 바캉스객을 유치하기 위하여 호텔, 별장, 아파트단지를 조성한다.

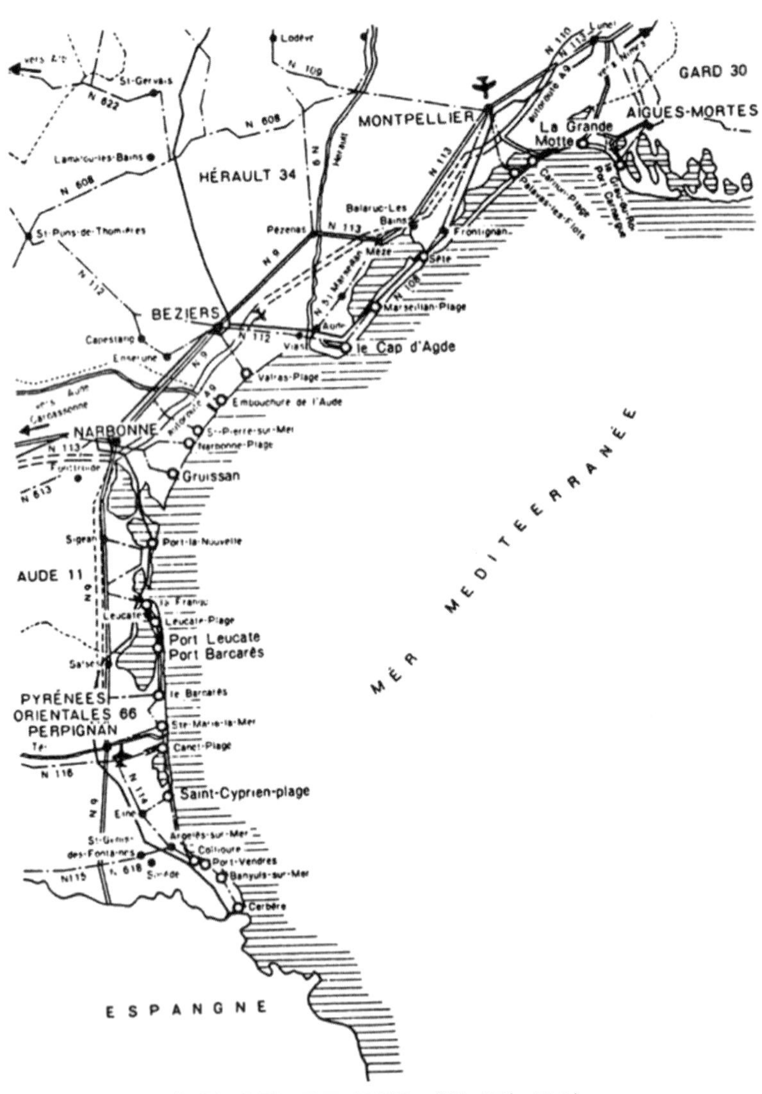

[그림 1] 랑그도끄 루시용 개발지구(프랑스)

4) 개발공단의 기구

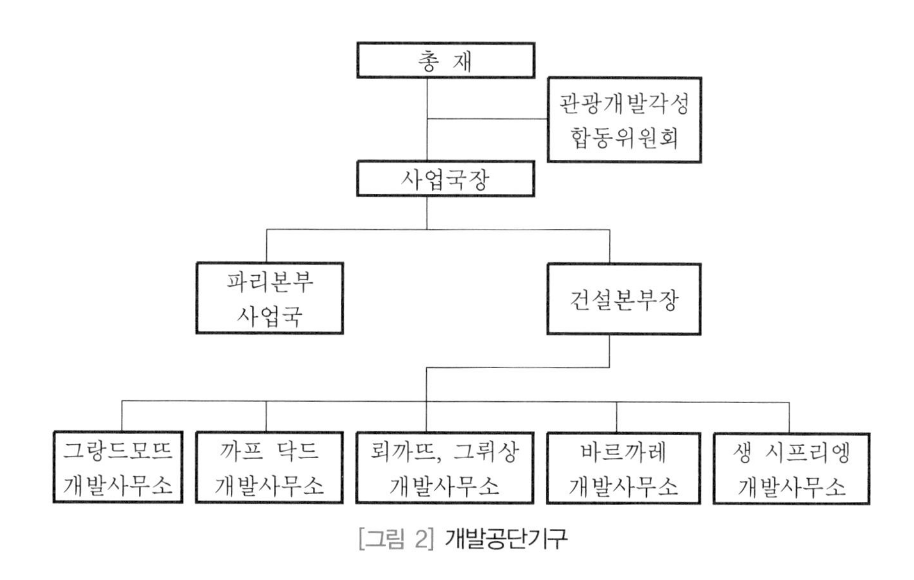

[그림 2] 개발공단기구

5) 개발동기

① 지방주민의 생활수준 향상, 휴가인구 증가, 수송수단 편리에 따른 해안 관광개발 필요성 증가
② 남구방면에 대한 북구인들의 관광수요 증가(우수한 해안, 좋은 날씨)
③ 전통적 관광지의 수용능력 한계 도달(새로운 관광지개발 필요)

6) 개발방법

건설사업은 1965년에 착수하여 1975년에 완공을 목표로 개발(10년간) 방침을 세우고 개발비는 정부예산 8억 5,000만 프랑으로 확정·투입하고 민간자본은 정부예산의 약 10배에 달하는 80억 프랑으로 확정하였다. 주요 개발사업의 내용은,

① 토지의 기반정비
② 항만 및 도로조성(마리너, 진입로)
③ 관개 및 급수시설 정비

④ 식수 및 조경
⑤ 모기 박멸

각 개발사무소는 정부예산 투입으로 조성된 토지를 정부로부터 무상으로 인수하고, 다시 은행으로부터 차입금(연리 3.5~6%)을 이곳에 투입하여 배수시설, 도로개발, 철도역, 주차장 등을 건설하여 개발지구를 민간에게 분양한다([그림 3] 참조).

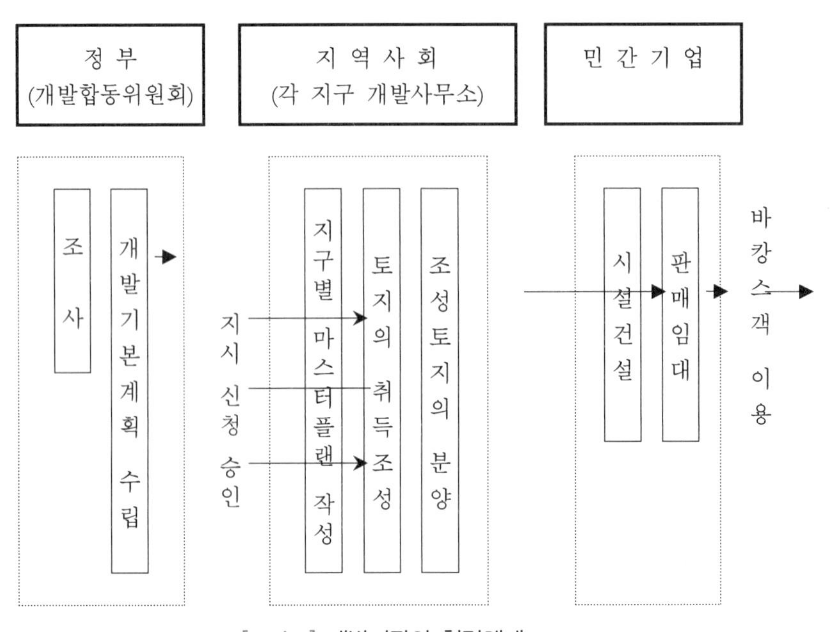

[그림 3] 개발기관의 협력체제

또, 민간업체는 정부보조금, 은행융자금(연리 3.5~6%)을 투입하여 개발 마스터플랜에 따라 마리너시설, 주거시설 등 개발사업을 인수, 운영하되, 과도한 수익을 올리지 못하게끔 정부가 통제를 하고 있는데, 민간업체는 "투자자본+금리+8% 정도 이익" 범위 내에서 영리를 추구하도록 하고 있다.

개발에 있어 해안선(50m 나비)의 수용한도는 1ha당 600인으로 하고, 환경파괴에 관련되는 과도개발을 규제하고 있다.

프랑스 정부는 개발에 필요한 75만 에이커에 달하는 토지를 매입하고, 개발을 위해 정부개발협의기구를 설치하였으며, 레저활동, 지역적 특성을 고려하여 5개 지역단위로 장기 개발계획을 수립했다.

7) 건축물규제와 분양기준

민간기업은 공원으로부터 토지를 취득한 후 3년 이내에 건축물을 완성하도록 의무화하고, 건물은 3층 기준을 원칙으로 한다. 아파트건설의 경우, 건물 높이는 25m, 8층 이하로 하여야 하며, 개인용 주택의 경우는 건폐율은 33%로 하여야 한다([그림 4] 참조).

① 개인용 주택 건설구역에서는 1㎡당 150프랑

② 법인이 아파트, 맨션 등을 건설해야 하는 구역은 1㎡당 200프랑으로 토지평균 분양가격을 정한다. 일단 구입한 토지는 타인에게 전매를 금지한다(토지구입, 전매에 따른 차익을 목적으로 한 토지투기 방지). 토지분양가격의 계산기준은 "토지건물의 연면적×1㎡당 단위"이다.

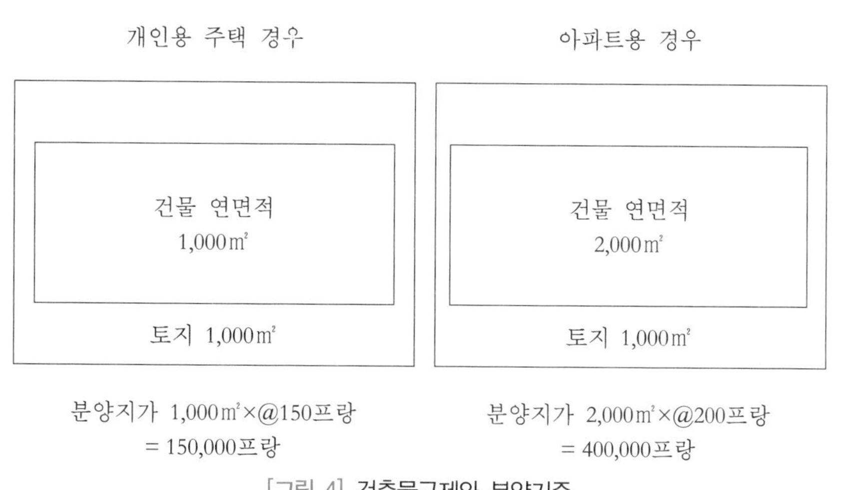

[그림 4] 건축물규제와 분양기준

8) 각 개발지의 계획수치

시설확충을 위한 기본수요 예측은 이 지역으로 75만명의 바캉스객이 20일간 체재하고 하계(60일간)에 3회전한다면 75만명 × 3회 = 200만명으로 계산한다.

① 그랑드 모뜨(Grande Motte)

㉠ 면적 : 1,000ha(이 중 200ha는 저수지, 100ha는 식림지)

㉡ 숙박 및 거주시설 26,000베드(최종목표 43,000베드)

별장	3,500베드
휴가촌	1,100베드
캠프, 캐러밴	4,200베드
호텔	1,700베드

㉢ 기타 마리너 조성 : 950척 수용, 마리너항 관리사무소, 선박수리공장, 쇼핑센터, 카지노, 나이트클럽, 레스토랑(11개소), 테니스코트, 배구장, 요트클럽, 요트교실, 관광안내소, 마리너 항의 수심은 3~4m

② 까르농(Carnon)

㉠ 면적 : 70ha

㉡ 숙박 및 거주시설 4,600베드(최종목표 7,000베드)

아파트 및 별장	4,000베드
호텔	600베드

㉢ 마리나 : 450집 수용

③ 까프 닥드(Cap d'Agde)

㉠ 면적 : 600ha

㉡ 숙박 및 거주시설 2 6,000베드(최종목표 52,000베드)

아파트	10,500베드
별장	7,500베드
휴가촌	2,000베드
캠프, 캐러밴	4,700베드
호텔	1,500베드

㉢ 마리너 200집 수용

㉣ 기타 : 레스토랑, 나이트클럽, 쇼핑센터, 요트교실 등

④ 그뤼상(Gruissan)

㉠ 면적 : 1,600ha

㉡ 숙박 및 거주시설	15,000베드(최종목표 42,000베드)
휴가촌	4,000베드
캠프, 캐러밴	8,000베드
호텔, 맨션	3,000베드

⑤ 생 시프리엥(Saint-Cyprien)

㉠ 면적 : 240ha

㉡ 숙박 및 거주시설	10,000베드(최종목표 24,000베드)
아파트	6,000베드
별장	2,500베드
호텔	1,500베드

㉢ 기타 : 마리너(800집), 요트클럽, 배구장, 테니스코트, 쇼핑센터, 레스토랑

⑥ 바르까레(Barcare)

바르까레항은 6,000ha에 달하는 살스(Salses)호를 뒤에 둔 항구로서 지중해 해안선을 따라 길게 뻗은 사장을 양쪽으로 끼고 있다. 개발공단에서는 바다쪽으로 면한 지구에는 중규모・대규모 건물을 짓고 조수로 면한 지구는 소규모의 낮은 건물과 마리너, 수상스키 시설을 건설하며, 또 해변 일대에는 캠핑장, 바캉스촌, 빌라, 스포츠시설을 건설하였다. 호수와 바다 사이에 있는 지구는 조림(송림)을 하였다. 바르까레 지구의 내용을 보면 다음과 같다.

㉠ 면적 : 300ha

㉡ 숙박 및 거주시설	18,000베드(최종목표 42,000베드)
아파트, 별장	9,700베드
휴가촌	6,000베드
캠프, 캐러밴	8,000베드
호텔	1,500베드

㉢ 기타 : 마리너(200집), 쇼핑센터, 나이트클럽, 테니스코트, 레스토랑

⑦ 뢰까뜨(Leucate)

㉠ 면적 : 300ha

㉡ 숙박 및 거주시설	20,000베드(최종목표 40,000베드)
아파트	10,500베드
별장	4,500베드
휴가촌	3,000베드
호텔	1,500베드

㉢ 기타 : 마리너(550집), 스포츠교실, 요트클럽, 풀장, 쇼핑센터

9) 기타 사항

개발 당시 프랑스 국민 250인에 요트 보유자는 1명꼴이었으나 80년대 초에는 75인당 1대비율로 보유한 것으로 보고 있다. 개발사업에 있어 급수, 배수 기타 수자원개발에는 경험이 풍부한 네덜란드 전문가의 협조를 받기로 하고, 부족한 노동력은 스페인, 아르헨티나로부터 충당받기로 한다. 물의 공급량은 1가족 1일 필요량을 500L(음료 등), 정원철 수량은 1일 300L로 한다.

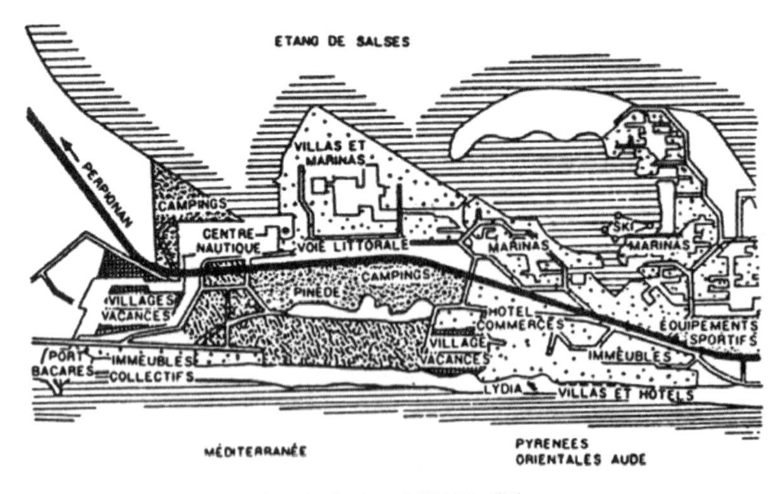

[그림 5] 바그까레항의 개발

2 까프 닥드(Cap D'Agde) 지구 개발

1) 입지조건

랑그도끄 루시용 지역이 중앙부에 위치하고 있으며, 배후지에는 생마르땅과 생 루쁘 산이 있어 서북쪽의 강풍을 막기 때문에 동계에는 다른 지역보다 따뜻하다. 관광객은 이웃 스페인과 프랑스 남쪽의 꼬뜨 다쥐르방면으로부터 많이 찾아오고 있다. 항구의 면적은 80ha이고, 입구에 2개의 제방이 돌출해 있으므로 파도를 막을 수 있어 수면은 조용하다. 그리고 항구 남쪽으로 5km, 북쪽으로 2km의 양질의 백사장이 있으며, 80ha의 공원이 있다.

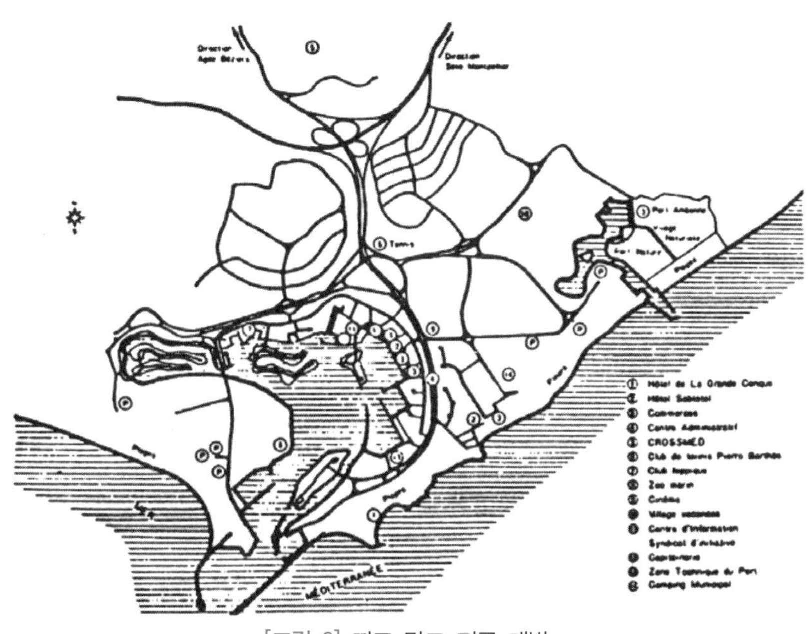

[그림 6] 까프 닥드 지구 개발

2) 개발방향

① 항구 안쪽으로 면한 지대에는 쇼핑센터, 커뮤니티센터, 안내소, 클럽, 해양동물원 등을 설치하고, 그 뒷편에는 아파트, 호텔, 바캉스촌, 캠프장, 테니스코트, 별장을

설치하여 주거벨트를 조성한다. 마리너는 별도로 동편소만에 건설하고, 마리너 옆에 자연주의자들을 위한 나체촌(코로세퐁의 수용시설 별도 건설)을 만들기로 계획한다.

② 주거건축은 건물높이를 5층으로 제한하고, 건물의 지붕은 미적 조화를 위해 백색, 황색, 녹색, 청색, 베이지색으로 조정한다.

③ 커뮤니티센터 지역에는 일반차량의 출입을 금지시켜 보행자 천국으로 만든다. 주차장은 외곽지대에 많이 마련하되, 해안에서 바라볼 때 차량이 보이지 않도록 주차장의 바다 쪽 부분을 흙으로 높이 쌓아 조경한다.

3) 개발지구 내의 시설내용

① 호텔 : 호텔 라 그랑드 콩끄, 사브로텔 등 건설
② 공공서비스 : 우체국, 공회당, 소방서, 경찰서, 구난센터
③ 휴가촌
④ 캠핑장, Caravan park
⑤ 종합안내소
⑥ 항만시설 : 마리너(600집 수용), 연료보급소, 세관, 항만사무소
⑦ 레스토랑 : 브라셀리 상 그릴 외 14개소
⑧ 나이트클럽(2개소)
⑨ 점포 : 담배, 신문, 식품, 의류, 기념품, 미술품, 약국, 선구, 주유소, 여행사, 은행 등
⑩ 임대아파트
⑪ 스포츠관계 시설 : 테니스 코드(10개소), 요트클럽, 임대보트, 바다낚시, 경마장, 범주교습소, 수상스키교습소, 수상동물원, 영화관, 풀장, 드라이브교습소 등

4) 입주자에 대한 특혜

① 구입시로부터 향후 25년간 고정자산세 면제
② 구입시로부터 5년 후 전매할 때에는 부동산부가가치세를 면제한다.
③ 구입시로부터 10년간은 구입을 위한 차입금 이자분으로서 연간 5,000프랑 범위 내

에서(자식이 있을 때에는 다시 500프랑을 추가시킴) 소득세로부터 공제한다.

④ 구입자금으로서 구입가격의 80%까지 17년 상환기간 조건으로 차입할 수 있다. 예약시에는 5%에 해당하는 계약금을 지급하면 자금차입 절차와 수속에 대해서는 은행이 알선해 준다.

3 바드리나드 순례관광지(인도)

1) 관광개발여건

바드리나드 순례관광지(Badrinath Pilgrimage Resort)는 인도 동북부지역에 위치한 힌두교 사적지를 개발한 종교관광지이다. 바드리나드는 힌두교 대성지 중의 하나로서, 히말라야산맥 아래에 있으며, Chamoli Garhwal 지구에 위치한 오래된 촌락이다.

이 지역에서 종교사적이 산재해 있는 곳은 Kanac Ashram과 Satopanth사이의 23km에 이르는 일대이다.

(1) 관광자원

히말라야산록의 아름다운 경치, 하천, 성지(사원, 유적, 경배대상이 되고 있는 거대한 반석), 온천, 호수, Mana계곡(옛날 수도자들이 기거하던 동굴이 있는 곳) 등이 있다.

(2) 관광지 접근성

현재 이곳으로는 지상교통수단이 연결되어 있지 않고 가까운 장래에 인근 고속도로를 이곳까지 연결시킬 예정이다. 따라서 당분간 지리적 사정으로 인하여 외지로부터 많은 관광객을 유치하기에는 어려움이 있다.

(3) 관광 전문인력과 수용능력

가장 심각한 문제는 관광종사원의 확보의 어려움이다. 이곳 Badrinath는 현재 1,400명이 거주하는 한촌이므로 유능하고 충분한 인력을 확보할 수 없다.

그리고 공공서비스 시설(상・하수도, 전력, 병원, 공중화장실 등)이 제대로 갖추어져 있지 않아 위생적인 손님맞이는 기대하기 힘들다. 수용시설로서는 36개 숙박시설(525

실)이 있어 연간 75,900명을 숙박시킬 수 있으나 수세식 변소, 욕실, 오물처리 시설이 갖추어져 있지 않다.

외래객이 많이 찾아오는 시기에는 현지주민들이 이들을 대상으로 상행위를 하기 위해 거의 이동식 촌락(semi mobile township)을 이루어 한 곳으로 이동하는 현상을 보이고 있다.

(4) 관광잠재성

이 지역으로 관광객이 찾아오는 시기는 연중 5월에서 11월 사이 7개월인데, 조기인 5~6월에는 관광객이 집중한다. 성수기에는 2,000~2,500명의 관광객과 순례객이 찾아오며, 평상시에는 하루 평균 1,000명 정도 찾아온다. 대략 연간 20만명의 외지인들이 찾아오는 셈인데 대부분 이들은 힌두교도들이다.

2) 관광개발 방향

Alakananda강을 사이에 두고 서편에는 히말라야 산맥에 접해 있고 그 아래에 주거지, 사원이 있고 농토와 평지는 협소하다. 그리고 강의 동안지역은 미개발상태에 있으며, 현재 관광개발을 추진하고 있는 곳이다. 개발주체인 Garhwal Mandal 개발공사의 개발방향을 보면 다음과 같다.

① 관광지로 외부와의 접근을 용이하게 하고 각 구역 간의 최적연결(optimal connectivity)을 강구하여 불편없는 순례, 관광을 보장한다.
② 모든 주요 기능의 유기적인 조화를 유지한다. 굉음과 혼란을 야기하는 주차장, 버스정류장은 외곽지대에 설치한다.
③ 외곽지역에 레크리에이션 공원(recreation park), 문화센터(socio-cultural center), 녹지대를 설치한다.
④ 고속도로와 연결시켜 외부관광객 유치에 편의를 도모한다.

강변일대의 126에이커 중에서 개발가능 지역(92에이커)에는 농지(34에이커), 공한지(32에이커), 저습지(7에이커), 강 유역 미개발지(19에이커)가 있다.

개발대상 지구인 Nar, Narain에는 빈약한 기존의 택지, 숙박시설, 상가 주차장이 있다.

Nar지구는 다시 3개 블록으로 나누어 북부에는 호텔, 상가, 중앙부에는 각종 공공시설, 서비스시설, 그리고 남부에는 주차장, 주유소를 각각 수용한다. 순례객 관광지구(Pilgrimage zone)는 Alakandar강 동편 nar 산기슭에 두게 한다. 개발계획(제6차 5개년계획에 포함됨) 기간 중에 현지주민의 주택지구, 숙박시설지구, 상가, 공공시설, 사원, 기타 서비스시설이 들어서게 된다.

마스터플랜 (단위 : 에이커)					
기존 용지	면 적	구성비(%)	개발 내용	면 적	구성비(%)
농 업	34.14	36.78	주 택	9.02	27.28
			숙박시설	6.60	19.96
공한지	32.40	39.40	상 가	2.12	06.42
			공공건물	3.12	09.44
저습지	07.18	07.75	DGBR지구	2.52	7.62
			서비스 시설	0.75	2.27
강 유역 미개척지	19.10	20.57	운송, 주차시설	8.56	25.83
			사 원	0.39	01.18
계	92.82	100.00	계	33.08	100.00

[그림 7] 바드리나드개발계획

3) 개발의 특징

빈한한 산간지대를 훌륭한 자연자원과 역사자원(힌두교 사적)을 결합시켜 개발하는데 주안을 두고 있다. 순례객을 유치하고 숙박시키고, 즐거운 관광을 하도록 하기 위해서는 우선 기반시설을 확충하고, 현대식 수용시설(호텔, 여관, 위생시설, 레크리에이션시설 등)을 갖추는 데 있다. 관광지로서 발전할 충분한 잠재력이 있기 때문에 도로망, 수용시설의 투자에 역점을 두고 있다.

순례객이 많이 찾아오는 계절에 주민들의 이동식 일시거주와 불안전한 서비스 제공을 막기 위해서 일정구역에 이들이 안주할 주민지구와 당시 이용할 수 있는 상가의 지정을 염두에 두고 있다.

4 카르멜 관광지(이스라엘)

1) 관광개발여건

이스라엘 국립공원 Carmel 산악공원에 수민들을 위한 관광 레크리에이션 장소를 개발하자는 데 그 목적이 있다. Carmel 산의 지리적 특징은 지중해에 면한 해안도시 Haifa 남쪽에 위치해 있으며, 평균 해발고도 500m, 연평균 강우량 500~800mm, 온화다습한 기후(15~25℃)를 가지고 있다.

공원면적은 800ha이며 이 가운데 30% 해당 지역은 자연보호구역(nature reserve)이다. 공원 주위에는 Haifa시(인구 30만 명), 농장, 주거지가 있다.

2) 개발계획 수립에 앞서 고려한 사항

관광지로서 개발, 관리하기 위하여 현재의 수요, 장래 예상수요를 파악하고 인문・생물적 측면에서 조사도 아울러 실시했다. 특히 공원 내의 각기 다른 관광자원의 매력도에 영향을 미치는 사회・경제・심리적 요소까지 포함하고, 고려하여 관광의 수요균형을 기했다.

① 경관의 질적 수준(landscape quality)

여기에는 자연으로서의 가치(nature value), 희귀한 고고학적・역사적 가치가 있는 것으로서 바람직한 레크리에이션 관광장소를 마련하는 데 도움을 줄 수 있도록 해야 한다.

② 관광지 내의 인파혼잡은 생태적 균형을 파괴한다.

적정한 수용능력(optimum capacity)의 기준한계를 설정하여 초과수요에 따른 혼잡을 예방한다. 공원 내의 관광자원을 효율적으로 배분하여 균형적인 이용을 도모해야 한다. 자연의 가치를 최대한 보호함으로써 만족스러운 관광, 레크리에이션을 제공하고 자원의 수급균형과 조화를 유지해야 한다.

3) 개발에 관련한 수급판단

공원개발에 있어 공급(landscspe capacity)과 수요(visitors) 사이에 바람직한 균형을 유지하는 데 목표를 두었다.

① 공급측정

고원의 자원적 측면에서의 공급능력(landscape capacity)을 심층분석하여 경관의 민감도(landscape sensitivity), 적합성(suitability)을 파악한다.

② 수요측청

㉠ 잠재관광객을 통한 수요도 조사(home / site survey)
㉡ 사회 · 경제적 분석
㉢ 현재수요와 장래수요 측정
㉣ 내방자의 입장빈도(방문횟수), 계절성, 체재기간(시간, 일), 레크리에이션 활동내용, 이용 교통수단

이와 관련하여

① 기존 관광지나 개발후보지의 시장성 분석, 평가
② 상이한 관광수요에 대응하여 자원의 매력, 적합성에 입각하여 경관의 질과 특성을 살리고
③ 관광활동에 대응한 생태적 수용능력(ecological capacity)을 추정한다.
④ 이러한 바탕 위에서 기존수요와 기존공급, 예상수요와 예상공급을 각기 비교, 분석하여 문제점을 파악한다.

조사 · 분석의 단계와 절차를 보면 [그림 8]과 같다. 그리고 Carmel 공원의 경우 경관의 특성을 식생(vegetation), 지형에 따라 네 가지로 나누어 이에 맞는 개발 · 보존방안을 고려하였다.

① 자연경관(nature landscape) : 자연보호 구역으로 지정되고 수목, 수림으로서 자연적 가치(nature value)가 높은 것
② 공원경관(park landscape) : 자생한 식물, 관목, 공지로서 자연미를 갖춘 것
③ 풍치림(afforestation) : 수목을 조림한 경관지구
④ 전원지구(agricultural region) : 전통적 농장, 계단식의 올리브 재배 농장

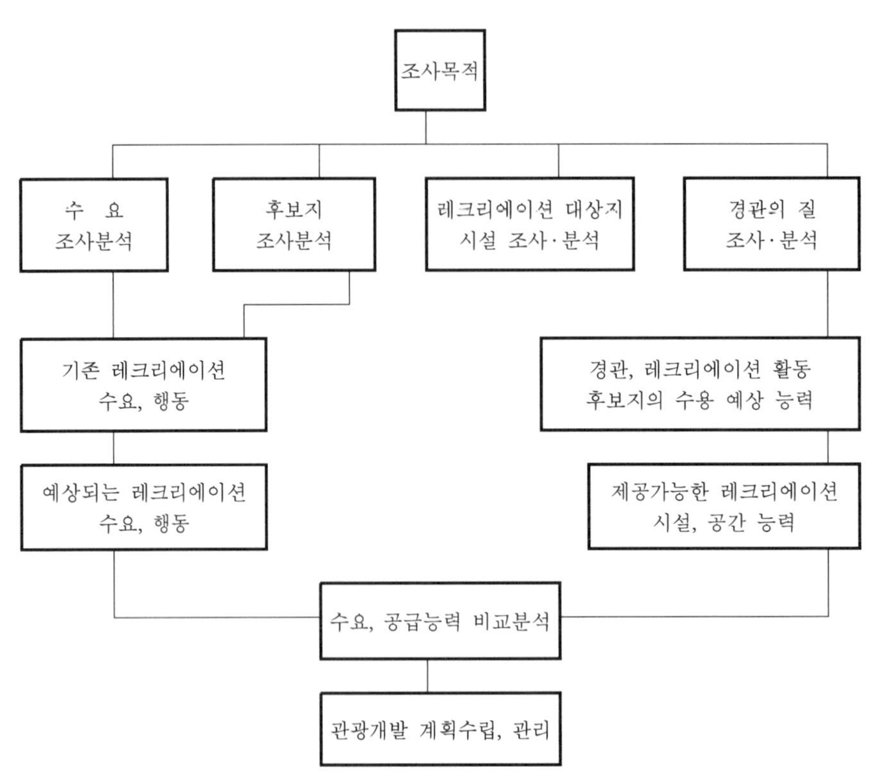

[그림 8] 관광개발계획 수립을 위한 조사·분석단계 및 절차

〈표 2〉 Carmel 공원의 경관지구 구분 및 수용능력 판단

구 분	면적(ha)	0.1ha당 관광객 수용능력	수용가능인원
Nature	3,200	0.01~0.1	1,120~3,200
Park	4,600	0.3~0.5	13,000~23,000
Afforestation	1,200	0.5~1.0	6,000~12,000
Agriculture	1,000	0.1~0.3	1,000~3,000
계	10,000		21,120~41,200

4) Carmel 공원의 관광 레크리에이션 수요

① 연간 100만인 이상 내방

② 연간 1인당 내방빈도 : 0.3~0.4회

③ 연간 내방자 중 40%가 여름철 이용
④ 레크리에이션 활동 형태 피크닉, 드라이브, 산책, 등산
⑤ 가족여행자의 규모 : 평균 3~4인
⑥ 평균 체재기간 : 3.2시간

〈표 3〉 관광자원의 수요·공급대비 모형

공 급 측 면	수 요 측 면
① 경관의 잠재성	현재 레크리에이션 수요
(landscape potential)	장래 레크리에이션 수요
② 경관의 잠재성	레크리에이션 시설, 장소의 공급능력
③ 경관의 잠재성	장래수요, 시설형태

위에서 ①의 경우 현재 피크닉 장소 300ha에 최대 수용능력은 3만명, 0.1ha당 3~10명으로 수용인원 제한.

②의 경우, 어느 지구의 관광객 집중도, 기존 도로를 통한 차량진입량의 파악과 그리고 관광지의 수용능력에 영향을 주지 않고 인적 최대 수용능력(human carrying capacity)과 생태적 최대 수용능력(ecological capacity)을 고려한다. 자연보호구역과 같은 외부 영향에 극히 민감한 곳으로는 내방자의 통과와 관광시설의 인접설치를 제한함으로써 환경파괴와 혼잡을 막을 수 있을 것이다.

그리고 공원 내의 각 구역마다 내방자 수와 이에 맞는 시설을 마련함으로써 수급의 균형을 기하여야 한다.

③의 경우, 특정구역을 제외하고는 수요가 공급을 초과할 수 없게끔 대비, 조정한다. 다른 지역 이외 인근지역 사람들의 관광지 방문이 증가하는 추세도 고려하여 늘어나는 수요에 대처해 나간다.

5) 관광개발의 특징

여기서 소개한 Carmel공원의 개발의 경우, 대체로 다음과 같은 특징을 볼 수 있다.

① 공원 내의 각 개발후보지마다 그 곳의 특성에 맞게 개발하고 합당한 수용시설을 설치한다.
② 자연보호 · 보존지구(nature reserve) 내에서 개발을 가급적 피하고 산림(forest) 내에 개발하는 것을 원칙으로 한다.
③ 관광개발은 공원의 경관(풍치)의 특성을 고려하여 레크리에이션 활동 수요와 조화를 유지한다.
④ 각 지역별 인적 · 생태적 수용능력을 면밀히 조사 · 분석하여 만족스러운 관광을 보장하도록 노력한다.
⑤ 경관지구 내에서는 이용자들에게 관광수요를 충족시키되 혼잡없는 관리를 기한다.
⑥ 공원의 근처 또는 멀리 대체적 관광지(alternative recreation area)를 설정함으로써 성수기의 인파를 분산시키도록 노력한다.

5 그린피아 삼목연금보양촌(三木年金保養村) (일본)

1) 배 경

산업사회의 발달, 고령화시대로의 돌입, 여가증대에 따라 노후여가 대책과 노인들의 건강관리 대책의 수립이 필요하게 되었다.

연금복지사업단이 건설한 삼목연금보양촌(神戶市 근처 三木市 소재)와 대소연금보양촌(大沼年金保養村)(函館市 소재)은 ① 후생연금보험 선원보험 및 국민연금을 받는 사람들에게 보람 있는 노후생활을 보낼 수 있는 장소를 마련해 주고, ② 피보험자와 그 가족의 건전하고 유익한 여가 활동의 기회를 제공하는 데 그 목적이 있다.

이용시설에 있어서도 양적으로 충족을 기하고, 여가활동의 개성화, 쾌적 분위기를 마련하기 위한 질적 충족도 동시에 달성하고 있다. 따라서 보양, 여가활동, 레크리에이션 시설 확보를 통한 종합적인 복지시설을 갖춘 것이다. 연금보양촌은 연금복지사업단의 위탁을 받아 재단법인 연금보양협회가 운영하고 있다.

2) 입지조건

삼림보양촌은 옛날 산양로와 고속도로 사이에 위치해 있고 신호역에서 북서쪽으로 20km되는 곳에 자리잡고 있다. 부지면적은 347ha이며 표고 120~200m의 낮은 언덕에 숲으로 둘러싸여 있고, 연중 강우량이 적고 온화한 날씨를 보인다. 이용자 유치권은 2시간대에 해당하는 인근 고베, 오사카, 교토, 오카야마, 돗토리 등의 도시들이 있고, 유치권역의 상주인구는 1,500만명 정도가 된다.

3) 시 설

교양문화, 보양, 건강, 레크리에이션 등 복합적 기능을 수행하고 있다. 또, 넓은 공간의 효율적 이용, 자연환경의 보전, 각 시설 간의 유기적 기능수행에 염두를 두고 있다. 3개 지역으로 나누어 중앙지구(안내, 상담, 세미나, 식사, 숙박, 관리 등의 시설구비), 스포츠지구(체육관, 풀장, 테니스 코트 등), 구기장(야구장, 그라운드)

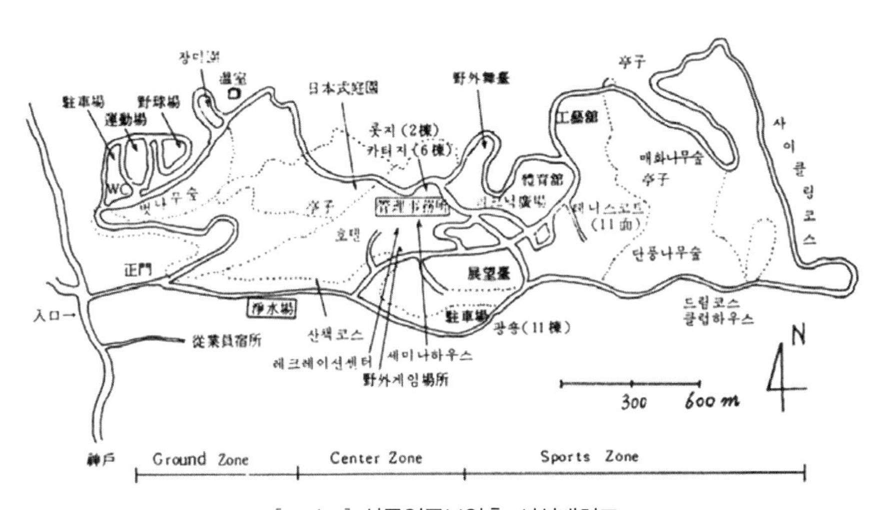

[그림 9] 삼목연금보양촌 시설배치도

〈표 4〉 보양촌 수용시설

구분	건 물	시 설 내 용
본관	본관(7,716㎡)	종합안내소, 다목적 홀(300인 수용), 집회실(200인 수용) 양식당(92석), 일식당(44석), 카페테리아(128석), 계차실(60석), 대욕실(사우나 포함), 식장, 매점
	호텔(7,692㎡)	1동(양실 50실, 화실 59실) 300명 수용
	팡숑(451㎡)	1동(2층), 10실, 28명 수용
숙박시설	롯지(807㎡)	2동(각3층) 22실, 57명 수용
	카티지 A형(861㎡)	2동 10명 수용
	키티지 B형(141㎡)	2동 14명 수용
	카티지 C형(100㎡)	2동 8명 수용
학습시설	세미나하우스(1,665㎡)	양식 1동(대교실 90명 수용, 소교실3실), 음악교실, 요리교실, 양재교실)
	세미나하우스(333㎡)	일본식 1동(차실, 화실)
	공예장(457㎡)	도예, 목공예, 금속공예, 칠보공예, 실습실, 옥외작업장, 준비실
	농예장(1,098㎡)	대온실, 보습실, 장미원
	야외무대(200㎡)	잔디도(반원형 사면) 10,000명 수용
원지	피크닉 광장	61,000㎡
	습생 식물원	휴게소, 창포원
	수목원지	고목 4,300그루, 저목 77,000그루 일본식 정원, 매화숲, 단풍나무숲, 벚나무, 가로수, 남(楠)나무가로수, 산책로(10km)
운동시설	체육관(3,641㎡)	1동(2층), 실내수영장, 연습실, 탈의실
	옥외 수영장	수면 17.63㎡, 유아용, 어린이용, 나선형, 미끄럼대(spiral stide), 탈의실, 테라스
	테니스코트	전천후형 코트 11면, 연습용 코트, 클럽하우스(195㎡)
	운동장(1,800㎡)	트랙, 클럽하우스(252㎡)
	배구코트	2면(테니스코트 겸용)
	야구장	1개소(12,000㎡)
	잔디구장	8,000㎡
	야외게임장	게이트볼장(2면), lawn ball(1면)
	사이클링코스	코스 4km, 사이클링센터(278㎡)
	드림코스	코스(1.5km 28포인트), 클럽하우스(207㎡), 휴게소, 탈의실
기타	부대시설	주차장(2개소), 1,800대 수용, 휴게소(2개소), 화장실(3개소), 버스정류장, 저수지, 오물처리장, 차고, 종업원숙소, 정수장

4) 개발계획의 특징

연금보양지는 회원의 건강, 여가, 레크리에이션을 동시에 추구할 수 있는 종합적인 관광지라고 할 수 있다. 연령 · 세대 차이를 가리지 않고 쾌적하고 조용한 휴양과 레크리에이션을 즐길 수 있다는 점에 큰 의의가 있다.

(1) 쾌적공간 확보

이용자에게 바람직한 쾌적성(amenity)을 보장하기 위하여 개발 당시에 지형, 지질, 식물군락, 자연녹지 등을 고려하여 휴양지로서의 분위기를 살리는 데 각별히 배려하였다.

적절한 개발밀도의 관점에서 이용자 수(잠재적 수요, 경제적 운용규모 감안)와 환경용량에 의한 수용능력을 고려했다. 이러한 근거하에서 연간 이곳을 찾아오는 사람은 1일 최대이용자(수용능력)를 9,000명(이중 숙박하는 사람은 460명), 1일 평균 입장자를 2,000명으로 각각 상정하였다.

(2) 누구나 어떠한 활동이라도 할 수 있는 시설확보

남녀노소에 관계없이 레크리에이션 활동, 자기계발적 · 창조적 여가활동, 심신 건강증진 활동을 한 곳에서 추구할 수 있는 기능을 갖추고 있다. 고령자들을 위해 도예, 농예, 그림 그리기, 게이트볼, 테니스 등 활동에 적극 참가하도록 세미나 하우스, 공예장, 농업장, 야외게임 장소를 마련하였다. 심신허약자를 위해 엘리베이터, 욕실, 화장실, 경사계단 등에도 세심한 배려를 하였다.

그리고 시설은 개인뿐만 아니라 그룹, 가족, 단체의 수요에도 효과적으로 대응할 수 있도록 다양하게 개발하고 있다. 이용자의 취향에 맞게 호텔, 펜션, 롯지, 커티지를 갖추었다.

(3) 지역사회와 조화유지

관광지의 개발규모가 크고, 또 이용자가 많으면 많을수록 지역사회에 미치는 영향이 커지게 되며, 한편으로는 지역주민이 저렴하고 우수한 시설을 항상 이용할 수 있는 이점을 구비해야 한다. 반면에 폐기물처리, 상 · 하수도의 정비도 필요하며, 상수도의 보조시설로서 저수지, 오수정화시설, 수세식 변소, 공해방지 시설을 구비해야 한다.

한편, 大沼(오오누마) 연금보양지(437ha)의 경우에 훌륭한 자연경관과 자연환경을 활용하여 숙박시설(캐빈, 텐트), 보건체육시설(사이클링, 게이트볼, 야구), 주차장, 취사장,

광장, 휴식소 등을 갖추었다. 이 보양소는 삼목보양소와 달리 숙박지구와 당일 관광지구로 나누어 시설을 구분하여 이용토록 하고 있다. 주말 여행자를 위해서 야영장(8ha)을 넓게 확보하였다.

6 폴리네시아 문화센터(미국 하와이)

하와이의 관광자원으로서 널리 알려진 폴리네시아 문화센터(The Polynesian Cultural Center)는 태평양군도의 생활풍속과 전통관습을 한곳에서 보여주고 전통문화유산을 전승, 보전하기 위하여 개발한 것이다. 개발주체는 종교재단인 말일성도교회(Church of Jesus of Latter-Days Saints)이며 비영리, 교육, 문화사업의 목적으로 운영되고 있다.

종교재단에서는 하와이를 포함하여 태평양지역의 도서의 전통적인 문화, 예술, 공예를 보전하고, Brigham Youg 대학교(하와이 분교)의 재학생들에게 부업(민속공연, 각종 프로그램 참가)을 제공하여 학업을 뒷받침하고 있다. 각종 행사의 대부분에 학생들이 참여하여 전통예술을 소개하고 실연하고 있다.

호놀루루 동북쪽으로 40마일 떨어진 이곳의 면적은 40에이커이며, 태평양 7개 도서(Tahiti, Tonga, Samoa, Fiji, Hawaii, Marquesas, Aotearao)의 전통적인 건축양식(가옥), 생활풍습, 복식, 음식, 토산물, 음악, 예술 등을 각 구역별로 나누어 관광객에게 전시하고 실연해 보이고 있다. 그리고 주요 시설로서는 대공연장(민속춤, 가요공연), 대식당, 쇼핑센터가 있으며, 중앙을 관통하는 운하가 있다.

도서별 전통 건축양식의 특징을 보면 다음과 같다.

1) Samoa형 건축

지붕이 높고 둥글며 빗물을 막기 위해서 지붕이 반구형이다. 건물은 벽이 없고 통풍이 잘 되도록 20개 정도의 기둥이 있다.

2) Fiji형 건축

건물은 장방형이고 습기와 태양열을 차단하기 위해 대나무 또는 갈대로 만든 얇은 벽을 만들고, 통풍환기를 위해 창문을 갖추고 있다. 지붕모양은 급경사로 되어 빗물이 잘 내려가도록 되어 있다.

3) Tahiti형 건축

Fiji형 건물과 비슷하나 규모가 적으며, 흙벽 위에 세워져 있다. 대나무로 만든 벽을 사용한 이 건물양식은 지붕경사가 완만하며, 출입구 이외에 창문은 없다.

4) Hawaii형 건축

흙벽 위에 장방형으로 된 초막형태의 건물양식으로 벽은 갈대를 이용, 출입구 이외에 창문이 없다.

5) Maori형 건축(Marquesas, Aotearoa)

오스트레일리아, 뉴질랜드의 주민들의 가옥형태이다. 지붕은 나무로 장식된 재목을 사용하고, 장방형으로 된 가옥이다. 완만한 지붕의 이 건축양식은 지붕 아랫부분은 지면에 가깝게 부착되어 있고 통풍창문이 있다. 폴리네시아 문화센터는 찾아오는 관광객을 위해 교통수단으로서 무궤도 운송차를 이용하고 있고, 관광객을 이동하고 각 구역을 둘러보는 관광코스(tram tour)가 있다. 주요한 관광프로그램으로서 다음과 같은 것이 있다.

① Voyages of the Pacific : 폴리네시아 문화센터 중앙부에 있는 운하를 이용하여 다채로운 전통복장을 한 공연자들이 배를 타고 통과하며, 선상공연은 없고 퍼레이드로서 진행한다. 매일 오후 2시 30분에서 4시 사이에 이루어진다.

② This is Polynesia 프로그램 : 150명의 공연자들은 태평양지역의 각종 무용, 쇼를 보여주며, 대극장에서 공연된다.

③ Aloha Festival : 오후 1시에 공연하는 뮤지컬 프로그램이다.

④ 훌라춤 교습 : 관광객에게 훌라춤을 가르치는 곳은 하와이 민속촌 구역이며, 관광객은 누구나 참여할 수 있다.

⑤ 민예품제작 실연 : 각 구역에다 도서지방 특유의 특산물을 만들어 보이고 있으며, 물건은 관광객에게 판매된다.

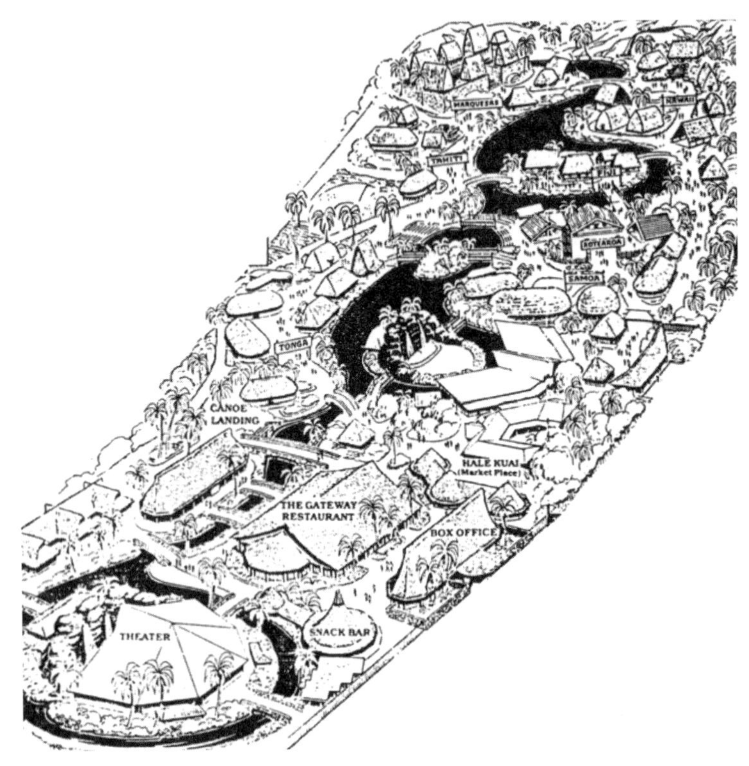

[그림 10] 폴리네시아 문화센터

7 쿠시로습원(釧路濕原)(일본)

1. 개요

- ○ 위치: 북해도 쿠시로시
- ○ 계획: http://www.kushiro.env.gr.jp/vision/vision_menu.html
- ○ 운영: 釧路濕原自然再生協議會

일본 북해도 동부지역 쿠시로(釧路) 강을 따라서 형성되어 있는 습원으로 26,861ha(남북 36㎞, 동서 25㎞)에 달하는 일본 최대의 습지로서 국립공원으로 지정되어 있는 곳이다. 쿠시로습원은 갈대숲과 오리나무숲을 비롯하여 야생 두루미와 도롱뇽 등 희귀 동식물이 있는 곳으로 1987년도에 국립공원으로 지정이 되면서 매년 탐방객이 꾸준히 증가하여 1994년에는 87만명이 방문하였으며, 최근에는 수학여행과 에코투어, 환경교육의 장소로 인기를 누리고 있다. 공원 내에는 방문객센터를 비롯하여 전시관, 전망시설 등을 갖추고 있다. 또한 쿠시로 강을 이용하여 카누, 낚시, 하이킹 등의 레포츠를 경험할 수 있어서 많은 사람들에게 즐거움과 휴식의 장소로 활용이 되고 있다.

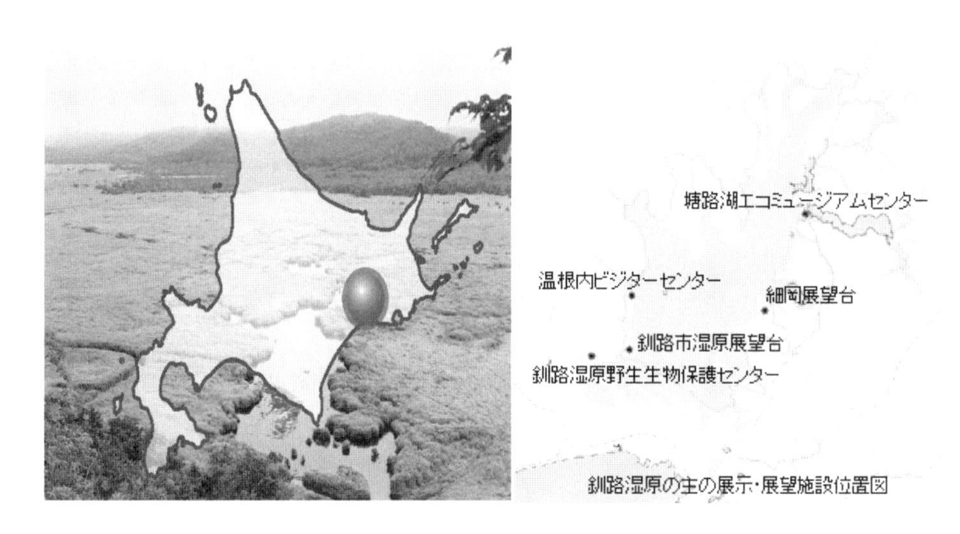

쿠시로의 위치 및 국립공원 내부의 시설 위치

2. 하드웨어 시설

① 풍치경관 허가기준

국립공원으로 지정이 되면서 자연공원법 시행규칙 제11조와 '자연공원법의 행위와 허가기준의 세부해석 및 운영방법에 관하여'에서 '風致景觀의 관리에 관한 사항'을 세부적으로 제시하고 있다. 즉 풍치경관 지역의 건축물, 도로, 안내물의 설치에 관한 사항을 살펴보면 다음과 같다.

〈표 5〉 풍치경관 지역의 하드웨어 시설에 관한 사항

구분	주 요 사 항
건축물	• 주된 이동로 및 전망대로부터 풍치경관의 보전에 유의하는 등, 부수적인 시설의 경우도 습원생태계에 미치는 영향을 적도로 함 • 디자인, 색상, 재료 등(채색은 갈색, 회색, 크림색, 자연 소재 색상으로 함)
도로	• 채색은 회색이나 진한 갈색, 대형 유도 안내물은 경관에 지장을 미치지 않는 곳에 위치시키고, 교통안전 확보를 위하여 최소한의 거리와 범위에 설치
안내물의 설치	• 공공단체(관광협회) 등이 이용정보 제공목적으로 설치하는 안내판 및 지명표시판 등의 공공 광고물은 사전 엄격하게 설치규정을 준수하고, 풍치경관 측면에서 지장이 없도록 배치함 • 색채는 흰색, 검은색, 갈색을 기본으로 하고 자연재료를 사용하며 주변 환경과 조화를 이루도록 디자인 함

② 도로

또한 보통지역에 관해서도 건축물의 채색을 통일하는 내용과 경관 보호를 위하여 노력하고 관계기관과의 긴밀한 협조를 실시할 것을 별도의 내용으로 설정하고 있다.

〈표 6〉 도로의 관리 방침

도로명	주 요 사 항
자동차	• 도로를 확장하거나 개량할 경우에는 야생 동·식물과 습원생태계의 보존을 고려하고, 도로주변과 주차시설 등의 미화와 청소를 추진함 • 부대시설은 자연환경과 경관을 고려하여 최소한의 규모와 구조로 설치함
도보	• 기존의 도로를 이용하거나 재정비를 실시할 경우에는 야생 동물과 습원생태계에 미치는 영향을 충분히 고려하여 최소한의 필요 규모와 구조로 실시함
자전거	• 자전거 이동로와 구조를 고려함에 있어서 야생동물의 서식지를 고려하면서 토사의 유출과 습원생태계와 조망 경관을 해치지 않도록 구상해야 함 • 부대시설은 해당지역의 자연환경, 경관 등을 감안하여 필요 최소한의 규모와 구조로 구성해야 함

③ 부대시설

주변지역, 박물·전시관, 야영장, 선착장, 자연재생 시설 등의 설치에 관하여 자연환경 피해를 최소화하기 위한 가이드라인을 제시하고 있다.

〈표 7〉 부대시설의 설치

구분	주 요 사 항
주변 지역	• 정비를 할 때 야생동물에 미칠 악영향에 유의하고, 배수 등이 습원생태계에의 악영향을 미치지 않도록 고려함은 물론 부대시설을 구상할 때, 지역의 자연환경과 경관을 고려하여 최소한의 규모와 구조로 실시함
박물/ 전시관	• 해당 국립공원 동쪽과 서쪽의 기존시설을 이용자 거점으로 활용하면서 필요한 시설의 확대를 추진할 경우에 해당지역의 자연환경, 경관 등을 고려하여 최소한의 규모와 구조로 설치함
야영장	• 야영장 및 숙박시설을 생태친화적인 형태로 마련하고, 유지관리와 정비는 주변의 자연생태계와 경관보전에 지장이 없도록 추진함 • 부대시설은 해당지역의 자연환경과 경관을 고려하여 최소한의 규모와 구조로 구성하고, 이용자의 안전을 확보하면서도 주변의 생태계에 미칠 영향을 최소화하도록 배수와 쓰레기 등의 처리를 고려함
선착장	• 호수 환경과 습원생태계에 미칠 영향을 최소화함과 동시에 부대시설은 해당지역의 자연환경, 경관 등을 감안하여 최소의 규모와 구조로 설치함
자연재생 시설	• 쿠시로습원의 자연재생을 위한 전체 구상과 세부 실시 계획에 따라서 정비를 실시함

④ 탐방로

습원의 야생생물을 소개하는 안내판이 있으며, 갈대, 중간습원(사초습원)과 고층습원(물이끼 습원), 오리 나무숲 등의 다양한 형태의 습원을 구경할 수가 있는데, 목조로 만든 이동로를 이용하여 1시간 정도 코스로 주변의 다양한 꽃들과 조류 등을 관찰할 수 있다.

나무 탐방로 외에도 오솔길 산책로 등을 조성하여 탐방객들에게 생태 친화적인 느낌을 안겨주도록 마련되어 있다.

3. 안내 시설

① 위치 표지판

습원 전망대의 주위 2.5㎞를 약 1시간 내에 탐방할 수 있도록 나무이동로가 설치되어 있으며, 7개의 광장과 위성 전망대로 구성되어 있고, 탐방객센터와 연결되어 있다. 이자나이 광장에서 위성 전망대까지 1㎞ 정도의 거리를 둘러볼 수 있도록 마련되어 있다.

② 설명 표지판

당로호의 북측에는 사루보전망대 및 사루룬 전망대가 있으며, 당로호와 4개의 늪(사루룬토, 폰토, 에오루토, 마쿤토)으로 구성되어 있어, 웅대한 습원과 호수 늪의 경관을 조망할 수 있다.

③ 야생조류 관찰시설

나무 이동로가 전망대와 야생 조류 관찰시설까지 연결되어 있어서 야생조류의 울음소리는 물론 호수와 습원의 광활한 느낌을 만끽할 수가 있다.

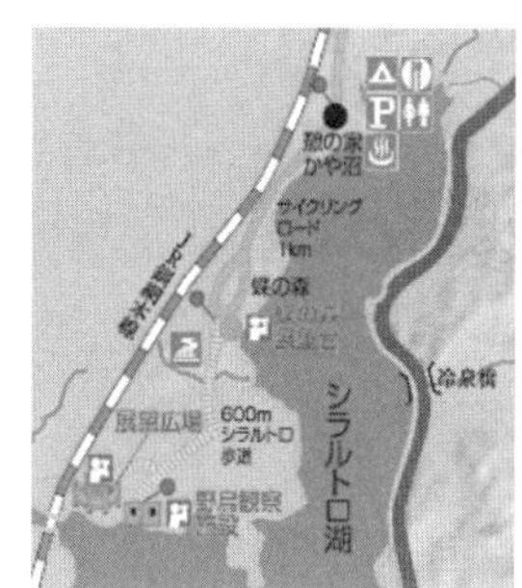

④ 경고 표지판

국가지정 '쿠시로습원 야생조수보호구역'으로 설정되어 있으며, 1979년 3월에 천연기념물지역 5,012ha가 조수보호 및 포획에 관한 법률에 근거하여 국가지정 야생조수 보호구역이 확대 설정되었는데, 이 중에서 3,833ha가 특별보호구역으로 지정되어 있으며, 1989년 4월에는 10,940ha(그 중 특별보호구역 6,490ha), 1998년에는 11,523ha(그 중, 특별보호구역 6,962ha)으로 확대 설정되었다. 현재는 조수보호 및 포획의 적정화에 관한 법률에 의해 국가지정 쿠시로습원 야수보호구역으로 설정되어 있어서 조수의 포획이 금지되어 있으면서 생태환경에 대한 보전이 이루어지고 있다.

4. 관람 시설

① 습원 전망대

쿠시로습원에는 '야치보우즈'를 모티브로 한 고풍스러운 서양식의 성(城)을 연상시키는 건물모양으로 1984년 1월에 개관하였는데, 내부에는 그래픽 패널에 의한 쿠시로습원의 성장과 습원의 동식물, 유적, 지형, 지질 등에 대해서 알기 쉽게 전시되어 있고, 전망층에서 습원의 사계절 변화를 관람할 수 있도록 꾸며져 있다.

② 온네나이 방문센터

쿠시로습원을 방문하는 사람들의 정보 스테이션으로 동식물의 관찰 및 연구 모임의 장소이며, 탐방센터에서 3.1㎞ 떨어진 곳에서 모래초류가 자라고 있는 저층습원에서 물이끼가 퇴적하여 고층습원으로 변해가는 모습을 관찰할 수가 있다. 여기저기에서 서식하고 있는 야생생물과 다람쥐 및 두루미 등을 관찰할 수가 있다.

③ 시라루토로 자연정보관

시라루토루호의 캠프장에 설치되어 있는 무인 전시시설로서 동식물의 실물을 입체표본으로 만들어서 전시하고 있으며, 쿠시로습원과 시라루토 호수의 생태계를 입체감을 느낄 수 있도록 소개하고 있다.

④ 토로호 에코뮤지엄센터

습원에서 자생하고 있는 오리나무를 형상화하여 건축한 건물로서 센터 내의 해설 패널에는 습원의 생명인 '물'을 테마로 설정하여, 다양한 모습과 형태로 습원을 여행하는 물과 쿠시로습원의 다양한 자연과 동식물의 모습 등을 소개하고 있다.

⑤ 쿠시로습원 야생생물 보호센터

탐방객을 위한 전시시설과 연구시설로 구분되어 있으며, 전시시설에는 북해도 동부의 줄무늬 부엉이와 두루미 등의 멸종위기 야생생물과 습지의 생태계와 보호에 관하여 디오라마 등으로 소개하고 있으며, 연구시설은 습원의 모니터링조사과 데이터 수집, 야생생물의 보호, 증식과 습원 보전의 기초인 야생생물의 식생에 관한 조사 등을 실시하고 있다.

⑥ 호소오카 전망대

쿠시로습원의 모든 곳에서 쉽게 접근할 수 있는 곳에 위치하고 있으며, 광활한 쿠시로습원의 관찰이 가능하고, 쿠시로습원을 가로지르는 쿠시로 강을 내려서 살펴볼 수가 있다.

⑦ 호소오카 방문객 라운지

호소오카 전망대 내부에 있으며, 가벼운 휴식이 가능하고, 습원 풍경과 화초 사진으로 습원을 소개하고 있는 곳으로 커피와 가벼운 식사가 가능하도록 마련되어 있다.

⑧ 이토우 두루미보호구역

두루미와 그 서식지를 보호할 목적으로 (재)일본야조의회 가 운영하는 시설로서 오랜 시간 두루미의 먹이를 담당했던 이토우씨의 이름을 건물 명칭으로 부르고 있는 곳으로 내부의 네이처센터에서는 두루미가 우는 소리와 행동에 관한 해설을 들을 수가 있도록 시설이 마련되어 있다.

⑨ 쯔루미다이

쯔루미다이(鶴見台)는 두루미에게 먹이를 주는 곳으로 10월부터 3월까지 아침과 오후 2시 30분에 2회 먹이를 주고 있다. 이곳은 1963년 쯔루미다이 부근의 초등학교에 겨울이 되면 두루미가 모여서, 학교의 선생님과 학생들이 먹이를 주기 시작하면서 유래가 된 것으로 1974년 초등학교가 폐교가 된 후, 인근에 사는 주민들이 계속해서 두루미에게 먹이를 주어 오늘에 이르고 있다.

5. 소프트 프로그램

① 조류 관찰

탐방객들은 나무 산책로를 걸으면서 주변의 조류와 습원을 관찰할 수가 있다.

② 열차체험

쿠시로역에서 토우역까지 운행하고 있는 노록호 탑승체험을 할 수가 있는데, 차창 밖으로 펼쳐지는 주변의 풍광을 감상하면서 쿠시로 강과 습원의 모습을 감상할 수가 있다.

③ 카누체험

두루미, 해오라기, 사슴, 여우 등 습원에서 서식하고 있는 동식물들에 대한 해설사의 설명을 들으면서 카누를 타고 약 1시간 30분 코스로 체험을 할 수가 있으며, 사전 예약에 의하여 실시되고 있다.

④ 자원봉사 체험

쿠시로탐방 자원봉사 모임 참가 및 쿠시로습원 가이드에 참가하여 수학여행 단체 및 개인을 대상으로 가이드를 경험할 수가 있으며, 쿠시로 탐조 지원활동에 참가할 수가 있다.

6. 기타 시설

① 達古武오토캠프장

호수 주변을 걸을 수 있도록 산책로와 達古武호수를 조망하는 유메가오카 전망대에서 산책과 사이클링, 카누체험, 빙어낚시 등을 할 수가 있다. 건물의 구성은 관리동 시설(5동), 간이 방갈로(10동), 텐트존(80동), 오토캠프존(25동), 바비큐 코너, 취사장, 식당, 매점, 화장실, 탈의실, 샤워, 자동판매기, 공중전화, 야간 조명, 다목적 광장, 장비 대여동 등이 마련되어 있다.

② 쯔루이(鶴居) 도산코목장

도산코라고 불리는 북해도 지역의 일본종(種) 말을 탈 수 있는 곳으로 10ha에 이르는 광활한 목장에서 승마와 숙박을 체험할 수가 있다. 센터하우스와 실내 연습장에서 '도산코'와 접할 수가 있으며, 트레킹 코스가 다양하게 마련되어 있어서 목장체험의 흥미를 더하게 한다.

8 리조트월드 센토사(싱가포르)

1. 개요

○ 위치 : 싱가포르 센토사섬
○ 홈페이지: http://www.rwsentosa.com/language/en-US/Homepage
○ 운영 : Resorts World Sentosa Pte Ltd
○ 소유 : Genting Group

Resorts World Sentosa (RWS)는 아시아 최고의 목적지인 싱가포르 센토사섬에 위치하고 있는 리조트로서 면적은 49ha이며, 유니버셜 스튜디오 테마파크, S.E.A. 아쿠아리움(세계 최대 규모), 어드벤처 유선형 워터파크, 돌고래 섬, 해양체험박물관, 스파, 카지노, 6성급 호텔, 컨벤션센터, 고급 레스토랑, 스페셜티 아울렛 매장 등을 갖추고 있으며, 세계적인 수준의 댄스 공연과 콘서트가 펼쳐지고 있다. 2011년 개관이래 5년 동안 아시아 최고의 “Best Integrated Resort”로 평가되고 있으며, 주요 시설을 살펴보면 다음과 같다.

① ATTRACTIONS

구분	세부 내용
유니버셜 스튜디오 싱가포르	• 3D 배틀, 쥬라기공원(쾌속체험), 세서미 스트리트 스파게티 스페이스 체이스, 7개 존(Hollywood, New York, SCI-Fi City, Ancien Egypt, Lost World, Far Far Away, Madagascar), 파크 엔터테인먼트(Hollywood Dream Parade, Lake Hollywood Spectacular)
S.E.A 아쿠아리움	• 바다(Karimata & Java, Malacca & Andaman, Bengal & Laccadive), 대양 여행, 오픈 대양, 홍해, 동아프리카해, 남중국해, Shark Seas
어드벤처 유선형 워터파크	• 탈거리, 유희시설, 식당가, 쇼핑가, 워터 슬라이드, 카바나 등이 있음 • 워터 슬라이드 : Wet Maze, Dueling Racer, Pipeline Plunge, Riptide Rocket, Spiral Washout, Splashworks, Tidal Twister, Whirlpool Washout, Ray Bay, Rainbow Reef, Adventure River, Big Bucket Treehouse, Bluwater Bay, Seahorse Hideaway • CABANAS
돌핀 아일랜드	• 어린이 돌고래 체험 기회 제공
트릭 아이 뮤지엄	• Please touch! Museum, Interactive! Museum, Trick Eye! Museum
K-live 센토사	• K-Pop 홀로그램 극장, K-live(Brand New Experience, Turn Your Dreams into Reality, Culturally Appealing)

어트랙션 멤버십	• 연간 입장권, 주니어 연간 입장권, 스타 멤버십, 시즌 입장권	
리조트 월드 센토사 전경		

② Hotels & Spa

구분	세부 내용
Hotels	• Beach Villas™, Crockfords Tower, Equarius Hotel™, Festive Hotel™, Genting Hotel Jurong, Hard Rock Hotel Singapore, Hotel Michael™, Ocean Suite, Treetop Loft™, ESPA
SPA	

③ Restaurants

구분	세부 내용
Restaurants	• Celebrity Chefs: CURATE, Feng Shui Inn, Forest森, Fratelli- Trattoria and Pizzeria, Joël Robuchon Restaurant, L'Atelier de Joël Robuchon • Asian Cuisine: Avenue Joffre, Happy 9, Malaysian Food Street, Prosperity Court, The Pair, Wing Choi • Western Cuisine: Chili's American Grill & Bar^, Fish & Co. Seafood Shack^, Hard Rock Cafe^, Tino's Pizza Café^ • Halal Cuisine: Malaysian Food Street-Kampung Nasi Lemak,Malaysian Food Street-Roti Canai & Nasi Briyani, BaliThai^, Fish & Co. Seafood Shack^, Krispy Kreme^, McDonald's^, PappaMia^, Streats Asian Café^ • Bars & Lounges - Casino Royale Bar™ - Crockfords™ Club - Equarius Lounge - Michael's Lounge - The Rock Bar - CJ's Bar at Quaich - RWS^ • Others - Rock to Go Deli - S.E.A.side Snacks™ - Starz Restaurant - The Bay Restaurant™ - BreadTalk^ - Cedele Bakery Café^

④ Meetings & Events

구분	세부 내용
Business Meetings & Conferences	• 10-15명에서 6,000명까지 수용할 수 있는 규모 • Venue - Equarius Hotel™ Banquet Rooms : 1,600㎡, 1,400명 - Function Rooms : 3,300㎡, 4,500명 - Resorts World Ballroom™ : 6,000㎡, 6,500명
Others	• Weddings & Solemnisation • Social Events • Birthday Party • Casino

9 제주도 관광지 지구별 기본계획[1)]

1. 목적

① 국제수준의 관광지로 개발

고도 산업화 사회에 있어, 생활수준 향상에 따라 급증하는 국민 관광 수요를 충족시키고, 나아가 '86아시안게임, '88올림픽 개최를 계기로 촉발될 2000년대의 국민관광수요에 대비한 국제수준의 관광지로 개발하는데 그 목적이 있다.

② 제주도 관광개발의 방향 선도

제주도의 천혜적 자원의 입지조건을 적극 활용하여, 기 개발된 지구를 재정비하고, 미개발 된 자연자원을 개발함으로써 보다 높은 수준의 관광지로서의 이미지를 부각시키고, 앞으로 본격화 될 제주도 관광개발의 방향을 선도하게 된다.

③ 자연의 최대한 보전과 문화자원의 보존

모든 관광자원은 자연의 최대한 보전과 문화자원의 보존이라는 원칙 하에서 적절한

1) 1983년 곽영훈 박사를 중심으로 사람과환경그룹에서 수행한 제주도 프로젝트는 국제자유지역 조성을 염두에 둔 "특정지역 제주도 종합개발계획"으로서 "관광개발론 - 이론과 실제" 학습교제의 소개에 적합한 부분은 제4권 관광개발계획 중 제3편의 관광지 지구별 기본계획입니다. 제주도내 관광자원을 평가한 결과 용연, 만장굴, 송당, 성판암, 돈네코, 강정, 1,100고지, 송악산, 차귀도, 협재 등 10개 지구를 선정하여 각 지구별 마스터플랜을 수립한 것입니다. 1983년 수립된 "특정지역 제주도 종합개발계획"은 오늘날 제주도 국제자유도시 개발의 기본바탕이 되었다고 하겠습니다. 곽영훈 박사와 사람과환경그룹은 1980년에 제주도를 ① 세계와 개방적으로 교류하는 섬으로서 국제자유도시계획, ② 환경친화적 사계절형 휴양지로서 관광종합계획, ③ 섬 전체가 골고루 잘사는 체계적 지역개발계획 등 3대 핵심 연구과제의 필요성을 제시하였고, 당시 청와대 김재익 경제수석께서는 그 필요성을 공감하시여 "특정지역 제주도 종합개발계획" 수립을 국가적 연구과제로 채택하였고 1981년부터 1983년까지 국토개발연구원 함께 수행하게 되었습니다. 사람과환경그룹에서는 그 후 1993년 UNDP의 두만강지역개발사업(TRADP) 연구프로젝트를 수행하였으며, 그 후속 연구과제로 "환경친화적 백두산관광종합계획"을 제시하여 1998년에 수행하게 되었습니다. 한반도의 남북 양쪽 끝 백두산과 한라산 두 곳의 관광개발 프로젝트 소개는 큰 의미가 있다고 하겠습니다. 한반도 지도를 펼쳐놓고 백두대간 녹지축을 해역을 포함하여 제주도 한라산까지 연결토록 하는 생각을 갖고 있기 때문입니다. 이하의 내용은 "(주)환경그룹(1983.12). 제주도 관광지 지구별 기본계획: 특정지역 제주도 종합개발계획 제4권 관광개발계획 제3편 XV. 지구별 기본계획"에서 ㈜환경그룹의 김휘영 부사장의 도움에 의하여 발췌한 것임을 밝히고자 합니다.

조정과 통제 및 지원시설을 가함으로써 가장 바람직한 계획이 수립되도록 한다.

2. 개발의 기본전략

1) 관광객 유치전략

① 자원의 개발

- 기존의 관광자원을 정비 확충하는 한편 주요경관요소, 전통 민속유산을 새로운 관광자원으로 적극 개발하여 다양한 관광활동을 유치토록 한다.
- 개인적 경험, 체재(체류) 시간 등에 따라 상이한 관광객의 행태와 취향에 부응하여 복합적 관광 루트를 개발하고, 기능별·활동별·자원별 연계에 따른 연속성을 부여한다.

② 홍보 및 마케팅

- 제주지역의 독자적 홍보능력을 갖추기 위한 새로운 기구를 조직하고, 홍보대상 가구별로 적절한 상품을 개발하여 집중적 홍보활동을 전개한다.
- 세계 관광성향을 고려한 종합상품과 파급효과가 큰 컨벤션 투어, 인센티브 투어 등의 특수상품을 개발한다.

③ 서비스 및 운영체계 개선

- 관광산업에 관련하는 모든 종사자의 교육 훈련을 의무화하여 전문 인력을 양성, 확보함으로써 국제관광객에게 수준 높은 서비스를 제공한다.
- 국제관광객의 입국시부터 출국시까지의 호텔, 각종 관광시설 이용, 예약 등 모든 활동을 연속화시킬 수 있는 관광운영체계를 확립하여 편리하고 안락한 관광분위기를 조성한다.

2) 개발촉진전략

① 외국인 투자에 대한 문호개방

대규모 사업을 위해 외국자본의 선별적 도입을 허용하고, 투자여건을 개선하며, 극히 제한된 지역의 소규모 토지에 한하여 외국인이 소유 또는 장기채대할 수 있는 방안을 강구한다.

② 정부의 정책적 지원

개발을 촉진시킬 필요가 있는 선도 사업에 대해서는 각종 행정지원은 물론 세제혜택도 고려하며, 특히 기존의 복잡한 행정절차의 간소화 방안을 강구하여 편의를 도모한다.

③ 지역자본의 투자 유도

지역의 영세 자본을 규합하여 개발 사업에 참여할 수 있도록 유도하며, 이를 위해 정부는 전문기술 및 행정편의를 제공한다.

3) 자원의 보전 전략

① 관광기반시설의 집중적 개발

- 숙박시설, 위락시설 등의 기반시설은 이미 개발되어 있는 도시 주변에 집중적으로 배치함으로써 개발이 전역으로 확산되는 것을 피하고 다른 지역의 자연경관이 보존되도록 한다.
- 개별 관광지에는 필수적인 소규모 판매시설, 휴식시설만 갖추도록 하고, 숙박·위락 등 관광지 특성과 관련 없는 시설 개발을 억제한다.

② 관광지별 수용능력을 고려한 루트 계획

- 관광지별 적정수용 인구를 판단하여 과다한 이용으로 환경파괴의 위험이 있는 곳은 관광객의 진입 의욕을 감소시키는 운영정책을 마련한다.
- 특정 지역 한두 곳에 너무 많은 관광객들이 집중되지 않도록 잠재력 있는 관광자원을 발굴 개발하고, 이들을 관광루트와 연결하여 관광객의 분산을 유도한다.

③ 경관보전에 대한 법적 규제

- 해안, 산림, 구릉지 등의 우수한 자연경관을 보전할 수 있는 개발 규제 방안을 마련하되, 돌담, 초가, 무덤, 유채밭 등 인문경관을 보호하고 회복하기 위한 제도적 지원방안도 아울러 마련한다.

3. 개발 관광지의 선정

1) 체류형 관광지

① 선정 기준

- 전문화되고 특수한 관광활동을 유치할 수 있는 다양한 활동가능자원을 보유하여야 한다.
- 숙박시설과 더불어 레크리에이션, 스포츠, 레저 등 휴식시설이 필요하기 때문에, 인력 및 관련 산업의 지원을 받기 위한 넓은 가용면적과 배후지를 필요로 한다.
- 주변의 관광자원과 연계관광을 할 수 있도록 접근성이 좋아야 하므로 자원의 밀집지역일수록 좋다.
- 투자의 지역경제에 미치는 파급효과를 감안하여 기존 관광거점 지역과의 지역적 균형을 고려하여야 한다.

② 관광단지의 선정

③ 성산포지역

제주도의 해안경관을 대표하는 일출봉을 비롯하여 신양해수욕장, 오조리만, 식산봉 등 다양한 자원이 밀집되어있으며, 영주 10경 중 제 1경인 해돋이 광경을 감상할 수 있는 지역으로 숙박시설이 필요한 곳이다. 또한 해안과 조수를 이용하여 다양한 수변스포츠 활동이 가능하고, 수산리, 고성리 등의 배후도시가 있으며, 넓은 가용면적을 보유하고 있다. 기존의 관광지로 이용되고 있어 항만 등의 기반시설 면에서 유리하며, 기존 관광거점 지역인 제주시와 서귀포시의 중앙에 위치하고 있어, 동부지역의 관광거점으로서의 역할을 담당할 수 있다.

④ 중문지역

현재 개발되고 있는 관광단지로서, 천제연폭포, 중문해수욕장 등의 자원이 분포되어 있으며, 해안을 이용한 여러 가지 해양스포츠 활동이 가능하다. 주변에는 산방산, 안덕계곡, 조선달이 등의 자원이 밀집되어 있으며, 용수, 전력 등의 기반시설이 완비되어 있다.

⑤ 민속지구

제주도의 민속자원을 보전 전승하여 제주주민의 문화적 긍지를 높이고 민속문화의 활성화를 도모하며, 외국인들에 대하여 한국과 제주도의 이미지를 제고시킬 수 있다는 점에서, 내국인들에게는 제주 특유의 민속문화, 타 지방의 민속과 아시아 각국의 민속을 비교할 수 있는 기회를 제공할 수 있는 점에서 전략적 개발이 필요하다, 민속단지의 입지는 전통적 촌락의 형태가 가장 잘 보전되고 비교적 관광기반이 갖추어진 성읍지역과, 민속어촌으로서 경관이 좋고 인근에 해수욕장을 보유하고 있는 표선지역으로 이원화하여 산촌민속과 어촌민속을 제공한다.

2) 경유형 관광지

① 선정 기준

경유형 관광지의 개발은 관광자원을 보전한다는 측면에서 또한 관광객을 위한 편익시설이 마련되어야 한다는 점에서 관광객의 이용률과 가장 밀접한 관계가 있으며, 다양한 관광자원을 관광객들에게 보여주어야 하므로 자원의 유형별 분포도 고려되어야 한다.

경유형 관광자원의 선정기준은 아래와 같다.

첫째, 현재 적극적으로 이용되고 있는 자원

둘째, 현재는 이용되고 있지 않으나 장래에 이용될 수 있는 잠재력을 가진 자원

셋째, 자원의 성격과 위치로 보아 개발이 필요한 자원

② 개발관광지의 선정

일차적으로 30% 이상의 이용률을 보이는 26개 관광자원 중 관광단지로 개발되는 일출봉, 성읍, 중문단지를 제외한 23개 관광지를 선정한다.

25%~30% 이용률을 보이는 8개 관광자원 중 거린사슴은 토지 소유가 개인이고 이미 개발계획을 가지고 있으므로 본 계획에서는 제외하며, 25%이하의 이용률을 보이는 관광자원 중에서 이미 적극적으로 이용되고 있는 성판악, 관음사, 어리목 등 한라산국립공원 내의 집단시설 지구는 개발을 추진하며, 제주시의 중심에 자리잡고 상징적인 건물인 관덕정은 개발에 포함시켜 총 34개 관광자원을 개발한다.

③ 단계별 개발

개발의 우선순위는 일반적으로 한계생산성이나 개발의 효과 분석을 통하여 결정되나, 재주도 관광자원의 개발은 관광지의 지역별, 유형별 균형으로 쾌적한 관광환경을 조성하고, 장래 관광객의 관광행태 변화에 대처하며, 관광지별 적정 수용인원을 고려한다는 전제하에 다음과 같이 단계별 개발기준을 설정한다.

- 제1단계 : 현재 개발이 진행 중에 있거나, 관광지의 이용에 큰 문제점을 안고 있어 조속한 정비가 필요한 관광지, 소규모의 투자로 많은 효과가 예상되는 현재의 이용관광지(용연지구, 사라봉, 천제연폭포, 정방폭포, 삼성혈, 목석원, 항파두리, 관덕정, 영실, 성판악, 관음사, 1,100고지, 산굼부리)
- 제2단계 : 현재 이용되는 관광지중 정비가 필요한 관광지, 본 계획의 목표와 전략을 달성할 수 있도록 선발적으로 개발되어야 하는 관광지(산방산, 삼매봉, 차귀도지구, 남원해안, 예촌망, 만장굴, 협재굴, 비자림, 산천단, 어리목, 안덕계곡, 강정지구, 돈네코, 송당지구)
- 제3단계 : 기타 관광지로 대규모의 투자가 요구되는 신규개발 관광지(송악산, 월대, 월평해안, 빌레못굴, 엉또, 동백동산, 금산공원)

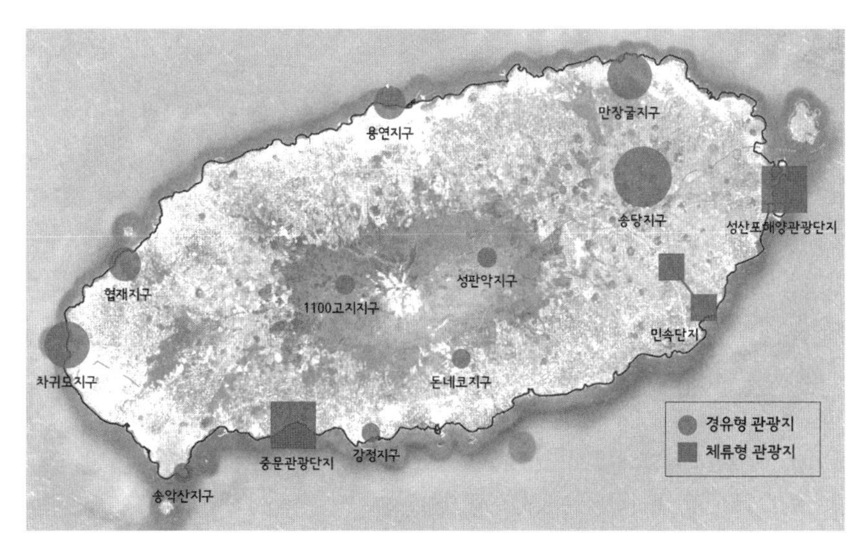

〈제주도 주요 경유형 및 체류형 관광지 위치도〉

3. 지구별 개발계획

① 용연지구

위 치	• 제주시 용담동, 제주시내에서 북서쪽으로 약 3km 지점
규 모	• 92,000m^2
계획의 성격	• 자연경관 관망을 위주로 한 해안관광지 • 지역 주민의 휴양, 위락공간 • 제주관광의 시·종점
개발의 기본 방향	• 자연자원의 보전 및 주변 자원과의 연계 도모 • 해변 미관지구 설정 • 공원구역 내 기존 취락지의 이전
자원 유형	• 해안기암+소연
이용 대상	• 제주 시민, 국내·외 관광객
지구 성격	• 도시공원적 성격 • 야간관광지
개발상 문제점	• 기존 취락지 철거시 민원 야기 우려 • 지질상 수목식재 어려움
잠재력	• 기존 관광지로서의 유명도 • 배후지(제주시) 양호 • 현 제주도 내 야간관광지 전무
주요 도입 시설	• Visitor Center • 해산물 판매장
주요 사업	• 야외공연장 설치 • Visitor Center 설치

龍淵地區 基本設計図

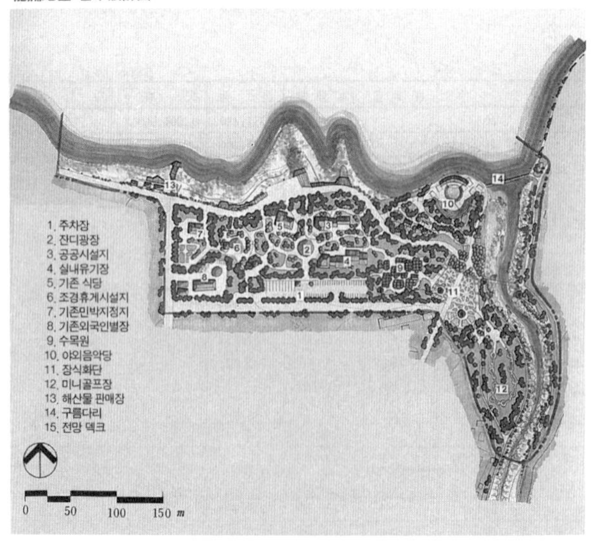

② 만장굴지구

위 치	• 북제주군 동김녕리, 월정리, 덕천리 일대 • 제주시에서 약 30km 지점
규 모	• 1,994,000m^2
계획의 성격	• 동굴관광의 대표적 명소로 개발 • 관람, 교화 및 휴식의 기능
개발의 기본 방향	• 자연자원의 보호 • 동굴자체의 잠재력 발휘 • 관광측면에서의 시설 보완
자원 유형	• 동굴
이용 대상	• 국내관광객, 외국관광객, 지역 주민
지구 성격	• 동굴중심의 교화·휴식
개발상 문제점	• 사굴과 만장굴의 거리가 멀어 기능상 연계 어려움 • 개발에 의한 관광객 집중으로 동굴훼손 우려
잠재력	• 기존관광지로서의 유명도 • 청소년들에 교육적 효과
주요 도입 시설	• 동굴박물관 • 전동차시설
주요 사업	• 동굴박물관 설치

基本設計図

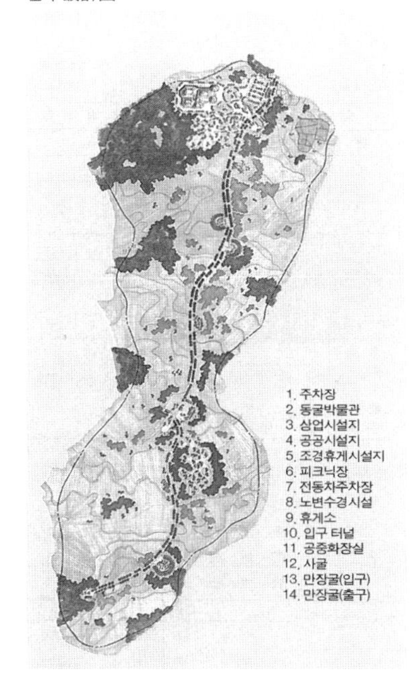

③ 송당지구

위 치	• 북제주군 구좌읍 송당리 일대, 만장굴과는 약 8km거리
규 모	• 11,520,000m^2
계획의 성격	• 자연경관의 관망을 위주로 한 관광지로 개발 • 동부 중산간시역의 핵심적 관광지
개발의 기본 방향	• 제주 자연경관의 자원화 • 마차로, 승마로 등의 순회 관망 코스 개발 • 대규모 사파리 개발 • 구릉과 야생초지의 보전
자원 유형	• 오름군+분화구+광활한 초지
이용 대상	• 국내관광객(단체, 개인) • 외국관광객
지구 성격	• 승마 및 마차를 이용한 자연경관 관망
개발상 문제점	• 부지 전체가 사유지로 개발시 충돌 우려 • 부지 중앙으로 축산도로가 관통해 시설 이용상 연계곤란
잠재력	• 지형상 동양 유수의 승마지로 개발 가능 • 외국관광객의 유치 가능
주요 도입 시설	• 마차로 및 승마로 • 방목지·활터
주요 사업	• 마차로 및 승마로 개설

松堂地區 基本設計圖

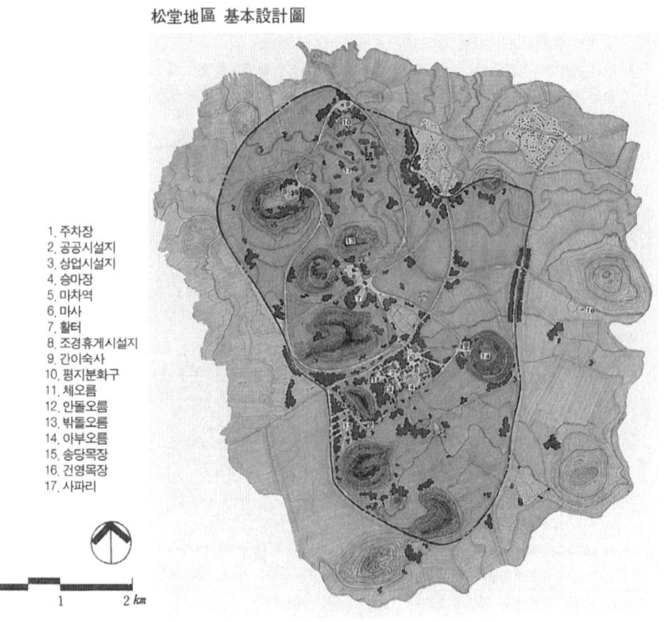

④ 성판악지구

위 치	• 5.16 횡단도로의 중간지점, 최정상부인 해발 750m 지점
규 모	• 7,000m^2
계획의 성격	• 제1 횡단 도로상의 휴게소 • 한라산 국립공원의 입구
개발의 기본 방향	• 한라산의 이미지 부각 • 관광객을 위한 휴게공간 마련
자원 유형	• 고원
이용 대상	• 국내관광객(단체) • 외국관광객
지구 성격	• 5.16도로변 휴게소로서의 역할
개발상 문제점	• 민간소유로 개발시 충돌 우려
잠재력	• 5.16도로 유일의 휴게소 • 부지규모에 비해 경유관광객 과다 • 한라산의 주요 하산코스에 속함
주요 도입 시설	• 상징광장(분수) • 한라산 관리소
주요 사업	• 분수 설치

城板岳地區 基本設計図

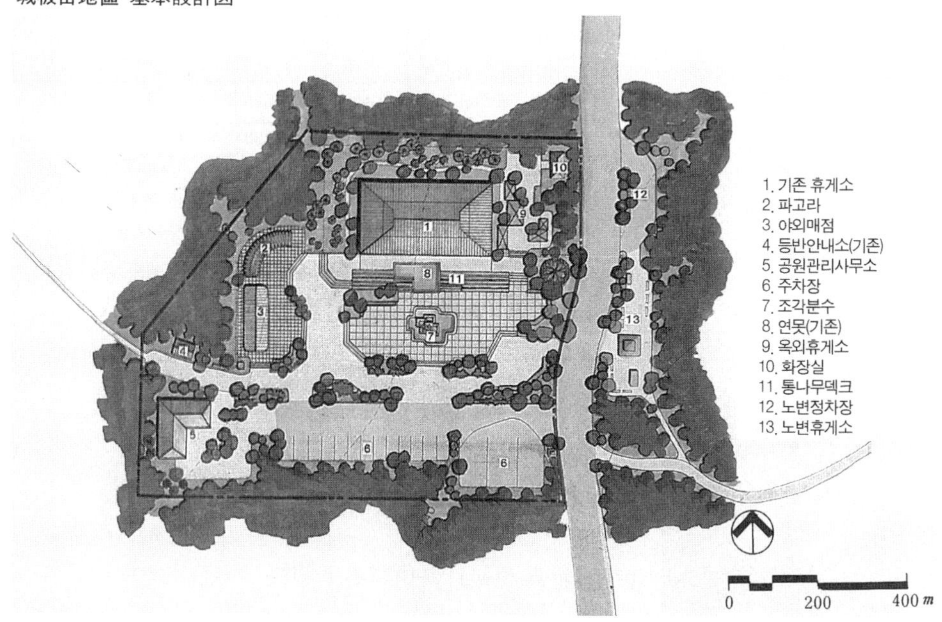

⑤ 돈네코지구

위 치	• 서귀포시 토평동, 서귀포시내에서 북동쪽으로 약 6km지점
규 모	• 110,000m^2
계획의 성격	• 하계형 관광지 • 지역주민의 휴식·휴양을 위한 유원지
개발의 기본 방향	• 계곡 및 천연수림의 보존 • 청소년 야영장과의 연계이용 고려
자원 유형	• 계곡+수림
이용 대상	• 서귀포시민(가족) • 청소년 단체
지구 성격	• 서귀포 시민 위한 유원지적 성격 • 하계 휴양지
개발상 문제점	• 5.16도로로부터 떨어져 있어 교통 불편 • 상점부근 기존취락 철거시 민원야기 우려
잠재력	• 천연수림 및 원시상태의 계곡이 하계휴양지로 바람직
주요 도입 시설	• 수변 DECK • 피크닉장 • 놀이터
주요 사업	• 수변 DECK 설치

돈네코地區 基本設計圖

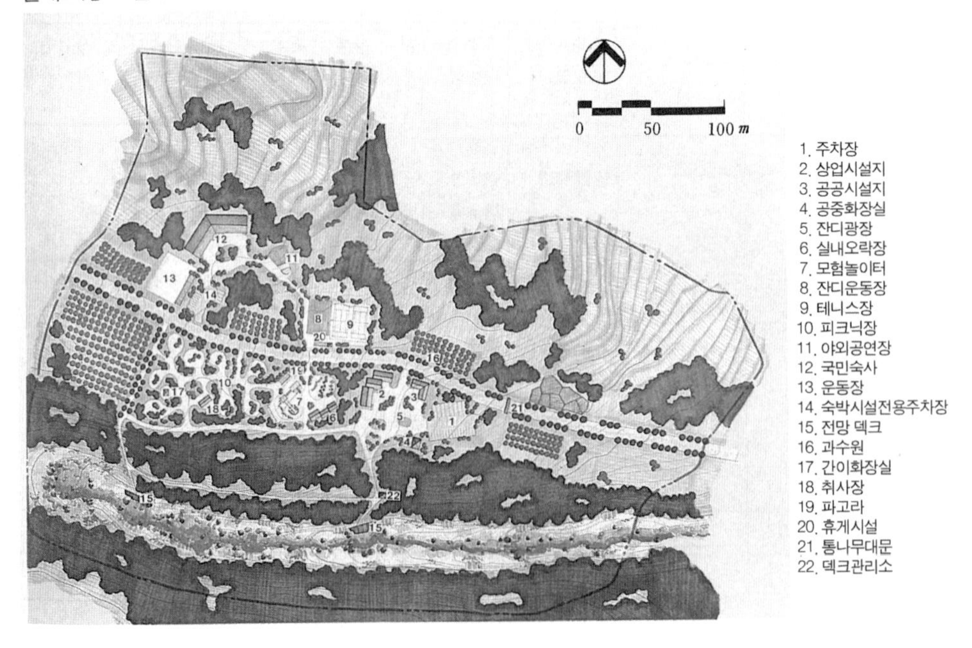

⑥ 강정지구

위 치	• 서귀포시 강정동, 서귀포 시내와 중문단지의 중간지점 • 서귀포시와 약 7km 거리
규 모	• 97,000m^2
계획의 성격	• 정적 경관 감상지 • 지역주민을 위한 휴식처
개발의 기본 방향	• 주요시설물 집중적 배치 • 자연녹지 및 휴게공간의 면적 최대한 확보 • 해변 낚시터 정비 및 활성화
자원 유형	• 하천+바다
이용 대상	• 국내관광객 • 외국관광객
지구 성격	• 자연관망(바다와 하천)을 위추로 한 관광지
개발상 문제점	• 해안일주도로로부터 분지한 협소한 도로로 관광객 집중시 혼잡 우려
잠재력	• 입지조건 유리(서귀포와 중문의 중간지점) • 하천과 바다가 만나는 지점으로 낚시터로서의 호조건
주요 도입 시설	• 휴게 카페 • 전망 DECK
주요 사업	• 휴게 카페 설치

工汀地區 基本設計圖

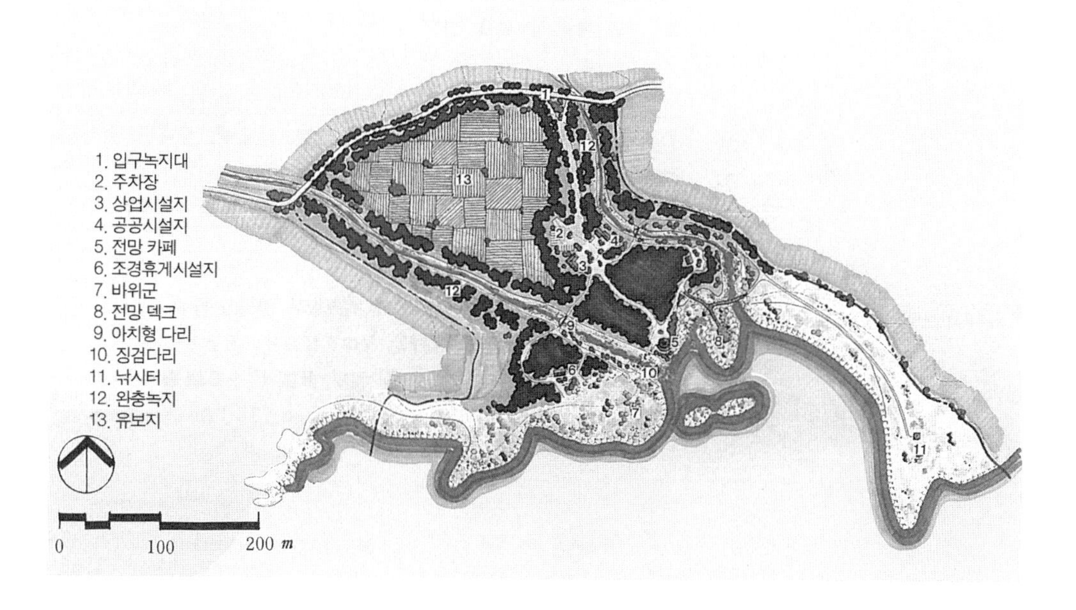

⑦ 1,100고지 지구

위 치	• 제2횡단도로의 중간, 해발 1100m 지점
규 모	• 83,000m^2
계획의 성격	• 국도의 최고지점의 휴게소 • 고원 휴식처
개발의 기본 방향	• 자연자원의 보존 • 최소한의 휴식·편익시설 유치
자원 유형	• 고원
이용 대상	• 신혼부부 • 국내 관광객 • 외국 관광객
지구 성격	• 국내 최고도로로서의 이미지 제고 • 정원적 경관 산책
개발상 문제점	• 개발시 제주도 내 희귀한 습지 자원의 파손 우려
잠재력	• 천연수림 및 원시상태의 계곡이 하계휴양지로 바람직
주요 도입 시설	• 산책 DECK • 상징관광
주요 사업	• 산책 DECK 설치

1, 100高地 基本設計圖

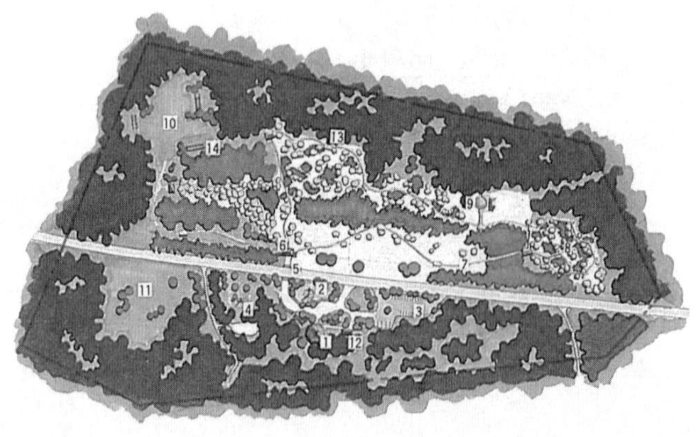

⑧ 송악산지구

위 치	• 남제주군 대정읍, 서귀포시에서 서쪽으로 약 35km 지점
규 모	• 623,000m^2
계획의 성격	• 대규모 노인휴양단지 • 지역균형발전의 요충지
개발의 기본 방향	• 노인 휴양시설은 장기간 체류하는 것을 원칙으로 계획 • 해변은 일반관광객을 위한공간으로 계획, 산책코스 설정
자원 유형	• 해안경관지+오름군
이용 대상	• 외국 노인 • 국내 관광객(가족) • 일반 관광객
지구 성격	• 대규모 노인 휴양단지 • 일반관광객에겐 해안경관 개발
개발상 문제점	• 외자도입시 어려움 • 입지조건상 타 관광지와의 연계 곤란
잠재력	• 특수시설(노인 휴양시설) 도입시 외자유치 가능 • 인접한 화순 지역이 자유항이 됨에 따라 보다 많은 외국인 유치 가능
주요 도입 시설	• 노인 휴양시설 • 콘도, 별장 • 선착장
주요 사업	• 노인 휴양시설 조성

松岳山 地區 基本設計図

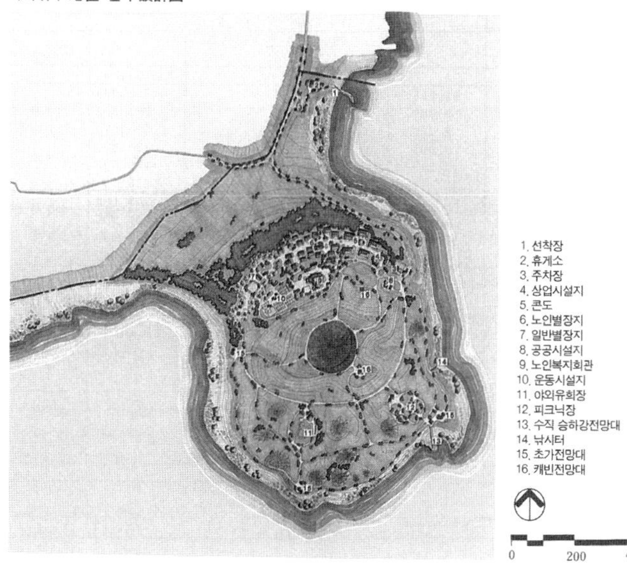

⑨ 차귀도지구

위 치	• 북제주군 한경면 고산리 일대
규 모	• 1,585,000m^2
계획의 성격	• 서회관광의 요충지 • 하계 수상활동과 낚시를 위한 체류형 관광지
개발의 기본 방향	• 경관보전 중심의 개발 • 산재된 관광자원의 연결
자원 유형	• 섬+해안경관지
이용 대상	• 내국인(낚싯꾼) • 외국 관광객
지구 성격	• 해안경관 관광 위주 관광지(전설과 관련한 루트 설정)
개발상 문제점	• 중심시설 설치를 위한 농경지 잠심으로 민원 야기 • 수월봉, 절부암 직접 연결시 지형상 난점 내포
잠재력	• 선착장 설치시 보다 많은 관광객 유치 가능 • 전설과 관련한 관광지로 개발 가능
주요 도입 시설	• 선착장 • 해안변 산책로 • 누각(전설 재현)
주요 사업	• 해안변 산책로 개설

遮歸島地區 基本設計図

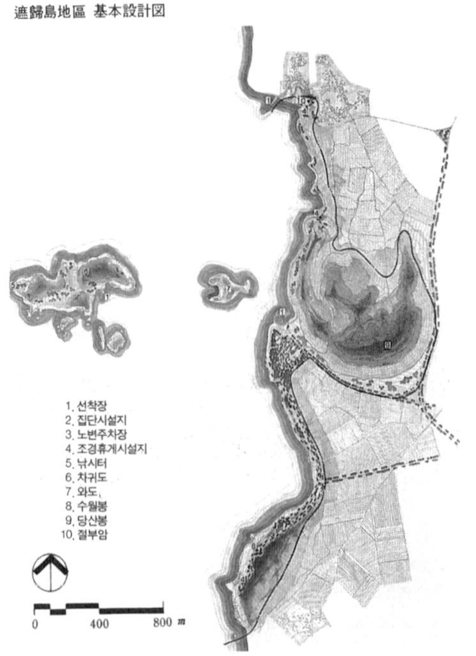

⑩ 협재지구

위 치	• 북제주군 한림읍 협재리, 도로 바깥쪽은 해수욕장, 안쪽에는 협재굴, 쌍용굴, 황금굴 등이 입지
규 모	• 476,000m^2
계획의 성격	• 협재굴과의 연계로 위락, 교육, 휴식의 종합적 기능 • 북서부의 중추 관광지
개발의 기본 방향	• 종합관광지의 여건 조성 • 해수욕장의 확대
자원 유형	• 해수욕장+동굴
이용 대상	• 국내관광객(단체), 외국 관광객, 지역 주민
지구 성격	• 해수욕장과 동굴의 연계이용으로 제주도 서부관광지의 중추적 역할 부여
개발상 문제점	• 기존취락 철거시 민원 야기 우려 • 지구내 일주도로 관통으로 동굴과 해수욕장 연계 곤란 • 기존 수립된 협재공원 계획 변경시 민원 야기 우려 • 사장면적 협소
잠재력	• 동굴, 해수욕장 등 서로 다른 성격의 자원 동시이용 가능 • 기존 계획으로 타 관광지에 비해 기반시설 양호
주요 도입 시설	• 열대식물원 • 야외위락시설(롤러스케이트, 야외 볼링장)
주요 사업	• 해수욕장 면적 확충을 위한 암반제거작업 • 야외 위락시설물 조성

挾才地區 基本設計圖

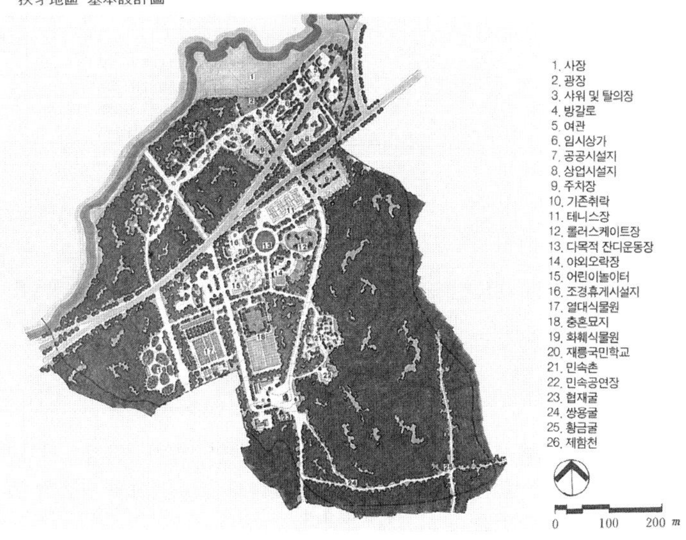

10 백두산 관광개발 계획(중국)[2)]

1. 계획의 철학 및 기본구상 컨셉

1) 계획 철학

(1) 거시적인 과제

21세기 급변하는 국제화 변화에 부응하면서 21세기 신(新) 기술, 신 사회, 신 경제와 조화있게 계획을 수립하여 외국자본의 투자유치와 관광객 유치를 위하여 현안 문제에 대한 극복과 해결이 요구된다.

① 충돌 및 분쟁의 지속적인 증가
개방화, 세계화로 서로 다른 문화와 관습, 종교, 성별, 인종 등으로 인한 충돌 및 분쟁이 지속적으로 증가

② 급속한 경제성장의 영향
급속히 변화하는 문명과 빠른 경제성장으로 지역 고유의 생활양식과 관습이 깨어지고 동질화로 인해 개별 지역의 고유한 사회구조에 대한 보존 등에 반하는 현상으로 평가

③ 첨단정보통신기술의 영향으로 인적접촉과 교류의 감소
첨단정보통신기술(ICT), 서비스 산업의 발달로 가상현실에 대한 의존성이 점진적으로 증가함에 따라 인간성의 소외 및 자발적 격리로 인해 "Nervice (Nervousness + Service)"를 초래하게 되고, 인적인 접촉과 교류의 감소는 물론 대화의 단절이 발생

④ 인구증가로 유한 자원의 고갈
전 지구적으로 인구가 지속적인 증가하게 되면서 유한 자원에 대한 소비로 인해 현존하는 자원에 대한 고갈을 초래(Magnitude)

2) 이하 pp.408~443의 내용은 (現)주식회사 환경그룹이 1999년도에 수행한 "환경보진차원의 백두산/장백산 관광자원개발 타당성조사 및 개발계획 구성" 내용(pp.133~266)을 요약 · 발췌한 것으로서, 해당 기업으로부터 사용이 허락된 것임을 밝히고자 합니다.

(2) 지구촌 문명시대의 도래

미래에는 자연적 환경과 인공적 환경이 서로 조화와 균형을 이루는 새로운 문명의 시대를 맞이하게 될 것이기에 서시적인 과제를 슬기롭게 극복하기 위해서는 이를 고려한 계획적인 접근방법이 요구될 것이다.

① 지구적인 거점으로 개발
두만강과 백두산 지역은 지정학적인 측면과 역사적 의미측면에서 그 중요성이 높은 곳인 만큼 지구적인 거점(Glocal : global + local)으로 개발 될 필요

② 문화적, 정신적인 가치를 추구하는 공간으로 개발
연변지역의 문화적인 의미를 살리면서 원시적인 자연을 만끽할 수 있도록 육체적, 정신적인 평온을 안겨주어 건전한 삶을 영위하도록 새로운 기회를 제공

③ 환경친화적인 개발
원시적인 자연을 고려하여 환경친화적으로 개발이 되어야 하며, 개발 대상지 및 주변지역의 경우도 이러한 원칙이 적용되어 지속가능한 개발이 실시되어 환경과의 조화를 이루도록 개발

④ 국제평화에 기여하는 개발
백두산은 평화를 상징하는 곳으로 리조트 개발은 세계평화를 추구하는 새로운 곳으로서 다국적 시민들이 서로 존중하면서 놀고 즐길 수 있는 장소로 변화하여 범사회적·문화적인 장소로 조성

2) 기본구상 컨셉

(1) 개발방향

① 사계절 관광지 조성
두만강과 백두산지역은 긴 겨울이 개발의 제약요소로 작용할 수 있으나 접근성을 개선하게 된다면 겨울관광을 가능하게 하여 사계절 관광지로 중점 추진

② 자연적·문화적 자원의 조화
기존의 생물자원의 다양성 보전 및 지역주민의 문화적 관습과 조화를 이룰 수 있도록 관광지를 개발하고 지역특산품을 활용한 관광상품 개발로 낙후된 지역의 소득창출에 기여

③ 미래수요에 부응한 관광상품 개발

환경적인 피해가 심하지 않도록 대규모의 획일적인 개발방식보다는 미래의 관광수요에 부응하는 생태관광, 청소년 교육관광, 모험관광 등을 결합한 테마 관광상품의 전략적인 개발

④ 관광자원의 협력·연계 개발

두만강지역의 다양한 관광자원이 서로 연계될 수 있다면 역내 통합적 관광개발이 가능하게 될 것이며, 지역 내 인접국들의 개혁과 개방정책을 통하여 지역간 협력 강화를 추구할 수 있을 것으로 전망

(2) 기본구상 컨셉

① 세계적인 관광 거점 형성

화산지형의 웅대한 산악관광자원과 원시적 자연을 활용한 생태관광상품 개발 및 동절기 산악을 활용한 사계절 리조트 조성, 연변지역 문화관광자원을 연계

② 자연 친화적 힐링 가치 확산

천연의 원시림과 자연을 접하면서 정신적인 치유는 물론 온천욕과 삼림욕 등을 통하여 육체적·정서적인 기(氣)를 충족함과 동시에 인삼, 녹용, 버섯 등 지역 특산물을 활용한 보양을 통하여 원기회복의 기회를 마련

③ 지속가능한 관광개발의 실현

적정 수용력을 고려한 입장 통제와 관리 및 남·서·북쪽으로 슬로프를 설치하여 접근성을 향상하고 방문객을 분산하며, 개발이익금의 역내 환원 및 비수기의 사업성 극복을 위하여 허니팟(Honey pot)[3] 개발방식을 채택

④ 세계 평화 교류의 장으로 건설

여러 나라의 국경을 접하고 있는 백두산 지역에는 다양한 문화와 생활풍습이 동시에 내려오고 있는데, 서로 다른 것을 존중하고 새로운 상생의 기회로 수용할 수 있는 학습의 장으로 거듭나기 위하여 "세계 평화 공간"으로 적극 활용될 수 있도록 평화적인 가치를 부여

3) "Honey pot"은 관광개발 방식의 한가지로서 일명 "꿀단지" 개발방식으로 특정한 곳에 기반시설, 관광시설 및 관광 프로그램을 선별적인 투자를 통해 바람직한 개발 형태나 관광객의 행태에 대한 지침을 마련하는 거점 개발방식을 말함.

2. 기본구조 체계 설정

1) 공간구조 체계 구상

(1) 기본방향

① 자연보호구역의 보전영역 확대 추진

자연보호구역은 자연생물권 보호를 위한 지정 목적에 따라서 가능한 단계적으로 확대해 나가는 것이 바람직하며, 도로와 경사도 등을 고려하여 추진

② 과도한 시설 수요 억제

백두산 천지 관광에 대한 선호도가 높기 때문에 도시지역으로부터 천지가 먼 거리에 위치하고 있기 때문에 숙박, 상가 등의 시설을 천지에서 가까운 곳에 설치하려는 경향이 강할 수 있는데, 자연훼손 및 환경오염, 성수기 혼잡 등의 문제가 발생할 수 있기 때문에 천지와 인접한 곳에서는 관련 시설의 설치를 허락하지 않는 것이 바람직함

③ 입지 특성을 고려한 단위 관광지 조성

스키장, 골프장 등의 경우 보호구역 외곽 인접지역에 경사도, 가용토지의 규모, 경관성, 접근성 등 입지 요인에 따라 단위 관광지의 위치를 결정하고, 최근 관련시설을 집적하여 복합화로 추진하는 추세이기 때문에 철저한 분석이 필요

④ 기존의 도시지역을 중심으로 거점 개발방식 추진

기존의 도시를 중심으로 거점개발과 단위관광지의 숙박시설 최소화하고 교통연계를 강화하기 위하여 허니팟(Honey pot) 개발 방식을 도입

(2) 공간구조 체계 구상

공간구조체계는 자연보호구역과 그 주변지역, 인근 기존 도시지역으로 구분되며 해당 특징을 살펴보면 다음과 같다.

〈표 1〉 공간구조별 체계

특 징	세부 내용
자연보호 구역	• 백두산 천지 방문 수요 분산 필요(방문코스 분산, 대중교통 수단 도입) • 연변지역으로부터 접근이 용이한 자연보호구역 북측 사면은 기존의 천지 관광을 중심으로 한 지원시설을 제공, 관리기능 강화 • 생태관광자원 개발(시기별 관광코스 및 안내자, 적정 관광객 규모 설정)
자연보호 구역 인근	• 화평리조트 : 자연보호구역 북측사면 산문밖에 위치하며 보호구역 내 개발 압력을 억제하는 효과, 야외 레크리에이션, 실내여가·레포츠 활동 시설 중심, 방문객 안내센터 설치, 삼림욕장, 온천욕장, 요양시설 도입 • 송강리조트 : 자연호보구역 서측사면으로 유동관리소 및 산문에서 27㎞거리이며, 산문 밖 관리소 인근지역에 소규모 숙박시설 중심의 휴양촌을 조성하여 보호구 방문객의 편의를 제공함 • 세계평화시티 : 백두산 관광의 성수기가 6~8월로 너무 짧고, 고산지대로 눈이 많이 내림
기존 도시지역	• 이도백하진 : 기존 임업도시의 정주기능을 유지하면서 실질적인 백두산 관광의 거점지역으로 복합 서비스 기능(인력, 물자, 문화, 오락, 교육, 숙박, 유흥, 상업 업무 등)을 수행 • 송강하·동강진 : 임업, 농업도시의 정주 기능을 수행하면서 백두산 서부지역의 서비스 기능 수행 • 백두산 인근 농촌지역 : 과수원, 목축단지, 임장, 노수하 수렵장 등을 활용하여 농촌생활 체험, 모험관광 체험 등을 체계적으로 개발

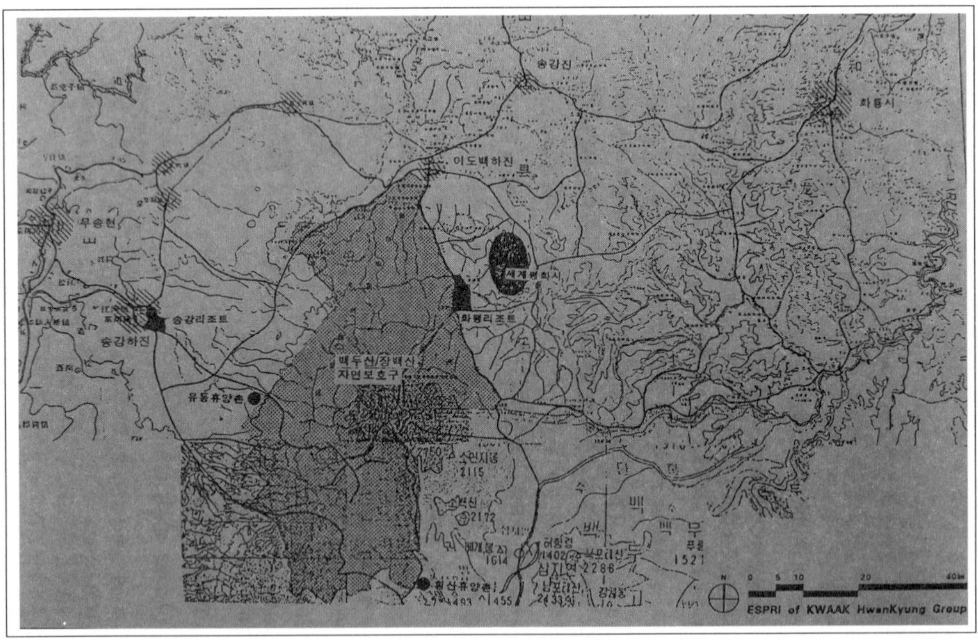

자료 : UNDP · 곽환경그룹 세계도시연구소(1999). 환경보전 차원의 백두산/장백산 관광자원 개발 타당성 조사 및 개발계획 구상.

〈그림 1〉 공간구조 구상도 예시

2) 교통체계 구상

(1) 기본방향

① 광역교통 접근 계획 수립

자연보호구역의 방문객 증가와 주변 지역의 리조트 개발에 따라서 교통수요 증가를 예측하여 계획 대상지역으로의 원활한 접근이 가능할 수 있도록 광역교통 접근체계 개선하고, 연계체계 및 환승 시스템 구축

② 내부 접근 체계 개선

자연보호구역 내부 탐방로 및 관광시설 간의 접근성 향상을 위한 교통 및 접근 체계 개선으로 관광객 및 지역주민의 이용 편의성 제고

(2) 교통수요 및 교통량 추정

대상지역의 교통이용객은 관광객, 지역주민으로 구성되며, 관광객이 다수를 차지할 것으로 판단됨, 목표연도의 교통발생량을 효율적으로 처리하기 위하여 최대일, 최대시 이용 인원을 기준으로 전체 교통발생량을 추정하고 교통수단별 분담율을 적용함

① 최대일 및 최대시 교통인원 추정

목표년도 연간 이용인원, 계획일 이용인원, 최대시 이용인원은 다음과 같이 추정되고 있다.

〈표 2〉 관광교통 인원 추정 (단위 : 명)

구분	연간 이용인원	계획일 이용인원	최대시 이용인원
북측 사면	829,400	11,800	8,400
서측 사면	573,000	8,200	5,900
남측 사면	105,000	1,500	1,100
계	1,508,000	21,500	15,400

② 발생 교통량 추정

상래 관광객 예측에 의한 교통수단별 분담률은 소형차 30%, 내형차 70% 비율로 산정하였으며, 목표연도인 0000년도에는 관광열차를 운행하고 이용을 유도할 것으로 가정한다.

〈표 3〉 북측사면 진입도로 교통량 추정

북측 사면	분담률 (%)	관광객(명)			대당 탑승 (명)	차량수(대)		PCU 환산 계수	PCU환산 차량수(대)	
		연간	계획일	최대시		계획일	최대시		계획일	최대시
소형차	30	248,820	3,540	2,500	3	1,180	833	1.0	1,180	833
대형차	70	580,580	8,260	5,900	35	236	169	3.9	920	657
계	100	829,400	11,800	8,400	-	1,416	1,002	-	2,100	1,490

〈표 4〉 서측사면 진입도로 교통량 추정

북측 사면	분담률 (%)	관광객(명)			대당 탑승 (명)	차량수(대)		PCU 환산 계수	PCU환산 차량수(대)	
		연간	계획일	최대시		계획일	최대시		계획일	최대시
소형차	30	171,900	2,460	1,800	3	820	600	1.0	820	600
대형차	70	401,100	5,740	4,100	35	164	117	3.9	640	456
계	100	573,000	8,200	5,900	-	984	717	-	1,460	1,056

(3) 접근교통 체계

① 기본방침

백두산 지역의 목표연도(0000)의 최대일 인원은 21,500명이며, 최대시 이용인원은 15,400명으로 원활한 수송을 위해서는 도로를 우선적으로 개설하고, 목표연도 이후의 교통 수요를 위하여 철도, 항공 등의 입체적인 교통체계를 추진함

② 광역교통 체계

〈표 5〉 접근 수단별 광역교통 체계

구 분		광 역 교 통 체 계
육로	도로	
	철도	
항공	국내선	
	국제선	
해운	내륙	
	해양	

〈표 6〉 백두산 접근도로망 계획

구 분		거리(㎞)	2010	목표년도	비고
북측 사면	① 연길-안도	70	3급→1급	1급	
	안도-송강-이도백하	140	4급→2급	2급	
	이도백하-산문(백산관리소)	30	4급→2급	2급	보호구역 진입로
	② 연길-용정	17	3급→1급	1급	
	용정-화룡	50	3급→1급	1급	
	화룡-송강-(이도백하)	65	4급→2급	2급	
	화룡-(두만강 변경도로)-산문	155	목재수송로→2급 사석	2급	두만강 변경도로
	화룡-세계평화시티-산문	65	목재수송로→2급 사석	2급	
서측 사면	백산-무송	110	4급→2급	2급	
	무송-송강하(송강 리조트)	35	4급→2급	2급	
	송강하-유동관리소(산문)	27	2급	2급	보호구역 진입로

〈표 7〉 백두산 광역도로망 계획

구 분		거리(㎞)	2010	비고
북측노선	장춘-길림	101→83	2급→고속도로	이미 완성
	길림-돈화-안도-연길	356→350	3급→1급	훈춘 변경 경제합작구 연결
	돈화-훈춘	218.8	4차선 고속도로	
	훈춘-방천	65.8	3급→1급	
남측노선	장춘-영선자(營城子)	87→67	4급→2급	
	영성자-백산	236→188	4급→2급	
	백산-무송-(송강하)	150→145	4급→2급	
	백산-임강-장백현	313→250	4급→2급	
중간노선	장춘-영성자	67	3, 4급→1, 2급	
	영성자-휘남	25	3, 4급→1, 2급	
	휘남-무송	124→118	3급→2급	
	무송-송강하	37→35	4급→2급	
수로노선	길림-풍만 제2 송화강 송화-홍석-백산 호수~송강하	-	-	

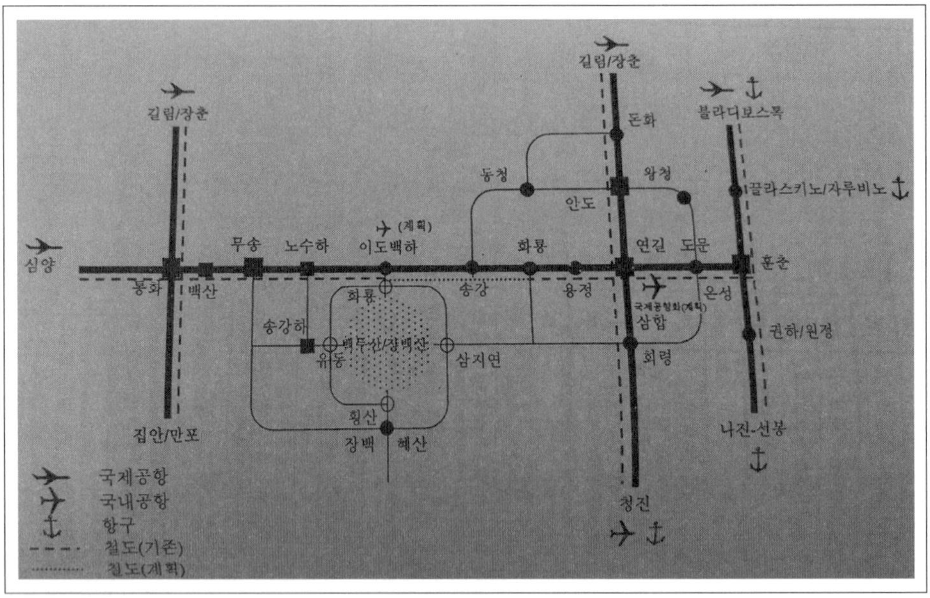

〈그림 2〉 광역교통망 구상안

③ 지역교통 체계

외곽 순환도로, 변경도로, 보호구역 진입도로 및 내부 관람도로, 보호구역 등산로, 및 기타 이동를 위하여 다음과 같이 개발계획을 수립한다.

〈표 8〉 외곽순환도로 개발 계획

구 분		거리 (㎞)	개발 규모	
			2010년	2020년
북측사면	이도백하진~세계평화시티-쌍두목(중조변경)	60	목재수송로→2급 사석	2급
	산문(화평) 연결로	16	〃	〃
	광명 임장 연결로	16	〃	〃
	세계평화시티~화룡	65	〃	〃
서측사면	이도백하진~두서간리소	25	목재수송로→2급	2급
	두서관리소~유동관리소(서측산문)	45	〃	〃

〈표 9〉 변경도로 개발 계획

구 분	거리 (㎞)	개발 규모	
		2010년	2020년
산문(화평리조트)~쌍두목~적봉(원지)	35	목재수송로→2급 사석	2급
적봉(워지)~승선	60	〃	〃
승선~화룡시	60	〃	〃

〈표 10〉 보호구역 진입도로 및 내부 관람도로 개발 계획

구 분		거리 (㎞)	개발 규모	
			2010년	2020년
북측사면	이도백하진~산문(화평)	30	4급→2급	2급
서측사면				
남측사면				

〈표 11〉 보호구역 등산로 및 기타 이동로 개발 계획

구 분		거리 (㎞)	개발 규모	
			2010년	2020년
북측사면	백두산폭포~천지	2	계단길	계단길
	삼거리~지하산림	5	등산로	등산로
서측사면	금강협곡 관람 잔도(棧道)	0.2	잔도(棧道)	잔도(棧道)
천지 순환등반로				

④ 다양한 이동수단 도입

〈표 12〉 이동수단별 특징

이동수단	일반적 특성 비교
케이블카	
후니텔(Funitel)	
후니쿨라(Funicular)	
곤돌라(Gondola)	

〈표 13〉 케이블카 구간별 주요 재원

구분	장백온천 ~ 천문동	천문동 ~ 천지
삭도 형식	3선 교주식 삭도	3선 교주식 삭도
수평장	1,623m	929m
고저차	750m	513m
경사장	1,788m	1,061m
반기수	2대	2대
운행거리	1,795m	1,077m
최대속도	8m/초	6m/초
수송능력	51인승	51인승
최대수송능력/1h	550명	500명

〈표 14〉 케이블카 개발 계획

구분		거리(㎞)	개발 규모	
			2010년	2020년
케이블카	장백온천~천문봉	1.8	케이블카	케이블카
	천문봉~천지	1.1	〃	〃

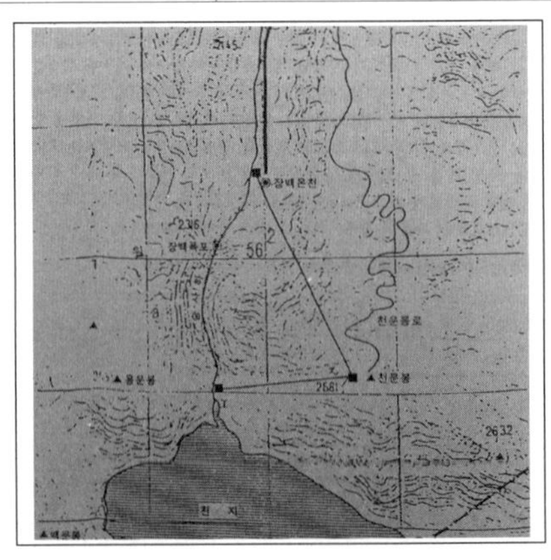

〈표 15〉 셔틀버스 · 관광열차 개발 계획

구 분			거리(㎞)	개발 규모	
				2010년	2020년
셔틀(관광)열차·버스 기타(승마·산악자전거)	북측사면	화평 리조트 내부	5	삼림관람 소철도	삼림관라 소철도
				셔틀버스	셔틀버스
	서측사면			〃	관광열차·셔틀버스
				〃	〃
지프차·산악열차	북측사면	천문로(삼거리~천문봉)	7	지프차	지프차·산악열차
				〃	〃
	서측사면	장백현~횡산관리소	25	지프차	지프차·산악열차
				〃	〃

〈표 16〉 철도 개발 계획

구분		거리(㎞)	개발 규모	
			2010년	2020년
철도	화룡시~이도백하진	90	-	신설

〈표 17〉 공항 · 헬기장 개발 계획

구분			거리(㎞)	개발 규모	
				2010년	2020년
공항	북측사면	국내공항	활주로 1.2㎞	-	신설
	서측사면	경비행장	활주로 0.6㎞	-	건설
헬기장	북측사면	헬기장	-	기존	-
	서측사면	헬기장	-	기존	-

3. 자연보호구역 개발 계획

1) 생태관광 프로그램

(1) 목적

① 일반적 목적

자연보호구역 및 주변의 일정한 지역에서 생태관광 운영을 위한 실천 전략이 전반적인 목적에 부합해야 하고, 개발수준에 부응하도록 개발되어야 하며, 이를 위하여 관광개발 원칙이 적용되어야 한다.

일반적 원칙	운영정책 및 시스템의 문제에 초점을 맞추어 개발과 보전의 조화, 지속가능한 관광개발의 방향으로 설정하고, 자연보호구역에서의 혼잡도를 완화하여 환경문제의 주요 착오 가능성을 피하도록 함
특수한 원칙	간단한 문제에서 시작해서 복잡한 문제로 순차적으로 진행함

② 특수한 목적

자연보호구역 내에서의 생태관광과 관련된 몇 가지의 특수한 프로그램을 운영할 수가 있다.

학습	야생 동식물, 생태계, 화산지역 등의 자연자원
관찰	온천, 호수, 야생(희귀)동물, 화산암, 물고기, 고산식물, 곤충, 파충류, 토양 등 관찰
보전의식	자연의 역할을 생각하고 직접 경험을 통하여 자연보전에 대한 필요성을 인식

(2) 정책지침

생태관광협회(Ecotourism Society)의 자연관고아 운영 지침을 실천하도록 노력한다.

(3) 전략

① 다양한 생물적·생태적 자원을 관광요소로 이용

〈표 18〉 백두산 자연보호구역 생태관광자원 예시

생태관광자원 특성	개발 전략	계절성
삼림의 수직분포	관찰용 데크	4계절
삼림지대	안내판을 갖춘 순환 탐방로	4계절
원시림	안내판을 갖춘 순환 탐방로	4계절
초원(야생화 등)	탐방로 및 관찰용 데크	여름
호수	조류관찰 데크	겨울
야생동물서식지(철새, 어류, 곤충 등)	안내판을 갖춘 관찰 탐방로	4계절이나, 계절적 특성이 있음
토양자원	안내판을 갖춘 순환 탐방로	봄, 여름, 가을
문화자원	안내판을 갖춘 순환 탐방로	4계절

② 자연보호구역의 자연감상 기회 확대

〈표 19〉 백두산 자연보호구역 생태관광 개발 전략

구 분		생태관광 자원	관광활동
동·식물	동물	곤충, 어류, 조류, 포유류 1,225종	관찰 및 학습
	식물	73과, 246속, 2,277종	
생태계		삼림의 수직분포, 고산식물, 원시림, 툰드라 삼림, 늪지삼림 등	관광
경관감상		천지, 장백폭포, 온천, 소천지, 원앙지, 왕지, 지하산림, 금강협곡, 압록강 계곡	관찰 및 방문
문화자원		역사적인 장소	방문 및 학습

(4) 자연친화적인 생태관광 프로그램

① 기본방향

전통적인 관광시설 및 프로그램은 보호구역 인근지역에 설치를 하며, 품격있는 관광체험과 자연환경 학습 기회를 지속가능하게 누릴 수 있도록 생물자원을 활용한다. 또한 하이킹, 트렉킹, 백팩킹 등의 형태로 생태관광지로의 접근을 용이하도록 다양한 탐방로를 제공한다. 방문자 안내센터, 안내판, 전망대 등의 지원시설을 설치할 경우에는 환경친화적인 소재를 사용하고, 환경을 고려하여 설치한다.

② 관리방안

자연보호구역 내의 자연자산을 보전 및 관리하기 위하여 관광객 및 지역주민을 대상으로 양질의 관련 교육을 실시한다.

환경 및 생태관광 전문인력을 양성하여 관광객에 대한 해설 및 지속적인 모니터링을 실시하고, 환경 감시자(Ranger)의 순찰을 통한 관광활동으로 인한 환경 파괴행위를 사전에 방지한다.

〈표 20〉 생태관광 프로그램

사면 구분	주요 관광자원	탐방로 및 접근수단	관련 시설
북측			
서측			
남측			

(5) 모험관광 프로그램

① 기본방향

모험관광의 전형적인 활동은 하이킹, 트레킹, 백패킹, 산악자전거(MTB), 승마 등이 있다.

② 관리방안

적정 수용력(carrying capacity)을 고려하여 보호구역을 관리하고, 이를 위하여 산문에서 관광활동별 관광객의 출입 통제를 실시하고, 주기적인 순찰과 환경훼손 방지를 위하여 노력하고, 대피소, 응급처리소, 캠핑관련 안내소 등 관광객 편의시설의 확보·쓰레기, 오폐수 처리 등 환경오염 방지 체계를 마련해야 한다.

〈표 21〉 모험관광 프로그램

사변 구분	주요 관광자원	탐방로 및 접근수단	관련 시설
북측			
서측			
남측			

2) 일반 관광 프로그램

(1) 개발방향

접근로를 개선하여 관광객 집중을 분산함으로써 적정 수용력을 고려하여 환경훼손을 최소화하고, 산악열차, 삭도 등의 새로운 이동수단을 갖추어서 관광객 만족도 제고에 기여함과 동시에 계절적인 접근 제약을 극복하도록 한다.

(2) 전략

백두산 자연보호구역의 경우 한국인 방문객의 대부분을 차지하고 있는데, 향후 동남아, 북미, 유럽 등으로부터 관광객을 유치하기 위한 전략적인 접근이 요구된다. 보호구역 내에서의 체류기간 연장을 위하여 생물적·생태적인 관광지 개발에 대한 홍보를 강화하고, 체류형 관광객 유치 기반을 강화해야 한다.

(3) 관리활동

관리활동은 다음과 같은 사항들을 포함되어야 한다.

- 보호구역내 기존 숙박 및 휴양시설은 주위 환경과 조화가 되도록 한다.
- 쓰레기, 오폐수 처리 등의 환경정화 체계를 발전시켜 생태계 복원에 기여하도록 하고, 보호구 인근지역에 개발될 리조트는 엄격한 환경영향평가를 거쳐서 생태환경에 악영향을 미치지 않도록 관리 한다.
- 계획시설 및 관광객에 대한 관리지침을 마련하고, 주요 간선 접근로 및 주변 경승지를 지속적으로 모니터링 한다.
- 규칙과 절차의 설정 및 배포, 관광분야 운영자, 지역주민과의 협력적인 관계를 형성하며, 이용·이권에 대한 감시와 해당 지역 순찰을 실시한다.

〈표 22〉 일반관광 프로그램

사면 구분	주요 관광자원	탐방로 및 접근수단	관련 시설
북측			
서측			
남측			

3) 환경이해를 위한 설명 및 정보

(1) 목적

해당지역이 전 세계인과 중국인들에게 "환경교육과 생태관광 관리의 최우선 장소"임을 표방하고 실천할 필요가 있다.

(2) 전략

교육 및 설명을 위하여 방송 및 언론매체, 어린이 레저교육프로그램, 자발적인 프로그램 등으로 다양하게 실시할 필요가 있다.

(3) 활동

환경이해를 도모하기 위한 주요 활동은 다음 내용들이 포함될 수 있다.

〈표 23〉 주요 활동 내역

구 분	주요 사항
교육시설 및 서비스	직접접촉 및 간접체험 교육
방문자 안내센터	- - - - - - - - -
안내판	- - - - - - - - -
팜플렛 및 브로셔	- - - - - - - - -
전문 안내를 위한 점검사항	- - - - - - - - -
자가 안내 탐방로	- - - - - - - - -

(4) 환경영향 저감 방안

환경영향을 최소화하기 위한 방안을 설정하여 실천할 필요가 있다.

〈표 24〉 주요 활동 내역

구 분	실행 대안
사회경제적 측면	
과학기술적 측면	
관리적인 측면	트레일 관리, 침식통제, 고산습지 관리, 관광을 위한 교육시설과 서비스, 쓰레기 문제, 자연보호구역의 시설관리, 안전관리, 표준화된 방문객 통계, 자연보호구역의 보전, 관광영향 관리 지침, 모험관광시설

(5) 자연보호구역의 효율적인 관리방안

① 자연보호구역의 위협요인

사연보호구억에서의 환경적인 위협요인을 조사한 결과 모두 인간의 이용에 따라서 발생되고 있다.

〈표 25〉 자연보호구역과 국립공원의 10대 위협요인

구 분	위협 요인	위협 정도
야생동물	밀렵, 인간의 과다접촉, 서식지 훼손	밀렵 1위
관리	인력부족, 지역주민의 태도, 개발이해의 상충	인력부족 2위
식생	불법채취, 산화	불법채취 3위
토양	침식	침식 4위

② 관리모델 개발

자연보호구역 내에서 인간과 관련 되는 상호 보완적인 관리모델은 발생원인에 대한 모니터링과 효율적인 관리기준의 설정에 따라서 진행한다.

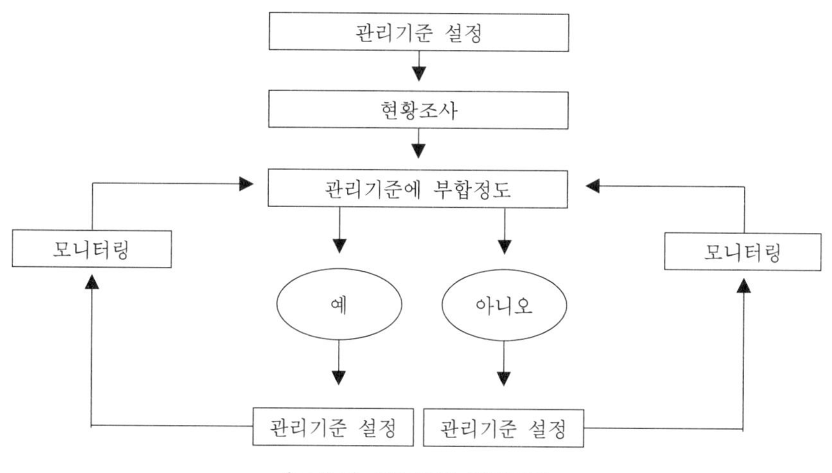

〈그림 3〉 기본적인 관리모델

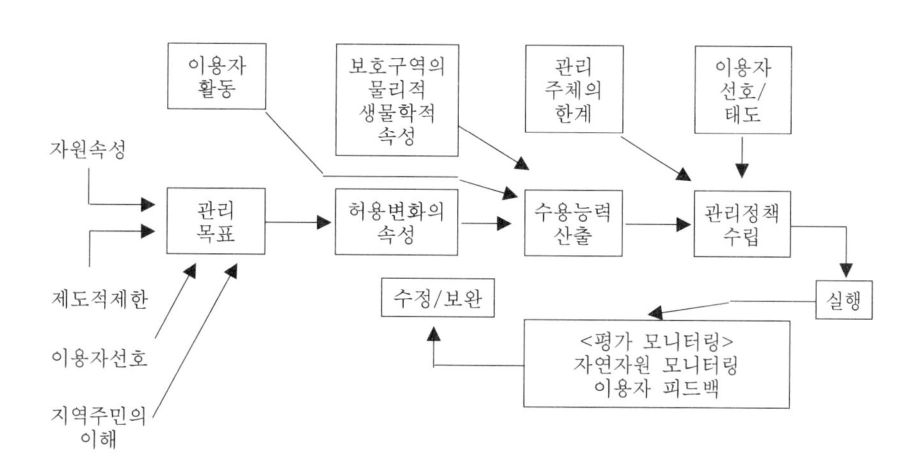

〈그림 4〉 자연보호구역의 관리모델

③ 관리 모니터링

자연자원과 환경의 영향에 대한 모니터링 수단은 다음과 같이 실시할 수가 있다.

〈표 26〉 자연환경 모니터링 수단

구 분	실행 대안
현지 정밀측정	영향 지역에 대한 자세한 현장조사
간략한 평가	정밀측정의 대용을 훼손정도를 1-5등급으로 분류
지상사진	모니터링을 위한 자료로 이용
항공사진	대규모 면적 조사를 위한 자료
인공위성 사진	인공위성 센서를 활용, 광범위한 지역의 동시 조사를 위한 자료
지리정보 체계	공간의 특성을 지리정보시스템으로 분석
시뮬레이션 기법	미래의 계획, 개발사업의 영향에 대한 모의조작을 통하여 사전에 영향을 평가

④ 관리 전략의 수립

자연자원과 환경의 영향에 대한 모니터링 수단은 다음과 같이 실시할 수가 있다.

〈표 27〉 전략적인 관리수단

구 분	관리행위	관리비용	탐방객 만족도
의사결정 요인	탐방자 행동패턴 조절, 단지설계, 정보서비스, 교육	비교적 저렴	유지 양호
행동 통제	법적 규제, 법규 규정, 면허증 발급	높음	불량
행동결과의 해결	자원의 내구성 강화, 탐방자 보호, 피해복구, 소송	높음	양호·불량

⑤ 관리대안

자연보호구역에서의 방문객에 대한 관리가 요구되며, 이에 대한 물리적인 통제에 대한 대안은 예약제, 선착순제, 가격제, 가격 접수제, 추첨제 등이 있다.

(6) 제도적 강화 프로그램

① 전략

백두산 자연보호수역의 제도적 강화 프로그램은 정부, 민간 관광기업, 지역주민, 그리고 방문객을 포함한다.

구 분	실행 대안
관광 관련 기구	녹색지구(Green Globe), 유로파크(Euro Park)
비정부 기구	호주생태관광협회, 호주 알프스위원회, 산악연구소, 생태관광협회, 세계관광기구(UNWTO), 아시아태평양관광협회(PATA)
보전지역 기구	유네스코(UNESCO), 동아시아 생물권보전지역 네트워크(EABRN), 세계보전연합(IUCN)

② 활동

공조기구 및 시스템 설치, 교육자 참여 등이 필요하다.

(7) 관광수입 및 예산관리

- 운영예산에 관광수입의 할당, 장기보전 계획에 의거하여 보전활동 예산의 할당, 관광수입의 할당, 기타 보전을 위한 재원 마련 등이 해당된다.

(8) 지역주민 참여 및 경제기회 제공

- 지역주민 참여 프로그램 및 자연자원의 소모적인 이용에 대응할 수 있는 효율적인 대안을 마련한다. 예를 들면 현지의 가이드 활용 등이 해당된다.

4. 리조트 개발 계획

1) 화평리조트 개발 계획

〈표 28〉 화평리조트 개발 계획을 기본계획, 개발계획

구 분	중분류	내 용
기존계획	기본방향	• 주요도입기능 • 주요 개발지구
	주요 지구별 토지이용계획	• 중심지구 • 특별지역 • 휴양·휴식지역
	동선계획	주변 지역과 연계한 접근체계 마련
개발계획 정책대안	기본방향	자연보호구역 내의 개발압력 제한 및 가족·단체관광객을 위한 레저시설 개발, 이용인구 추정, 자연지형, 수계, 적정규모의 도입활동, 기능간 연계 및 교통동선 고려
	온천개발계획 검토	북측 장백온천군 현황, 보호구역내 노천온천 개발계획, 화평리조트
	주요 도입시설 및 개발규모	• 유희시설(온천, 헬스센터, 피크닉장, 빙설원, 썰매장) • 스포츠시설(골프장, 스키장) • 교육연수시설(방문자 안내센터, 희귀동물원, 컨퍼런스룸) • 숙박시설(호텔, 별장, 산장) • 상업시설(상가, 식당, 휴게소, 금융·업무) • 교통시설(소철도, 대형 주차장, 소형 주차장) • 관광종사자 거주시설 • 기타(눈 관리시설, 온천 수송관로, 셔틀버스)

구 분	중분류	내 용
개발계획 정책대안	토지이용 및 시설배치계획	• 중심지구(빌리지 I) • 레크리에이션지구(빌리지II) • 휴양지구(빌리지III) • 스포츠지구(빌리지IV: 스키장, 골프장, 동계위락시설),
	동선계획	광역 및 역내 접근성 향상을 위한 루트와 교통수단 제시
	지구단위의 계절별 프로그램	• 계절별로 구분이 되도록 제시 중심지구, 레크리에이션지구, 휴양지구, 스포츠 지구, 동계 위락시설

2) 송강리조트(SJR) 개발 계획

〈표 29〉 송강리조트 개발 계획

구 분	중분류	내 용
기존계획	기본방향	• 주요 도입기능 : 비즈니스, 요양, 휴가, 오락 등 • 주요 개발지구 : 중심지구, 스키장지구, 식물원지구, 워터파크 지구, 오락원 지구, 골프장 지구 등
	주요 지구별 토지이용계획	동강산 북쪽 황니하 1급 지대의 리조트 중심지구에 유람관리, 비즈니스, 쇼핑, 호텔 등을 건설
	동선계획	지구내 주요 도로는 광역접근을 용이하도록 송강하 기차역과 백두산/장백산지역의 주요 도로와 연결함
개발계획 정책대안	기본방향	서측사면 자연보호구역 내 개발 압력 억제 및 청소년 및 가족IV단체관광객을 위한 위락·레저시설 개발
	온천개발계획 검토	• 서측사면 제운 온천 • 보호구역내 노천온천 개발계획 • 송강리조트 내 온천·헬스센터 개발계획
	주요 도입시설 및 개발규모	• 유희시설(온천, 헬스센터, 피크닉장, 놀이동산, 워터파크, 썰매장) • 스포츠시설(골프장, 골프장, 경기장) • 교육연수시설(방문자 안내센터, 희귀동물원, 청소년 수련원, 유스호텔) • 숙박시설(호텔, 별장, 산장) • 상업시설(상가, 식당, 휴게소, 금융·업무) • 교통시설(소철도, 대형 주차장, 소형 주차장) • 관광종사자 거주시설 • 기타(눈 관리시설, 온천 수송관로, 셔틀버스)

구 분	중분류	내 용
개발계획 정책대안	토지이용 및 시설배치계획	• 중심지구(방문자 안내센터, 기념품 판매장, 쇼핑몰, • 워터파크, 놀이기구) • 스포츠지구(빌리지 I, II) • 휴양지구(빌리지III) • 청소년 레크리에이션지구(빌리지IV)
	동선계획	광역 및 역내 접근성 향상을 위한 루트와 교통수단 제시
	지구단위의 계절별 활동 프로그램	• 계절별로 구분이 되도록 제시 중심지구, 레크리에이션지구, 휴양지구, 스포츠 지구, 동계 위락시설

3) 세계평화시티(WPC) 개발 계획

〈표 30〉 세계평화시티 개발 계획

구 분	중분류	내 용
개발의 필요성	전지구적인 문제	1992년 5월 리우 유엔환경개발회의(UNCED) 선언의 이행을 통한 문제의 해결
	관광의 부정적 영향 문제	환경오염 문제 해결
	지역의 지속가능한 4계절화	4계절 관광지로의 지역 발전에 기여
개발 계획	환경친화적이고 지속가능한 개발방향	• 자연과 조화를 이루는 도시 • 에너지 절약형 도시 • 물의 적절한 활용 • 환경기준의 적용 • 환경친화적인 교통수단을 도입한 도시
	주요 도입시설 및 개발 규모	• 주요 도입시설(스키장, 크로스 컨츄리 코스, 골프장/클럽하우스, 종합체육시설, 세계인촌) • 부대시설(호텔, 콘도 등 숙박시설, 휘트니스센터, 국제회의장, 스키학교) • 리조트 개발 시기: 스포츠시설, 숙박시설, 상업시설, 관광종사자 거주 시설 등
	토지이용 및 시설 배치 계획	중심지구, 휴양지구, 스키지구, 유보지
	동선계획	• 주 도로: 화룡 ~ 세계평화시티 ~산문 • 추가 도로 : 1, 2, 3단계 스키장을 연결하는 내부순환로
	기반시설 설치의 원칙	환경친화적인 토지이용 계획에 따라서 수용능력을 고려하여 설정, 자생적, 자연성, 순환성, 안정성 유지를 위해 비오톱(Biotope), 생태이동로(Eco-bridge), 생태공원 등을 조성

4) 이도백하진 개발 개발 계획

〈표 31〉 이도백하진 개발 계획

구 분	중분류	내 용
개발의 필요성	시역의 현황	백두산/장백산 관광의 길목, 연길 및 통화방면으로 교통이 양호하며, 인구 약5만명 규모, 임업이 주된 산업
	개발의 방향 제시	거점개발방식(Honey-pot) 채택
	개발의 목적 제시	새로운 리조트 개발보다는 서비스인력과 인프라를 이미 갖추고 있는 이도백하진을 휴양형 거점도시로 개발하여 개발이익의 지역환원을 극대화
개발 계획	개발방향	원도심권과 관광개발권의 시각적 조화 및 기능적 연계 지형지세와 하천수계를 고려한 환경친화적 개발 임업과 관광산업을 결합한 도시 활성화 추진 도로 개설과 교통망 체계화 및 도시 내부 방향성 제고
	주요 도입시설 및 개발규모	• 숙박시설 : 호텔과 별장지역 • 오락·유희시설 : 놀이동산 • 교양·문화시설 : 자연사 박물관, 사파리, 공연장, 광장 • 스포츠시설 : 체육시설, 편의시설(기념품점, 토산품점)
	개발계획	토지이용·시설배치, 동선, 기반시설 등에 대해서 제시

5) 공급처리 시설 계획

〈표 32〉 공급처리 시설 계획

구 분	중분류	내 용
상·하수도 계획	기본방향	리조트별로 소요 용수추정은 숙박관광객, 당일 관광객, 관광종사자로 구분하여 필요한 양을 추정
	상수도	화평리조트, 송강리조트, 세계평화시티에 대하여 각각 연간 관광객, 계획일 관광객, 숙박관광객, 당일관광객, 관광종사자로 구분하여 필요량을 추정
	하수도	화평리조트, 송강리조트, 세계평화시티에 대하여 용수공급량의 하수 전환율을 개산하여 일일 하수발생량을 추정
	상·하수도 계획	하천의 수질은 양호하나 온천수에 불소함량이 식용수 표존 기준보다 1.5배가 높은 수준으로 정수지 혹은 여과를 통해 불소 제거 후 공급 필요하며, 일일 오수량을 추정
전력공급 계획	백두산/장백산 자연보호구역	백룡발전소, 이도백하발전소, 삼합수력발전소, 내두하발전소, 301발전소, 302발전소, 홍풍발전소 외에 디젤발전기를 1대씩 배치
	리조트지역	화평리조트, 송강리조트, 세계평화시티 전력소요량 추정
통신 계획	백두산 등 사연보호구역내	통신선로 개·보수, 최신 정보통신 기반 구축
	리조트 지역	원활한 무선통신망 구축

6) 리조트 개발 환경설계 지침

〈표 33〉 공급처리 시설 계획

구 분	중분류	내 용
건축 설계지침	기본방향	• ESSD (environmentally sound and sustainable development) • HCCD(humanly concerned and communicable development
	건축설계 지침	• 건축물이 자연과 조화를 이루도록 함 • 건축물 층수는 3-5층, 건축물의 옥내·외를 편리하게 연계 • 도로와 건축물 간의 완충공간 설정 • 색체와 조형미를 결합하여 새로운 이미지 부여 • 건축소재는 목재 활용, 건물의 지붕은 전통적인 경사지붕 원칙
옥외시설물 설계지침	기본방향	• 옥외시설물은 각 시설물별로 이미지통합전략(CIP)에 의해 통일감 • 개별 건축물은 크기, 형태, 색체, 재료에 연관성 부여하고 상호조화 • 이용자 편의성 제고, 시설물의 기능과 위치에 따라 위계를 부여함
	시설물의 종류	• 안내·표지 : 종합·지역 안내판, 시설 안내판, 교통표지판, 게시판 • 조명 : 가로등, 공원등, 보행등, 입구표시등, 야간조명시설 등 • 편의 : 휴지통, 재떨이, 음수대, 키오스크, 정류장 등 • 휴식 : 벤치, 파고라, 대피소, 식수대, 화분대 등
	안내·표지시설 설계 지침	안내·표지시설의 내용은 아래의 내용을 참조바람

〈표 34〉 안내 · 표지시설 설계 지침

구 분		설치 장소	정보 내용	높이(m)
지구 안내판	종합안내판	각 리조트 주 진입로 방문객 집중지역	리조트 전체에 대한 종합정보	2.0~4.0
	지역안내판	각 지구별 진입로 주요 활동별 도착지점	각 지구별 주요시설 동선안내 기타 편의시설 안내	2.0~4.0
	시설군안내판	각 시설군별 입구	산장, 빌라 등의 동별 안내 각 시설별 위치 안내	1.5~2.0
시설 안내판		각 건물의 전면부나 스키장, 골프장등 옥외활동의 결절지역	건물의 기능·이용방법 안내 시설의 약도·방향표시	1.5~2.0
교통 안내판	정류장 표지판	셔틀버스나 관광열차 정류장	노선안내	2.0
	주차장 표지판	주차장 진입부	주차장까지의 거리	
	방향 지시판	도로변, 특히 교차점 부근	주요시설의 방향과 거리	
게시판		주요시설 주변 보행 밀집지역	포스터, 이벤트 행사 안내 등	1.5~2.0

7) 환경보전 대책

〈표 35〉 환경보전 대책

구 분	중분류	내 용
환경보전 대책	부지 정리	부지의 절·성토량이 최소화되도록 자연지형을 초대한 활용하고 건물의 배치는 에너지의 효율적 이용을 고려함 : 경사, 방향, 우수 재활용, 쓰레기 재활용, 기타
	재료	건축 구조물이 주변 환경을 압도하지 않도록 하며, 건축 재료는 가능한 그 지역의 재료를 사용함(목재, 흙, 돌, 억새 등)
	스카이 라인	건물의 층수는 수목의 평균 높이를 고려하여 3~5층 이하
	오폐수 관리	생활 오수를 중수로 활용, 오염물은 배수처리하여 습지식물로 정화함
	교통	관광열차와 산악열차는 장기적인 측면에서 고려할 필요, 자동차 탐방에 의한 식생훼손 및 침식 문제 발생
관리운영 체계	관광자원 관리	쓰레기 처리, 위생·공중보건 계획, 안전관리, 관광자원 및 관리
	방문객 관리	• 직접적 관리 : 과밀이용에 따른 쾌적성 감소, 환경오염, 자연훼손 • 간접적 관리 : 관광객의 질서의식, 환경보전 의식 및 보호활동
	식생관리	• 개발 전 관리 : 개발 이전 2~10년 전에 일정한 간격으로 간벌 • 개발 중 관리 : 수관의 50%를 제거(빛이 들도록) • 개발 후 관리 : 수관을 중심으로 정기적으로 조사 실시
	경관관리	시각적 요소 관리(거리, 빛, 수직적 위치가 적절한 곳에서 경관감상)
	위험지역 관리	• 육상위험지 : 낭떠러지, 산사태지, 눈사태지, 식생 위험지, 기타지역 • 인공위험지 : 건물, 도로설계 등
	환경오염 방지	관광지의 환경오염(수질오염 등)에 대한 전문가 진단과 처리 필요
	주요 시설별 환경성 검토 및 저감방안	방문자안내센터, 동·식물원, 캠핑장·피크닉장, 골프장, 스키장, 보호구역내 진입도로
	보호구역내 진입도로	콘크리트 계획도로가 대부분이나 환경보호 측면에서 장기적으로 산악관광열차 도입 고려

5. 사업비 추정 및 사업별 수익성 검토

1) 사업비 추정

〈표 36〉 사업비 추정 (단위 : 만 위안)

구 분	사업비
화평리조트 총사업비	37,366.02
송강리조트 총사업비	31,254.82
세계평화시티 총사업비	11,338.46
기타시설 총사업비	14,300.00
합계	94,259.30

〈표 37〉 도로 및 교통시설 부문 사업비 (단위 : 만 위안)

구 분	사업비		
	2010년	2020년	합계
외곽순환도로	48,979	29,045	78,024
두만강 변경도로	22,785	28,675	51,460
보호구역 진입도로 및 내부 유람도로	37,599	33,901	71,500
보호구역 등산로·잔도(棧道)	1,565	-	1,565
케이블카, 셔틀버스, 관광열차	93,836	-	93,836
철도, 공항, 헬기장	800	51,200	52,000
합계	205,564	142,821	348,385

(1) 리조트 지역

〈표 38〉 화평리조트 주요 시설별 사업비

<table>
<tr><th colspan="3" rowspan="2">구 분</th><th colspan="3">개발규모</th><th rowspan="2">단가
(위안)</th><th rowspan="2">조성가
(만위안)</th></tr>
<tr><th>시설규모</th><th>부지면적</th><th>건축연면적</th></tr>
<tr><td colspan="3">방문자 안내센터</td><td></td><td></td><td>3,800㎡</td><td>2,000</td><td>760</td></tr>
<tr><td colspan="3">온천 · 헬스센터</td><td></td><td></td><td>7,000㎡</td><td>2,000</td><td>1,400</td></tr>
<tr><td colspan="3">컨퍼런스 홀</td><td></td><td></td><td>900㎡</td><td>2,500</td><td>225</td></tr>
<tr><td colspan="3">피크닉장</td><td></td><td>15,000㎡</td><td></td><td></td><td>150</td></tr>
<tr><td colspan="3">캠핑장</td><td></td><td>4,200㎡</td><td></td><td></td><td>210</td></tr>
<tr><td colspan="3">생태공원</td><td></td><td>150ha</td><td></td><td></td><td>1,000</td></tr>
<tr><td rowspan="2">스키장</td><td colspan="2">슬로프</td><td>1,900㎡</td><td></td><td></td><td>6,000</td><td>1,140</td></tr>
<tr><td colspan="2">리프트</td><td>1,000㎡</td><td></td><td></td><td>18,000</td><td>1,800</td></tr>
<tr><td rowspan="2">썰매장</td><td colspan="2">슬로프</td><td></td><td>13,000㎡</td><td></td><td></td><td>600</td></tr>
<tr><td colspan="2">리프트</td><td>120mx1기</td><td></td><td></td><td>8,000</td><td>96</td></tr>
<tr><td rowspan="2">골프장</td><td colspan="2">골프장</td><td>18홀</td><td>80ha</td><td></td><td></td><td>10,000</td></tr>
<tr><td colspan="2">골프연습장</td><td></td><td></td><td>8,000㎡</td><td>800</td><td>640</td></tr>
<tr><td colspan="3">빙설위락원</td><td></td><td>19,000㎡</td><td></td><td></td><td>3,900</td></tr>
<tr><td rowspan="4">숙박시설</td><td rowspan="2">호텔</td><td>신규건설</td><td>644실</td><td></td><td>16,228.8㎡</td><td>5,000</td><td>8,114.4</td></tr>
<tr><td>기존보수</td><td>321실</td><td></td><td>8,089.2㎡</td><td>2,000</td><td>1,617.84</td></tr>
<tr><td colspan="2">빌라</td><td>300실</td><td></td><td>7,560㎡</td><td>3,000</td><td>2,268.00</td></tr>
<tr><td colspan="2">산장</td><td>260실</td><td></td><td>6,552㎡</td><td>3,000</td><td>1,965.60</td></tr>
<tr><td rowspan="3">상업시설</td><td colspan="2">기념품 상가</td><td></td><td></td><td>900㎡</td><td>2,500</td><td>225</td></tr>
<tr><td colspan="2">식당</td><td></td><td></td><td>470㎡</td><td>1,200</td><td>56.4</td></tr>
<tr><td colspan="2">휴게소</td><td></td><td></td><td>800㎡</td><td>1,200</td><td>96</td></tr>
<tr><td rowspan="2">기반시설</td><td colspan="2">상수도</td><td>1,400톤/일</td><td></td><td></td><td>220</td><td>30.8</td></tr>
<tr><td colspan="2">하수도</td><td>1,120톤/일</td><td>2,000㎡</td><td></td><td>130</td><td>14.56</td></tr>
<tr><td colspan="3">관광종사자 거주시설</td><td>330실</td><td></td><td></td><td>1,200</td><td>997.92</td></tr>
<tr><td rowspan="2">주차장</td><td colspan="2">대형</td><td></td><td>3,700㎡</td><td></td><td>50</td><td>18.5</td></tr>
<tr><td colspan="2">소형</td><td></td><td>8,000㎡</td><td></td><td>50</td><td>40</td></tr>
<tr><td colspan="3">합계</td><td></td><td></td><td></td><td></td><td>37,366.02</td></tr>
</table>

〈표 39〉 송강리조트 주요 시설별 사업비

구 분		개발규모			단가 (위안)	조성가 (만위안)
		시설규모	부지면적	건축연면적		
방문자 안내센터				3,100㎡	2,000	
온천·헬스센터				5,650㎡	2,000	1,130
워터파크			11,500㎡			300
놀이동산			17,300㎡			300
스키장	슬로프	3,200㎡			6,000	1,920
	리프트	1,500㎡			18,000	2,700
썰매장	슬로프					600
	리프트	120mx1기			8,000	96
골프장	골프장	18홀				8,000
	골프연습장			8,000㎡	800	640
청소년 수련시설	유스호스텔			2,200㎡	3,000	660
	청소년수련관		24,000㎡	3,000㎡		1,500
종합체육시설			14,000㎡			1,000
피크닉장			12,000㎡			120
숙박시설	호텔	630실		15,876㎡	5,000	7,983
	빌라	250실		6,300㎡	3,000	1,890
	산장	177실		4,460.4㎡	3,000	1,338.12
상업시설	기념품 상가			630㎡	2,500	157.5
	식당			280㎡	1,200	33.6
	휴게소			420㎡	1,200	50.4
기반시설	상수도	1,000톤/일			200	20
	하수도	800톤/일	1,500㎡		130	10.4
관광종사자 거주시설		240실			1,200	725.8
주차장	대형		5,100㎡		50	25.5
	소형		10,900㎡		50	54.5
합계						31,254.82

〈표 40〉 세계평화시티 주요 시설별 사업비

구 분		개발규모			단가(위안)	조성가(만위안)
		시설규모	부지면적	건축연면적		
스키장	슬로프	4,300㎡			6,000	2,580
	리프트	2,000㎡			18,000	3,600
체력단련 시설			4,000㎡			600
골프장		6홀	30ha			4,000
숙박시설	빌라	60실		1,512㎡	3,000	453.6
상업시설	기념품 상가			70㎡	2,500	17.5
	식당			100㎡	1,200	12
	휴게소			100㎡	1,200	12
기반시설	상수도	64톤/일				10
	하수도	51톤/일	100㎡			8
관광종사자 거주시설		15실		278㎡	1,200	45.36
합계						11,338.46

〈표 41〉 리조트 지역내 기타 주요 시설별 사업비

지 구	시 설		개발규모	단가(위안)	조성가(만위안)
화평리조트	청설시설	제설차	2대	750,000	150
	온천수송관로		20㎞	3,000,000	6,000
	교통시설	셔틀버스	20대	500,000	1,000
송강리조트	청설시설	제설차	2대	750,000	150
	온천 수송관로		20㎞	3,000,000	6,000
	교통시설	셔틀버스	20대	500,000	1,000
합계					14,300

(2) 교통망

〈표 42〉 외곽순환도로 사업비

구 분		거리(㎞)	개발규모		단가(위안)		조성가(만위안)	
			2010년	2020년	2010년	2020년	2010년	2020년
북측 사면	이도백하진~세계 평화시티~쌍두목(중조변경)	60	목재수송로→2급 사석	2급	147	185	8,820	11,100
	산문(화평) 연결로	16	〃	〃	〃		2,352	2,960
	광명 임장 연결로	16	〃	〃	〃		2,352	2,960
	세계평화시티~화룡시	65	〃	〃	〃		9,555	12,025
서측 사면	이도백하진~두서관리소	25	목재수송로→2급	2급	370		9,250	
	두서관리소~유동관리소(서측산문)	45	〃	〃	〃		16,650	
합계							48,979	29,045

〈표 43〉 두만강 변경도로 사업비

구 분	거리(㎞)	개발규모		단가(위안)		조성가(만위안)	
		2010년	2020년	2010년	2020년	2010년	2020년
산문(화평리조트)~쌍두목~적봉(원지)	35	목재수송로→2급 사석	2급	147	185	5,145	6,475
적봉(원지)~승선	60	〃	〃	〃	〃	8,820	11,100
승선~화룡시	60	〃	〃	〃	〃	8,820	11,100
합계						22,785	28,675

〈표 44〉 보호구역 진입도로 및 내부 관람도로 사업비

구 분		거리(㎞)	개발규모		단가(위안)		조성가(만위안)	
			2010년	2020년	2010년	2020년	2010년	2020년
북측 사면	이도백하진~산문(화평)	30	4급→2급	2급	302		9,060	2,700
	산문~삼거리(천지진입로)	16	사석로→콘크리트	콘크리트		32		
	삼거리~장백폭포	4	기존 콘크리트	〃				
	삼거리~천지(천문봉)	7	〃	〃				
서측 사면	송강하진(송강리조트)~유동관리소(산문)	27	2급	2급	370		9,990	
	유동관리소(산문)~고산화원	26	목재수송로→2급사석로	2급 사석	147		3,822	
	고산화원~제자하~초소	7	〃	〃	147		1,029	
	초소~변방	8	콘크리트	콘크리트	20		160	
	고산화원~온천~금강폭포	12	목재수송로→2급사석	2급 사석	147		1,764	
	고산화원~금강협곡	6	〃	〃	〃		882	
	고산화원~왕지	3	〃	〃	〃		441	
	고산화원~원앙지	8	3급	3급	111		888	
남측 사면	장백현~횡산관리소	16	목재운송로→3급사석로	2급 산구	73	259	1,168	4,144
	횡산관리소~중조4호 경계비	25	〃	〃	〃		1,825	6,475
	유동관리소(서)~횡산관리소	90	〃	〃	〃		6,570	22,770
합계								33,901

〈표 45〉 보호구역 등산로 · 기타 도로 사업비

<table>
<tr><th colspan="2" rowspan="2">구 분</th><th rowspan="2">거리
(㎞)</th><th colspan="2">개발규모</th><th colspan="2">단가(만위안)</th><th colspan="2">조성가(만위안)</th></tr>
<tr><th>2010년</th><th>2020년</th><th>2010년</th><th>2020년</th><th>2010년</th><th>2020년</th></tr>
<tr><td rowspan="3">북측
사면</td><td>장백폭포~천지</td><td>2</td><td>계단길</td><td>계단길</td><td>40</td><td></td><td>80</td><td></td></tr>
<tr><td>삼거리~지하산림</td><td>5</td><td>등산로</td><td>등산로</td><td>35</td><td></td><td>175</td><td></td></tr>
<tr><td>선수촌~소천지~금병봉·용문동</td><td>4</td><td>〃</td><td>〃</td><td>〃</td><td></td><td>140</td><td></td></tr>
<tr><td rowspan="3">서측
사면</td><td>금강협곡 유람 잔도</td><td>0.2</td><td>잔도</td><td>잔도</td><td>290</td><td></td><td>58</td><td></td></tr>
<tr><td>제자하 인행 유람 잔도</td><td>0.8</td><td>〃</td><td>〃</td><td>〃</td><td></td><td>232</td><td></td></tr>
<tr><td>금강폭포 유람 잔도</td><td>0.5</td><td>〃</td><td>〃</td><td>〃</td><td></td><td>145</td><td></td></tr>
<tr><td rowspan="4">천지
순환
등반로</td><td>승사하~천문동~자암봉</td><td>4</td><td>등산로</td><td>등산로</td><td>35</td><td></td><td>140</td><td></td></tr>
<tr><td>증조5호경계비~옥루봉~
백운봉~승사하(천지)</td><td>7</td><td>〃</td><td>〃</td><td>〃</td><td></td><td>245</td><td></td></tr>
<tr><td>증조5호경계비~4호국계비</td><td>4</td><td>〃</td><td>〃</td><td>〃</td><td></td><td>140</td><td></td></tr>
<tr><td>4호국계비~장군봉~6호국계비
(자암봉)</td><td>6</td><td>〃</td><td>〃</td><td>〃</td><td></td><td>210</td><td></td></tr>
<tr><td colspan="7">합계</td><td>4,575</td><td></td></tr>
</table>

〈표 46〉 케이블카 · 셔틀버스 · 관광열차 사업비

<table>
<tr><th colspan="3" rowspan="2">구 분</th><th rowspan="2">거리
(㎞)</th><th colspan="2">개발규모</th><th colspan="2">단가(만위안)</th><th colspan="2">조성가(만위안)</th></tr>
<tr><th>2010년</th><th>2020년</th><th>2010년</th><th>2020년</th><th>2010년</th><th>2020년</th></tr>
<tr><td colspan="2" rowspan="2">케이블카</td><td>장백온천~천문봉</td><td>1.8</td><td>케이블카</td><td>케이블카</td><td></td><td></td><td>5,030</td><td></td></tr>
<tr><td>천문봉~천지</td><td>1.1</td><td>〃</td><td>〃</td><td></td><td></td><td>3,846</td><td></td></tr>
<tr><td rowspan="6">셔틀
(관광)
버스,
관광열차
열차,
기타
(승마)</td><td rowspan="4">북측
사면</td><td>화평리조트 내부</td><td>5</td><td>삼림유람
소철도</td><td>삼림유람
소철도</td><td>480</td><td></td><td>2,400</td><td></td></tr>
<tr><td>이도백하진~산문</td><td>30</td><td>셔틀버스</td><td>셔틀버스</td><td>〃</td><td></td><td>14,400</td><td></td></tr>
<tr><td>북측산문~장백온천</td><td>20</td><td>〃</td><td>관광열차
셔틀버스</td><td>〃</td><td></td><td>9,600</td><td></td></tr>
<tr><td>세계평화시티~산문</td><td>22</td><td>〃</td><td>셔틀버스</td><td>〃</td><td></td><td>10,560</td><td></td></tr>
<tr><td rowspan="2">서측
사면</td><td>송강리조트~산문
~고산화원</td><td>53</td><td>〃</td><td></td><td>〃</td><td></td><td>25,440</td><td></td></tr>
<tr><td>고산화원~변방초소</td><td>15</td><td>〃</td><td></td><td>〃</td><td></td><td>7,200</td><td></td></tr>
<tr><td rowspan="2">지프차
산악
열차</td><td>북측
사면</td><td>삼거리~천문동</td><td>7</td><td>지프차</td><td>지프차
산악열차</td><td>〃</td><td></td><td>3,360</td><td></td></tr>
<tr><td>서측
사면</td><td>장백현~횡산관리소
~증조4호경계비</td><td>25</td><td>〃</td><td></td><td>〃</td><td></td><td>12,000</td><td></td></tr>
<tr><td colspan="8">합계</td><td>93,836</td><td></td></tr>
</table>

〈표 47〉 철도 · 공항 · 헬기장 사업비

구 분			거리(㎞)	개발규모		단가(만위안)		조성가(만위안)	
				2010년	2020년	2010년	2020년	2010년	2020년
철도		화룡시~이도백하진	90		신설		480		43,200
공항	북측 사면	국내공항	활주로 1.2㎞		신설				5,000
	서측 사면	경비행장	활주로 0.6㎞		건설				3,000
헬기장	북측 사면	헬기장		기존					
	서측 사면	헬기장		기존				800	
합계								800	51,220

(2) 사업별 수익성 검토

화평 리조트, 송강 리조트, 세계평화시티별로 투자시설에 대한 수익성 검토는아래의 <표>와 같이 각각 구분하여 실시할 필요가 있다.

〈표 48〉 화평 리조트 내 주요시설 수익성 검토(2020년) (금액 단위 : 위안)

구분	스키장	온천·헬스센터	동·식물원	눈썰매장	빙설 위락원	숙박시설	상업시설 (상가)	상업시설 (식당)	삼림 소철도
연고객수(명)									
평균지출액									
추정매출액									
세전순이익									
기업소득세(33%)									
세후 이익									
감가상각									
연간현금수입									
총투자액									
회수기간(년)									

6. 두만강지역(TRA) 개발 계획

(1) 관광자원 현황 및 권역별 개발 구상

① 개발방향

두만강지역 개발방향은 "연길 거점도시, 백두산/장백산 풍경구, 두만강·압록강 변경 관광지대"에 대하여 2대 관광도시(연길 · 훈춘), 3대 관광상품(동계 관광상품, 국경관광, 조선족 민속관광), 4대 관광루트(산-강, 산-호수, 해상관광, 항공관광) 중심의 개발권역을 설정하여, 자원특성을 고려한 소단위 개발권역 상호연계 및 관광루트를 설정하고, 자연생태자원과 문화관광자원을 결합한 환경친화적 관광개발로 추진하고자 한다. 또한 접경지역 관광자원의 연계이용 및 공동개발로 국제관광교류를 촉진하고 권역별 단계적인 개발을 통하 수요창출과 비수기 타개 전략을 개발한다.

② 광역관광자원 현황 및 권역별 개발구상

광역관광자원 현황 및 권역별 개발구상은 다음과 같이 설정하여 추진한다.

〈표 49〉 광역 관광자원 현황 및 권역별 개발 구상

개발소권	주제	주요 관광자원	개발방향	주요사업/우선사업
백두산/장백산 (화평 · 세계평화시티)	자연풍경 · 휴양	백두산/장백산 자연보호구역 천지, 장백폭포, 화평리조트, 평화시티 리조트 원지(만족) 발원지 두만강 발원지	백두산 휴양관광거점 조성으로 연길 · 용정권과 함께 연변관광의 양대 중심형성 산악형 사계절 관광지유도	진입로 신설, 철도연결, 국내공항 신설, 보호구역 관광열차 신설, 리조트 종합개발, 보호구 외곽 순환도로
화룡 · 승선	역사유적 · 농촌체험	정효공주릉, 서고성터(발해, 중경현덕부), 청산리전적지, 청호리 반일지사 묘, 어랑용 사기념비	역사유적지 정비 전형적인 농촌관광 개발	역사유적 정비 발해유적과 항일전적지
	변경풍경	승선산수(두만강 협곡) 선경대(산악경승지)	쌍두목~원지~승선을 연결하는 두만강변경 관광루트개발	변경관광도로 정비 및 휴게시설 설치
연길 · 용정	도시풍물 · 역사유적 · 민속문화	연길민속박물관, 연변대학, 서시장, 청년호, 인민공원, 모아산 삼림공원, 용정제일중, 사과배 과수원, 용산민속원, 용두레 우물터, 일송정, 비암산 공원, 윤동주 시인묘	연변지역 관광거점도시 육성, 도시내부 관광자원 체계화, 조선족 소수민족 문화자원 고품격 관광상품화, 비즈니스 관광연계, 민속오락활동 중점 개발, 조선족·지역색 부각	1일 도시관광코스 개발, 도시민 위락 · 휴식공간 확충, 모아산개발, 연길 · 용정 도시고속도로, 민속촌 정비

개발소권	주제	주요 관광자원	개발방향	주요사업/우선사업
도문	변경풍경	국문전망대, 도무대교, 강변공원, 일광산, 봉오동 전적지	기존 시설 정비로 관광 활성화	연길~도문~훈춘 고속도로, 선상유람(두만강 수질개선), 일광산 휴양촌, 봉오저수지 관광지
왕청	호수풍경·휴양	가야하 발전용댐, 만대성 인공호수(18㎞), 성급 유람구역, 조선족 문화박물관	연길·도문~왕청~경박호(목단강) 루트의 중간거점, 연길 도시민 휴양지	마대성호 휴양단지 조성
훈춘·경신·방천	역사유적·비즈니스	용원공원, 용호석각, 팔련성터(발해 동경용원부), 경제자유구역, 장령자해관, 사토자해관	경제자유구역 업무 관광과 변경관광 연계개발 추진, 역사 유적 정비	연길~도문~훈춘 고속도로, 삼림공원, 경제자유구역 개발
	변경풍경·자연생태		자연생태 관광·장래 러시아 두만강 하구 습지대와 연계, 3국 변경 관광거점 조성	훈춘~방천 고속도로, 선상유람(두만강 수질개선), 편의시설 확충, 경신 휴양촌
안도·돈화	호수풍경	명월호, 홍기민속촌	연길~안도~송강진~이도백하 루트의 중간거점 개발	명월호 휴양단지 조성
	역사유적	육정산 고분군, 정혜공주묘, 오동성(발해초기수도), 정각사, 대산저자진	발해유적지 정비, 자연호수, 풍경중심의 경박호와 원시리 지대인 산악(백두산/장백산)을 연결하는 교통·유람 중심지로 조성	육정산개발(관광서비스센터, 휴양촌, 레크리에이션 파크, 수렵장 등), 돈화~연길~훈춘 고속도로
경박호(흑룡강성)	호수풍경·역사유적	경박호(90㎢, 남북 45㎞, S자형, 8/15 황금가을 축제), 지하삼림구, 관수루 폭포(낙차 20m, 폭 40m), 박해발물관, 상경용천부궁전터, 흥룡강성 유적, 삼령분	자연 호수형, 풍경구 발해유적 정비	

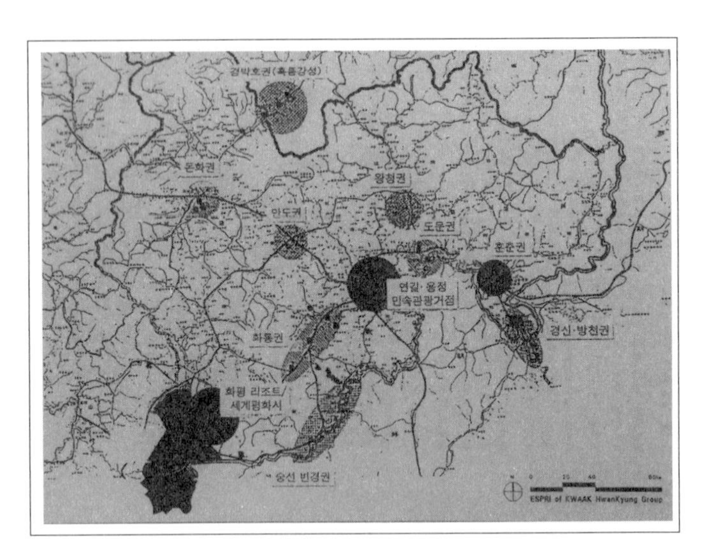

〈그림 5〉 연변지역 문화관광 프로그램

(2) 관광루트 계획

관광루트 계획을 설정하여 추진하며, 아래의 <그림>과 같이 추진한다.

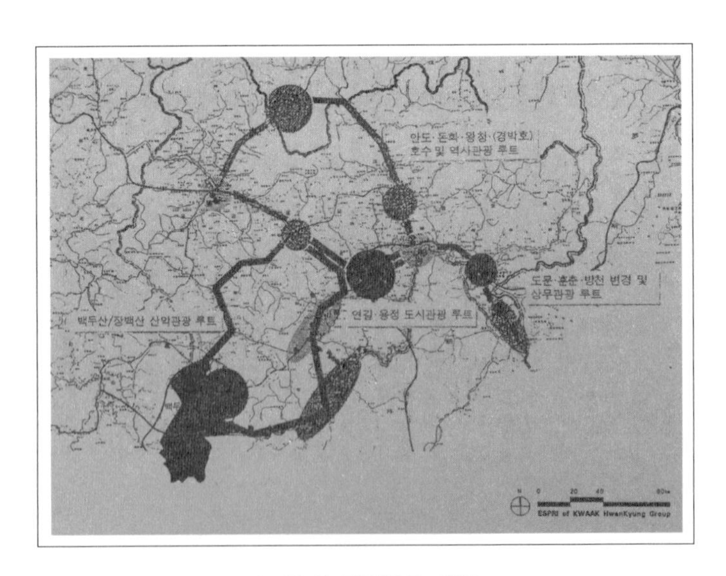

〈그림 6〉 관광루트 계획

〈표 50〉 관광루트 계획

구분	루 트
연변지역	연길 · 용정 도시관광, 백두산/장백산 산악관광, 도문 · 훈춘 · 방천 변경 및 상무관광, 안도 · 돈화 · 왕청 · (경박호) · 역사관광
변경관광	두만강 소삼각지역 관광, 백두산/장백산 지역 관광, 압록강 집안지역 관광
국제관광	환연해주 국제관광, 내륙 국제관광

(3) 국가 간 지역 협력방안

국가 간 지역 협력을 위하여 "국경 간 협력, 두만강지역의 관광 문제점 및 잠재력, 지역관광위원 설치, 정치적 문제, 국경 통과, 다국 관광일정, 관광지 인지도, 공동관광 추진 및 홍보·마케팅 계획, 국제 투자, 인근 지역 관광시장 분석, 인력의 교육 및 훈련, 관리 및 인적 교류, 국제관광협회 및 NGO 개입, 경제적 파급효과 및 지역 이미지 개선" 등에 대하여 포괄적으로 검토되어야 한다.

※ 사업실행 계획(사업추진체계 · 단계별 개발 계획, 재원조달 방안, 관광 관리운영 방안, 관광마케팅 전략, 정책 건의사항)의 내용은 생략하고자 한다.

참고문헌

김상무 외, 「관광사업경영론」, 백산출판사, 2000.

김상무, “관광객의 정의와 유형별 분류에 대한 고찰”, 「계명비슬집」 제10호, 1981.

_____, “관광수요예측과 활용방안에 관한 연구”, 「계명연구논집」 제4집, 1986.

_____, 「관광학원서강독」, 남영문화사, 1984.

_____, “한국의 사회 · 경제적 발전이 관광에 미치는 영향과 전망”, PATA 태평양지역 세미나 주제발표, 1990.

권호흡, “국민여가선용을 위한 테마파크 개발에 관하여”, 「관협」, 1989.

문화관광부, 「관광동향에 관한 연차보고서」, 2000.

_________, 2005 관광동향에 관한 연차보고서.

_________, 2006 관광동향에 관한 연차보고서.

문화체육관광부, 2006 관광동향에 관한 연차보고서.

____________, 2007 관광동향에 관한 연차보고서.

____________, 2008 관광동향에 관한 연차보고서.

____________, 2009년기준 관광동향에 관한 연차보고서.

____________, 2010~2014년기준 관광동향에 관한 연차보고서.

____________, 2011 관광사업체 기초통계조사

일본관협, “선진국종합개발계획”, 1969.

한국관광공사, 「관광정보」, 8월, 1987.

__________, 「관광지 주민의 관광의식조사」, 1987.

__________, 「관광지 주민의 관광의식 조사」, 1987.

__________, 「외국국민관광정책과 제도」, 1986.

__________, 「외래관광객 실태조사」, 2001.

__________, 「중장기사업계획」, 1985.

Archer, B., Demand Forcasting and Estimation, University of Surrey, 1982.
Baron, R., Forecasting Tourism Flow, UNWTO, BIA, 1974.
Cohen, E., "RethinKing the Sociology of Tourism," Annals of Tourism Research, VI(1), 1979.
Crampon, L., "Hawaii's Visitors Industry : It's Growth and Development," TIM School, University of Hawaii, 1976.
Foster, D., Travel and Tourism Management, MacMillan, 1985.
Gee, C., Makeus, J., & Choy, D., The Travel Industry, Van Nostrand Reinhold, 1989.
Gee, C., Resort Development and Management, The Educational Institute of the American Hotel & Motel Association, 1981.
Gilbert. D., "Rural Tourism and Marketing," Tourism Management, March 1989.
Gunn, C., Tourism Planning, Crance Russak & Co. Inc., 1984.
Holloway, C., The Business of Tourism, Pitman, 1986.
Inskeep, E., Tourism Planning : An Zntagrated and Sustainable Development Approach, Van Nostrand Reinhold, 1991.
Kim, Sang Mu., "Needed Changes to Expand Domestic Tourism in Korea," University of Hawaii, 1978.
Koras, R., Managerial Economic for Hotel Operation, Survey University Press, 1980.
Lundberg, D., The Tourist Business, Cahners Publishing Co., 1974.
MacConnell, D., The Tourist, Schocken Books, 1976.
McIntosh, R., & Goelder, C., Tourism : Principles, Practices, Philosophies, John Wiley & Sons, Inc.
Mill, R., & Morrison, A., The Tourism System : An Introductory Text, Prentice-Hall International Editions, 1985.
Miller, S., "Heritage Management for Heritage Tourism", Tourism Management, Butterworth Co., March 1989.
Pacific Area travel Association, "Pacific visitors survey", San Francisco, 1967.
Pearce, D., Tourism Development, 2nd Edition, Longman Scientific & Technical, 1989.
Pearce, D., Tourist Development, Longman Scientific & Technical, 1989.

Smith, V., Host and Guest, Basil Blackwell, 1978.

Travis, A., "Managing the Enviromental and Cultural Impacts of Tourism and Leisure Development," Tourism Management, III(4), 1982.

Turner, L. and Ash, J., The Golden Hordes, st. Martin's Press, 1976.

University of Missouri, Guidelines for Tourism Development, 1986.

Wahab, S., Tourism Management, Tourism International Press, 1975.

Wahab, S., Crampon, J., & Rothfield, L., Tourism Marketing Tourism International Press, 1976.

Weber, S., "Institute for tourism, Yugoslavia; Tourism Management", June, 1989.

UNWTO, Evaluating Tourism Resources, 1980.

UNWTO, Integrated Tourism Planning, 1978.

UNWTO, Physical Planning & Area Development, 1981.

UNWTO, Tourism and Employment : an Overview by UNWTO, 2009.

저자 소개

■ 김상무(金相武)

- 계명대학교 및 同 대학원 영어영문학과(문학사·문학석사)
- 미국 하와이대학교(University of Hawaii) 수학(관광마케팅 전공)
- 영국 서리대학교(University of Surrey) 관광경영학 석사(MS)·박사(PhD)
- 한국관광학회 이사 및 수석부회장 역임
- 대한관광경영학회 회장 역임
- 계명대학교 경영대학 관광경영학과 학과장 역임
- 계명대학교 경영대학 학장 역임
- 문화관광부 정책자문위원 역임
- 한국관광학회 회장 역임
- Tourism Management 외 다수 국제학술지 편집위원 역임
- (현) 국제관광학술원(International Academy for Study of Tourism) 정회원
  대한관광경영학회 고문
  한국관광학회 고문
  계명대학교 명예교수

저서 및 논문

- 관광사업경영론(백산출판사, 2001) 외 5권
- A Comparative Study of Pulguk-sa and Haein-sa Temples as Tourist Destinations in Korea (PhD Dissertation, University of Surrey, 1989) 외 다수

■ 여호근(余好根)

- 동아대학교 관광경영학과(경영학사)
- 동아대학교 대학원 관광경영학과(경영학 석사·박사 - 관광이론 및 개발 전공)
- 한국관광학회 부회장 역임
- 한국해양관광학회 부회장 역임
- 김해한옥체험관장 역임
- (현) 한국관광학회·동북아관광학회 이사
  한국관광레저학회 이사 및 부편집위원장
  부산관광공사 비상임이사
  한국컨벤션학회 편집위원장
  동의대학교 호텔컨벤션경영학과 교수

저서 및 논문

- 컨벤션산업론(도서출판 대명, 2003)
- 해양관광의 이해(백산출판사, 2004)
- 환경관광의 이해(백산출판사, 2006)
- 창조관광산업론(백산출판사, 2016)
- 전시회 참관객의 재미(Fun) 발생 메커니즘 분석과 인지심리학적 및 정서적 재미 척도 개발에 관한 연구(2015) 외 다수

저자와의
합의하에
인지첩부
생략

관광개발

2002년 5월 25일 초　　판 1쇄 발행
2016년 9월　5일 개정신판 1쇄 발행

지은이 김상무 · 여호근
펴낸이 진욱상
펴낸곳 백산출판사
교　정 조진호
본문디자인 오행복
표지디자인 오정은

등　록 1974년 1월 9일 제1-72호
주　소 경기도 파주시 회동길 370(백산빌딩 3층)
전　화 02-914-1621(代)
팩　스 031-955-9911
이메일 edit@ibaeksan.kr
홈페이지 www.ibaeksan.kr

ISBN 979-11-5763-077-6
값 28,000원

• 파본은 구입하신 서점에서 교환해 드립니다.
• 저작권법에 의해 보호를 받는 저작물이므로 무단전재와 복제를 금합니다.
이를 위반시 5년 이하의 징역 또는 5천만원 이하의 벌금에 처하거나 이를 병과할 수 있습니다.